천|재|시|리|즈

물릴때까지 풀어보는 물리문제집

# 물리 천재 1000제

최진문 저

군자출판사

# 물리 천재 1000제

첫째판 1쇄 인쇄 | 2017년 9월 11일
첫째판 1쇄 발행 | 2017년 9월 15일

지 은 이 최진문
발 행 인 장주연
출판기획 한수인
디 자 인 군자출판사 기획편집팀
마 케 팅 나상욱
발 행 처 군자출판사(주)
등록 제4-139호(1991. 6. 24)
본사 (10881) 경기도 회동길 338(서패동 474-1)
전화 (031) 943-1888 팩스 (031) 955-9545
홈페이지 | www.koonja.co.kr



ISBN 979-11-5955-227-4
정가 25,000원

# Contents

# Preface

이공계열에서는 물리학이 대부분 필수과목이다. 지난 10여년 기초물리학을 가르쳐 오면서 가장 자주 받았던 질문은 물리학을 잘 배우는 방법에 관한 것이다. 잘 하고 싶은데 방법을 모르겠고, 많은 시간을 들였는데 나오는 결과는 기대 이하라는 것이다. 잘 배운다는 것은 현실적으로 대부분 시험을 잘 본다는 것을 의미한다. 그래서 개인적으로 지도를 해 보면서 이 문제가 결정적으로 물리학을 이해하지 못한 것에 있다는 것을 알게 되었다.

문제는 사고의 방법에 관한 것이었다. 물리학적 사고방법이란 문제를 물리학적 논리로 인식하여 접근하고 정리하며, 이해하고 해석하는 것이다. 이를 위한 기본 전제나 자연을 바라보는 철학이 있다. 이것을 토대로 내용이 하나하나 쌓여 물리학이라는 커다란 실체로 나타나는 것이다.

물리학의 기초 혹은 뼈대를 이해하고 맛을 알면, 뼈대에 살을 붙이는 것은 배우는 사람 스스로에게 달려있다. 각자의 근기에 따라 배움의 모양과 크기가 달라진다. 나의 배움이 남과 다르다고 실망하거나 좌절할 필요도, 우월해 할 필요도 없다. 내 것은 남의 것과 다를 수밖에 없는 것이 자연이다. 비교하는 것이 어떤 의미에서 무의미한 것임을 알게 되면 배우는 과정에서 느꼈던 여러 가지들이 모두 살이 되고 피가 되어 있음을 보게 될 것이다. 배움이 더디거나 힘들거나 어렵거나 지치거나 빠르거나 쉽거나 즐겁거나 만족스럽거나 한 것이 모두 필요한 것이다.

잘 배우기 위해 현실적으로 가장 효율적인 것이 무엇일까 보면, 문제를 잘 많이 풀어보는 것이다. 많이 풀어 문제의 형식에 익숙해져서 유사한 문제를 잘 풀어내는 것이 아니라, 잘 푸는 연습을 많이 하는 것이 좋다는 것이다. 잘 풀어본다는 것은 문제의 핵심을 정확히 이해하여 관련된 기본 원리, 법칙, 정의, 규칙을 기억해 내고, 문제를 간단한 구조로 재해석하여 이 원리, 법칙, 정의, 규칙들과 결합하여 정리한다는 것이다. 그러면 문제의 답인 미지의 물리량과 문제에서 주어진 조건들을 원리, 법칙, 정의, 규칙 등으로 연결하여 방정식을 세울 수 있고, 이 방정식에서 답을 구할 수 있다.

이 책은 이러한 생각을 바탕으로 엮었다. 원리, 법칙, 정의, 규칙들에 대한 기본 문제들을 중심으로 매일 매일 꾸준하게 몇 문제씩 1년 정도 스스로 공부하는 것을 염두에 두고 구성하였다.

직접계산을 하는 과정도 잘 배우기 위해 매우 중요하다. 연필로 종이 위에 계산을 해도 좋고, 계산기를 사용해도 좋다. 숫자로 직접 계산하는 것을 귀찮아하지 말기 바란다. 문제를 풀어 답을 구하는 것에 집중하지 말고 풀어가는 과정과 문제와 결과에 대한 의미를 항상 생각하기를 바란다. 답을 구하다가 틀려도 좋다. 틀린 것은 틀린 것 자체로도 의미가 크다. 틀린 과정을 잘 살피면 문제를 바라보는 사고방식의 오류를 알게 되고 그것이 더욱 깊이 기억에 남기 때문이다. 반드시 핵심을 이해하면서 문제를 풀어보길 바란다.

문제를 푸는 방법이 여럿 있을 수 있다는 것도 항상 생각하길 바란다. 방법이 유일할 수도 있지만 여러 방법이 있는 경우도 많다. 이렇게 문제를 풀어가다 보면 각자 공부하고자 하는 전공에서 더욱 깊이있는 공부를 할 때 많은 도움이 될 것이다.

혹 있을 수 있는 오타, 탈자, 문맥이 매끄럽지 않은 것들에 대하여 독자들의 너그러운 이해를 구하는 바이다.

끝으로 책의 필요성을 일깨워주었던 학생들, 출판사의 대표님 그리고 책을 꼼꼼하게 챙긴 한수인 팀장님, 나상욱 부장님, 이름은 모르지만 그림과 편집을 해 주셨던 분들, 책의 표지 디자인 작업을 해 주셨던 분들 등 이 책이 나오기까지 보이지 않게 기여해 주신 모든 분들께 감사의 마음을 전하고 싶습니다.

2017년 8월
최진문

# PHYSICS GENIUS

1000제

CHAPTER

11

# 쿨롱법칙과 전기장

## 001

다음 중 전하의 단위는?

(가) $C$ (나) $V$
(다) $A$ (라) $W$

## 002

전하 $Q$가 반지름 $a$인 원에 균일하게 분포하고 있을 때, 이 원의 중심에서 전기장의 세기를 구하면?

(가) $\frac{1}{4\pi\varepsilon_0}\frac{Q}{2\pi a}$ (나) $\frac{1}{4\pi\varepsilon_0}\frac{Q}{a^2}$
(다) $\frac{1}{4\pi\varepsilon_0}\frac{Q}{2\pi a^2}$ (라) 0

## 003

전하 $Q$가 반지름 $a$인 원에 균일하게 분포하고 있다. 이 원의 중심에 점전하 $q$가 있을 때, 이 점전하에 작용하는 전기력의 크기를 구하면?

(가) $\frac{1}{4\pi\varepsilon_0}\frac{Qq}{2\pi a}$ (나) $\frac{1}{4\pi\varepsilon_0}\frac{Qq}{a^2}$
(다) $\frac{1}{4\pi\varepsilon_0}\frac{Qq}{2\pi a^2}$ (라) 0

## 004

다음 중 전기장의 단위가 아닌 것은?

(가) $V/m$ (나) $N/C$
(다) $kg \cdot m/(s^2 \cdot C)$ (라) $T$

## 005

그림과 같이 전하가 배치되어 있을 때에서 $Q_3$가 받는 전기력의 크기를 구하시오. (단, $k_e = 9.0 \times 10^9 Nm^2/C^2$ 이다.)

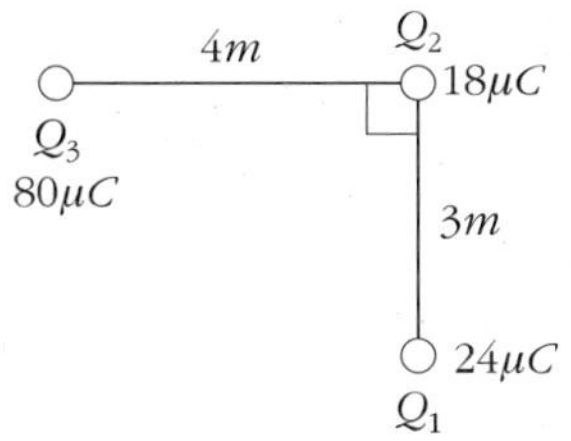


## 006

그림과 같은 전하의 배치에서 $Q_3$에 작용하는 알짜 전기력의 크기를 구하시오. (단, $k_e = 9.0 \times 10^9 Nm^2/C^2$ 이다.)

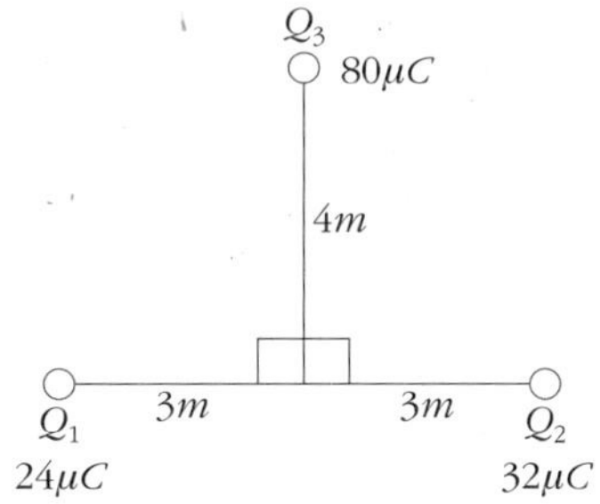


## 007

그림처럼 전하의 크기가 모두 같으며, 두 개는 양(+) 전하이고 한 개인 음(−)전하인 세 전하가 한 변의 길이가 $r$인 정삼각형의 꼭짓점에 놓여 있을 때, 양(+) 전하에 작용하는 정전기력의 크기를 구하시오.

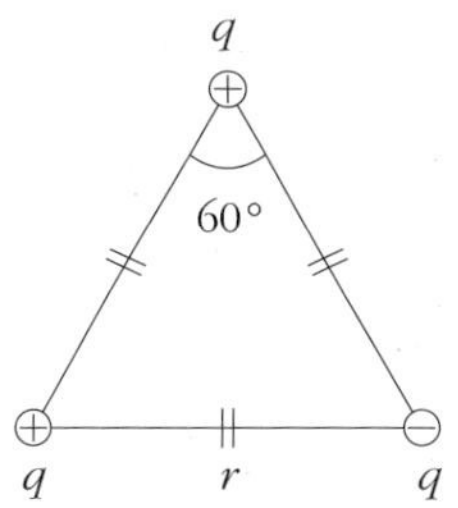


## 008

그림처럼 전하량이 모두 동일하고 같은 종류인 세 전하가 한 변의 길이 $r$인 정삼각형의 꼭짓점에 놓여 있을 때 각 전하가 받는 힘의 크기를 구하시오.

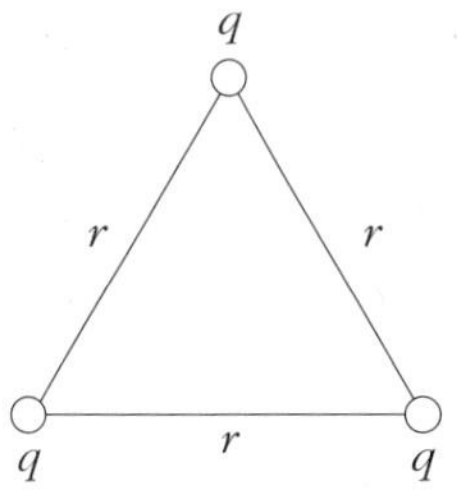

## 009

그림과 같이 한 변의 길이가 $r$인 정사각형의 꼭짓점에 같은 종류의 같은 크기의 전하 $q$가 놓여 있을 때, 각 전하가 받는 힘의 크기를 구하시오.

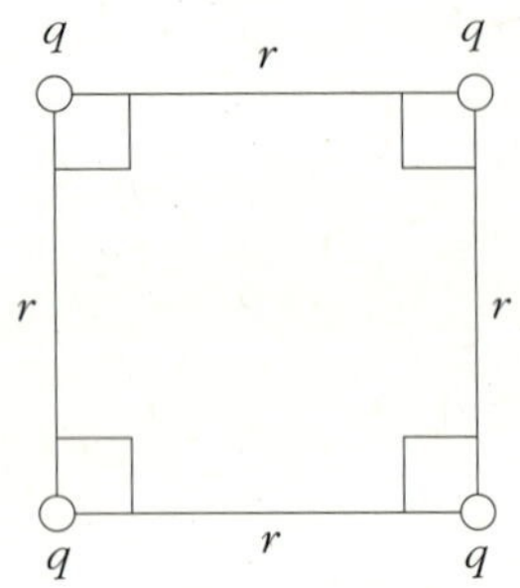


## 010

그림과 같이 한 변의 길이가 $r$인 정사각형의 꼭짓점에 종류가 다르고 동일한 크기의 전하가 배치되어 있을 때, 음(−)전하 $-q$가 받는 힘의 크기를 구하시오.

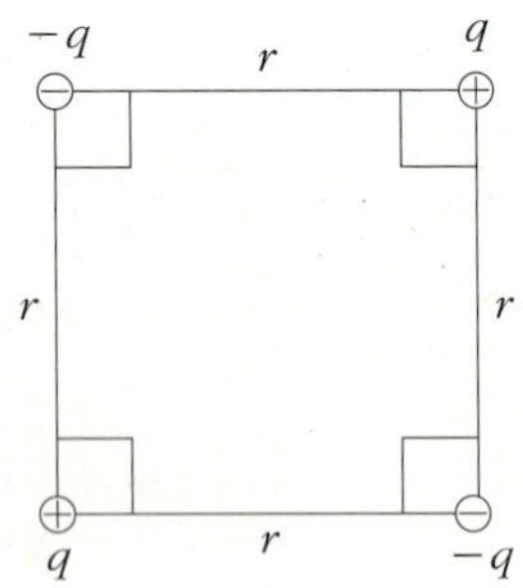


## 011

그림과 같이 한 변의 길이가 $r$인 정사각형의 꼭짓점에 동일한 크기의 전하가 배치되어 있다. 이때 음(−)전하에 작용하는 전기력의 크기를 구하시오.

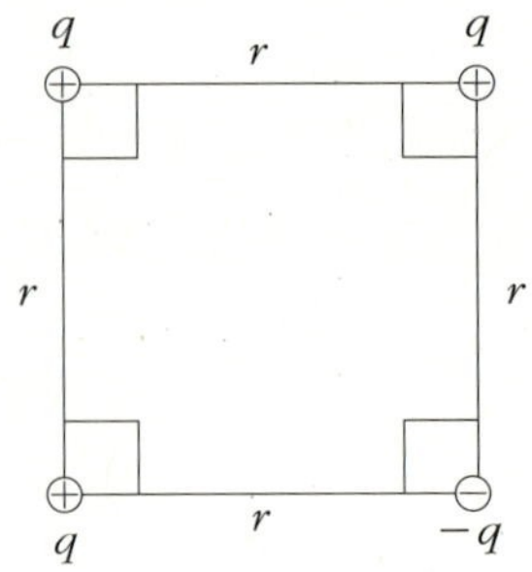


## 012

그림과 같이 한 변의 길이가 $r$인 정사각형의 꼭짓점에 동일한 크기의 전하가 배치되어 있을 때, 음전하에 인접한 양전하가 받는 힘의 크기를 구하시오.

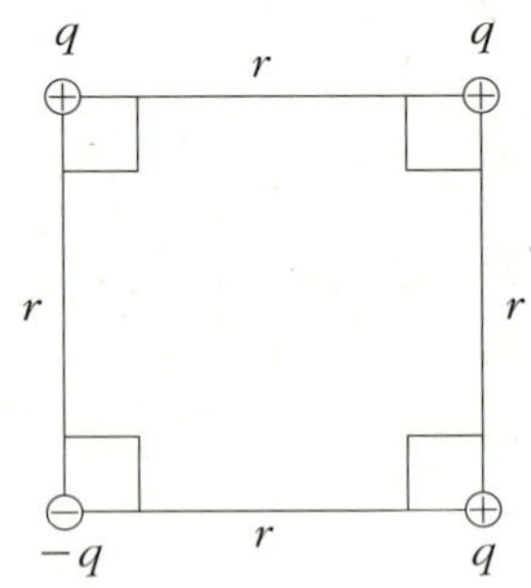

## 013

질량 $m$, 전하량 $q$인 입자가 균일한 전기장 $\vec{E}$인 곳에서 $t=0$일 때 속도 $\vec{v}_0$로 움직인다. 시각 $t$일 때 이 입자의 속도를 구하시오.

## 014

질량 $3.0g$, 전하 $70mC$인 입자가 전기장 $E_x=-3.0N/C$, $E_y=E_z=0$인 공간을 움직이고 있다. $t=0$일 때 이 입자의 속력이 $v_x=90m/s$, $v_y=v_z=0$이라면, $t=3.0s$일 때 이 입자의 속력을 구하시오.

## 015

질량 $m$, 전하량 $q$인 입자가 균일한 전기장 $\vec{E}$에서 전기장의 방향으로 처음의 일정한 속도 $\vec{v}_0$로 움직이면서 전기장의 반대방향으로 전기력을 받고 있다. 이 물체의 속도가 영(0)이 될 때까지 이 물체가 이동할 수 있는 거리를 구하시오.

## 016

질량 $30mg$, 전하 $-6.0\mu C$인 입자가 세기 $50N/C$, 방향이 $x$축의 양(+)인 균일한 전기장에서 움직이고 있다. $t=0$일 때 이 입자가 $20m/s$의 속력으로 $x$축의 양(+)의 방향으로 움직이면서 원점을 통과할 때, 이 입자가 $x=0$을 지나 $x$축의 양(+)의 방향으로 이동할 수 있는 최대 거리를 구하시오.

## 017

세기 $6.0\times10^{2}N/C$인 균일한 전기장 내 전자가 정지 상태에서 $2.0ns$ 후 속력을 구하시오. (단, 전자의 질량은 $m=9.1\times10^{-31}kg$이고, 전하량은 $q=1.6\times10^{-19}C$이다.)

## 018

공간의 어떤 지점에서 양성자가 전기장에 의해 크기가 $4.5\times10^{6}m/s^{2}$의 가속을 받았다고 한다. 이 지점의 전기장의 세기를 구하시오. (단, 양성자의 질량은 $m=1.67\times10^{-27}kg$이고 전하량은 $q=1.6\times10^{-19}C$이라고 한다.)

## 019

그림처럼 동일한 부호와 크기의 두 점전하를 한 변의 길이가 $r$인 정삼각형의 꼭짓점에 배치하였을 때 다른 꼭짓점 $P$에서 전기장의 세기를 구하시오. (단, 쿨롱상수는 $k_e$로 한다.)

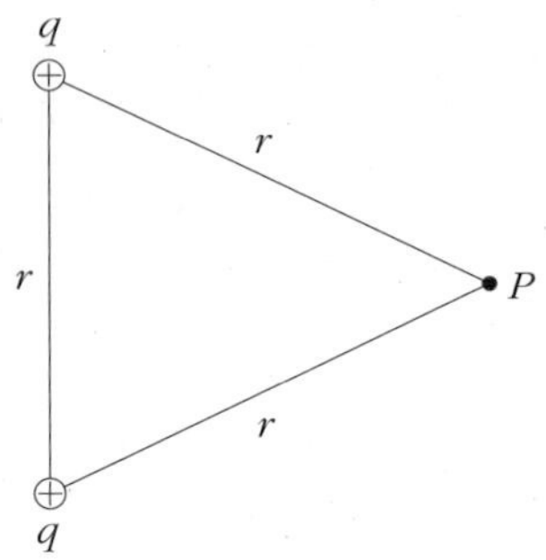


## 020

그림처럼 크기는 같으나 부호가 다른 두 점전하가 정삼각형의 꼭짓점에 놓여 있을 때, 이 정삼각형의 다른 꼭짓점 $P$에서 전기장의 세기를 구하시오. (단, 쿨롱상수는 $k_e$로 한다.)

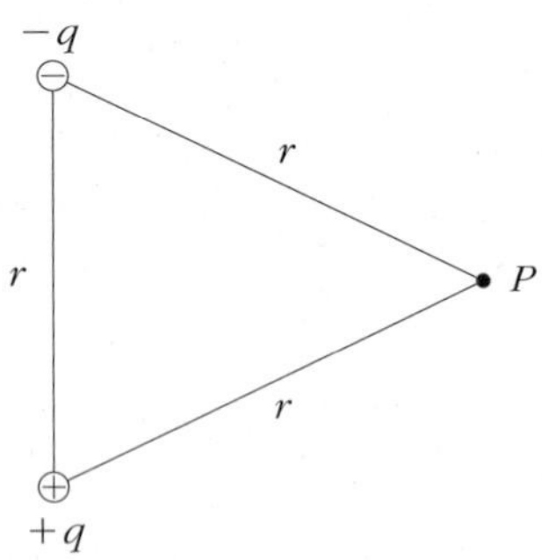

## 021

그림과 같이 한 변의 길이가 $r$인 정사각형의 세 꼭짓점에 같은 종류, 같은 크기의 점전하 $q$가 놓여 있을 때, 다른 꼭짓점 $P$에서의 전기장의 세기를 구하시오. (단, 쿨롱상수는 $k_e$로 한다.)

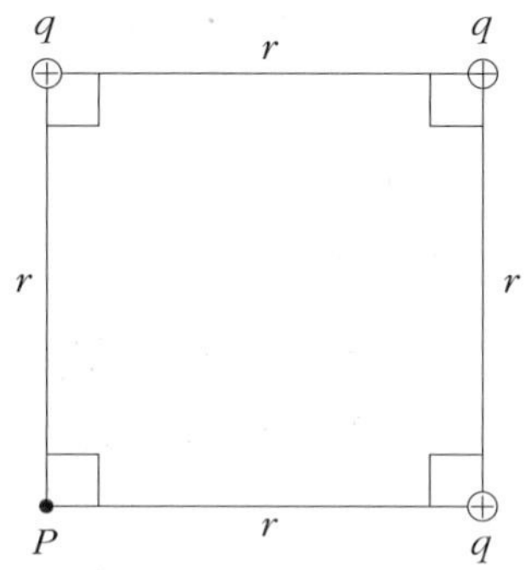


## 022

그림과 같이 한 변의 길이가 $r$인 정사각형의 세 꼭짓점에 같은 크기의 다른 부호의 점전하를 놓았을 때, 다른 한 꼭짓점 $P$ 위치의 전기장의 세기를 구하시오. (단, 쿨롱상수는 $k_e$로 한다.)

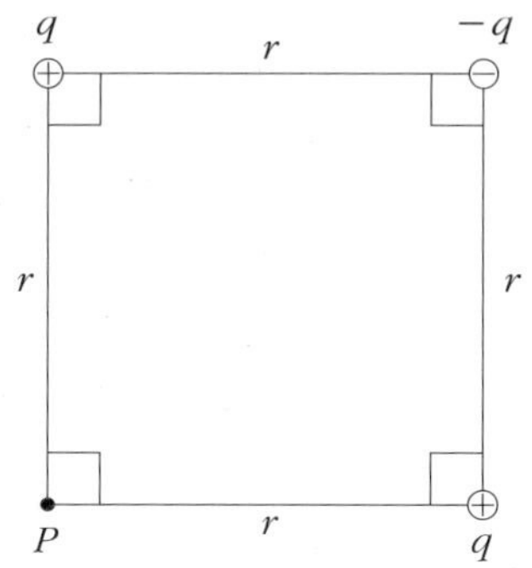


## 023

그림과 같이 한 변의 길이가 $r$인 정사각형의 세 꼭짓점에 같은 크기의 다른 부호의 점전하를 배치하였을 때, 다른 한 꼭짓점 $P$ 위치의 전기장의 세기를 구하시오. (단, 쿨롱상수는 $k_e$로 한다.)

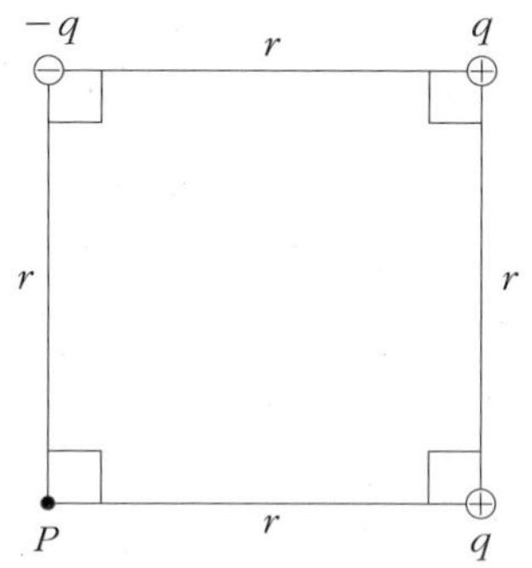


## 024

두 점전하가 그림처럼 배치되어 있을 때, $P$ 점에서 전기장을 구하시오. (단, 쿨롱상수는 $k_e$로 한다.)

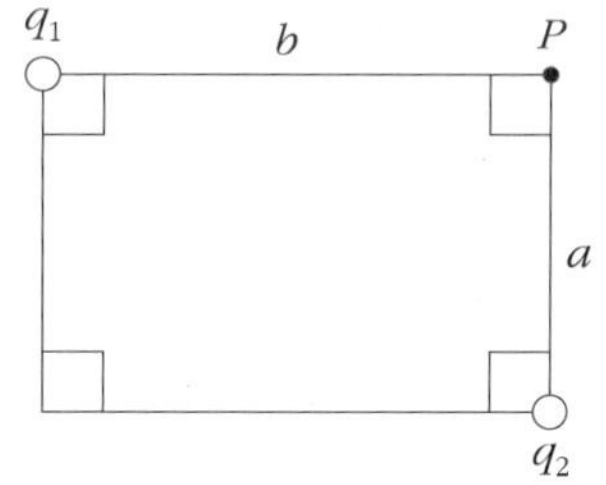

## 025

세 점전하가 그림처럼 배치되어 있을 때, $P$ 점에서 전기장을 구하시오. (단, 쿨롱상수는 $k_e$로 한다.)

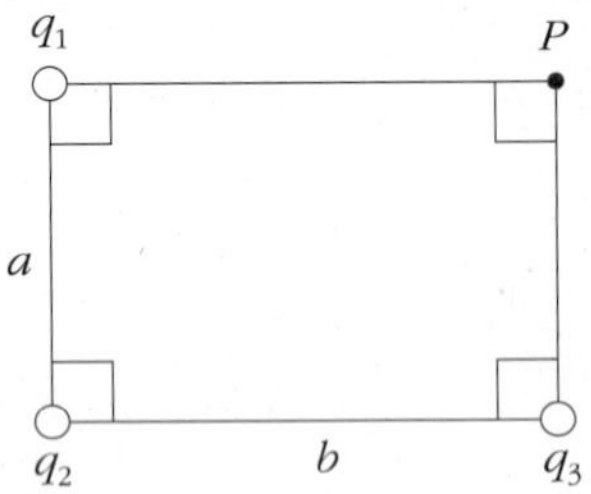


## 026

전하 $Q$를 반경이 $r$이고 마주보는 각이 $90°$인 원호에 균일하게 분포시켰을 때, 이 원호가 만드는 원의 중심에서 전기장의 세기를 구하시오. (단, 쿨롱상수는 $k_e$로 한다.)

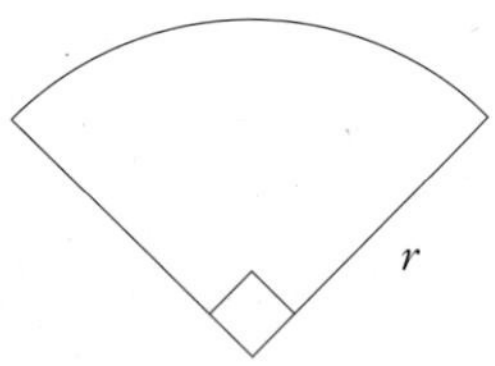


## 027

전하 $30.0nC$을 반경이 $1.50m$, 마주보는 각이 $90.0°$인 원호에 균일하게 분포시켰을 때, 이 원호가 놓여 있는 원의 중심에서 전기장의 세기를 구하시오. (단, 쿨롱상수는 $k_e = 9.00 \times 10^9 Nm^2/C^2$으로 한다.)

## 028

길이가 $l$, 선 전하밀도가 $\lambda$인 균일하게 대전된 막대를 휘어 $1/4$원으로 만들었을 때, 이 원호의 중심에서 전기장의 세기를 구하시오. (단, 쿨롱상수는 $k_e$로 한다.)

## 029

길이가 $3.0m$, 선 전하밀도가 $6.0nC/m$인 균일하게 대전된 막대를 휘어 1/4원으로 만들었을 때, 이 원호의 중심에서 전기장의 세기를 구하시오. (단, 쿨롱상수는 $k_e=9.00\times10^9Nm^2/C^2$로 한다.)

## 030

길이 $a$인 막대가 균일하게 대전되어 있으며 이 막대의 총 전하가 $Q$일 때, 막대의 길이 방향으로 막대의 중심에서 $b$ 떨어진 지점의 전기장을 구하시오. (단, $a/2<b$이고, 쿨롱상수는 $k_e$로 한다.)

## 031

길이 $3.0m$인 막대가 균일하게 대전되어 있고 이 막대의 총 전하가 $50nC$일 때, 막대의 길이 방향으로 막대의 중심에서 $4.0m$ 떨어진 지점의 전기장의 세기를 구하시오. (단, 쿨롱상수는 $k_e=9.00\times10^9Nm^2/C^2$으로 한다.)

## 032

전하량 $Q$를 반지름 $r$인 반원에 균일하게 분포시켰을 때, 이 원의 중심에서의 전기장의 세기를 구하시오. (단, 쿨롱상수는 $k_e$로 한다.)

## 033

진공에서 한 변의 길이가 $a$인 정육면체의 중심에 점 전하 $q$가 있을 때, 이 정육면체의 면을 통과하는 전기력선속을 구하시오. (단, 진공의 유전율은 $\varepsilon_0$로 한다.)

## 034

진공에서 균일한 선 전하밀도 $3.00nC/m$로 $x$축 전체를 대전시켰을 때, 중심이 원점에 있고 반경이 $30.0cm$인 구면을 통과하는 전기력선속을 구하시오. (단, 진공의 유전율은 $\varepsilon_0 = 8.85pF/m$이다.)

## 035

진공에서 반지름 $R$인 긴 원통의 내부가 균일한 전하밀도 $\rho$로 대전된 절연체로 채워져 있다. 반지름 $r < R$인 구의 중심이 이 원통의 축 상에 있을 때, 이 구의 표면을 통과하는 전기력선속을 구하시오. (단, 이 절연체의 유전율은 $\varepsilon_0$로 한다.)

## 036

진공에서 반지름 $4.0cm$인 긴 원통의 내부가 균일한 전하밀도 $1.5\mu C/m^3$로 대전된 절연체로 채워져 있다. 반지름 $2.5cm$인 구의 중심이 이 원통의 축 상에 있을 때, 이 구의 표면을 통과하는 전기력선속을 구하시오. (단, 이 유전체의 유전율은 $\varepsilon_0 = 8.85pF/m$이다.)

## 037

진공에서 무한 직선을 선 전하밀도 $\lambda$로 대전시켰을 때, 이 직선에서 수직거리 $r$ 떨어진 곳의 전기장의 세기를 구하시오. (단, 진공의 유전율은 $\varepsilon_0$로 한다.)

## 038

진공에서 두께를 무시할 수 있는 무한 평면을 일정한 면 전하밀도 $\sigma$로 대전시켰을 때, 공간의 임의 지점의 전기장의 세기를 구하시오. (단, 진공의 유전율은 $\varepsilon_0$로 한다.)

## 039

진공에서 반지름 $R$인 도체 구가 전하 $Q$로 대전되어 있을 때, 구 내부와 구 외부의 전기장을 구하시오. (단, 진공의 유전율은 $\varepsilon_0$로 한다.)

## 040

진공에서 반지름 $R$인 부도체 구에 전하 $Q$를 균일하게 대전시켰을 때, 구 내부와 구 외부의 전기장을 구하시오. (단, 유전율은 $\varepsilon_0$로 한다.)

11장

## 041

진공에서 그림과 같이 반지름 $R$인 도체 고리에 전하 $Q$를 균일하게 대전시켰을 때, 이 고리의 중심에서 수직거리 $x$인 곳의 전기장을 구하시오. (단, 진공의 유전율은 $\varepsilon_0$로 한다.)

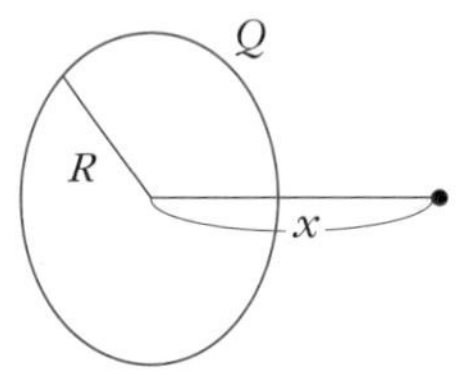

## 042

진공에서 두 개의 무한 평면이 각각 표면 전하밀도 $\sigma_1$, $\sigma_2$로 대전되어 있을 때, 이 평면 사이 임의 지점의 전기장의 크기를 구하시오. (단, 진공의 유전율은 $\varepsilon_0$로 한다.)

## 043

진공에서 두 개의 무한 평면이 각각 표면 전하밀도 $0.30nC/m^2$와 $-0.40nC/m^2$로 대전되어 있을 때, 이 평면들 사이 임의 지점의 전기장의 크기를 구하시오. (단, 진공의 유전율은 $\varepsilon_0 = 8.85pF/m$이다.)

## 044

진공에서 반지름이 $a$이고, 전하밀도가 $\rho$로 균일하게 대전된 긴 절연체 원기둥이 있다. 이 원기둥의 내부 지점과 외부 지점의 전기장의 크기를 구하시오. (단, 유전율은 $\varepsilon_0$으로 한다.)

## 045

진공에서 반지름이 $10cm$이고, 전하밀도 $6.0nC/m^3$로 균일하게 대전된 긴 절연체 원기둥의 축에서 $6.0cm$ 떨어진 지점의 전기장의 크기를 구하시오. (단, 유전율은 $\varepsilon_0 = 8.85pF/m$로 한다.)

## 046

진공에서 반지름이 $R$인 긴 부도체 원기둥이 부피 전하밀도 $ar^2$으로 대전되어 있다. 여기에서 $a$는 상수이고, $r$은 원기둥의 축으로부터의 수직 거리이다. 이 원기둥의 축으로부터 수직거리가 $r$인 원기둥 내부 지점과 외부 지점에서 전기장의 크기를 각각 구하시오. (단, 유전율은 $\varepsilon_0$로 한다.)

## 047

진공에서 반지름 $5.0mm$인 긴 부도체 원기둥이 부피 전하밀도 $ar^2$으로 대전되어 있다. 여기에서 $a = 3.0mC/m^5$이고, $r$은 원기둥의 축으로부터의 수직거리이다. 이 원기둥의 축으로부터 수직거리가 $3.0mm$인 지점의 전기장의 크기를 구하시오. (단, 유전율은 $\varepsilon_0 = 8.85pF/m$로 한다.)

## 048

진공에서 균일한 면 전하밀도 $\sigma_1$으로 반지름 $r_1$인 구각의 표면을 대전시키고, 이 구각과 동심인 반지름 $r_2 > r_1$인 두 번째 구의 표면에는 균일한 표면 전하밀도 $\sigma_2$로 대전시켰을 때, $r < r_1$, $r_1 < r < r_2$, $r > r_2$인 영역에서 전기장의 세기를 구하시오. (단, 진공의 유전율은 $\varepsilon_0$로 한다.)

## 049

진공에서 균일한 면 전하밀도 $50pC/m^2$으로 반지름 $2.0cm$인 구 표면을 대전시키고, 이 구와 동심인 반지름 $4.0cm$인 두 번째 구의 표면에는 균일한 표면 전하밀도 $80pC/m^2$으로 대전시켰을 때, 이 두 구의 중심에서 거리 $5.0cm$ 떨어진 지점의 전기장의 세기를 구하시오. (단, 진공의 유전율은 $\varepsilon_0 = 8.85pF/m$로 한다.)

## 050

진공에서 반지름 $R$인 구의 표면 위치에 총 전하 $Q$을 균일하게 분포시키고, 이 구의 중심에 전하량 $q$인 점전하를 놓았을 때, 구의 중심에서 $r < R$인 곳과 $r > R$인 곳의 전기장의 세기를 구하시오. (단, 유전율은 $\varepsilon_0$으로 한다.)

## 051

반지름 $3.0cm$인 구의 표면 위치에 총 전하 $5.0pC$을 균일하게 분포시키고, 이 구의 중심에 전하량 $8.0pC$인 점전하를 놓았을 때, 이 점전하에서 $2.0cm$ 떨어진 위치의 전기장의 세기를 구하시오. (단, 유전율은 $\varepsilon_0 = 8.85pF/m$로 한다.)

## 052

안쪽 반지름이 $2.0cm$, 바깥쪽 반지름이 $3.0cm$인 속이 빈 긴 원통의 중심 축에 매우 가느다란 긴 도선이 있다. 이 도선은 선 전하밀도 $-10pC/m$로 대전되어 있으며, 원통은 단위 길이당 알짜 전하 $-5.0pC/m$로 균일하게 대전되어 있다. 이 원통의 축에서 수직거리 $4.0cm$인 지점에서 전기장의 세기를 구하시오. (단, 유전율은 $\varepsilon_0 = 8.85pF/m$로 한다.)

## 053

진공에 놓인 대전된 반지름이 $3.0cm$인 긴 원기둥형 도체 표면 바로 바깥의 전기장의 크기가 $300N/C$이고, 원기둥 중심축에 수직으로 방사 방향이라고 할 때, 이 도체 도면의 표면 전하밀도를 구하시오. (단, 진공의 유전율은 $\varepsilon_0 = 8.85pF/m$로 한다.)

## 054

진공에서 알짜 전하가 $+5.0nC$, 안쪽 반지름이 $2.0cm$, 바깥쪽 반지름이 $5.0cm$인 속이 빈 구형 도체의 중심에 전하량 $-8.0nC$인 점전하를 놓았을 때, 이 도체구 안쪽 면의 표면 전하밀도를 구하시오. (단, 진공의 유전율은 $\varepsilon_0 = 8.85pF/m$로 한다.)

## 056

그림처럼 처음 대전되지 않은 세 개의 무한 평면 도체가 있다. 이제 오른쪽 도체를 표면 전하밀도 $-\sigma$로 대전시키고, 왼쪽 도체는 표면 전하밀도 $+\sigma$로 대전시켰을 때, 가운데 도체에 유도되는 표면 전하밀도를 구하시오.

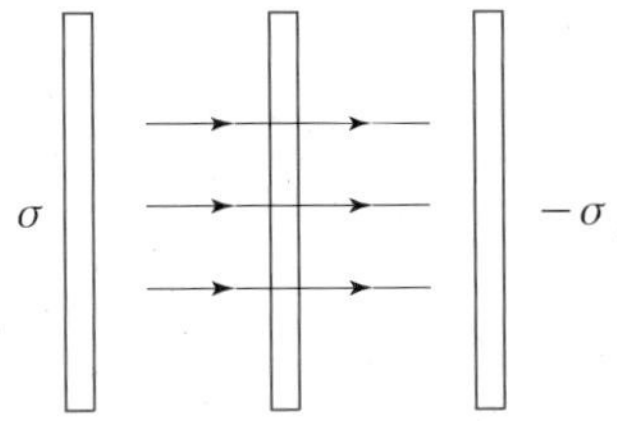


## 055

접지되지 않고 대전되지 않은 금속 구각의 중심에 전하 $q$를 넣은 후, 이 금속 구각의 바깥을 접지시켰다. 평형 상태에 도달한 후 이 접지선을 제거하고 정전 평형 상태에 도달하였을 때, 구각 내부 면과 외부 면에 있게 될 전하량을 구하시오.

## 057

대전되지 않은 매우 얇은 속이 빈 도체 구의 중심에 전하 $+q$를 놓고, 이 도체 구에 전하 $-5q$를 넣은 후 정전평형 상태에 도달하였을 때, 이 도체 구의 안쪽과 바깥쪽 면에 있게 될 전하량을 구하시오.

## 058

어떤 공간 내 지점 $P$에 있는 $2.0C$ 전하에 작용하는 힘의 크기가 $8.0N$일 때, 이 지점의 전기장의 세기를 구하시오.

## 059

질량 $2.0kg$, 전하량 $3.0C$인 입자가 크기 $2.0N/C$인 균일한 전기장에 있을 때, 이 입자의 가속도의 크기를 구하시오.

## 060

질량 $2.0kg$, 전하량 $3.0C$인 입자가 균일한 전기장에 의해 힘을 받아 가속도의 크기가 $3.0m/s^2$일 때, 이 전기장의 세기를 구하시오.

## 061

알짜 전하를 $5.0C$ 가진 도체 구각(spherical shell)의 중심에 전하량 $3.0C$인 전하를 놓고 정전평형이 이루어지도록 했을 때, 이 구각의 안쪽 면에 있게 되는 총 전하를 구하시오.

물리
천재
1000제

# PHYSICS GENIUS

# 1000제

CHAPTER

12

# 전위와 축전기 및 정전용량

## 001

다음 중 전위의 단위는?

(가) $J$ (나) $V$
(다) $A$ (라) $W$

## 002

양성자가 정지 상태에서 전위차 $V$에 의해 가속되어 갖게 되는 속력은 다음 중 어느 것에 비례하는가?

(가) $V$ (나) $1/V$
(다) $\sqrt{V}$ (라) $1/\sqrt{V}$

## 003

다음 중 축전기의 정전용량 단위는?

(가) $V/m$ (나) $W$
(다) $T$ (라) $F$

## 004

다음 중 축전기의 정전용량 단위가 <u>아닌</u> 것은?

(가) $F$ (나) $C/V$
(다) $C^2/J$ (라) $\dfrac{C^2}{A \cdot W}$

## 005

면적이 매우 넓은 평행판 축전기의 두 평행판 사이의 거리가 $5.0mm$이고, 이 축전기에 $10V$의 전위차가 걸려 있을 때, 축전기 내부의 전기장의 세기를 구하시오.

## 006

전하량 $2.0C$, 질량 $3.0kg$인 입자가 정지 상태에서 전위차 $30V$에 의해 가속된 후 가지게 되는 운동에너지를 구하시오.

## 007

질량 $1.67\times10^{-27}kg$, 전하 $1.60\times10^{-19}C$인 양성자가 정전기력에 의해 $A$ 점에서 $B$ 점으로 움직이고 있다. $A$ 점에서 이 양성자의 속력이 $30km/s$이고, $B$ 점에서 이 양성자의 속력이 $60km/s$일 때, 전위차 $V_B-V_A$를 구하시오.

## 008

그림에서 $a=40cm$, $b=20cm$, $q=+3.0nC$, $Q=-5.0nC$일 때, 전위차 $V_A-V_B$를 구하시오. (단, 쿨롱상수는 $k_e=9.0\times10^9Nm^2/C^2$으로 한다.)

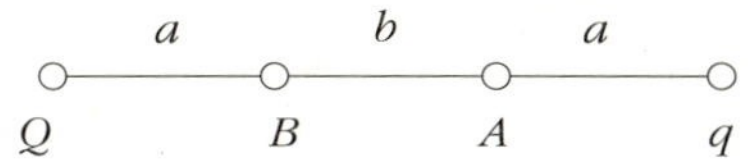


## 009

전하량이 $-3.0nC$인 네 개의 동일한 전하를 가로 세로 $3.0m\times4.0m$인 직사각형의 꼭짓점에 놓았을 때, 이 직사각형의 중심 지점의 퍼텐셜을 구하시오. (단, 퍼텐셜의 기준 위치는 $\infty$이고, 쿨롱상수는 $k_e=9.0\times10^9Nm^2/C^2$로 한다.)

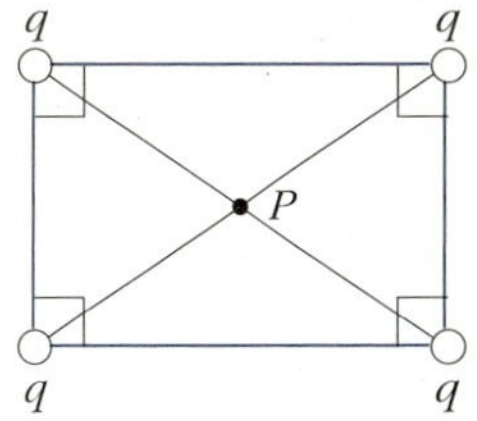


12장

## 010

전하량 $30\mu C$인 입자가 고정된 위치에 있는 전하량 $90\mu C$인 전하를 향해 움직인다. 두 입자의 거리가 $3.0m$일 때 움직이는 입자의 운동 에너지가 $20J$이라면, 움직이는 입자가 정지하는 순간 두 입자 사이의 거리를 구하시오. (단, 쿨롱상수는 $k_e = 9.0 \times 10^9 Nm^2/C^2$로 한다.)

## 011

질량이 각각 $5.0mg$, 크기가 $10nC$이면서 서로 반대인 전하를 가진 두 입자를 정지 상태에서 서로 $10cm$ 거리로 유지시키다 놓았다. 두 입자의 거리가 $5.0cm$인 순간, 각 입자의 속력을 구하시오. (단, 쿨롱상수는 $k_e = 9.0 \times 10^9 Nm^2/C^2$로 한다.)

## 012

전하량이 $+30\mu C$인 네 개의 점전하가 한 변의 길이가 $3.0m$인 정사각형의 꼭짓점에 놓여있다. 여기에 전하량 $+30\mu C$인 또 다른 점전하를 무한대의 위치에서 이 정사각형의 중심으로 가져오기 위해 공급해야 하는 에너지를 구하시오. (단, 쿨롱상수는 $k_e = 9.0 \times 10^9 Nm^2/C^2$로 한다.)

## 013

그림처럼 균일한 선 전하밀도 $5.0nC/m$로 원호를 대전시켰을 때, $P$ 점의 전위를 구하시오. (단, 무한대를 전위 0으로 하고, 쿨롱상수는 $k_e = 9.0 \times 10^9 Nm^2/C^2$로 한다.)

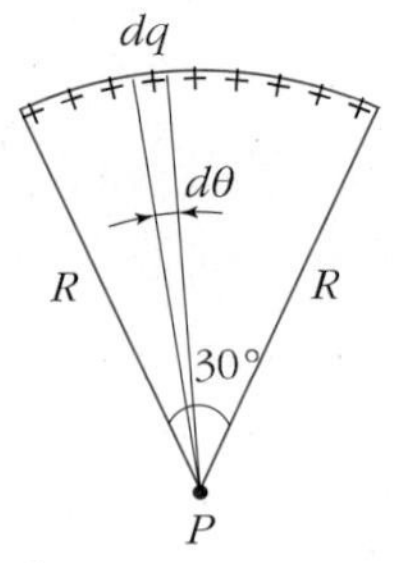

## 014

정지한 전자를 진공에서 가속하여 속력을 $3.0 \times 10^6 m/s$로 하기 위한 전위차를 구하시오. (단, 전자의 질량 $m_e = 9.1 \times 10^{-31} kg$으로 한다.)

## 015

진공에서 그림과 같이 전하가 배치되어 있다. $\infty$를 퍼텐셜 에너지의 기준으로 했을 때, 이 전하 배치가 가지는 퍼텐셜 에너지, 두 전하 사이 중간 지점의 전위, 두 전하 사이의 전위가 영$(0)$인 지점의 위치를 구하시오. (단, 진공의 유전율은 $\varepsilon_0$으로 한다.)

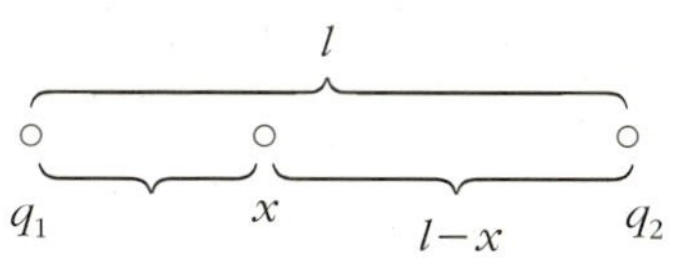


## 016

진공에서 $x$축의 $x = 0$에서 $x = +L$까지를 선 전하밀도 $\lambda(x) = bx$로 대전시켰다. $b = 50nC/m^2$, $L = 0.50m$으로 하고, 무한대의 위치를 전위의 기준$(V = 0)$으로 할 때, $y$축 상의 $y = 3L$인 지점의 전위를 구하시오. (단, 쿨롱상수는 $k_e = 9.0 \times 10^9 Nm^2/C^2$로 한다.)

## 017

진공에서 $+5.0\mu C$의 전하를 반지름 $30cm$인 원의 원주에 균일하게 분포시켰다. $\infty$에서 $+20\mu C$의 전하를 이 원의 중심에 가져오기 위한 에너지를 구하시오. (단, 쿨롱상수는 $k_e = 9.0 \times 10^9 Nm^2/C^2$로 한다.)

12장

## 018

진공에서 그림과 같이 점전하를 직사각형의 꼭짓점에 배치할 때, 이러한 배치를 하기 위해 필요한 에너지를 구하시오. (단, 진공의 유전율은 $\varepsilon_0$로 한다.)

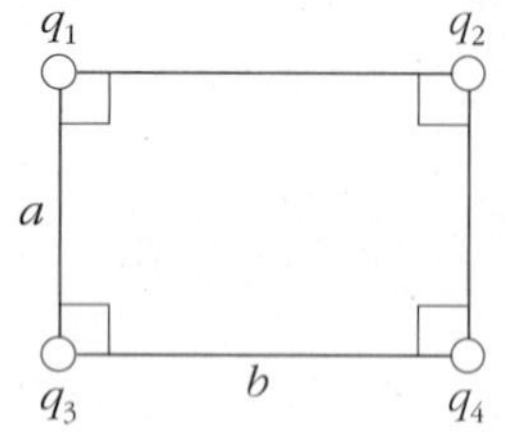


## 019

진공에서 길이 $3.0m$인 막대가 균일하게 대전되어 있다. 이 막대의 총 전하량이 $10nC$이고 무한대 위치를 전위의 기준으로 할 때, 이 막대의 중심에서 $4.0m$ 떨어져 있으면서 축 상에 있는 $P$ 점의 전위를 구하시오. (단, 쿨롱상수는 $k_e = 9.0 \times 10^9 Nm^2/C^2$로 한다.)

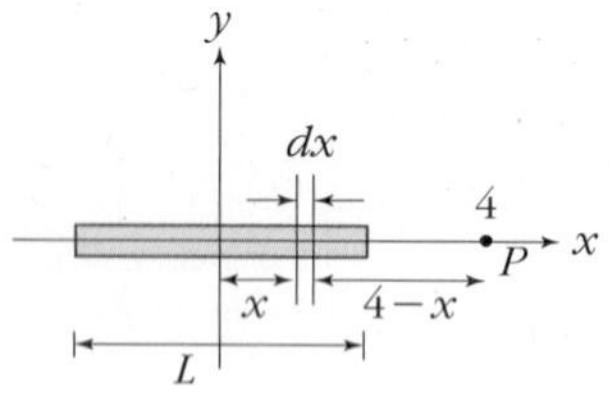


## 020

한 변의 길이가 $3.0m$인 정삼각형의 꼭짓점에 $q = +30\mu C$의 전하를 그림처럼 배치하였다. 여기에 $\infty$에서 $q' = +25\mu C$의 전하를 한 변의 중간에 가져오기 위해 필요한 에너지를 구하시오. (단, 쿨롱상수는 $k_e = 9.0 \times 10^9 Nm^2/C^2$로 한다.)

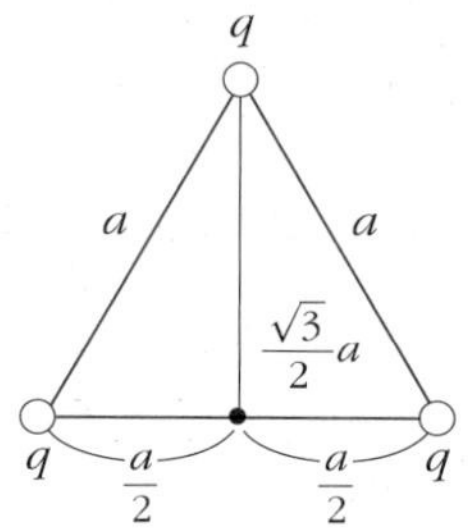


## 021

전자가 진공에서 전극판 $A$에서 전극판 $B$로 가속되면서 $8.0 \times 10^{-16} J$의 운동 에너지가 증가하였다고 한다. 두 전극판 사이의 전위차의 크기를 구하고, 전위가 높은 전극판을 구하시오. (단, 전자의 전하량은 $1.6 \times 10^{-19} C$으로 한다.)

## 022

진공에서 $6.0cm$ 떨어진 평행한 두 도체판에 각각 같은 크기의 다른 부호의 전하가 대전되어 있다. 각 도체의 마주보는 면에 전하밀도의 크기가 $5.0nC/m^2$일 때, 두 도체판 사이의 전위차 크기를 구하시오. (단, 진공의 유전율은 $8.85pF/m$로 하고, 도체의 가장자리 효과는 무시할 수 있다고 가정한다.)

## 023

진공에서 $x$축 상의 임의의 $a$점에서 $b$점까지 전하를, 선 전하밀도가 SI 단위로 $\lambda = cx$($c$는 상수)가 되도록 분포시켰다. 전위의 기준점을 $\infty$로 할 때, $y(y \neq 0)$축 상의 임의 지점의 전위를 구하시오. (단, 쿨롱상수는 $k_e = 9.0 \times 10^9 Nm^2/C^2$로 한다.)

## 024

그림과 같이 진공에서 길이 $L$, 거리 $d$인 평행판 축전기의 극판을 전위 $V$로 유지하고, 전자를 속력 $v_0$로 입사시켰을 때, 축전기를 빠져나가면서 수평과 이루는 각 $\theta$를 구하시오. (단, 전자의 전하량은 $e$로 하고, 질량은 $m_e$로 한다.)

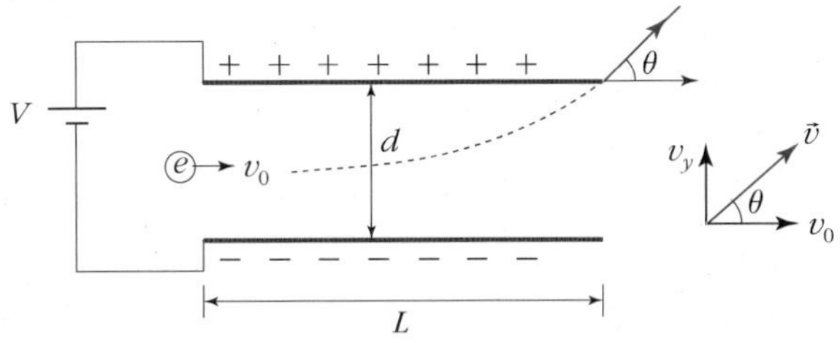


## 025

진공에서 반지름 $1.0cm$인 긴 절연체 원기둥의 내부가 균일한 전하밀도 $80nC/m^3$로 대전되어 있다. 이 원기둥의 축에서 수직거리 $1.0cm$인 지점 $A$와 원기둥 축에서 수직거리 $5.0cm$인 지점 $B$ 사이의 전위차 크기를 구하시오. (단, 쿨롱상수는 $k_e = 9.0 \times 10^9 Nm^2/C^2$로 한다.)

## 026

반지름 $R$인 부도체 구를 진공에서 전하밀도 $\rho$로 균일하게 대전시켰다. 이 구의 중심과 구의 중심으로부터 거리 $r$인 구 내부의 임의 지점 사이의 전위차의 크기를 구하시오. (단, 쿨롱상수는 $k_e$로 한다.)

## 027

진공에서 반지름 $R$인 도체 구에 알짜 전하 $Q$가 분포하고 있을 때, 이 전하에 의해 만들어진 전기장의 에너지를 구하시오. (단, 진공의 유전율은 $\varepsilon_0$로 한다.)

## 028

진공에서 처음 대전되지 않은 고립된 반지름 $3.0cm$인 구형 도체를 $50pC$로 대전시켰다. 도체의 중심에서 $1.0cm$ 떨어진 어떤 지점 $A$와 도체의 중심에서 $5.0cm$ 떨어진 다른 지점 $B$ 사이의 전위차 $V_A - V_B$를 구하시오. (단, 쿨롱상수는 $k_e = 9.0 \times 10^9 Nm^2/C^2$로 한다.)

## 029

진공에서 반지름 $R$인 긴 부도체 원기둥을 전하밀도 $\rho$로 균일하게 대전시켰다. 이 원기둥 내부의 두 지점 $A$, $B$ 사이의 전위차 $V_A - V_B$를 구하시오. (단, 쿨롱상수는 $k_e$로 한다.)

## 030

진공에서 그림과 같이 평행판 축전기를 수평으로 놓고 두 극판 사이에 전자를 넣었을 때, 전자에 작용하는 전기력과 중력이 평형을 이루도록 축전기 두 극판에 인가해야 하는 전압의 크기를 구하시오. (단, 전자의 질량은 $m_e$, 중력 가속도는 $g$, 전자의 전하량은 $e$로 한다.)

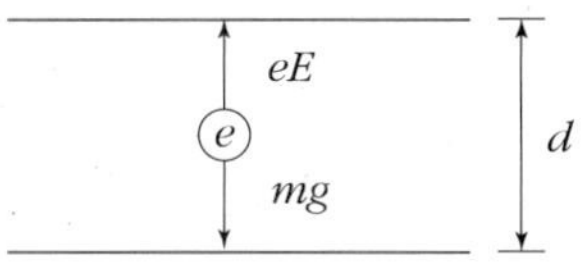


## 031

진공에서 어떤 공간의 전기장이 $SI$ 단위로 $E_x = (2.0x)N/C$, $E_y = E_z = 0$으로 주어졌다. 여기서 $x$의 단위는 $m$이다. $A$와 $B$ 지점은 $x$축 상에 있으며 각각 좌표가 $x_A = 4.0m$, $x_B = 6.0m$이다. 이 조건에서 전위차 $V_B - V_A$을 구하시오.

## 032

진공에서 무한 직선을 선 전하밀도 $\lambda$로 균일하게 대전시켰을 때, 이 직선에서 수직거리 $r$ 떨어진 지점의 전위를 구하시오. (단, 진공의 유전율은 $\varepsilon_0$로 한다.)

## 033

진공에서 반지름 $R$인 고리에 전하 $Q$를 고르게 분포시켰다. $\infty$를 전위의 기준으로 삼았을 때, 이 고리의 중심에서 수직거리 $x$인 점의 전위를 구하시오. (단, 진공의 유전율은 $\varepsilon_0$로 한다.)

## 034

진공에서 대전되어 있지 않은 동심으로 된 $n$개의 도체 구 껍질들 중심에 전하 $q$가 놓여 있다. 무한대 지점의 전위를 기준으로 할 때($V=0$), 이 구 껍질들 중심에서 거리 $r$인 $n$번째 구 껍질 바깥 지점의 전위를 구하시오. (단, 진공의 유전율은 $\varepsilon_0$로 한다.)

## 035

진공에서 반지름 $R$인 도체 구를 전하 $Q$로 대전시켰다. $\infty$인 지점을 전위의 기준으로 하였을 때, 도체 구의 중심에서 거리 $r$ 떨어진 도체 구의 내부 지점과 도체 구의 중심에서 거리 $r$ 떨어진 도체 구 외부 지점의 전위를 구하시오. (단, 진공의 유전율은 $\varepsilon_0$로 한다.)

## 036

진공에서 반지름 $R$인 부도체 구를 전하 $Q$로 균일하게 대전시켰다. $\infty$인 지점을 전위의 기준으로 하였을 때, 이 부도체 구 내부의 지점과 외부 지점의 전위를 구하시오. (단, 유전율은 $\varepsilon_0$로 한다.)

## 037

진공에서 반지름 $R$인 원반에 전하 $Q$를 균일하게 분포시켰다. $\infty$인 곳의 전위를 기준으로 하였을 때, 이 원반의 중심에서 수직거리 $x$인 곳의 전위를 구하시오. (단, 쿨롱상수는 $k_e$로 한다.)

## 038

진공에서 반지름 $R$인 매우 긴 원기둥을 균일한 전하 밀도 $\rho$로 대전시켰다. 이 원기둥의 중심축에서 수직 거리 $r$인 원기둥 내부 지점과 원기둥 외부 지점의 전위를 구하시오. (단, 유전율은 $\varepsilon_0$로 한다.)

## 039

진공에서 반지름 $R$인 고리에 전하 $Q$를 균일하게 분포시켰을 때, $\infty$를 전위의 기준으로 하여 고리의 중심에서 수직거리 $x$인 곳의 전위가 $k_e \dfrac{Q}{\sqrt{x^2+R^2}}$이다. 이 지점에서의 전기장을 구하시오.

## 040

진공에서 반지름 $R$인 원반에 총 전하 $Q$를 균일하게 분포시켰다. $\infty$인 곳을 전위의 기준으로 하였을 때, 이 원반의 중심에서 $x$ 떨어진 곳의 전위가 $k_e \dfrac{2Q}{R^2}[\sqrt{x^2+R^2}-x]$이라 한다. 이 지점의 전기장을 구하시오.

## 041

$100\mu F$ 축전기 두 개를 병렬연결한 것의 등가 정전용량을 구하시오.

## 042

$100\mu F$ 축전기 두 개를 직렬연결한 것의 등가 정전용량을 구하시오.

12장

## 043

진공에서 평행판 축전기의 극판 면적이 $A$, 극판 간극이 $d$일 때, 이 평행판 축전기의 정전용량을 구하시오. (단, 진공의 유전율은 $\varepsilon_0$로 한다.)

## 044

$C = 15\mu F$일 때, 그림과 같은 회로의 등가 정전용량을 구하시오.

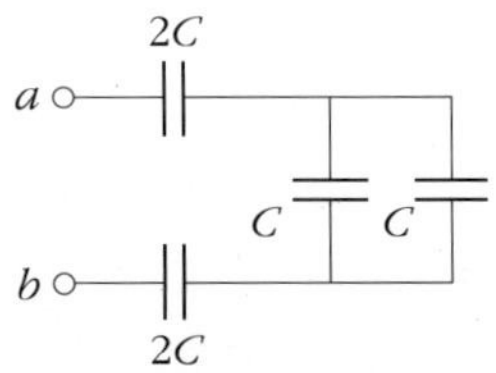


## 045

다음 그림과 같은 축전기 연결의 합성용량을 구하시오.

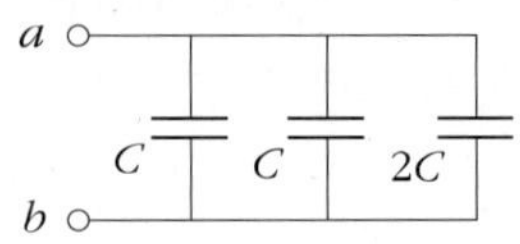


## 046

다음 그림과 같은 축전기 연결의 합성용량을 구하시오.

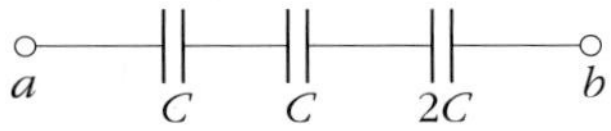

## 047

다음 그림과 같은 회로의 등가 정전용량을 구하시오.

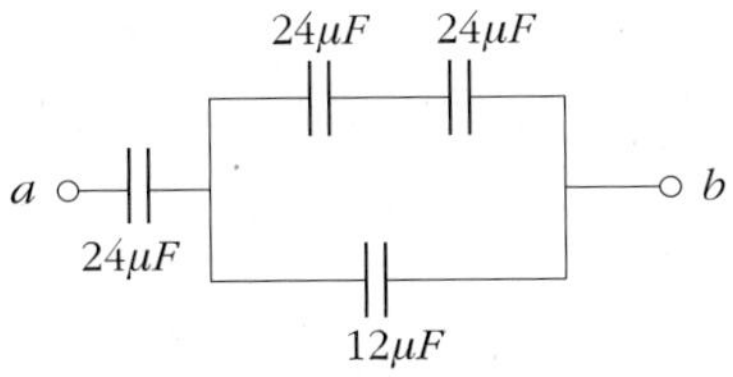


## 048

다음 그림과 같은 축전기 연결의 합성용량을 구하시오.

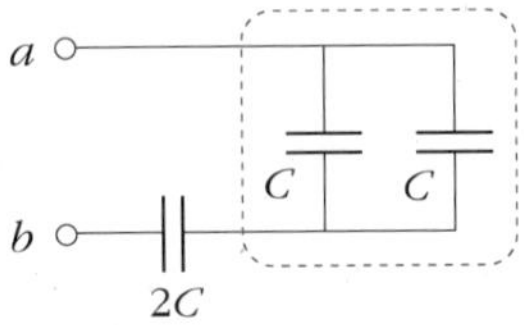


## 049

다음 그림과 같은 축전기 연결의 합성용량을 구하시오.

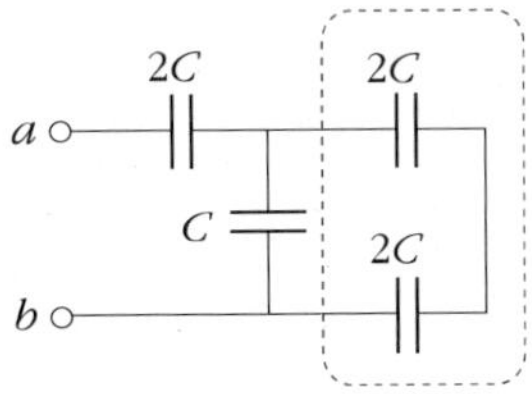


## 050

$C_1 = 30\mu F,\ C_2 = 10\mu F,\ C_3 = 20\mu F,\ V_0 = 20V$일 때, $C_2$에 저장된 에너지를 구하시오.

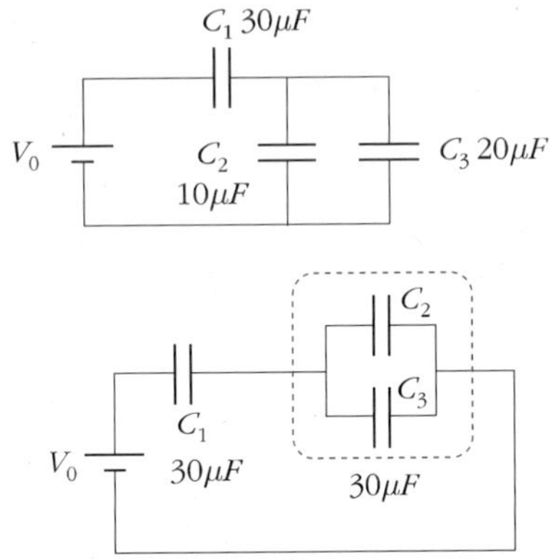

## 051

$C_1 = 30\mu F,\ C_2 = 10\mu F,\ C_3 = 20\mu F,\ V_0 = 20V$ 일 때, $C_1$에 저장된 에너지를 구하시오.

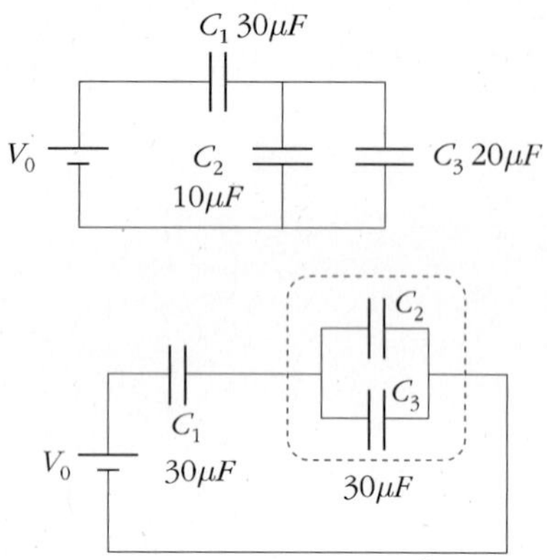


## 052

$C_1 = 30\mu F,\ C_2 = 10\mu F,\ C_3 = 20\mu F,\ V_0 = 20V$ 일 때, $C_3$에 저장된 에너지를 구하시오.

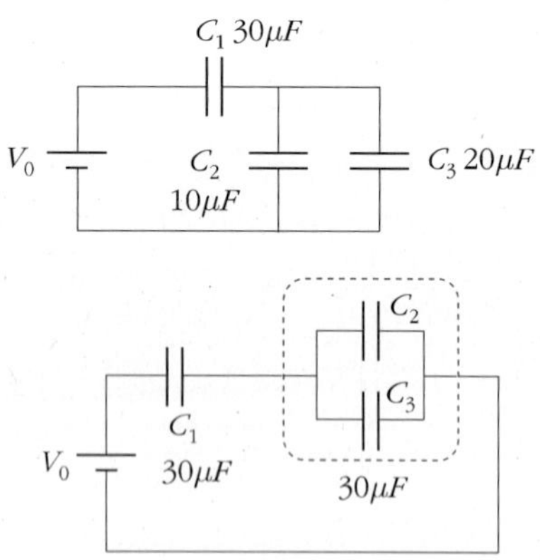


## 053

다음 그림과 같은 축전기 연결의 합성용량을 구하시오.

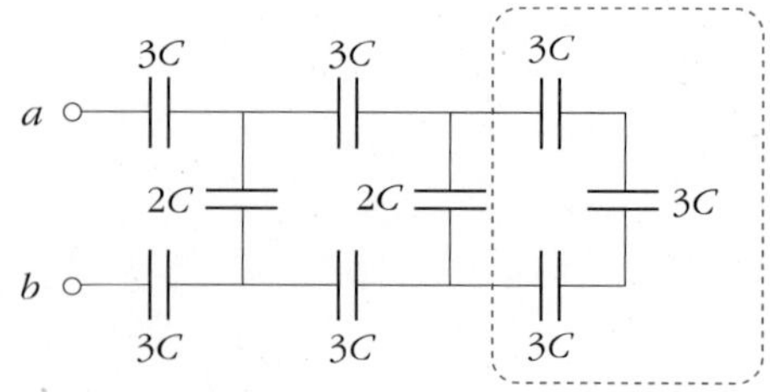


## 054

다음 그림과 같은 축전기 연결의 합성용량을 구하시오.

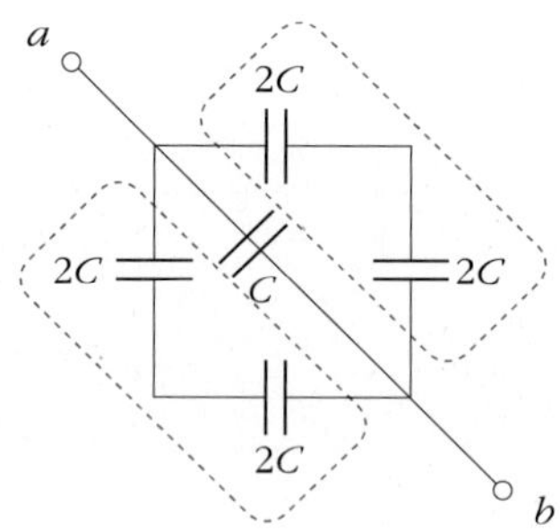

## 055

$4.0\mu F$ 축전기를 $50V$로 충전하고, $8.0\mu F$ 축전기를 $20V$로 충전하여 한 축전기의 양극을 다른 축전기의 음극에 연결하여 평형상태에 도달하도록 하였다. $4.0\mu F$ 축전기에 저장된 전하량의 크기를 구하시오.

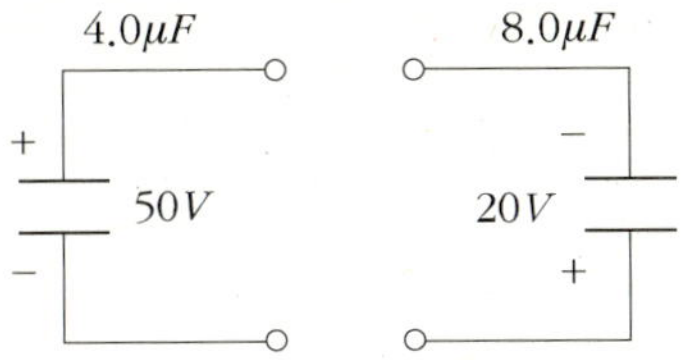


## 056

면적이 $A$, 떨어진 거리가 $d$인 평행판 축전기에서 아래 그림처럼 위쪽에 두께 $d_1$, 유전상수 $K_1$인 물질을 채우고, 아래쪽에는 두께 $d_2$, 유전상수 $K_2$인 물체를 채웠을 때, 이 축전기의 정전용량을 구하시오.

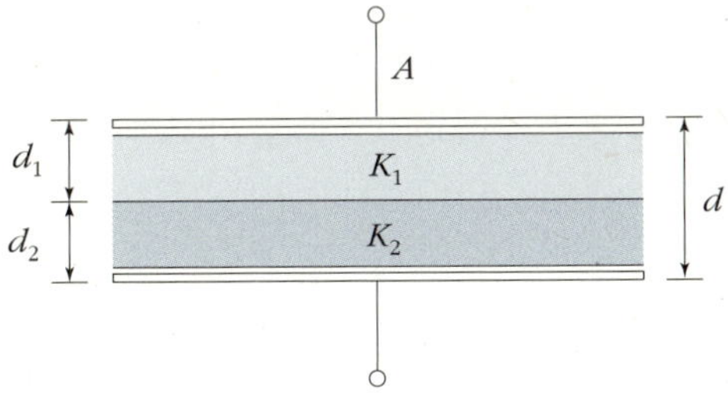


## 057

면적 $A$이고 떨어진 거리가 $d$인 평행판 축전기에서 그림과 같이 왼쪽 반은 두께 $d$, 면적 $A/2$, 유전상수 $K_1$인 물체를 채우고, 오른쪽 반은 두께 $d$, 면적 $A/2$, 유전상수 $K_2$인 물체를 채웠을 때 정전용량을 구하시오.

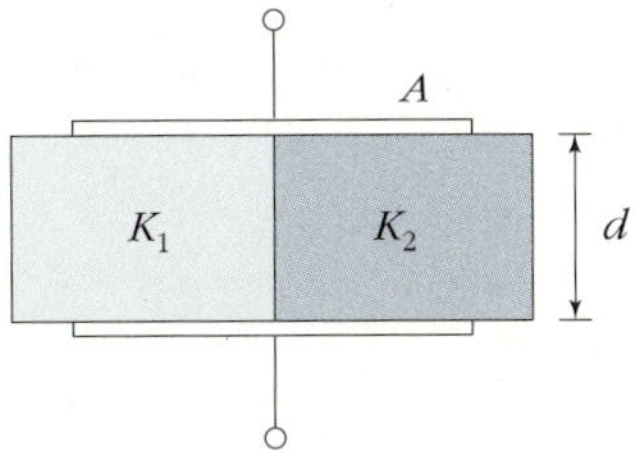


## 058

$10\mu F$ 축전기와 $20\mu F$ 축전기를 직렬로 연결하여 $30V$의 전위차로 충전하였을 때, $20\mu F$ 축전기에 저장되는 전하를 구하시오.

## 059

진공에서 $1.00m^3$의 부피에 $1.00J$의 전기에너지를 저장하기 위해 필요한 전기장의 세기를 구하시오. (단, 진공의 유전율은 $\varepsilon_0 = 8.85pF/m$로 한다.)

## 060

$50\mu F$ 축전기를 전위 $V_0$로 축전한 후, 전하가 없는 $30\mu F$ 축전기를 연결하여 평형 상태가 이루어졌을 때 전위가 $30V$라 한다. $V_0$를 구하시오.

## 061

$40\mu F$ 축전기를 $50V$로 축전한 후, 축전되지 않은 $20\mu F$ 축전기와 병렬연결하여 정전 평형이 이루어졌을 때, $20\mu F$ 축전기 양단의 전위차를 구하시오.

## 062

그림과 같이 면적 $A$인 평행판 축전기의 내부에 두께가 $a$, 유전상수가 $K$인 물체를 넣었을 때 정전용량을 구하시오.

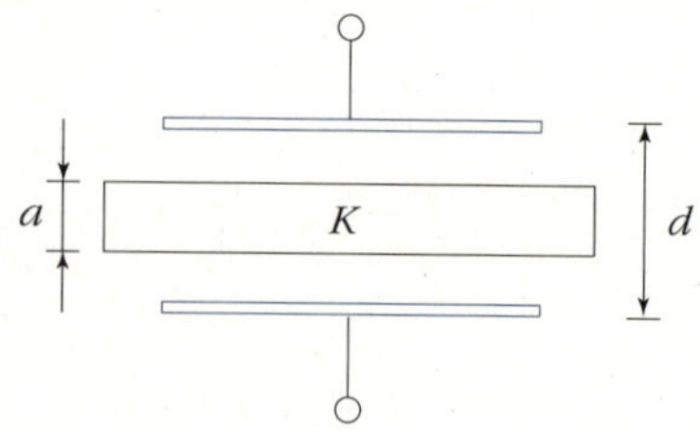


## 063

그림과 같이 면적이 모두 $A$로 같은 3개의 평행한 금속 전극 사이에 유전상수가 각각 $K_1$, $K_2$인 두께 $d$인 물체를 넣어 축전기를 구성하였다. 이 축전기의 정전용량을 구하시오.

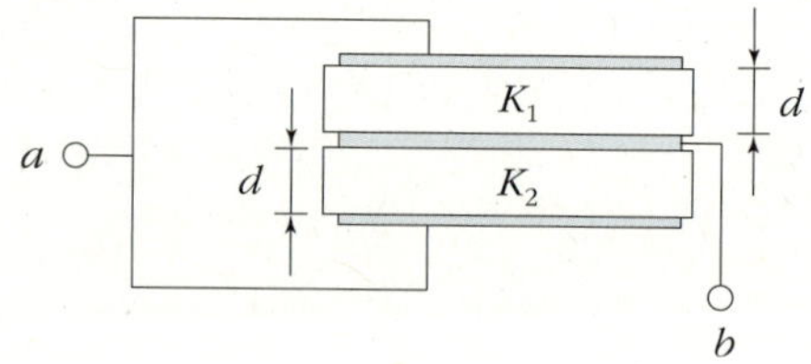

## 064

면적이 $A$, 극판 간극이 $d_0$인 어떤 이상적인 평행판 축전기의 전기용량(정전용량)을 $C_0$라 한다. 이 축전기에 전압 $V_0$인 전지를 연결하여 축전기 극판에 쌓인 전하량의 크기를 $Q_0$라 한다. 전지를 떼고 전하를 방전시키지 않으면서 극판의 간극을 $3d_0$로 하였을 때, 이 축전기에 저장된 전하량의 크기와 극판 사이의 전위차 크기를 구하시오.

## 065

면적이 $A$, 극판 간극이 $d_0$인 어떤 이상적인 평행판 축전기의 전기용량(정전용량)을 $C_0$라 한다. 이 축전기에 전압 $V_0$인 전지를 연결하여 축전기 극판에 쌓인 전하량의 크기를 $Q_0$라 한다. 전지를 떼고 전하를 방전시키지 않으면서 극판 사이를 유전상수가 2인 유전체로 채웠을 때, 전기용량과 극판 사이의 전위차 크기를 구하시오.

## 066

진공에서 반지름 $R$인 금속 도체 구의 정전용량을 구하시오.

## 067

진공에서 반지름이 $r_a$, $r_b$인 동심 구각(spherical shell)으로 만들어진 축전기의 정전용량을 구하시오. (단, $r_a < r_b$이다.)

## 068

진공에서 반지름 $R$인 두 구각이 거리 $d$만큼 떨어져 있다. $d \gg R$일 때, 이 두 구각에 의해 만들어지는 축전기의 정전용량을 구하시오.

## 069

매우 긴 동축 원통으로 이루어진 원통형 축전기가 진공상태에 있다. 안쪽 원통의 반지름은 $r_a$, 바깥 쪽 원통은 반지름 $r_b$일 때, 이 축전기의 단위 길이당 정전용량을 구하시오. (단, 진공의 유전율은 $\varepsilon_0$로 한다.)

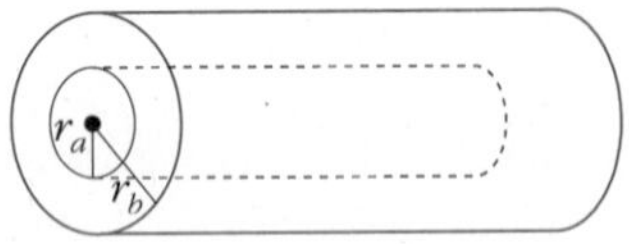


## 070

진공에서 길이가 $L$이고 반지름 $r_a$, $r_b$인 두 동심 원통의 사이에 그림처럼 유전상수 $K_1$, $K_2$인 물체를 반씩 채워서 만들어진 축전기의 정전용량을 구하시오. (단, 원통의 길이는 매우 길다고 가정한다.)

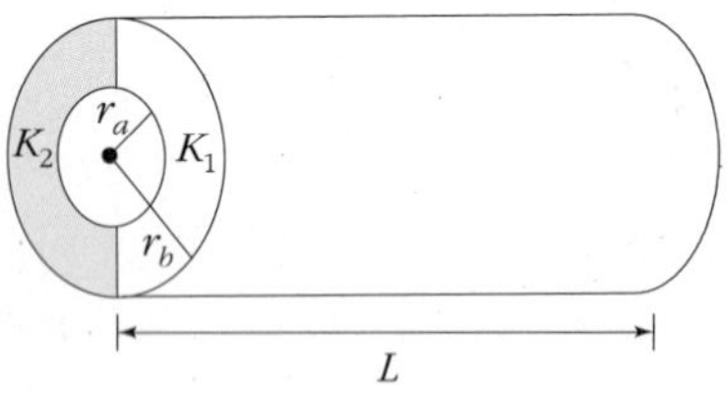


## 071

진공에서 반지름이 $r_a$, $r_b$인 동심 구각(spherical shell) 사이의 공간을 그림처럼 유전상수 $K_1$, $K_2$인 물체로 반씩 채워 만들어진 축전기의 정전용량을 구하시오. (단, $r_a < r_b$이다.)

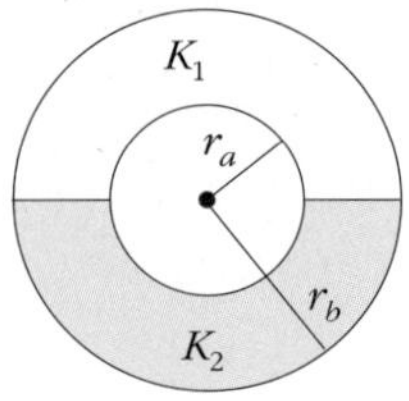


## 072

그림처럼 폭 $a$, 길이 $l$, 두 극판 사이의 거리가 $d$인 평행판 축전기가 진공 중에 있고, 이 축전기에 일정한 전압 $V$를 가하고 있다. 그리고 축전기의 내부에 폭 $a$, 길이 $x$, 유전율 $\varepsilon$인 유전체를 그림처럼 넣고 진공의 유전율을 $\varepsilon_0$라 할 때, 다음을 구하시오.

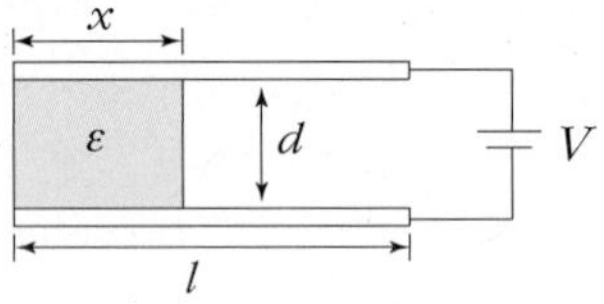


(가) 유전체가 삽입된 영역의 정전용량 $C_1$과 유전체가 삽입되지 않은 영역의 정전용량 $C_2$

(나) 유전체가 삽입된 상태의 축전기의 총 정전용량 $C$

(다) 이 상태에서 축전기에 저장된 총 전기에너지 $U$

물리
천재
1000제

# PHYSICS GENIUS

1000제

CHAPTER

13

# 전류와 저항, 기전력

# 13장 전류와 저항, 기전력

핵심 용어

기전력, 비저항, 유동속도, 저항, 전기전도도, 전류, 전류밀도, 전하밀도

## 001

다음 중 전기 저항의 단위는?

(가) $C$　　(나) $V$

(다) $A$　　(라) $\Omega$

## 002

다음 중 전류의 단위는?

(가) $C$　　(나) $V$

(다) $A$　　(라) $W$

## 003

다음 중 비저항의 단위는?

(가) $\Omega \cdot m$　　(나) $\Omega / m$

(다) $m / \Omega$　　(라) $\dfrac{1}{\Omega \cdot m}$

## 004

다음 중 전력의 단위는?

(가) $J$　　(나) $W$

(다) $C$　　(라) $F$

## 005

어떤 물체의 비저항은?

(가) 그 물체의 모양에 따라 다르다.
(나) 그 물체의 크기에 따라 다르다.
(다) 그 물체의 크기와 모양에 따라 다르다.
(라) 그 물체의 크기와 모양과는 상관없다.

## 006

반지름이 각각 $r_a$, $r_b$인 두 동심 구각 사이를 비저항 $\rho$인 물질로 채웠을 때, 두 구각 사이의 저항을 구하시오. (단, $r_b > r_a$이다.)

## 007

반지름이 각각 $r_a$, $r_b$이며 길이 $L$인 두 동심 원통 사이에 비저항 $\rho$인 물질을 채웠다. 이 원통 사이의 저항을 구하시오. (단, $r_b > r_a$이다.)

## 008

그림처럼 내경과 외경이 각각 $a$, $b$인 동심 구각 내부를 왼쪽 반은 비저항 $\rho_1$인 물질로, 나머지 오른쪽 반은 비저항 $\rho_2$인 물질로 채웠을 때, 다음을 구하시오.

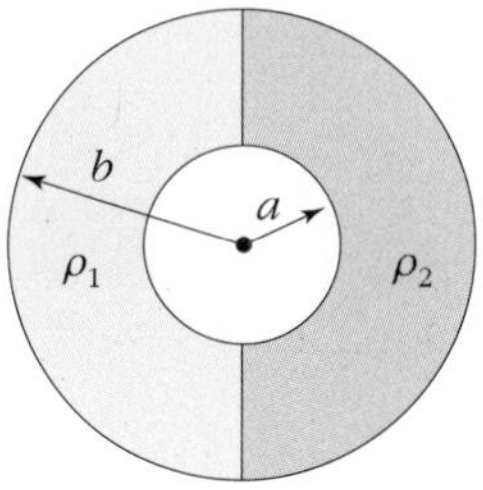


(가) 두 구각 사이의 저항
(나) 왼쪽 반구에 흐르는 전류를 $I_1$, 오른쪽 반구에 흐르는 전류를 $I_2$라 할 때, 이 전류를 두 구각사이의 전위차 $V_{ab}$로 구하시오.

## 009

그림처럼 반지름이 $a$, $b$이며 길이가 $L$인 동심 원통 사이를 반은 비저항 $\rho_1$인 물질로 채우고, 반은 비저항 $\rho_2$인 물질로 채웠을 때, 이 동심 원통 사이의 저항을 구하시오. (단, $b>a$이다.)

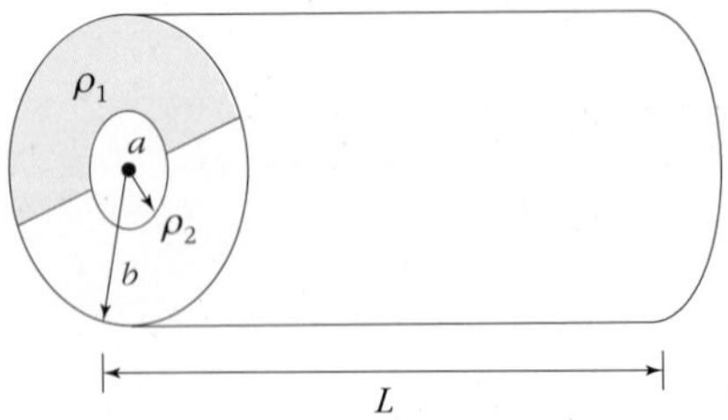


## 010

반경 $r$, 길이 $l$, 비저항이 $\rho$인 어떤 원기둥형 도체의 길이 방향 저항값이 $R$이라 한다. 이 도체의 길이를 3배로 잡아 늘렸을 때, 길이 방향의 저항값을 구하시오.

## 011

직경 $1.2mm$인 어떤 도선의 전류가 $3.0A$이고 전하 운반자가 모두 전자라고 한다. 이 도선의 전자의 밀도가 $2.31\times10^{23}/cm^3$라고 할 때, 전자의 유동속도의 크기를 구하시오. (단, 전자의 전하량은 $1.60\times10^{-19}C$으로 한다.)

## 012

옛날 TV 브라운관은 전자총에서 전자 빔을 사용했다. 전자 빔의 전류가 $0.30mA$일 때, 1초 동안 브라운관 화면에 충돌하는 전자의 수를 구하시오. (단, 전자의 전하량은 $1.60\times10^{-19}C$으로 한다.)

## 013

저항이 $100\Omega$인 전열기에 $220V$의 전위차를 가했을 때, 이 전열기의 소비전력을 구하시오.

## 014

전하 운반자가 전자인 어떤 도선의 전자밀도가 $6.7\times10^{22}/cm^3$, 전류가 $2.0A$일 때, 전자의 유동속도의 크기가 $0.15mm/s$라고 한다. 이 도선의 단면적을 구하시오. (단, 전자의 전하량은 $1.6\times10^{-19}C$로 한다.)

## 015

정격 전압이 $110V$, 소비 전력이 $10.0W$인 작은 전구의 필라멘트의 비저항 온도계수가 $\alpha=3.20\times10^{-3}/°C$이고, 이 전구를 켰을 때 온도는 섭씨로 실내온도 $20.0°C$의 $10$배라고 한다. 이 전구가 실내온도에 있을 때 필라멘트의 저항값을 구하시오.

## 016

전하량 $3.0nC$인 입자가 반지름 $3.0m$인 원을 따라 속력 $2.1\times10^5m/s$로 등속 원운동을 한다. 이 전하가 원 궤도에서 만드는 평균 전류를 구하시오.

## 017

$6.3 \times 10^{23}$ 개의 전자가 $12\Omega$ 저항기를 $7.0$분 동안 통과할 때, 이 저항기 양단의 전위차의 크기를 구하시오. (단, 전자의 전하량은 $1.6 \times 10^{-19}C$으로 한다.)

## 018

어떤 도체를 길이 $5.0m$, 단면 $2.4mm \times 3.0mm$인 사각막대로 만들어 길이 방향으로 $100V$의 전위차를 주었더니 전류가 $2.0A$이었다. 이 도체의 전기전도도를 구하고, 이 도체의 전하 운반자가 전자이고 전자의 유동속력이 $0.21mm/s$일 때, 이 도체의 전자밀도를 구하시오. (단, 전자의 전하량은 $1.6 \times 10^{-19}C$으로 한다.)

## 019

비저항이 $3.20 \times 10^{-8}\Omega \cdot m$인 물질로 길이 $3.00m$, 단면 $1.50mm \times 1.50mm$인 정사각형 막대를 만들어 막대 양 끝에 $24.0V$의 전위차를 가했을 때, 막대에서 단위 시간당 발생하는 열에너지인 소비 전력을 구하시오.

## 020

밀도가 $\rho = 8.96g/cm^3$, 단면적이 $3.14mm^2$인 구리 도선에 전류가 $5.0A$일 때, 전자의 유동속도의 크기를 구하시오. (단, 구리의 원자량은 $63.5$이고, 각 원자에서 전자 1개가 전도성 전자로 기여한다고 하며, 아보가드로수는 $N_A = 6.02 \times 10^{23}/mol$이다. 전자의 전하량은 $1.6 \times 10^{-19}C$으로 한다.)

## 021

$3.0k\Omega$ 저항기에 일정한 $12V$ 전위차를 유지시켰을 때, 이 저항기에서 3분 동안 발생한 열에너지를 구하시오.

## 022

승용차의 $12V$ 축전지의 용량이 $80Ah$라고 한다. $60W$ 전조등을 얼마나 오래 켤 수 있는지 시간을 구하시오.

## 023

단열된 컵에 담긴 $200ml$ 물을 $20°C$에서 $90°C$로 가열하는 데 $220V$ 전원용 전열기를 사용하여 2분이 걸렸다고 할 때, 이 전열기의 전류의 크기와 전열기가 작동할 때의 저항을 구하시오. (단, 물의 비열을 $4.2J/g\cdot°C$로 하고, 물을 가열하는 데 모든 에너지가 사용된다고 가정한다.)

## 024

비저항이 $1.7\times10^{-8}\Omega\cdot m$인 재료로 길이가 $2.0m$, 직경이 $0.30mm$인 도선을 만들었을 때, 이 도선의 저항값을 구하시오.

## 025

어떤 도체로 만들어진 길이 $20m$, 직경 $3.0mm$인 도선의 저항이 $10.0\Omega$일 때, 이 재료의 전기전도도를 구하고, 이 재료로 만들어진 길이 $50m$, 직경 $1.0mm$인 도선의 저항을 구하시오.

## 026

반경 $r$, 길이 $l$, 비저항 $\rho$인 어떤 원기둥형 도체의 저항값이 원기둥 길이 방향으로 $R$이라 한다. 이 도체를 녹여 원래 길이의 $1/3$인 원기둥형 도체로 만들었을 때, 길이 방향의 저항값을 구하시오.

## 027

길이 $2.0m$, 직경 $1.2mm$인 도선의 저항값이 $0.30\Omega$일 때, 이 도선을 만든 재료의 비저항값을 구하시오.

## 028

그림과 같이 위쪽 반지름 $r_a$, 아래쪽 반지름 $r_b$, 높이 $h$, 비저항 $\rho$인 물질로 이루어진 원뿔꼴 도체의 원뿔꼴의 축 방향 저항을 구하시오.

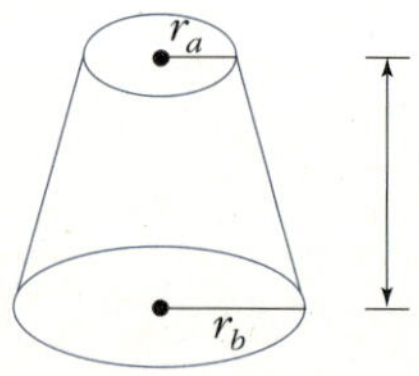

물리
천재
1000제

# PHYSICS GENIUS

1000제

CHAPTER

14

# 직류회로

# 14장 직류회로

**핵심 용어**

RC 회로, 기전력, 내부 저항, 단자 전압, 시상수, 옴의 법칙, 저항 병렬연결, 저항 직렬연결, 전력, 전류계, 전압계, 전위차, 키르히로프의 규칙

### 001

$100\Omega$ 저항 두 개를 병렬연결한 것의 등가 저항은?

(가) $200\Omega$　(나) $50\Omega$
(다) $1/50\Omega$　(라) 답이 없음

### 002

$100\Omega$ 저항 두 개를 직렬연결한 것의 등가 저항은?

(가) $200\Omega$　(나) $50\Omega$
(다) $1/50\Omega$　(라) 답이 없음

### 003

다음 중 옴의 법칙과 관련된 것은?

(가) $\sum I = 0$　(나) $\sum V = 0$
(다) $\sum F = ma$　(라) $V = IR$

### 004

$10.0\Omega$ 저항의 단자 전압이 $30.0V$일 때, 이 저항에서 소비되는 전력을 구하시오.

(가) $30.0W$　(나) $300W$
(다) $90.0W$　(라) $900W$

## 005

**이상적인 전압계는?**

(가) 저항이 없으며 전압계 단자 사이의 전위차를 측정한다.

(나) 무한대의 저항을 가지며 전압계 단자 사이에 전위차가 발생하지 않는다.

(다) 저항이 없으며 전압계 단자 사이에 전위차가 발생하지 않는다.

(라) 무한대의 저항을 가지며 전압계 단자 사이의 전위차를 측정한다.

## 006

**이상적인 전류계는?**

(가) 저항이 없으며 전류계 단자 사이의 전위차를 측정한다.

(나) 무한대의 저항을 가지며 전류계 단자 사이에 전위차가 발생하지 않는다.

(다) 저항이 없으며 전류계 단자 사이에 전위차가 발생하지 않는다.

(라) 무한대의 저항을 가지며 전류계 단자 사이의 전위차를 측정한다.

## 007

**그림과 같은 회로에서 $I = 0.30A$, $V = 16V$ 일 때, $R$ 값을 구하시오.**

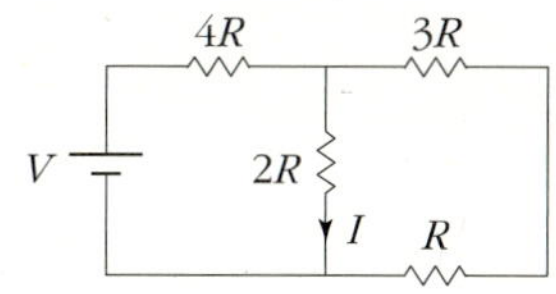


## 008

**그림과 같은 무한히 긴 저항 망의 $a$, $b$ 사이의 합성 저항값을 구하시오.**

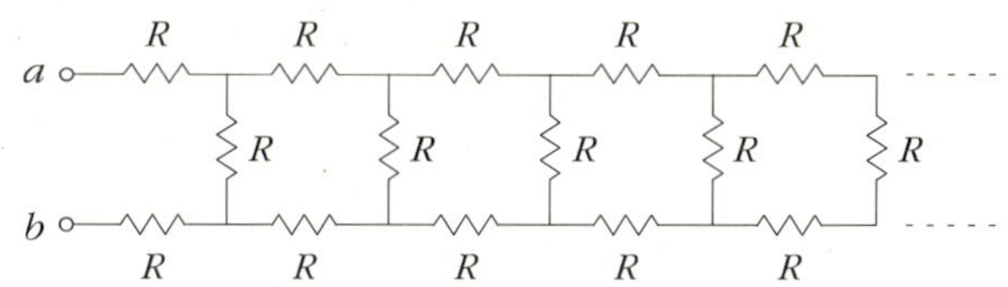

## 009

그림과 같은 회로에서 $30\Omega$ 저항에서 단위 시간당 발생하는 열에너지를 구하시오.

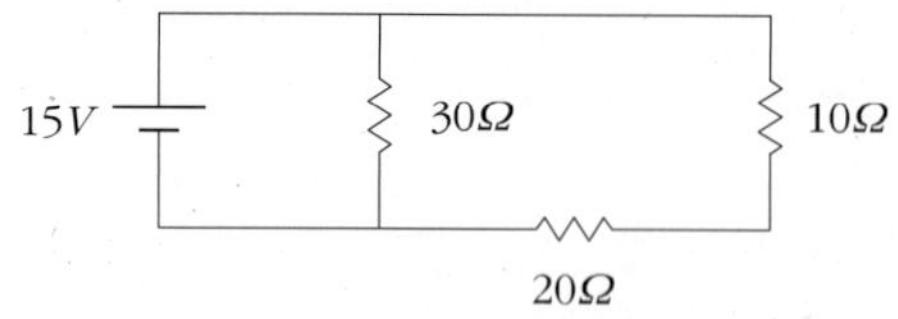


## 010

그림과 같은 회로에서 $R = 10\Omega$일 때, $a$와 $b$ 사이의 등가 저항값을 구하시오.

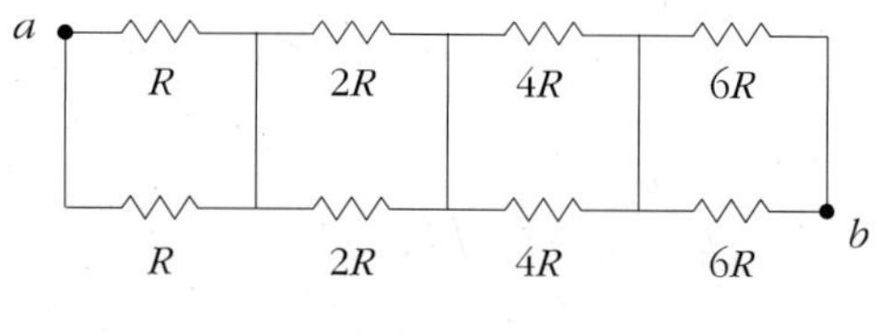


## 011

그림과 같은 회로에서 $20\Omega$ 저항에 흐르는 전류를 구하시오.

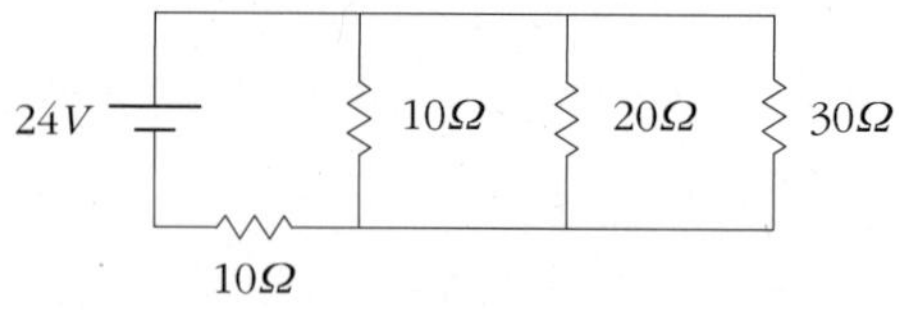


## 012

그림과 같은 회로에서 $R = 20\Omega$일 때, $a$와 $b$ 사이의 등가 저항값을 구하시오.

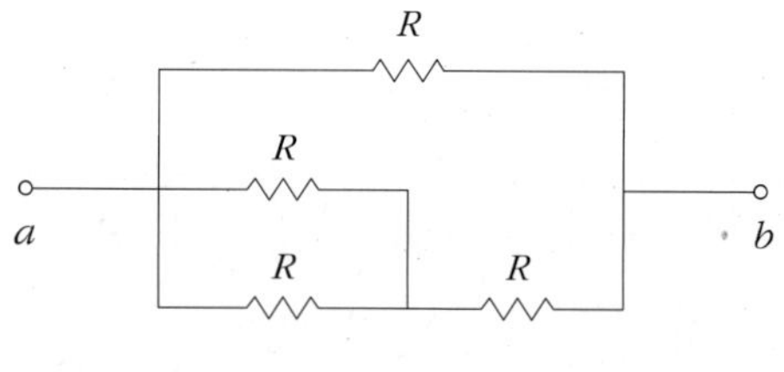

## 013

미지 값의 저항과 $20\Omega$의 저항이 기전력 $30V$인 전원에 연결되어 전원에서 나오는 전류가 $3.0A$라 한다. 이 미지 값의 저항을 구하시오.

## 014

그림과 같은 회로에서 $R=21\Omega$일 때, $a$와 $b$ 사이의 등가 저항값을 구하시오.

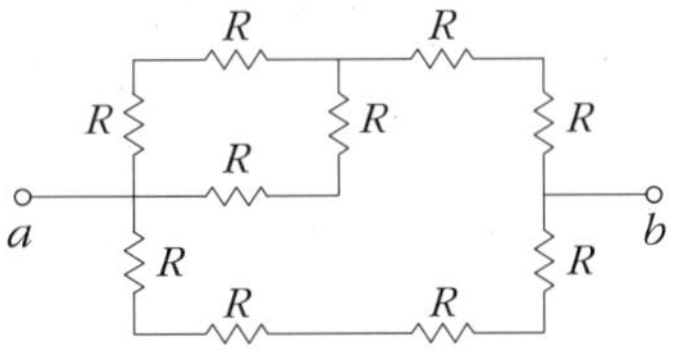


## 015

그림과 같은 회로에서 $I=0.30A$, $V=16V$일 때, $R$ 값을 구하시오.

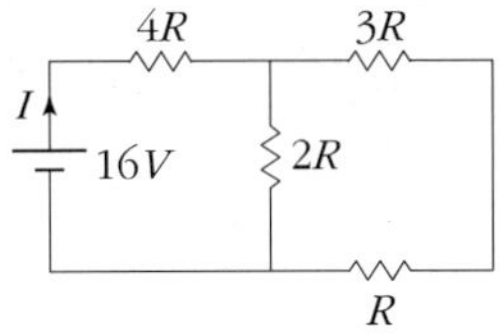


## 016

그림과 같은 회로에서 $A$, $B$ 사이의 등가 저항값을 구하시오.

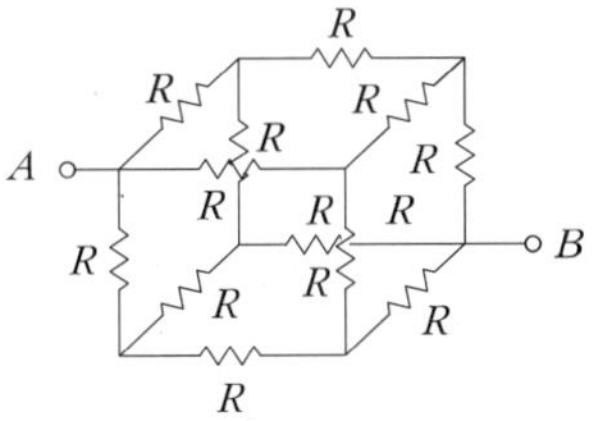

## 017

그림과 같은 회로에서 전위차 $V_a - V_b$을 구하시오.

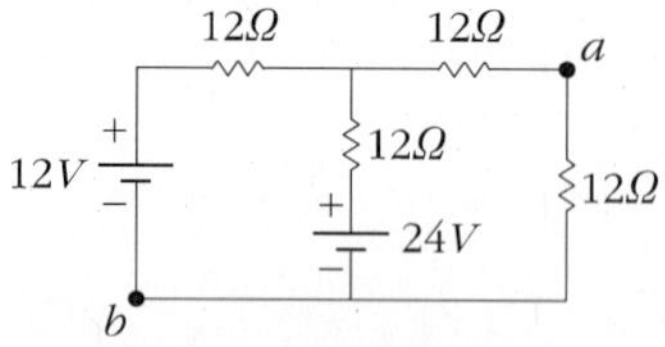


## 018

그림과 같은 회로에서 $t=0$일 때 스위치를 닫았다. 처음 축전기에는 전하가 없었고 $C=30\mu F$, $V=24V$, $R=4.7k\Omega$이라 할 때, $I=2.0mA$인 순간 축전기 단자 양단의 전위차의 크기를 구하시오.

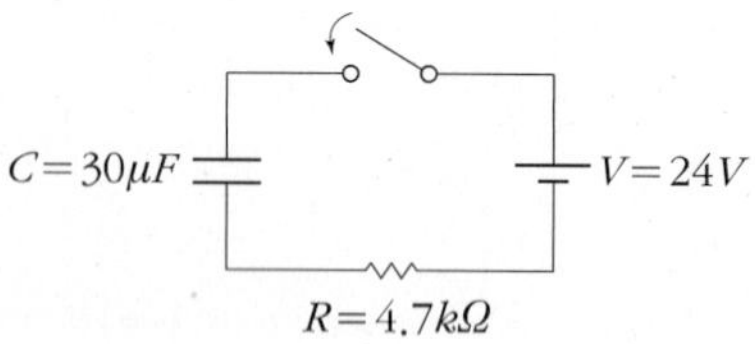


## 019

그림과 같은 회로에서 $20V$ 기전력에 의해 공급되는 전력을 구하시오.

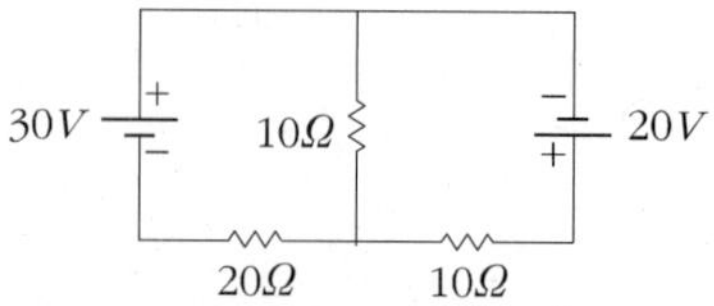


## 020

$12V$ 기전력의 전지에 $3.0\Omega$의 저항을 연결하면 저항에서 $40W$의 전력이 소비된다. 이 전지의 단자 전압을 구하고, 전지의 내부 저항을 구하시오.

## 021

그림과 같은 조건의 회로에서 $300\Omega$ 저항기에 흐르는 전류 $I$의 크기와 방향을 구하고, 저항 $R$ 값을 구하시오.

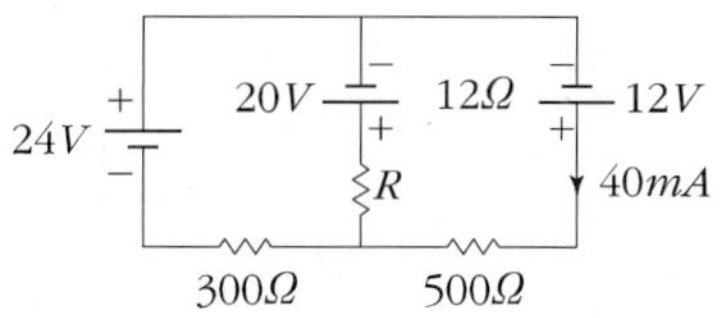


## 022

기전력 $\varepsilon = 6.0V$로 저항 $R$을 통하여 $C = 4.7\mu F$ 축전기를 완전 축전하려 한다. 축전을 시작하여 $t = 1.0s$ 후 축전기의 단자 전압이 $V = 4.0V$일 때, 저항 $R$ 값과 이 저항을 통해 흐르는 전류를 구하시오.

## 023

그림과 같은 회로에서 $I = 0.50A$일 때, 전위차 $V_b - V_a$을 구하시오.

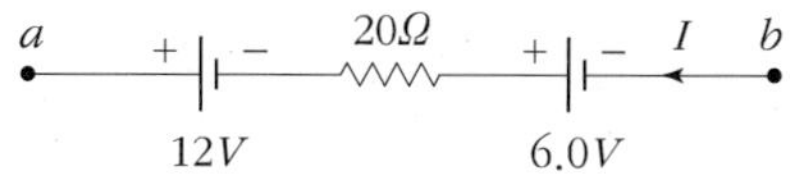


## 024

두 저항 $40\Omega$, $60\Omega$을 직렬로 연결하여 이상적인 직류 전원에 연결했을 때 $60\Omega$ 저항의 단자 전압이 $6.0V$이다. 이 전원의 전위를 구하고, 이 두 저항을 병렬로 연결하여 다시 이 전원에 연결했을 때 $40\Omega$ 저항에 흐르는 전류를 구하시오.

## 025

다음과 같은 회로에서, $R=2.0k\Omega$, $C=4.0mF$, $V=6.0V$, $Q=12mC$, $I=3.0mA$일 때, 전위차 $V_b-V_a$를 구하시오.

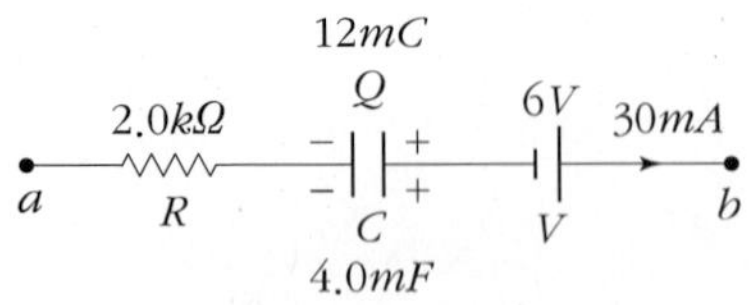


## 026

어떤 축전기를 저항 $R$을 통해 축전하려고 한다. 이 축전기를 축전하기 시작한 후 $T=0.50ms$일 때, 축전기의 최대 축전 값의 50%가 축전되었다고 한다. 시상수 $\tau$를 구하고, $C=10\mu F$일 때 저항 $R$ 값을 구하시오.

## 027

다음과 같은 회로에서 $V_1=6.0V$, $V_2=12V$, $R_1=6.0\Omega$, $R_2=12\Omega$, $C=6.0\mu F$, $Q=21\mu C$, $I=1.5A$일 때, 전위차 $V_a-V_b$를 구하시오.

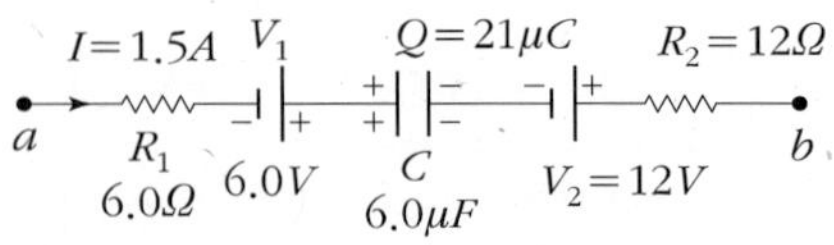


## 028

외부 저항 $R$에 기전력 $12V$의 전원이 $20W$의 전력을 공급할 때 단자 전압이 $10.0V$라고 한다. 외부 저항 $R$과 전원의 내부 저항 $r$을 구하시오.

## 029

다음과 같은 회로에서 $V=24V$, $C=12\mu F$, $Q=320\mu C$, $I=3.0mA$, $R=4.7k\Omega$일 때, 전위차 $V_a-V_b$를 구하시오.

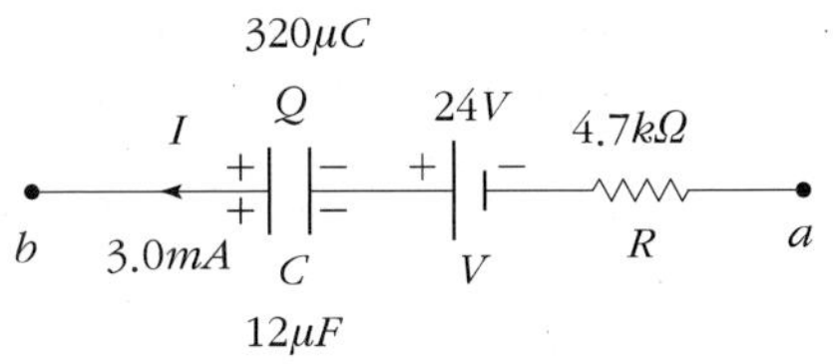


## 030

어떤 저항 $R$에 $300\Omega$ 저항을 직렬로 연결하면 전류가 원래의 $1/4$로 감소한다고 한다. 이 저항 $R$의 값을 구하시오.

## 031

완전히 축전된 $120\mu F$ 축전기가 $1.2k\Omega$ 저항기에 연결되어 방전될 때, 처음 저장된 에너지의 $10\%$를 잃어버리는 데 걸리는 시간을 구하시오.

## 032

어떤 전지에서 전류가 $100mA$ 나오면 전지의 단자 전압은 $8.0V$이고, 이 전지에서 전류가 $500mA$ 나오면 전지의 단자 전압이 $6.0V$라고 한다. 이 전지의 기전력과 내부 저항을 구하시오.

## 033

그림과 같은 회로에서 $t = 0$일 때 스위치를 닫았다. 처음 축전기에는 전하가 없었고 $C = 30\mu F$, $V = 24V$, $R = 4.7k\Omega$이라 할 때, $I = 2.0mA$인 순간 축전기에 저장되는 에너지 저장률(단위 시간당 에너지 저장률)을 구하시오.

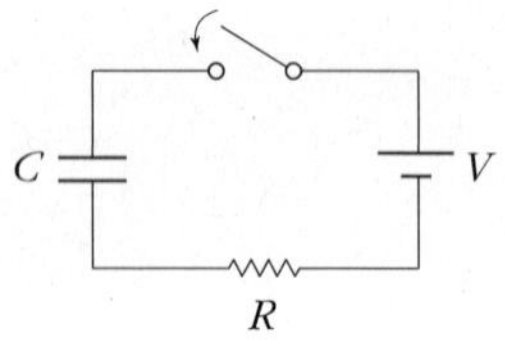

물리

천재

1000제

# PHYSICS GENIUS

## 1000제

CHAPTER

15

# 자기장과 자기장의 근원

# 15장 자기장과 자기장의 근원

핵심 용어

비오사바르 법칙, 속도선택기, 암페어법칙, 자기 모멘트, 자기 쌍극자 모멘트, 자기력선속, 자기장, 자기장에서 전하의 운동, 질량분석기

## 001

다음 중 자기장의 단위는?

(가) $T$ (나) $Wb$
(다) $N/C$ (라) $T \cdot m^2$

## 002

양(+)전하가 오른쪽으로 움직이다가 지면으로 들어가는 균일한 자기장이 있는 영역으로 들어갈 때, 이 전하의 운동으로 옳은 것은?

(가) 원형궤도를 시계방향으로 돈다.
(나) 원형궤도를 반시계방향으로 돈다.
(다) 자기장의 수직방향으로 직선으로 움직인다.
(라) 자기장의 방향과 평행하게 직선으로 움직인다.

## 003

길이 $L$인 직선 도선에 전류 $I$가 흐르고, 이 전류의 방향에 수직으로 크기 $B$인 균일한 자기장이 이 도선에 작용할 때, 이 도선이 받는 힘의 크기를 구하시오.

(가) $2BIL$ (나) $BIL^2$
(다) $BIL$ (라) $BI^2L$

## 004

길이 $2.0m$인 직선 도선에 $3.0A$ 전류가 $+y$ 방향으로 흐르고 있다. 이 도선이 크기 $2.0T$이고 방향이 $+z$인 균일한 자기장 내에 있을 때, 이 도선에 작용하는 힘을 구하시오.

(가) $12N$, $-x$ 방향 (나) $12N$, $+x$ 방향
(다) $6.0N$, $-x$ 방향 (라) $6.0N$, $+x$ 방향

## 005

**다음 중 자기장이 만들어질 수 없는 경우는?**

(가) 움직이는 전하 (나) 전류가 흐르는 도선
(다) 변하는 전기장 (라) 변하는 자기장

## 006

**같은 크기의 전류가 나란하게 흐르는 두 평행 직선 도선 사이에 작용하는 힘은?**

(가) 인력이다.
(나) 척력이다.
(다) 없다.
(라) 두 도선 사이의 거리에 상관없다.

## 007

**두 평행 도선에 같은 크기의 전류가 흐르고 방향이 반대인 경우, 두 도선 사이에 작용하는 힘은?**

(가) 인력이다.
(나) 척력이다.
(다) 없다.
(라) 두 도선 사이의 거리와 상관이 없다.

## 008

**진공에 놓여있는 반지름 $R$인 원형 고리에 전류가 $I$일 때, 이 고리의 중심에서 자기장의 세기를 구하시오.**

## 009

진공 상태에서 전류가 $I$인 무한 직선 도선으로부터 수직거리 $r$인 곳의 자기장의 세기를 구하시오.

## 010

그림과 같이 균일한 자기장 $\vec{B}$가 지면에 수직으로 나오고 있다. 여기에 왼쪽 방향으로 전류 $I$가 흐르는 도선이 다음과 같이 3 부분으로 구성되어 있을 때, 다음의 부분에 작용하는 힘을 구하시오.

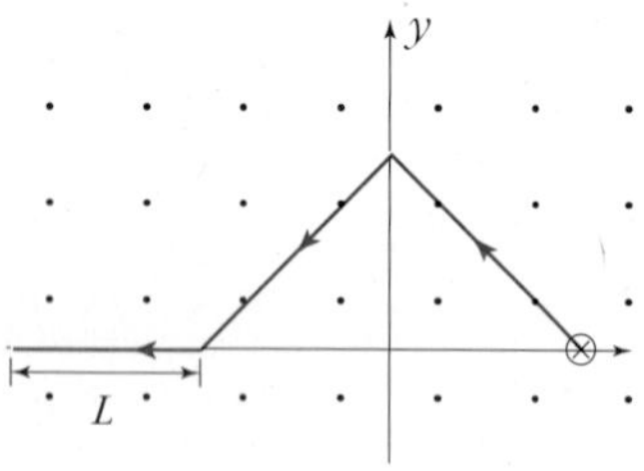


(가) 길이 $L$이고 그림에서 지면에 수직인 직선
(나) 변의 길이가 모두 $L$로 정삼각형의 두 변으로 구성된 부분
(다) $x$축과 나란한 길이 $L$인 직선 부분

## 011

감긴 횟수가 50번이고 두 변이 $a=0.200m$, $b=0.400m$인 직사각형 코일이 수평면에 놓여 있다. 여기에 그림처럼 반 시계방향으로 $I=2.00A$의 전류가 흐르고, 이 코일이 그림처럼 오른쪽으로 향하는 크기 $0.500T$인 균일한 자기장에 놓여 있을 때, 다음을 구하시오. (그림에 주어진 좌표계를 사용하시오.)

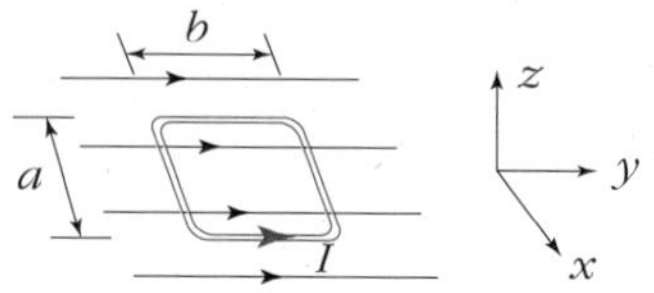


(가) 자기 모멘트
(나) 코일에 작용하는 돌림힘
(다) 코일의 퍼텐셜 에너지

## 012

진공에서 일정한 전류 $I$가 흐르는 도선으로 빼곡히 $N$번 감은 단면이 직사각형인 이상적인 토로이드형 솔레노이드를 고려하자. 토로이드 중심에서부터 거리를 $r$이라 할 때, 솔레노이드 내부 영역은 $r_1 < r < r_2$로 표현된다. 이 솔레노이드 내부에서의 자기장을 암페어 법칙을 이용하여 $r$의 함수로 구하시오.

## 013

전자가 자기장 $\vec{B}=(6.0\hat{i}+3.0\hat{j}+2.0\hat{k})T$인 지점에서 $+x$ 방향으로 $3.0\times10^{6}m/s$ 속도로 움직일 때, 이 지점에서 이 전자의 가속도의 크기를 구하시오. (단, 전자의 질량은 $9.11\times10^{-31}kg$이고 전하량은 $1.6\times10^{-19}C$으로 한다.)

## 014

속도 $(3.0\hat{i}+2.0\hat{j}+1.0\hat{k})m/s$로 움직이는 $2.0C$의 어떤 전하가 $(4.0\hat{i}-3.0\hat{j}+2.0\hat{k})T$의 자기장에서 움직이고 있을 때, 이 전하가 받는 자기력을 구하시오.

## 015

질량이 $3.0\mu g$, 전하가 $6.0\mu C$인 하전 입자가 자기력만 작용하는 공간에서 움직이고 있다. 이 입자의 속력이 $3.0km/s$, 자기장의 세기가 $6.0mT$, 자기장의 방향과 이 입자의 속도의 방향이 $30°$각을 이루는 지점에서 이 입자의 가속도의 크기를 구하시오.

## 016

반지름 $R$인 무한 원기둥의 단면으로 균일하게 전류 $I$가 흐른다. 투자율을 $\mu_0$라고 할 때, 원기둥의 내부와 외부에서 자기장을 구하시오.

## 017

길이 $3.0m$ 도선에 $12A$ 전류가 $x$축의 양(+)의 방향으로 흐르고 있고, 이 도선이 균일한 자기장 $\vec{B}=(20\hat{i}+30\hat{j})mT$ 내에 있을 때, 이 도선에 작용하는 자기력을 구하시오.

## 018

진공에서 그림과 같이 반지름 $R$이고, $x-y$ 평면에 놓인 전류가 $I$인 원형 전류 고리가 있다. 이 고리의 중심에서 수직거리 $h$인 곳의 자기장을 구하시오.




## 019

$30A$ 전류가 흐르는 도선이 있다. 이 도선은 $x$축으로 $x=-3.0m$에서 $x=0$까지이고, $z$축으로 $z=0$에서 $z=4.0m$까지로 되어 있다. 이 도선이 자기장의 세기가 $30mT$이고 방향이 양(+)의 $z$ 방향인 곳에 있을 때, 이 도선이 받는 자기력의 크기를 구하시오.

## 020

직선 도선을 구부려 그림처럼 만들었다. 그림처럼 이 도선에 전류 $I$가 세기 $B$인 균일한 자기장 내에서 흐를 때, 이 도선에 작용하는 알짜 자기력을 구하시오.

## 021

그림과 같이 진공에서 무한 평면 도체에 단위 길이당 전류밀도가 $\lambda$일 때 평면에서 수직거리 $h$인 곳의 자기장을 구하시오.

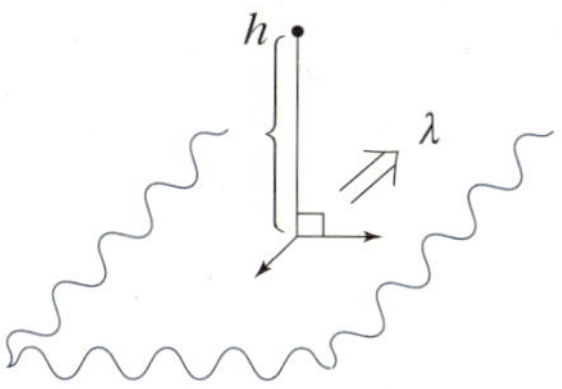


## 022

그림은 조밀하게 $100$회 감겨있고 각 고리에 전류가 같은 방향으로 $I$인 직사각형 전류 고리를 나타낸 것이다. 이 고리는 자기장 $(50\hat{i})mT$인 곳에 있으며, $y$축을 중심으로 회전할 수 있다. $\theta=60°$, $a=0.50m$, $b=0.40m$, $I=10A$일 때, 이 고리에 작용하는 돌림힘의 크기를 구하시오.

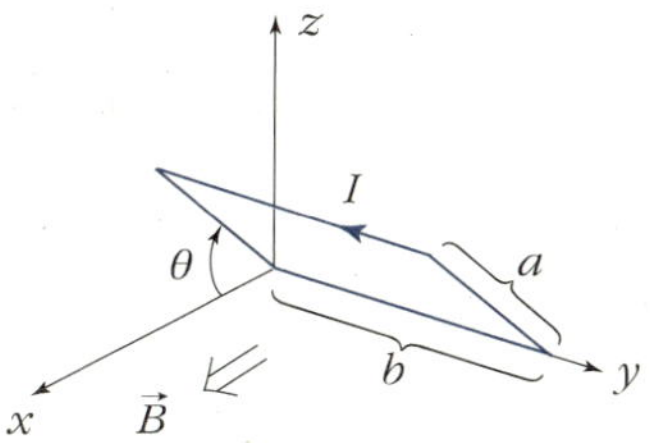


## 023

아래 그림처럼 진공에서 내경 $r_b$, 외경 $r_c$인 원통에 동축으로 반지름 $r_a$인 원기둥이 있다. 안쪽 원기둥과 바깥 원통에 전류 $I$가 균일하게 서로 반대 방향으로 흐를 때, $r<r_a$, $r_a<r<r_b$, $r_b<r<r_c$, $r_c<r$인 영역에서 자기장의 세기를 구하시오. (단, 모든 영역에서 투자율은 $\mu_0$로 한다.)

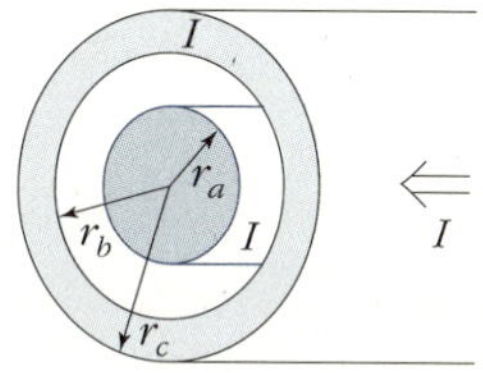


## 024

$5.0A$의 전류가 흐르는 반지름 $0.60m$인 원형 도선 고리의 법선 벡터가 $(3\hat{i}-2\hat{j}+3\hat{k})$와 나란하고, 이 고리가 균일한 자기장 $(2\hat{i}-3\hat{j}+2\hat{k})T$에 놓여 있을 때, 이 고리에 작용하는 돌림힘의 $x$ 성분을 구하시오.

## 025

반지름 $R$인 원기둥의 단면을 따라 원기둥의 축으로부터 수직거리 $r$인 지점의 전류밀도가 $J=Cr$인 전류가 흐를 때, $r<R$인 곳과 $r>R$인 곳의 자기장의 세기를 구하시오. (단, $C$는 상수이고 투자율은 모두 $\mu_0$로 한다.)

## 026

120회 조밀하게 감긴 반지름 $0.50m$인 원형 도선 고리가 균일한 자기장에 놓여 있다. 이 고리에 흐르는 전류가 $5.0mA$이고, 고리의 면의 방향을 자기장의 방향에 대하여 이리저리 바꾸어볼 때 자기장에 의하여 고리에 작용하는 최대 돌림힘의 크기가 $0.20N\cdot m$이라 한다. 이 고리에 작용하는 자기장의 세기를 구하시오.

## 027

질량이 $5.0\mu g$, 전하량이 $3.0\mu C$인 입자가 균일한 자기장 $(50\hat{j})mT$에서 움직이고 있다. 입자가 $t=0$일 때 속력이 $(20\hat{j}+30\hat{k})m/s$이라면, 이 입자가 만드는 궤적을 기술하시오.

## 028

전류가 $I$이고, 거리가 $h$ 떨어진 평행한 두 무한 도선이 진공에서 서로 작용하는 단위 길이당 힘의 크기를 구하시오.

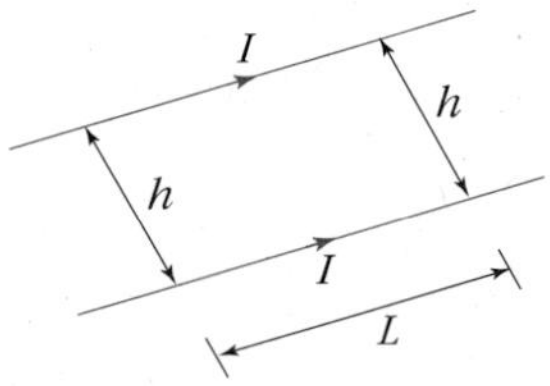

## 029

어떤 하전 입자가 균일한 자기장 내에서 반경이 $10cm$, 피치가 $6.0cm$, 주기가 $2.0ms$인 나선 운동을 한다고 한다. 이 입자의 속력을 구하시오.

## 030

$4.0keV$ 운동에너지를 갖는 양성자가 $1.0T$ 크기의 자기장에 수직으로 움직이며 만드는 경로의 반경을 구하시오. (단, 양성자의 질량은 $1.67\times10^{-27}kg$이고 전하량은 $1.60\times10^{-19}C$이다.)

## 031

그림과 같은 무한 직선 도선에 전류 $I$가 흐르고, 이 도선으로부터 수직거리 $h$인 곳에 위치한 폭 $w$인 무한 평판에 단위 폭 길이당 전류 $\lambda$가 흐르고 있다. 이 평판에 작용하는 평판의 단위 길이당 힘의 크기를 구하시오. (단, 투자율은 $\mu_0$로 한다.)

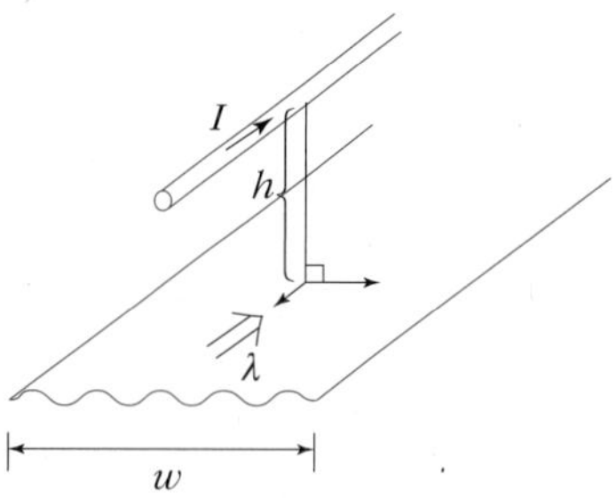


## 032

전자가 크기 $2.0G$인 균일한 자기장 내에서 반경 $30cm$인 원운동을 하고 있을 때, 이 운동의 주기를 구하시오. (단, 전자의 질량은 $9.11\times10^{-31}kg$이고 전하량은 $1.60\times10^{-19}C$이다.)

## 033

진공에서 그림과 같이 선 전류밀도가 $\lambda$인 무한 평면 위 수직거리가 $h$인 곳에 반지름 $R$, 전류 $I$인 원형 고리가 무한 평면과 나란하게 있다. 이 고리에 작용하는 힘의 크기와 돌림힘의 크기를 구하시오.

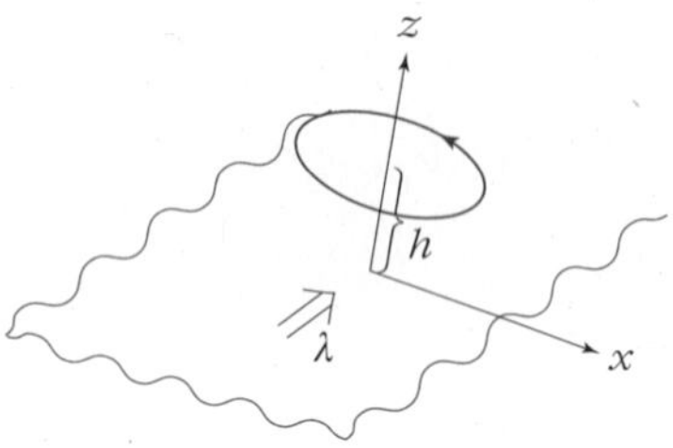


## 034

정지한 양성자가 전위차 $3.0kV$로 가속되어 크기 $0.50T$인 균일한 자기장에 수직으로 입사할 때, 이 양성자가 만드는 경로의 반지름을 구하시오. (단, 양성자의 질량은 $1.67\times10^{-27}kg$이고 전하량은 $1.60\times10^{-19}C$이다.)

## 035

그림처럼 진공에서 오른쪽으로 수평한 무한 직선에 전류 $I$가 흐른다. 도선의 단위 길이당 질량이 $\lambda=m/l$이라 할 때, 이 도선을 중력을 이기고 공중에 부상시키기 위해 균일한 자기장을 가하고자 한다. 이를 위해 필요한 최소한의 자기장의 세기를 구하시오. (단, 중력 가속도 $g$는 일정하다고 가정한다.)

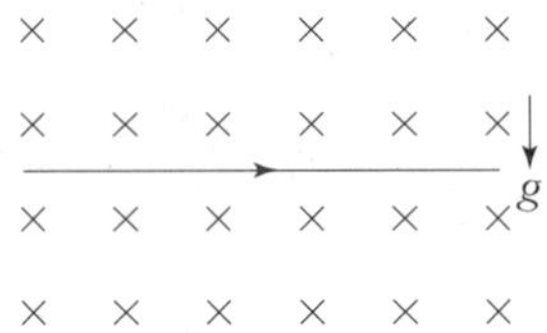


## 036

속도 선택기로 $3.0keV$ 에너지를 가진 양성자를 분리하기 위해, 전기장 $E$의 세기를 $60kV/m$으로 고정하였을 때 자기장 $B$의 세기를 구하시오. (단, 양성자의 질량은 $1.67\times10^{-27}kg$이고 전하량은 $1.60\times10^{-19}C$이다.)

## 037

평행한 세 도선에 그림과 같이 전류가 흐른다. $I = 10A$ 일 때, $P$ 점의 자기장의 세기를 구하시오. (단, 투자율은 $\mu_0$이다.)

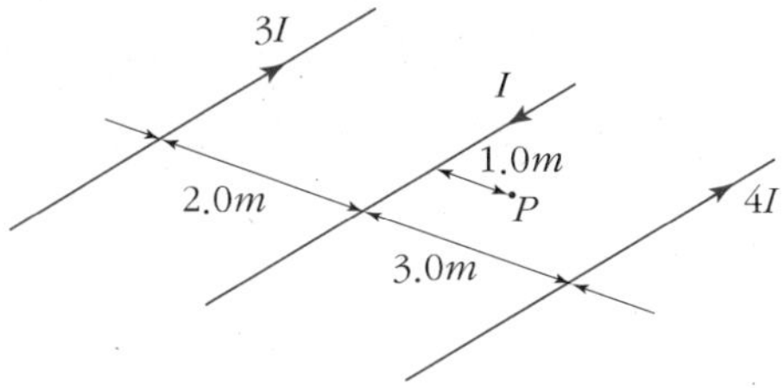


## 038

반지름 $R$인 원반에 전하 $Q$를 균일하게 분포시키고 원반 중심을 통과하는 축을 중심으로 이 원반을 일정한 각속도 $\omega$로 회전시킬 때, 이 원반에 의한 자기 모멘트의 크기를 구하시오.

## 039

매우 긴 두 평행 직선 도선으로 $x-y$ 평면에 수직으로 전류가 흐른다. 한 도선에는 $20A$의 전류가 $x$축 상의 $x = 2.0cm$ 지점에서 흐르고, 두 번째 도선에는 $30A$의 전류가 $y$축 상의 $y = 3.0cm$ 지점에서 흐른다. 이 두 도선에 의한 원점에서의 자기장의 크기를 구하시오. (단, 투자율은 $\mu_0$로 한다.)

## 040

매우 긴 두 평행 도선이 $7.0mm$ 떨어져 반대 방향으로 전류가 흐른다. 두 도선의 전류 크기는 각각 $80A$로 같을 때, 두 도선 사이에 있으면서 한 도선에서 $3.0mm$ 떨어진 지점에서의 자기장의 크기를 구하시오. (단, 투자율은 $\mu_0$로 한다.)

## 041

전하량이 $q$인 하전 입자가 균일한 자기장 $B$에서 원운동을 한다. 시간 $T$ 동안 이 전하가 $N$번 회전 운동을 할 때, 이 전하의 질량을 구하시오.

## 042

$10A$가 흐르는 총 길이 $5.0m$인 도선이 반원을 이루고 있다. 이 반원의 중심에서 자기장의 크기를 구하시오. (단, 투자율은 $\mu_0$로 한다.)

## 043

반지름 $4.0cm$이고 단위 길이당 도선이 감긴 횟수가 $1000$인 이상적인 솔레노이드에 전류가 $50mA$로 흐르고, 이 솔레노이드의 중심축에 $2.0A$의 전류가 흐르는 매우 긴 가는 도선이 놓여있을 때, 이 솔레노이드의 중심축에서 수직거리 $3.0cm$ 떨어진 지점의 자기장의 크기를 구하시오. (단, 투자율은 $\mu_0$로 한다.)

## 044

$a = 2.0cm$, $b = 4.0cm$, $I = 50A$일 때, $P$ 점에서 자기장의 크기를 구하시오. (단, 투자율은 $\mu_0$로 한다.)

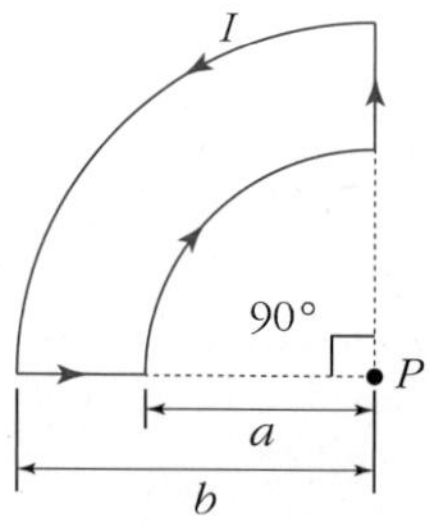

## 045

진공에서 전류가 $I$인 무한 직선 도선 근처에 그림처럼 나란하게 직사각형의 도체 고리가 있다. 이 고리에 전류가 $i$일 때, 고리에 작용하는 힘을 구하시오.

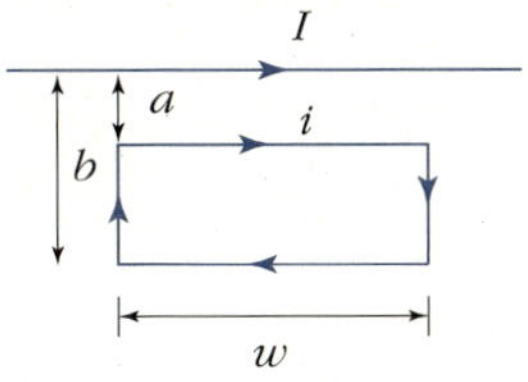


## 046

그림에서 $a=R$이고 $b=2R$일 때, $P$ 지점의 자기장의 세기를 구하시오. (단, 투자율은 $\mu_0$로 한다.)

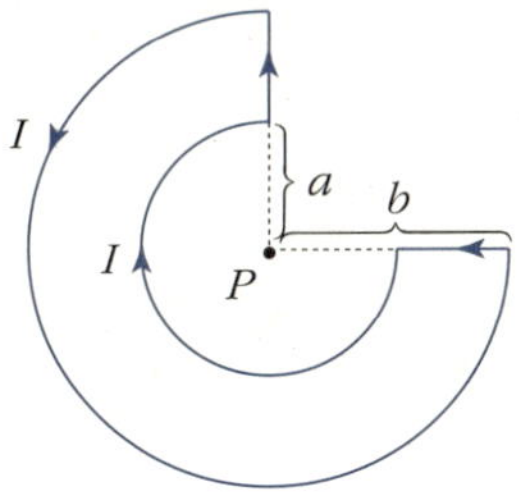


## 047

반지름 $R$인 부도체 구의 표면에 전하 $Q$를 균일하게 대전시켰다. 이 구를 그림과 같이 일정한 각속력 $\omega$로 회전시킬 때 자기 모멘트를 구하시오.

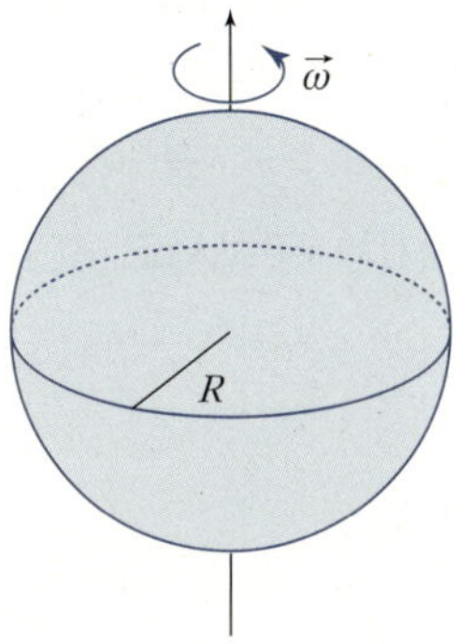


## 048

그림에서 $r_a = 3.0cm$, $r_b = 5.0cm$, $I = 6.0A$일 때, $P$ 지점의 자기장을 구하시오. (단, 투자율은 $\mu_0$로 한다.)

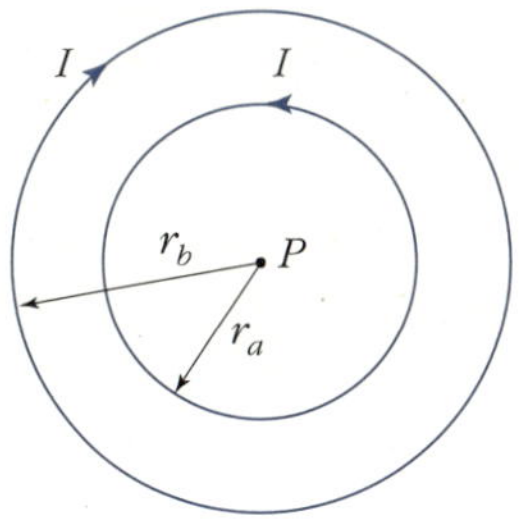

## 049

단면 반지름이 $4.00cm$인 도넛 모양의 토로이드가 있다. 이 토로이드에 $3000$번의 가는 도선이 균일하게 감겨있다. 토로이드의 중심축에서 토로이드 안쪽까지는 반지름이 $8.00cm$이고 바깥까지는 $16.0cm$이다. 이 토로이드에 흐르는 전류가 $20.0A$라 할 때, 토로이드 중심에서 거리 $10.0cm$ 떨어진 토로이드 내부 지점의 자기장의 크기를 구하시오. (단, 투자율은 $\mu_0$로 한다.)

## 050

그림은 전류가 $10A$이고, 지면을 향해 흐르는 세 평행한 도선의 단면을 나타낸 것이다. 그림에서 $a = 1.0cm$일 때, 각 도선의 단위 길이에 작용하는 자기력의 크기를 구하시오. (단, 투자율은 $\mu_0$로 한다.)

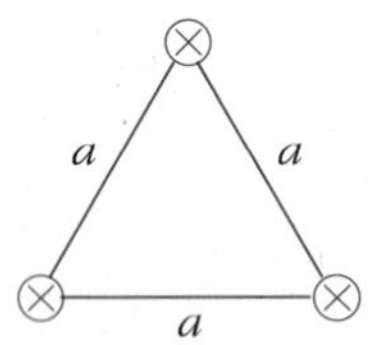


## 051

그림처럼 균일한 자기장 $B$에서 전류 $I$, 길이 $l$인 막대를 한 끝을 중심으로 자기장에서 일정한 각속도 $\omega$로 수직 회전시키기 위해 이 막대에 공급해야 하는 일률을 구하시오.

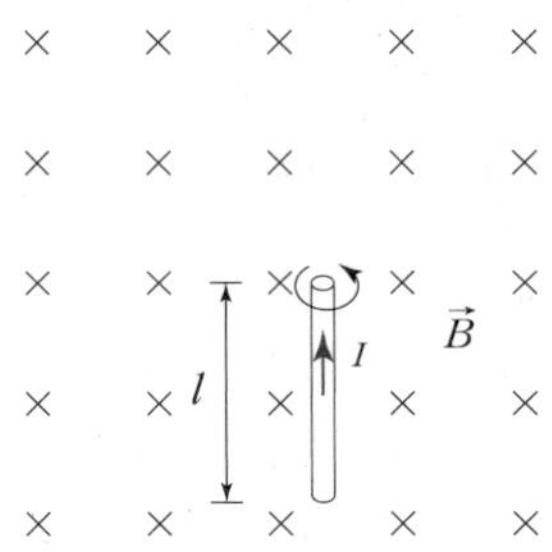


## 052

반지름이 $3.0cm$이고, 기다란 단면이 원형인 도선이 있다. $30A$의 전류가 이 도선의 단면에 균일하게 흐를 때, 이 도선의 중심축에서 수직거리 $2.0cm$ 떨어진 지점의 자기장의 크기를 구하시오. (단, 투자율은 $\mu_0$로 한다.)

## 053

수소원자에서 양성자 주변에 전자가 양성자로부터 거리 $r$인 곳에서 원 궤도를 돌고 있다고 가정하자. 전자의 질량이 양성자의 질량보다 매우 작아 양성자가 고정되어 있다고 생각할 때, 전자에 의해 만들어지는 양성자 위치에서의 자기장의 세기를 구하시오. (단, 전자의 질량은 $9.1\times10^{-31}kg$이고, $r=0.35\times10^{-10}m$로 한다.)

## 054

안쪽 반지름 $1.0mm$, 바깥쪽 반지름 $4.0mm$인 원통형 도체에 $100A$의 전류가 원통의 축과 나란하게 흐르고 있다. 이 전류가 원통형 도체의 단면을 균일하게 흐를 때, 이 원통의 중심축에서 수직거리 $3.0mm$인 지점에서 자기장의 크기를 구하시오. (단, 투자율은 $\mu_0$로 한다.)

## 055

반지름 $R$인 매우 긴 부도체 원통 표면을 표면 전하밀도 $\sigma$로 대전시키고, 이 원통을 원통의 축을 중심으로 일정한 각속도 $\omega$로 회전시켰을 때, 원통 축에서 수직거리 $r$인 원통 내부와 원통 외부의 자기장의 세기를 구하시오. (단, 투자율은 $\mu_0$로 한다.)

## 056

반지름 $R$인 매우 긴 절연체 원기둥을 부피 전하밀도 $\rho$로 균일하게 대전시키고, 이 원기둥을 원기둥 축을 중심으로 일정한 각속도 $\omega$로 회전시켰을 때, 원기둥 축에서 수직거리 $r$인 원기둥 내부의 지점과 외부 지점의 자기장의 세기를 구하시오. (단, 투자율은 $\mu_0$로 한다.)

## 057

반지름 $a$인 절연체 구를 부피 전하밀도 $\rho$로 균일하게 대전시키고, 구의 중심을 통과하는 축을 중심으로 일정한 각속도 $\omega$로 회전시켰을 때, 이 구에 의한 자기 모멘트를 구하고, 이 구의 중심에서 자기장의 세기를 구하시오. (단, 투자율은 $\mu_0$로 한다.)

## 058

전하량이 $-e$, 질량이 $m_e$인 전자가 속력 $v$로 질량 $m_N$인 핵 주변에서 반지름 $r$인 원운동을 하고 있을 때, 이 전자에 대한 자기 모멘트의 크기를 구하시오. (단, $m_N \gg m_e$으로 가정한다.)

물리
천재
1000제

# PHYSICS GENIUS

# 1000제

CHAPTER

16

# 전자기 유도와 인덕턴스

# 16장 전자기 유도와 인덕턴스

**핵심 용어**

LC 회로, RL 회로, 렌츠법칙, 변위전류, 솔레노이드, 운동기전력, 유도기전력, 유도전류, 인덕터, 인덕턴스, 자기장 에너지, 자기장 에너지 밀도, 자체유도계수, 전자기 유도, 투자율, 패러데이 법칙, 합성 인덕턴스

## 001

면적이 $1.0m^2$이고 $20$회 감긴 평편한 코일이 있다. 이 코일의 면을 균일한 자기장이 관통하면서 그 크기가 일정한 비율로 $1.0T$에서 $5.0T$로 $2.0s$ 동안 증가한다고 할 때, 코일의 저항이 $2.0\Omega$이라면 이 코일에 유도되는 전류의 크기를 구하시오.

(가) $20A$ (나) $40A$
(다) $80A$ (라) $10A$

## 002

지면에 정지한 상태로 놓인 도선 고리의 중심으로 영구자석의 $N$극이 수직으로 위에서 아래로 들어갈 때, 이 도선 고리에 유도되는 기전력의 방향을 구하시오.

(가) 시계방향
(나) 반시계방향
(다) 기전력이 발생하지 않는다.
(라) 결정할 수 없다.

## 003

지면으로 들어가는 균일한 자기장 내에서 도체 막대가 자기장의 방향에 수직으로 그리고 막대의 길이방향에 수직으로 일정한 속도로 오른쪽으로 움직이고 있을 때, 다음 중 옳은 것을 고르시오.

(가) 막대의 위쪽이 아래쪽보다 전위가 높다.
(나) 막대의 아래쪽이 위쪽보다 전위가 높다.
(다) 막대의 위쪽과 아래쪽의 전위가 동일하다.
(라) 답이 없음

## 004

날개의 총 길이가 $20m$인 비행기가 지구 자기장의 세기가 $50\mu T$이고, 방향이 지면에 수직인 북극 영역에서 수평으로 $50m/s$로 날고 있을 때, 이 비행기 날개 양 끝 사이에 유도되는 기전력의 크기를 구하시오.

(가) $25mV$ (나) $50mV$
(다) $100mV$ (라) $1.0V$

## 005

**솔레노이드에 흐르는 전류의 크기는 유지하고 방향을 바꾸었을 때 변하는 것을 다음 중에서 고르시오.**

(가) 솔레노이드 내부의 자기장의 방향
(나) 솔레노이드 내부의 자기장 에너지
(다) 솔레노이드 내부의 전기장 방향
(라) 답이 없음

## 006

**이상적인 $RL$ 회로에 관한 것으로 옳은 것을 고르시오.**

(가) 회로에 흐르는 전류가 계속 영원히 진동한다.
(나) 시상수는 $L/R$이다.
(다) 시상수는 $R/L$이다.
(라) 최후의 전류는 $L$ 값에 의해 결정된다.

## 007

**인덕터에 관한 것으로 옳은 것을 고르시오.**

(가) 전류가 급격히 변하는 것을 방해하려는 경향이 있다.
(나) 전기장의 형태로 에너지를 저장할 수 있다.
(다) 전기 에너지를 소모시킨다.
(라) 전하를 저장할 수 있다.

## 008

**이상적인 $LC$ 회로에 관한 것으로 옳은 것을 고르시오.**

(가) 회로에 흐르는 전류는 시간에 따라 일정하다.
(나) 회로의 총 에너지는 시간에 따라 일정하다.
(다) 축전기의 전하는 시간에 따라 일정하다.
(라) 인덕터의 자기장은 시간에 따라 일정하다.

## 009

그림처럼 폭이 $W=4.0m$, 높이가 $H=3.0m$인 직사각형 고리가, 고리의 면으로 수직하게 들어가는 균일하지 않으면서 변하는 자기장 $B$ 내부에 있다. 이 자기장의 세기는 SI 단위로 $B=3t^2x^2$으로 주어지며, 여기서 $t$는 초(s)이고 $x$는 $m$ 단위이다. 그림과 같은 배치에서, $t=0.10s$일 때, 고리에 유도되는 기전력 $\varepsilon$의 크기와 전류의 방향을 구하시오.

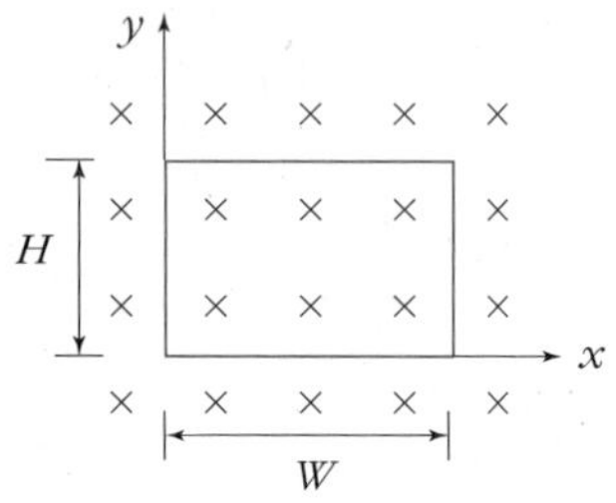


## 010

면적이 $30cm^2$이고, 30번 촘촘히 감겨 있으며, 총 저항이 $0.50\Omega$인 평편한 코일의 면에 수직으로 균일한 자기장이 통과한다. 이 자기장의 세기가 $3.0s$ 동안 $1.0T$에서 $10T$로 일정한 비율로 증가할 때, 이 코일에 유기되는 전류의 크기를 구하시오.

## 011

그림처럼 종이 면으로 들어가는 균일하고 일정한 자기장 $B=0.50T$에서 도체 막대가 자기장에 수직으로 저항을 무시할 수 있는 도체 선로에서 오른쪽으로 $v=2.0m/s$로 움직이도록 하기 위해 작용해야 할 힘의 크기를 구하시오. (단, 도체 막대 부분의 저항은 $0.200\Omega/cm$로 주어진다고 한다.)

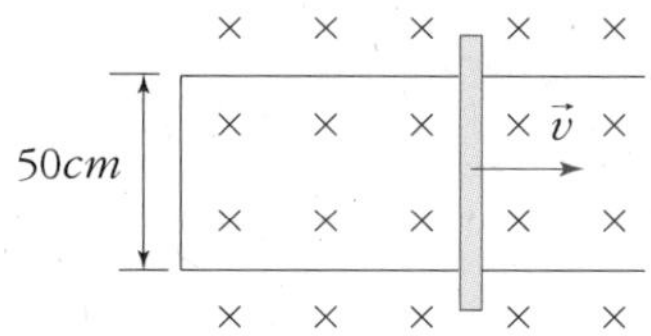


## 012

진공에서 길이 $20cm$이고 1000회 감긴 솔레노이드의 단면적이 $1.0cm^2$이다. 이 솔레노이드의 자체유도계수를 구하시오. (단, 진공의 투자율은 $\mu_0=4\pi\times10^{-7}T\cdot m/A$이다.)

## 013

진공에서 저항 $3.0m\Omega$인 도체 고리가 그림처럼 전류가 흐르는 무한 직선 도선 옆에 놓여있다. $a=2.0cm$, $b=10cm$, $l=2.0m$이고, 도선에 흐르는 전류가 $110A/s$의 비율로 증가하는 순간 이 고리에 유도되는 전류의 크기를 구하시오.

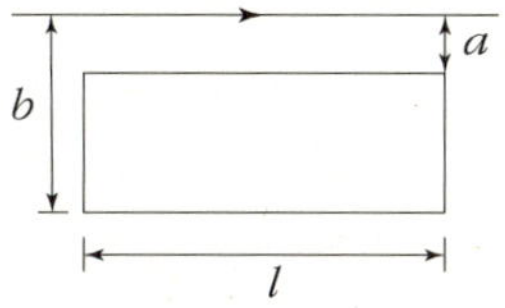


## 014

$5.0m \times 3.0m$의 면적의 직사각형 폐회로가 세기 $0.30T$인 균일한 자기장에 놓여있다. 이 면과 자기장의 방향이 이루는 각이 $30°$일 때, 이 폐회로를 통과하는 자속의 크기를 구하시오.

## 015

면적이 $50cm^2$인 폐회로에, 균일하게 분포한 자기장의 세기가 $6.0mT$에서 $8.0mT$로 $0.2s$ 동안 일정하게 변한다고 한다. 자기장이 이 폐회로 면을 수직으로 관통할 때, 이 회로에 유기되는 유도 기전력의 크기를 구하시오.

## 016

그림은 단면적이 $0.30m^2$이고 3회 감긴 코일과 이 코일 축에 평행하게 $SI$ 단위로 크기 $B=(3.0+4.0t^2)T$인 자기장을 나타낸 것이다. $t$가 초(s) 단위라고 하면, $t=2.0s$인 순간 전위차 $V_a - V_b$를 구하시오.

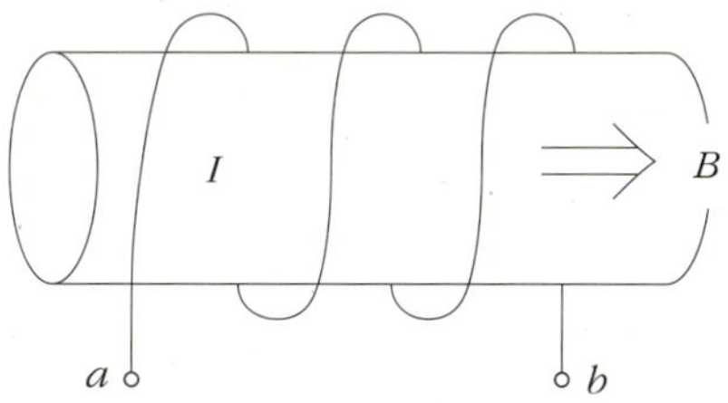

## 017

매우 촘촘히 $50$회 감긴 원형 코일이 균일한 자기장 $0.50T$인 영역에 놓여있다. 코일의 축과 자기장의 방향이 $60°$를 이루고 있고, 자기장의 세기가 일정하게 줄어 영(0)이 되는 시간이 $0.20s$일 때, 이 코일에 유도되는 기전력이 $\varepsilon = 3.0V$이라고 한다. 이 코일의 반경을 구하시오.

## 018

그림처럼 길이 $50cm$인 도체 막대를 크기 $0.50T$인 균일한 자기장에 수직으로 $2.0m/s$로 움직일 때 막대 양끝의 전위차를 구하시오.

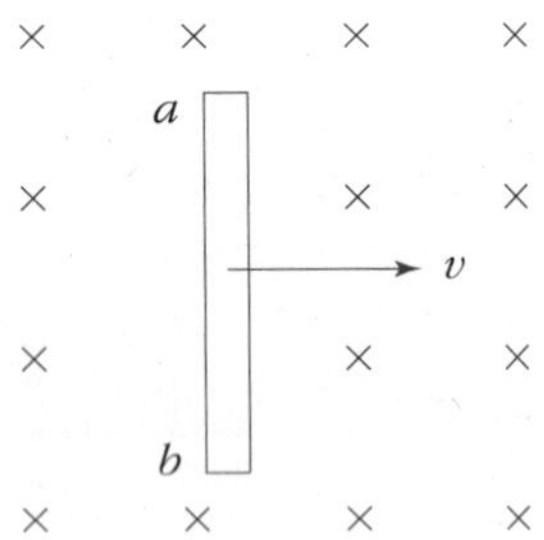


## 019

질량이 $M = 0.50kg$, 저항이 $R = 30\Omega$, 크기가 $a \times b$인 직사각형 도체를 그림과 같이 정지 상태에서 이 직사각형의 면에 수직으로 통과하는 자기장으로 자유낙하 시키면, 이 도체는 위쪽 변이 자기장에 들어가기 전 종단 속력에 도달할 때까지 가속된다고 한다. $a = 3.0m$, $B = 7.0T$, 중력 가속도의 크기는 $g = 9.8m/s^2$으로 할 때, 종단속력을 구하시오.

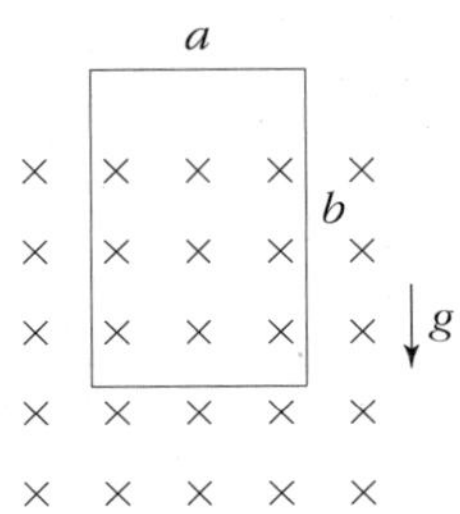


## 020

$6V$ 전지에 저항과 인덕터를 직렬연결하여 $RL$ 회로를 만들었더니 시상수는 $\tau = 0.2ms$이고, 최대 전류는 $100mA$이었다. 이 회로의 인덕턴스 $L$을 구하시오.

## 021

촘촘히 $500$ 회 감겨있고 단면적이 $200cm^2$인 코일이 크기가 $0.20T$인 균일한 자기장 내에서 $60rev/s$로 회전하고 있다. 이 코일에 유도되는 최대 전압을 구하시오. (단, 코일의 회전축은 코일 면 위에 있으며 자기장의 방향과 수직이다.)

## 022

그림처럼 저항을 무시할 수 있는 도체 막대가, 수평면에 놓여 있으며 $3.0\Omega$ 저항에 연결되어 있는 평행한 도체 궤도 위에서 마찰이 없이 움직인다. $2.5T$ 크기의 균일한 자기장이 지면으로 들어가고, $L=50cm$이며 도체 막대가 $8.5m/s$의 속력으로 움직이는 순간 저항에서 발생하는 단위 시간당 열에너지를 구하시오.

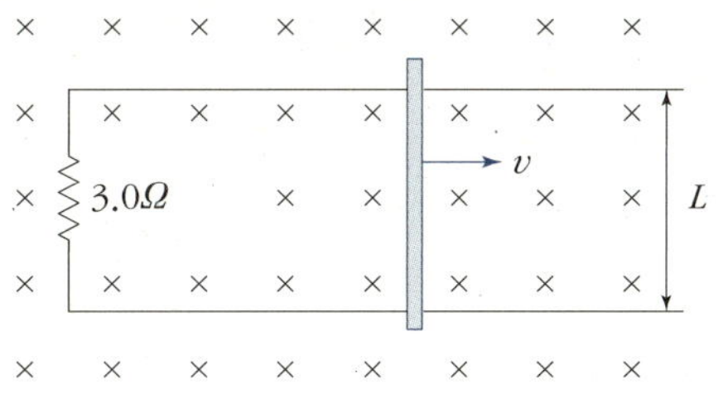


## 023

그림과 같이 반지름 $R$인 금속 원반이 원반의 축을 중심으로 각속도 $\omega$로 회전하고 있다. 이 원반의 면을 균일한 자기장 $B$가 관통할 때, 이 원반의 축과 가장자리 사이의 전위차를 구하시오.

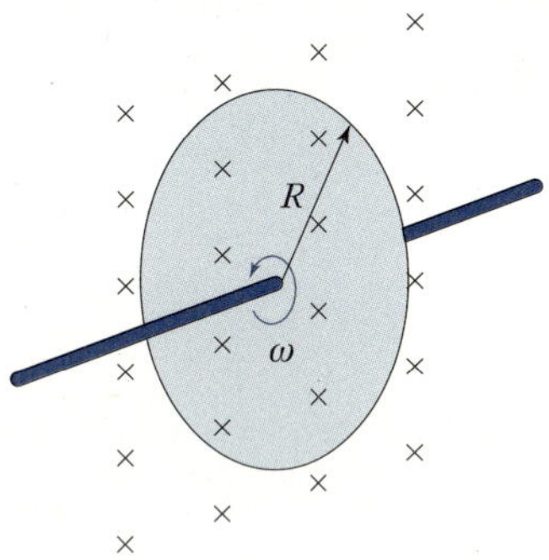


## 024

어떤 인덕터의 전류가 $20mA/s$의 비율로 줄 때, 인덕터의 유도 기전력이 $100mV$라고 한다. 이 인덕터의 자체유도계수(인덕턴스)를 구하시오.

## 025

길이 $3.0m$인 도체 막대가 이 막대의 길이 방향에 수직이며 이 막대의 중심을 통과하는 것을 축으로 하여 매 초당 일정하게 5.0 회전을 한다. 여기에 크기 $5.0mT$인 균일한 자기장이 이 막대가 회전하는 면을 관통하고 있을 때, 막대의 한 끝과 막대의 중심 사이의 전위차의 크기를 구하시오.

## 026

균일한 자기장에서 한 변의 길이가 $20cm$인 정사각형 도체 고리를 일정한 각속력으로 1 회전시키는 데 걸리는 시간이 $\Delta T = 20ms$일 때, 최대 기전력이 $\varepsilon_{max} = 100mV$이라고 한다. 자기장의 세기를 구하시오. (단, 도체 고리의 회전축은 도체 고리 면 위에 있고 자기장의 방향과 수직이다.)

## 027

$L = 300mH$인 코일에 전류가 영(0)에서 $I_0$로 일정하게 $T = 3.0ms$ 동안에 증가하면 $V = 50V$의 기전력이 발생한다고 한다. $I_0$를 구하시오.

## 028

그림처럼 $100A$의 전류가 흐르는 무한 직선 도선 근처에서 도체 막대가 움직이고 있다. $a = 10.0mm$, $b = 20.0mm$, $v = 10.0m/s$일 때, 전위차 $V_a - V_b$를 구하시오.

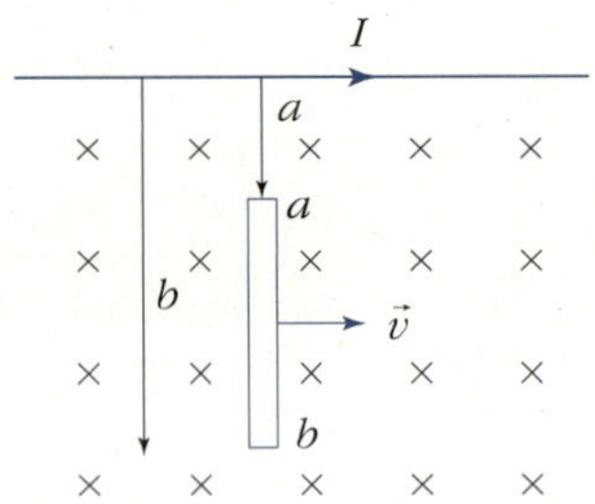

## 029

진공에서 직경 $5.0cm$, 길이 $30cm$인 솔레노이드 내부의 자기장이 $0.20T$일 때, 이 솔레노이드 내부에 저장된 자기장 에너지를 구하시오. (단, 솔레노이드의 가장자리 효과는 무시한다.)

## 030

$RL$ 회로에서 스위치를 닫은 후 전류가 최댓값의 $1/2$ 되는 데 $T = 2.00ms$ 걸린다. $L = 3.00H$일 때, 저항 $R$ 값을 구하시오.

## 031

길이 $L = 0.50m$인 도체 막대가 일정한 각속력 $+2.0\ rad/s$으로 그림처럼 이 막대의 한 끝 $P$를 회전축으로 하여 돌고 있다. 이 막대가 크기가 $0.50T$이며 지면으로 들어가는 균일한 자기장내에 있을 때, 전위차 $V_A - V_P$를 구하시오.

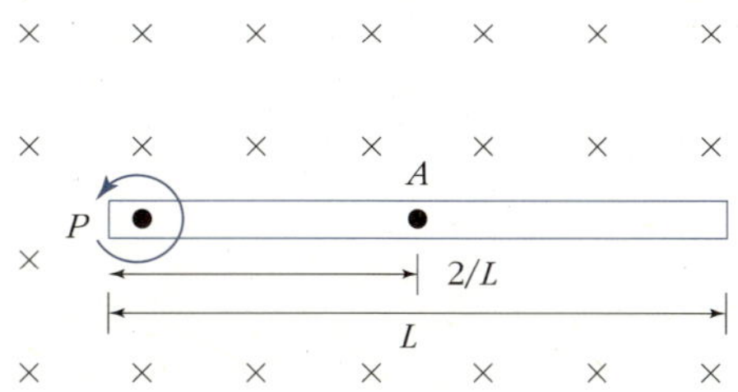


## 032

촘촘히 10회 감긴 코일의 면적이 $25cm^2$으로, 이 코일의 면을 세기가 SI 단위로 $B = (3.0t - 0.25t^3)mT$인 자기장이 수직으로 관통한다고 한다. $t = 4.0s$일 때, 이 코일에 유도되는 유도 기전력의 크기를 구하시오.

## 033

길이 $l$인 도체 막대가 한끝의 위치를 원점으로 하여 $x$ 축에 놓여있고, 균일한 자기장 $B$가 $+z$ 축으로 향하고 있다. $z$ 축을 회전축으로 하여 이 막대가 각속도 $\omega$로 회전할 때, 막대 양단의 기전력의 크기를 구하시오.

## 035

단위 길이당 감긴 수가 $n$인 어떤 긴 솔레노이드의 단면적이 $A_1$이고, 이 솔레노이드에 흐르는 전류가 $I=I_0 \sin \omega t$라고 한다. 진공에서, 이 솔레노이드 내부에 단면적이 $A_2$이고, $N$번 감긴 작은 코일이 있어 솔레노이드의 자기장이 이 코일의 면을 수직으로 관통한다. 이 작은 코일에 유도되는 유도 기전력을 구하시오. (단, 이 솔레노이드 내부의 자기장은 오로지 전류에 의해서만 결정되고, 솔레노이드의 가장자리 효과는 무시한다.)

## 034

진공에서 반지름 $1.0cm$이고, 촘촘하게 도선이 $800$회/$m$ 감긴 이상적인 솔레노이드에 전류가 일정하게 $9.0A/s$ 비율로 감소할 때, 솔레노이드 축에서 $2.0cm$ 떨어진 지점에서 유도 전기장의 크기를 구하시오.

## 036

저항이 $7.0\Omega$이고, 7회 감긴 코일의 면을 자기장이 관통한다. 이 코일을 관통하는 자속이 $SI$ 단위로 $\Phi(t)=3.0(2.0t^3-4.0t^2+8.0t)Wb$일 때, $t=2.0s$에서 이 코일에 유도되는 유도 기전력과 전류의 크기를 구하시오.

## 037

촘촘히 $N=300$회 감겨있고, 편평하며 단면적이 $A=500cm^2$인 코일이 세기가 $B=50mT$인 균일한 자기장에서 회전하면서 유기되는 최대 기전력의 크기가 $\varepsilon_{max}=10V$로 되기 위한 회전 진동수를 구하시오. (단, 회전축은 코일의 면 위에 있으며 자기장의 방향에 수직이다.)

## 038

그림과 같은 회로에서 전지의 전류가 $0.10A$일 때, 인덕터에 흐르는 전류의 변화율의 크기를 구하시오.

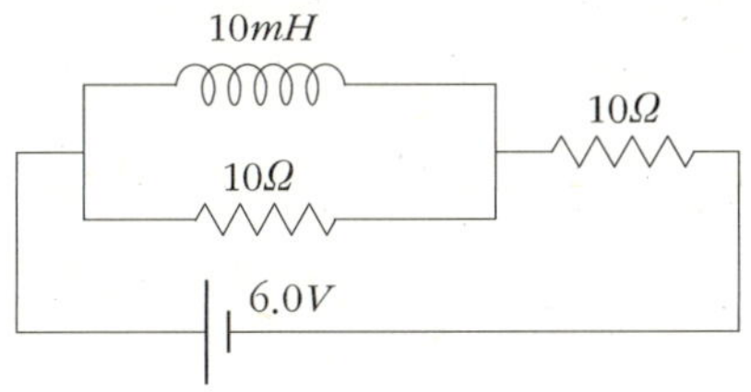


## 039

그림과 같이 거리 $l$인 금속 궤도 위에서 마찰이 없이 움직일 수 있는 질량 $m$인 도체 막대가 놓여있고, 균일한 자기장 $B$가 이 도체 막대와 금속 궤도가 만드는 면을 수직으로 관통하고 있다. 그림과 같은 방향으로 전류 $I$가 흘러 도체 막대가 정지 상태에서 움직일 때, 도체 막대가 거리 $s$를 움직인 후 속력과, 이 거리를 움직이는 데 걸리는 시간을 구하시오. (단, 공기의 저항은 무시한다.)

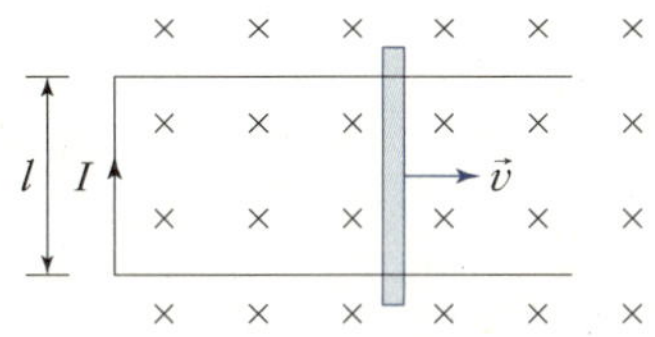


## 040

진공에 있는 어떤 평행판 축전기의 면적이 $100cm^2$이고 두 극판 사이의 거리가 $1.0mm$이라고 한다. 이 축전기의 극판에 전하가 $10nC/s$의 비율로 쌓일 때, 이 축전기 극판 사이의 변위 전류를 구하시오. (단, 진공의 유전율은 $8.85pF/m$로 한다.)

## 041

자체유도계수가 각각 $L_1$, $L_2$인 인덕터가 병렬로 연결되어 있을 때, 등가 유도계수 $L_{eq}$를 구하시오.

## 042

자체유도계수가 각각 $L_1$, $L_2$인 인덕터가 직렬로 연결되어 있을 때, 등가 유도계수 $L_{eq}$를 구하시오.

## 043

그림처럼 길이 $L$인 금속막대가 지면으로 들어가는 크기 $B$인 일정한 자기장이 있는 공간에 놓여, 이 막대의 중심 통과하는 회전축으로 중심으로 각속도 $\omega$로 회전하고 있다. 이 막대의 양 끝이 회전 전극으로 저항 $R$인 외부 회로에 연결되어 있을 때, 이 저항에 흐르는 전류의 크기를 구하시오.

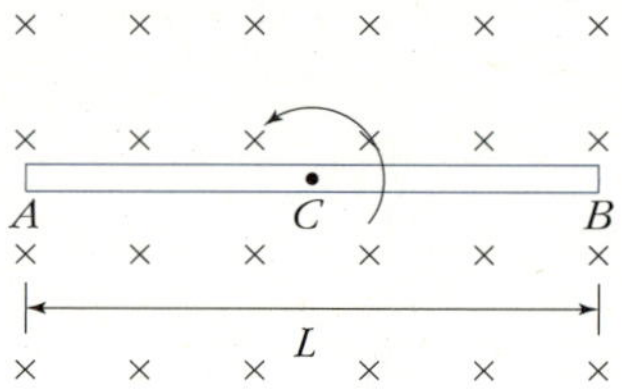


## 044

길이 $50cm$이고, $1000$회 감긴 긴 솔레노이드에 흐르는 전류가 $5.0A$라고 한다. 진공에서 이 내부에 면적이 $2.0cm^2$인 코일이 있다. 이 코일의 면과 솔레노이드 내부의 자기장이 이루는 각이 $0°$, $30°$, $60°$, $90°$일 때, 이 코일을 통과하는 자속의 크기를 구하시오. (단, 솔레노이드 내부의 자기장은 균일하고 솔레노이드의 가장자리 효과는 무시한다.)

## 045

자체유도계수 $L_1$, $L_2$, $L_3$인 3 코일이 직렬로 연결되어 저항 $R$과 $LR$ 회로를 만들 때, 시상수를 구하시오.

## 046

자체유도계수 $L_1$, $L_2$, $L_3$인 3 코일이 병렬로 연결되어 저항 $R$과 $LR$ 회로를 만들 때, 시상수를 구하시오.

## 047

그림과 같은 회로에서 스위치가 닫히기 전에 축전기 양단의 전압이 $300V$이었다. 스위치가 닫힌 후 어떤 순간에 전류가 $0.50A$라고 한다. 이 순간에 축전기에 저장된 에너지를 구하시오.

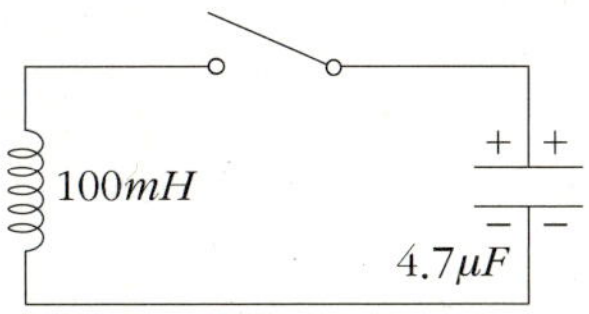


## 048

50회 매우 촘촘히 감은 직경 $d = 10cm$인 코일이 자기장의 세기가 $B = 2.0T$인 균일한 자기장 내에 있다. 코일의 축과 자기장의 방향 사이의 각이 $30°$일 때, 자속 $\Phi_M$을 구하고, $4.0s$ 동안에 이 자기장이 일정하게 줄어 영(0)이 될 때 유도 기전력의 크기를 구하시오.

16장 전자기 유도와 인덕턴스

## 049

그림과 같은 회로에서 $t=0$일 때 스위치를 닫았다. $I=12mA$일 때, 인덕터 양단의 전위차의 크기를 구하시오.

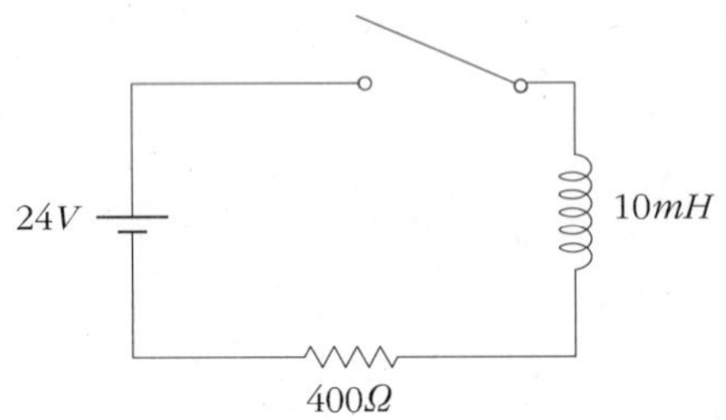


## 050

한 변의 길이가 $30cm$인 정사각형 도선이 세기가 $100mT$인 균일한 자기장이 있는 공간에 있다. 이 도선의 저항은 $0.20\Omega$이며, 도선의 면과 자기장의 방향이 이루는 각이 $60°$일 때, 다음을 구하시오.

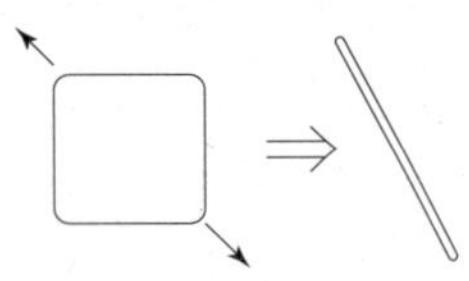

(가) 이 도선을 통과하는 자속

(나) 이 도선을 대각방향으로 양쪽으로 잡아당겨 $0.20s$ 동안에 그림처럼 면적이 영(0)이 되도록 만들 때, 유도 기전력에 의한 전류

## 051

그림의 회로에서 스위치가 닫히기 전에는 전류가 흐르지 않다가 스위치가 닫히는 순간 $3.0\Omega$ 저항기에 흐르는 전류를 구하고, 스위치가 닫힌 후 시간이 한참 지나면 $3.0\Omega$ 저항기에 흐르는 전류를 구하시오. (단, $L=100mH$이다.)

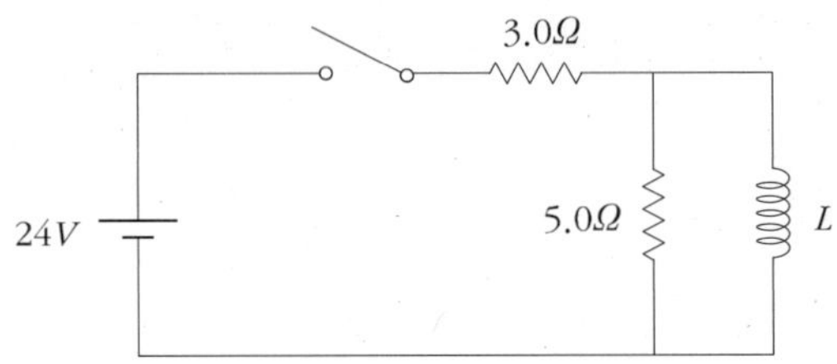


## 052

직경 $30cm$이고, 촘촘히 $50$회 감긴 코일이 있다. 이 코일의 저항은 $0.20\Omega$이고, 균일한 자기장이 코일의 면을 수직으로 관통하면서 세기가 $5.0mT/s$ 비율로 증가한다고 한다. 이 코일에 유도되는 유도 기전력의 크기를 구하고, 코일에서 발생하는 단위 시간당 열에너지를 구하시오.

## 053

다음 그림은 스위치와 $12V$ 전지가 연결된 $RL$ 회로를 나타낸 것이다. 스위치를 닫는 순간 이 회로의 전류와 $a$, $b$ 지점 사이의 전위차 $V_{ab}$을 구하시오.

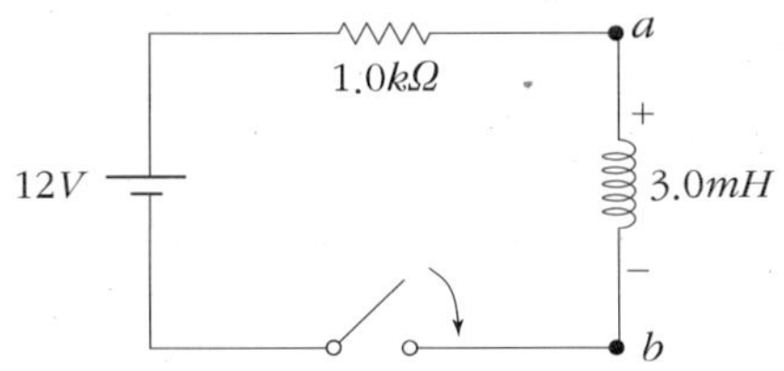


## 054

지구 자기장의 수평 성분이 $B$로 균일한 공간에서 길이 $l$인 금속 막대를 정지 상태에서 막대의 길이 방향이 자기장의 방향에 수직이면서 수평을 유지하도록 하여 높이 $h$인 곳에서 자유낙하 시킨다. 공기의 저항을 무시하고 중력가속도의 크기는 일정하여 $g$로 할 때, 이 막대가 지면에 닿는 순간 막대 양 끝에 유도되는 기전력의 크기를 구하시오.

## 055

$100mH$ 인덕터, $47.0mF$ 축전기 그리고 $24V$ 전지로 구성된 직렬 $LC$ 회로에서 전자기 진동의 각진동수를 구하시오.

## 056

직경 $50cm$이고, 매우 촘촘하게 $500$회 감긴 코일이 균일한 자기장 $50mT$에서 일정한 각속도로 회전할 때 유도기전력의 최댓값이 $5.0V$라고 한다. 이 코일의 회전 각속도를 구하시오. (단, 이 코일의 회전축은 코일의 면 위에 있고 자기장의 방향과 수직이다.)

## 057

직렬 $RL$ 회로에서 스위치를 닫고 나서 이 회로에 흐르는 전류가 최대 전류의 $1/2$이 되는 데 걸리는 시간 $T$를 시상수 $\tau$의 함수로 표현하시오.

## 058

날개의 전체 길이가 $25m$인 비행기가 자기장의 세기가 $5.0\times10^{-4}T$인 곳에서 자기장의 방향에 수직으로 $100m/s$의 속력으로 날고 있다. 날개 양 끝의 전위차를 구하고, 날개 양 끝의 전위차가 $2.0V$ 되기 위한 비행기의 속력을 구하시오. (단, 날개의 길이 방향과 자기장의 방향도 수직으로 생각한다.)

## 059

인덕턴스 $8.0mH$인 두 코일이 병렬로 연결되어 이것이 다시 인덕턴스 $10mH$인 코일에 직렬로 연결되어 있다. 이것의 전체 합성 인덕턴스를 구하시오.

## 060

촘촘히 $100$회 감긴 $20cm\times60cm$의 직사각형 코일이 균일한 자기장에서 분당 $3600$회 회전할 때 최대 기전력의 세기가 $12V$라고 한다. 자기장의 세기를 구하시오. (단, 코일의 회전축은 코일 면 위에 있으며 자기장의 방향과 수직이다.)

## 061

인덕턴스 $8.0mH$인 두 코일이 직렬로 연결되어 이것이 다시 인덕턴스 $10mH$인 코일과 병렬로 연결되어 있다. 이것의 전체 합성 인덕턴스를 구하시오.

## 062

$L=50mH$인 인덕터와 $R=25\Omega$인 저항을 $6.0V$인 전지에 직렬연결하여 $t=0$에서 스위치를 닫았다. 이 회로에서 최대 전류가 흐를 때 인덕터에 저장된 에너지를 구하고, $t=\tau$ 흘렀을 때 인덕터에 저장된 에너지를 구하시오.

## 063

처음 면적이 $0.50m^2$인 도체 고리의 면을 수직으로 $0.50T$의 균일한 자기장이 관통한다. 도체 고리의 면적이 일정비율 $5.0\times10^{-2}m^2/s$로 줄어들 때, $t=0s$와 $t=5.0s$인 순간 이 도체 고리에 발생하는 유도 기전력의 크기를 구하시오.

## 064

내경이 $r_a$, 외경이 $r_b$이며 단면이 그림과 같이 직사각형인 토로이드가 있다. 이 토로이드에 $N$번 도선이 감겨있을 때, 진공에서 이 토로이드의 자체유도계수(인덕턴스)를 구하시오.

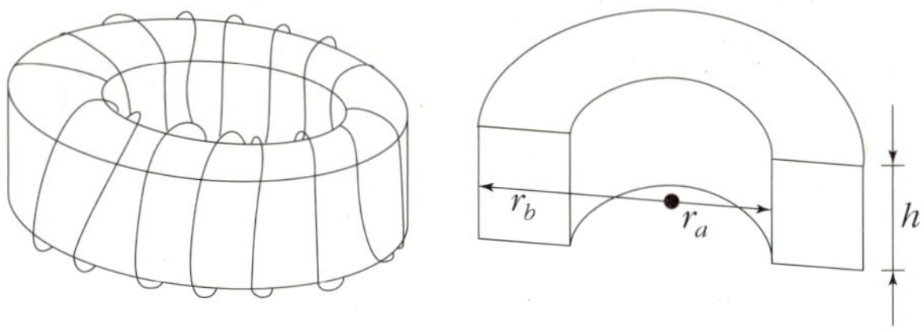

## 065

그림과 같이 반지름 $r_a$, $r_b$로 이루어진 동축 케이블이 있다. 동축 케이블에 채워진 물체가 없고 진공상태에 있을 때, 이 동축 케이블의 단위 길이당 자체유도계수(인덕턴스)를 구하시오.

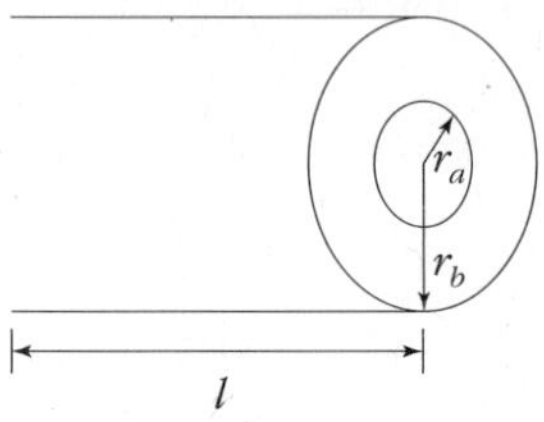


## 066

직경 $1.0mm$인 균질한 도선의 저항이 $\Omega_\lambda = 0.20\Omega/m$으로 주어진다고 한다. 이 도선에 흐르는 전류가 $4.0A$일 때, 도선의 표면에서 전기장의 에너지 밀도와 자기장의 에너지 밀도를 구하시오. (단, 도선은 진공에 있다고 가정한다.)

## 067

진공에서 단면적이 $A = 3.0cm^2$, 길이 $l = 50cm$, 코일이 $7,000$회 감긴 솔레노이드에 흐르는 전류가 $2.0A$일 때, 솔레노이드 내부의 자기장 세기를 구하고, 솔레노이드의 자체유도계수(인덕턴스) $L$을 구하시오. (단, 솔레노이드의 가장자리 효과는 무시하고 내부의 자기장은 균일하다고 가정한다.)

물리
천재
1000제

# PHYSICS GENIUS

1000제

CHAPTER

# 17

# 교류회로

# 17장 교류회로

핵심 용어

rms, 변압기, 병렬 RLC회로, 실효값, 역률, 용량성 리액턴스, 위상자, 위상차, 유도성 리액턴스, 임피던스, 자체유도계수, 직렬 RLC회로, 평균전력

## 001

**교류회로에서 다음 중 옳은 것을 고르시오.**

(가) 축전기의 용량성 리액턴스는 회로의 각진동수에 비례한다.

(나) 인덕터의 유도성 리액턴스는 회로의 각진동수에 비례한다.

(다) 저항기의 저항은 회로의 각진동수에 비례한다.

(라) 직렬 L-R-C 회로의 임피던스는 각진동수에 비례한다.

## 002

**다음 중 옳지 않은 것을 고르시오.**

(가) 축전기는 높은 주파수의 전류를 잘 통과시키려는 경향이 있다.

(나) 인덕터는 낮은 주파수의 전류를 잘 통과시키려는 경향이 있다.

(다) 저항은 오로지 직류만 통과시킨다.

(라) 트랜스(변압기)는 저항값을 변화시킬 수 있다.

## 003

**교류회로에서 다음 중 가능하지 않은 것을 고르시오.**

(가) 이상적인 저항에서 소비되는 평균 전력은 $V_{rms}I_{rms}$ 이다.

(나) 이상적인 인덕터에서 소비되는 평균 전력은 없다.

(다) 이상적인 축전기에서 소비되는 평균 전력은 없다.

(라) 이상적인 저항에서 소비되는 평균 전력은 없다.

## 004

**교류회로에서 다음 중 옳은 것을 고르시오.**

(가) 저항에서 전압은 전류와 위상이 같다.

(나) 축전기에서 전압은 전류보다 위상이 90° 앞선다.

(다) 인덕터에서 전압은 전류보다 위상이 90° 뒤진다.

(라) 저항에서 전압은 전류보다 위상이 90° 앞선다.

## 005

최대 전압이 $130V$인 교류 발전기에 $10\Omega$ 저항기를 연결하였을 때, 평균 소비 전력을 구하시오.

## 006

실효 전압 $230,000V$인 송전선으로 $100km$ 거리에 있는 지점으로 평균 전력 $300MW$을 송전하고 있다. 송전선의 총 저항이 $5.0\Omega$일 때, 저항에 의한 손실 전력을 구하시오.

## 007

$4.7\mu F$ 축전기가 직렬로 저항 $2.00k\Omega$인 저항기에 연결되어 $60.0Hz$ 교류전원에 연결되어 있다. 이 회로의 임피던스를 구하시오.

## 008

직렬 $RLC$ 회로에서 $R=100\Omega$, $L=50mH$, $C=47\mu F$이라고 한다. $60Hz$ 교류 전원에서 이 회로의 임피던스를 구하시오.

## 009

$R=4.7k\Omega$, $C=25\mu F$, 그리고 $L=10mH$인 직렬 $RLC$ 회로에서 공명 진동수를 구하시오.

## 010

직렬 $RLC$ 회로에서 $R=100\Omega$, $L=50mH$, $C=47\mu F$이라고 한다. $60Hz$ 교류 전원에서 이 회로의 역률을 구하시오.

## 011

이상적인 변압기의 1차 코일의 감긴 횟수가 100이고, 2차 코일의 감긴 횟수가 200이라고 한다. 이 변압기에 교류 전원을 1차에 연결하면 전류의 최댓값이 $120mA$라고 할 때, 2차 코일에 흐르는 최대 전류를 구하시오.

## 012

$R=1.00k\Omega$, $L=0.10H$, $C=4.7\mu F$인 직렬 $RLC$ 회로에 SI 단위로 $130\sin(500t)$인 전압이 걸려 있을 때, 이 회로의 임피던스 $Z$와 위상각 $\theta$를 구하시오.

## 013

$220V$에서 동작하는 교류 전동기의 저항이 $30\Omega$이고, 유도성 리액턴스가 $50\Omega$이라고 할 때, 이 전동기에 흐르는 최대 전류 값을 구하시오.

## 014

이상적인 변압기의 1차 코일에 $220V$ 교류 전원이 연결되어 있고, 2차 코일에는 $100\Omega$의 저항이 연결되어 $10W$의 전력이 소비된다. 1차 코일과 2차 코일의 권선비 $N_1/N_2$를 구하시오.

## 015

다음 그림과 같은 회로의 실효 전류를 구하시오.

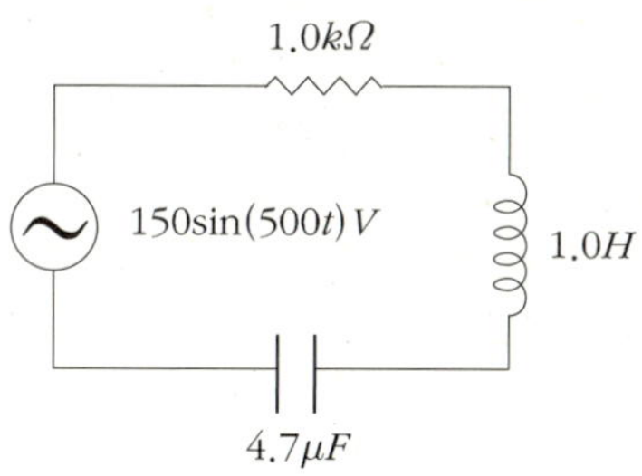


## 016

어떤 코일의 리액턴스가 $30Hz$에서 $10\Omega$라고 한다. 이 코일을 $220V$ 교류에 연결하면 최대 전류가 $10A$라고 했을 때, 이 교류의 주파수를 구하시오.

## 017

다음 그림과 같은 회로에서 인덕터 양단에 걸리는 실효 전압을 구하시오.

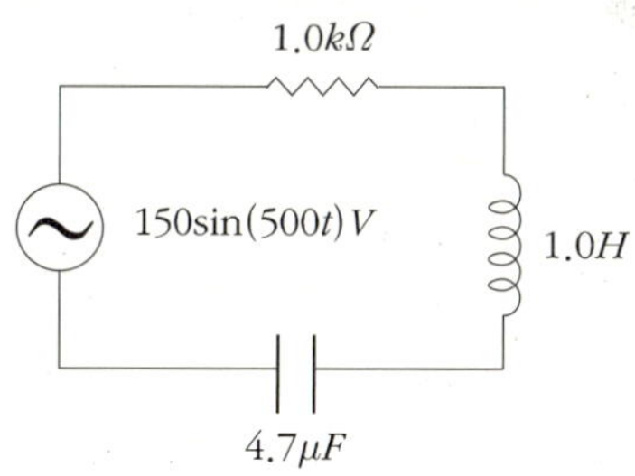

## 018

$RLC$ 직렬회로가 $60Hz$, $220V$ 인 교류 전원에 연결되어 있다. $R = 100\Omega$, $L = 200mH$, $C = 13\mu F$일 때, 전류와 전압 사이의 위상을 구하시오.

## 019

$R = 10\Omega$, $L = 0.10H$, $C = 47\mu F$인 $RLC$ 직렬 회로에 실효전압이 $220V$ 이고 주파수가 이 회로의 공명 주파수와 같은 교류 전원을 연결하였을 때, 이 회로의 평균 소비 전력을 구하시오.

## 020

직렬 $RLC$ 회로를 이용하여 $98.1MHz$의 방송을 수신하려고 한다. $L = 3.0\mu H$이고, $R = 3.0\Omega$일 때, $C$ 값을 구하시오.

## 021

직렬 $RLC$ 회로를 $60Hz$인 교류 전원에 연결하였더니 $X_C = 9X_L$이라고 한다. 이 회로의 공진 주파수를 구하시오.

## 022

다음 그림과 같은 회로에서 축전기 양단에 걸리는 실효 전압을 구하시오.

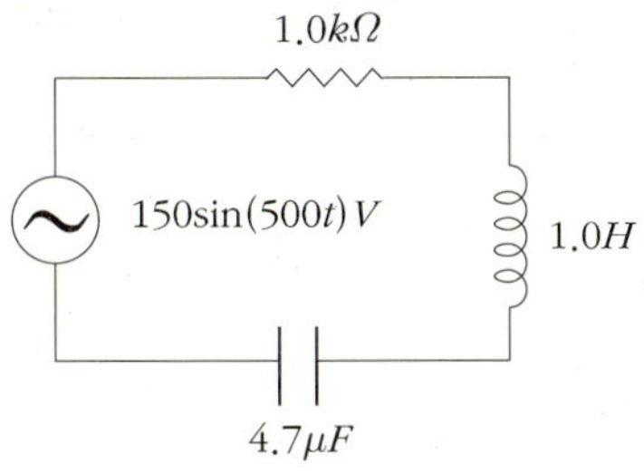


## 023

어떤 직렬 $RLC$ 회로의 임피던스가 $Z=200\Omega$이고, $R=10\Omega$라고 한다. 이 회로에 교류 $220V$ 전원을 연결하였을 때, 이 회로의 소비 전력을 구하시오.

## 024

어떤 코일의 저항이 $100\Omega$이고 인덕턴스가 $400mH$라고 한다. 이 코일을 교류 전원에 연결하여 코일의 임피던스가 $200\Omega$가 되도록 하려고 할 때, 교류 전원의 주파수를 구하시오. (단, 코일의 저항과 인덕턴스는 직렬로 되어 있다고 생각한다.)

## 025

직렬 $RLC$ 회로의 $L=300mH$, $R=100\Omega$이라고 한다. 이 회로에 $f=60Hz$인 교류 전원을 연결하여 전압과 전류의 위상이 같게 하려고 할 때, 필요한 $C$ 값을 구하시오.

## 026

다음 그림과 같은 회로에서 저항 양단에 걸리는 실효 전압을 구하시오.

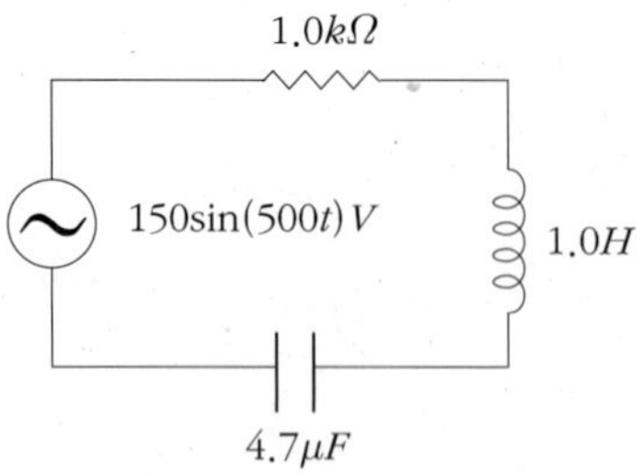


## 027

다음 그림과 같은 병렬 $RLC$ 회로의 임피던스를 구하시오.

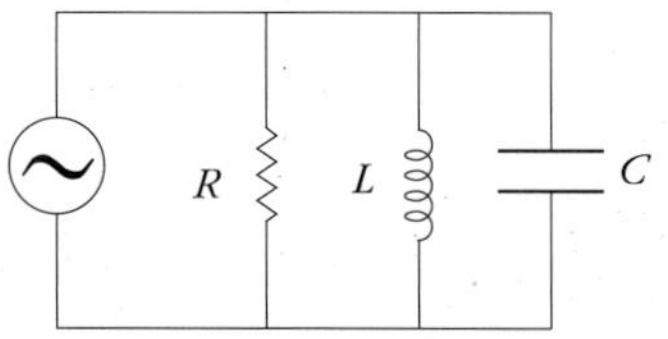


## 028

이상적인 변압기의 1차에 $220V$ 교류 전원을 연결하면 2차에 $6.0V$가 나온다 한다. 이 변압기의 2차에 교류 $220V$를 가하면 1차에 발생하는 전압을 구하시오.

## 029

$R = 100\Omega$, $L = 2.0mH$, $C = 4.7\mu F$인 직렬 $RLC$ 회로에서 최대 전압이 $7.0V$인 교류 전원을 가한다. 교류의 주파수가 회로의 공진 주파수와 같을 때, 이 회로의 실효 전류를 구하시오.

## 030

승압용 변압기의 입력 전력이 $P_{in}$이고, 1차 권선수가 $N_1$, 2차 권선수가 $N_2$일 때, 출력 전력 $P_{out}$를 $P_{in}$, $N_1$, $N_2$로 구하시오.

## 031

직렬 $RLC$ 회로에서 전류가 $I = I_o \cos\omega t$라고 한다. $1/4$ 주기 동안 평균 전류를 구하시오.

## 032

최대 전압이 $150V$인 $60Hz$ 교류 발전기에 $R = 100\Omega$, $C = 470\mu F$인 직렬 $RC$ 회로를 연결하였다. 이 회로의 역률을 구하시오.

## 033

교류 전원에 저항 $R$을 연결하였더니 단자 전압이 $V = V_0 \sin\omega t$라고 한다. $\frac{1}{2}T$ 동안 이 저항에서 소비된 에너지를 구하시오. (단, $T$는 전원의 주기이다.)

## 034

교류 전원에 연결된 축전기에 흐르는 순간 전류가 $I = I_0 \cos\omega t$라고 한다. 축전기에 쌓인 순간 전하를 구하시오.

## 035

최대 전압이 $150V$인 $60Hz$ 교류 발전기에 $R = 100\Omega$, $L = 100mH$인 직렬 $RL$ 회로를 연결하였다. 이 회로의 임피던스를 구하시오.

### 036

이상적인 $LC$ 공진 회로의 $L=100mH$이고, $C=0.30\mu F$이라 한다. 축전기에 저장되는 최대 전하가 $Q_0=15\mu C$일 때, 이 공진 회로의 공진 주파수와 인덕터에 흐르는 최대 전류를 구하시오.

### 037

스피커에 공급되는 실효 전압이 $5.0V$이고, 실효 전류가 $100mA$이며, 전류와 전압 사이의 위상차가 $35°$라고 한다. 이 스피커에 공급되는 평균 전력과 스피커의 임피던스를 구하시오.

### 038

$V(t)=5.0V\cos\omega t$인 교류 전원에 $0.47\mu F$ 축전기를 연결하였다. 이 축전기의 용량성 리액턴스와 축전기에 흐르는 최대 전류를 구하시오. (단, $\omega=5000rad/s$이다.)

### 039

이상적인 전압 강하용 변압기의 1차 권선수가 200이고, 2차 권선수가 50이다. 이 변압기의 1차에 실효 전압 $440V$를 가하고 2차에 저항이 $5.0\Omega$인 부하를 연결하였을 때, 2차에 흐르는 실효 전류 값을 구하시오.

## 040

이상적 변압기의 1차에 $12kV$, $60Hz$ 교류 전원을 연결하여 2차에서 $220V$로 역률 0.83으로 전력 $12kW$를 공급한다고 한다. 1차와 2차의 코일이 감긴 횟수비 $N_1/N_2$를 구하고, 2차에서 $I_{rms}$를 구하시오.

## 041

어떤 변압기의 2차 코일이 감긴 수가 1차 코일의 감긴 수의 4 배라 한다. 이 변압기의 1차 코일의 역률이 90%이고, 1차 코일의 실효 전류가 $5.0A$, 실효 전압이 $220V$일 때, 2차 코일의 실효 전압을 구하고, 2차 코일의 실효 전류를 구하시오.

## 042

이상적인 인덕터 $L = 30mH$를 최대 전압이 $6.0V$인 교류 전원에 연결하여 실효 전류가 $0.50A$이라 한다. 이 교류 전원의 주파수를 구하고, 교류 전원의 주파수를 두 배로 할 때 회로의 최대 전류를 구하시오.

## 043

직렬 $RLC$ 회로에 $V_{rms} = 220V$인 교류 전원을 인가하였더니 인덕터 양단의 최대 전압이 저항 양단의 최대 전압의 1/3이고, 축전기 양단의 최대 전압은 저항 양단의 최대 전압의 3배라고 한다. 이 회로의 최대 전류가 $I_0 = 200mA$일 때, 이 회로의 저항값을 구하고, 전류와 전압 사이의 위상차를 구하시오.

## 044

어떤 직렬 $RLC$ 회로에서 실효 전압이 $220V$, 실효 전류가 $5.0A$이며, 전류가 전압보다 위상이 $30°$ 앞선다고 한다. 이 회로의 저항값과 $X_L - X_C$의 크기를 구하시오.

## 045

$100\Omega$ 저항을 인덕터에 직렬로 연결하여 $220V$, $60Hz$ 교류 전원에 연결하였다. 저항에서 소비되는 전력이 $100W$일 때, 인덕터의 자체유도계수를 구하고 전류와 전압 사이의 위상각을 구하시오.

## 046

그림과 같이 직렬 $RLC$ 회로가 교류 전원 $60Hz$, $220V$에 연결되어 있다. $R = 100\Omega$, $L = 150mH$, $C = 100\mu F$일 때, 인덕터 양단의 최대 전압, $a$, $b$ 사이의 최대 전압을 구하시오.

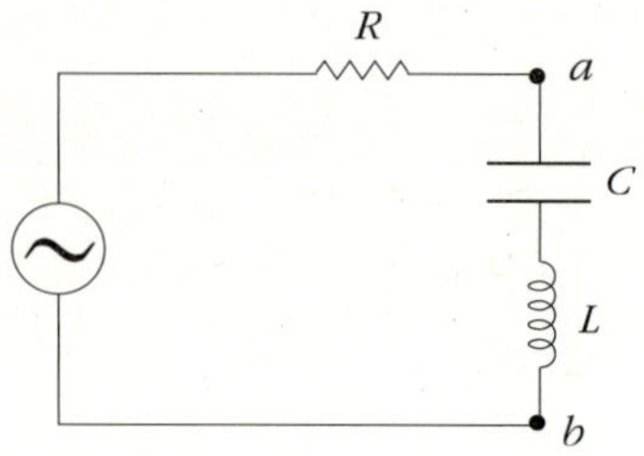

물리
천재
1000제

# PHYSICS GENIUS

## 1000제

CHAPTER

# 18

# 전자기파

# 18장 전자기파

**핵심 용어**

복사압, 세기, 전자기파의 에너지 밀도, 전자기파의 전기장과 자기장, 정현파, 파동함수, 포인팅 벡터

## 001

**전자기파에 관한 내용으로 옳지 않은 것을 고르시오.**

(가) 전자기파도 운동량이 있다.
(나) 전자기파는 횡파이다.
(다) 전자기파는 종파이다.
(라) 전자기파는 진공에서도 진행한다.

## 002

**전자기파가 진공에서 $+x$ 방향으로 진행한다. 어떤 지점에서 어떤 순간에 이 전자기파의 전기장의 방향이 $+y$ 방향이라면, 그 순간 그 지점에서 자기장의 방향은?**

(가) $+z$ 방향　(나) $-z$ 방향
(다) $-x$ 방향　(라) $-y$ 방향

## 003

**진공에서 진행하는 전자기파의 전기장의 방향에 관한 것으로 옳은 내용은?**

(가) 자기장과 평행하다.
(나) 전자기파의 진행 방향과 평행하다.
(다) 자기장에 수직이다.
(라) 전자기파의 진행 방향에 반대 방향이다.

## 004

**어떤 점광원에서 거리가 두 배 멀어지면 빛의 세기는 어떻게 변하는가?**

(가) 반으로 줄어든다.
(나) 두 배로 증가한다.
(다) 1/4로 줄어든다.
(라) 네 배로 증가한다.

## 005

태양에서 오는 복사 에너지의 세기가 $1200W/m^2$이고 태양빛이 평면 전자기파라 할 때, 이 전자기파의 전기장 $E$와 자기장 $B$의 최댓값을 구하시오. (단, 빛의 전달 속력은 진공에서 $c=3.00\times10^8 m/s$이고, $\varepsilon_0=8.85pF/m$이다.)

## 006

모든 방향으로 고르게 빛이 퍼져나가는 $100W$ 전구에서 $2.0m$ 떨어진 지점에서 포인팅 벡터 $S$의 평균 크기를 구하시오. (단, $\pi=3.14$로 하고, $c=3.00\times10^8 m/s$로 하며, 전구에서 소비되는 전력이 모두 빛으로 바뀐다고 가정한다.)

## 007

지표면에서 태양광의 세기가 $1340W/m^2$이라면 $1.00m^3$ 공간에 있는 전자기파 에너지를 구하시오. (단, 지표면에서 태양빛은 평면파라고 가정하고 빛의 전달 속력은 $3.0\times10^8 m/s$로 한다.)

## 008

우주 공간에서 빛을 완전히 반사하는 평면에 작용하는 최대 복사압을 구하시오. (단, 그 지점에서 $S=1340W/m^2$이고 빛의 전달 속력은 $3.0\times10^8 m/s$로 한다.)

## 009

파장이 $5.50\times10^{-7}m$인 녹색 빛의 진공 중 진동수를 구하시오. (단, 빛의 진공 중 진행 속력은 $c=3.00\times10^{8}m/s$으로 한다.)

## 010

진공에서 $z$축 방향으로 진행하는 어떤 평면 편광된 전자기파의 자기장이 표준단위(SI 단위)에서 $B=1.0\times10^{-6}\sin\left[2\pi\left(\frac{z}{210}-\frac{1.0\times10^{7}t}{7}\right)\right]$로 나타낼 수 있을 때 전기장의 최대 세기 값을 구하시오.

## 011

진공에서 $z$축 방향으로 진행하는 어떤 평면 편광된 전자기파의 자기장이 표준단위(SI 단위)에서 $B=1.0\times10^{-6}\sin\left[2\pi\left(\frac{z}{210}-\frac{1.0\times10^{7}t}{7}\right)\right]$로 나타낼 수 있을 때, $1.0m^{2}$면을 단위 시간 동안 통과하는 이 전자기파의 에너지를 구하시오. (단, $\varepsilon_0=8.85pF/m$이고, $\mu_0=4\pi\times10^{-7}T\cdot m/A$이며, 진공에서 빛의 속력은 $c=3.00\times10^{8}m/s$로 한다. $(\pi=3.14)$)

## 012

태양에서 지표면에 도달하는 빛의 세기가 $1300W/m^{2}$이고 지구 반지름이 $6.4\times10^{6}m$일 때, 지표면에 태양빛이 완전히 흡수된다면 지표면이 받는 힘의 크기를 구하시오. (단, 빛의 속력은 $3.0\times10^{8}m/s$로 하고 $\pi=3.14$로 한다.)

## 013

진공에서 빛의 속력을 유전율 $\varepsilon_0$와 투자율 $\mu_0$로 표현하시오.

## 014

진공에서 전자기파의 자기장 $B$와 전기장 $E$, 그리고 빛의 전달 속력 $c$의 관계를 쓰시오.

## 015

$\varepsilon_0 = 8.85 C^2/(N \cdot m^2)$일 때, $\varepsilon_0 E^2$의 단위를 구하시오.

## 016

진공에서 어떤 정현파 전자기파의 전기장과 자기장의 진폭이 각각 $E_0$와 $B_0$이고 빛의 전달 속력을 $c$라 할 때, 이 전자기파의 총 평균 에너지 밀도를 전기장 혹은 자기장의 진폭으로 나타내시오. (단, 진공의 유전율은 $\varepsilon_0$로 하고 투자율은 $\mu_0$로 한다.)

## 017

진공에서 정현파의 형태인 어떤 전자기파의 전기장의 진폭이 $2.5V/m$일 때, 이 전자기파의 세기를 구하시오. (단, 빛의 속력은 $3.0 \times 10^8 m/s$로 하고, $\varepsilon_0 = 8.85 pF/m$로 한다.)

## 018

진공에서 어떤 전자기파의 전기장의 진폭이 $2.5\times 10^{-2}V/m$일 때, 이 전자기파의 자기장의 진폭을 구하시오. (단, 빛의 속력은 $3.0\times 10^{8}m/s$로 한다.)

## 019

표준단위(SI)로 진공에서 어떤 전자기파의 전기장이 다음과 같이 표현될 때, 아래의 물리량을 구하시오. (단, 빛의 속력은 $3.0\times 10^{8}m/s$로 하고, $\pi=3.14$, $\varepsilon_0=8.85pF/m$로 한다.)

$$\vec{E}(x,t)=150\hat{j}\sin(6.28\times 10^{7}x-\omega t)$$

(가) 자기장의 진폭

(나) 이 빛의 파장

(다) 이 빛의 진동수

(라) 이 빛의 세기

(마) 이 빛의 진행 방향

(바) 자기장의 방향

## 020

$LC$ 발진 회로에서 전자기파가 생성되어 진공으로 퍼져간다. $L=3.0\mu H$이고, $C=4.7pF$일 때, 이 전자기파의 파장을 구하시오. (단, 빛의 진공 중 속력은 $c=3.0\times 10^{8}m/s$이고, $\pi=3.14$로 한다.)

## 021

진공에서 어떤 정현파형의 전자기파의 자기장의 진폭이 $0.50\mu T$이라고 한다. 이 전자기파의 세기를 구하시오. (단, 빛의 속력은 $3.0\times 10^{8}m/s$이고, $\varepsilon_0=8.85pF/m$이다.)

## 022

출력이 $1.0mW$인 레이저 빛의 단면적이 $2.0mm^2$이라고 한다. 이 레이저 빛의 전기장의 진폭을 구하시오. (단, 빛의 속력은 $3.0\times10^8m/s$이고, $\varepsilon_0=8.85pF/m$이다.)

## 023

출력이 $1.0mW$인 $He-Ne$ 레이저의 빛이 진공에서 직경 $1.5\lambda$인 영역에 균일하게 집속될 때, 이 영역에서 이 빛의 전기장과 자기장의 진폭을 구하시오. (단, 빛의 속력은 $3.0\times10^8m/s$이고, $\varepsilon_0=8.85pF/m$이고, $He-Ne$ 레이저 빛의 파장은 진공에서 $632.8nm$이다.($\pi=3.14$))

## 024

지표면에서 지구 자기장의 세기가 대략 $0.50\times10^{-4}T$ 정도이다. 이 자기장에 의해 $1.0m^3$ 공간에 저장된 자기장 에너지를 구하시오. (단, $c=3.0\times10^8m/s$, $\varepsilon_0=8.85pF/m$, $\mu_0=4\pi\times10^{-7}T\cdot m/A$이다.)

## 025

$93.1MHz$ FM 방송국에서 송출하는 전자기파의 파수(Wave Number)를 구하시오. (단, 빛의 전달 속력은 $3.00\times10^8m/s$로 한다.)

## 026

태양의 반지름은 $7.0\times10^{8}m$이고 에너지 방출률은 $3.9\times10^{26}W$이다. 태양에서 지구까지 평균 거리가 $1.5\times10^{11}m$일 때, 지구 표면에서 태양빛의 세기를 구하시오. (단, $\pi=3.1415$, $c=3.0\times10^{8}m/s$, $\varepsilon_0=8.85pF/m$, $\mu_0=4\pi\times10^{-7}T\cdot m/A$이다.)

## 027

점원에서 사방으로 구 대칭으로 송출되는 전자기파의 전기장의 최댓값이 점원에서 $5.00m$ 떨어진 지점에서 $20.0V/m$일 때, 이 파원의 출력을 구하시오. (단, $\pi=3.1415$, $c=3.00\times10^{8}m/s$, $\varepsilon_0=8.85pF/m$로 한다.)

## 028

점원에서 전자기파가 출력 $50.0W$로 사방으로 구 대칭으로 퍼져나간다. 이 전자기파의 전기장의 진폭이 $15.0V/m$인 지점까지의 점원에서 거리를 구하고, 이 지점에서 전자기파의 세기를 구하시오. (단, $\pi=3.1415$, $c=3.00\times10^{8}m/s$, $\varepsilon_0=8.85pF/m$로 한다.)

## 029

어떤 탐조등이 출력 $3.0kW$로 빛을 방출한다. 이 탐조등에서 나오는 빛의 직경이 $1.0m$일 때, 탐조등에서 나오는 빛의 전기장의 진폭과 자기장의 진폭을 구하시오. (단, $\pi=3.1415$, $c=3.00\times10^{8}m/s$, $\varepsilon_0=8.85pF/m$로 한다.)

## 030

직경 $20.0m$인 안테나로 전파를 수신할 때, 전기장의 실효값이 $110V/m$라고 한다. 안테나에 도착하는 이 전파의 세기와 안테나에서 수신하는 전파의 전력을 구하시오. (단, $\pi = 3.1415$, $c = 3.00 \times 10^8 m/s$, $\varepsilon_0 = 8.85 pF/m$로 한다.)

## 031

어떤 정현(사인 혹은 코사인 형태) 전자기파의 파수가 $100\pi m^{-1}$일 때, 이 전자기파의 파장과 진동수를 구하시오. (단, $\pi = 3.1415$, $c = 3.00 \times 10^8 m/s$로 한다.)

## 032

보통 원자에서 빛이 방출될 때, 빛이 발생하는 시간은 대략 $10^{-9}s$이다. 이 동안 나오는 빛줄기의 길이를 구하시오.

## 033

어떤 지점에서 어떤 전자기파의 전기장이 표준단위(SI 단위)로 다음과 같다고 할 때, 이 전자기파의 파장, 진동수, 세기를 구하시오. (단, $c = 3.00 \times 10^8 m/s$, $\varepsilon_0 = 8.85 pF/m$로 한다.)

$$\vec{E}(z, t) = 120V/m \ \hat{i} \sin[3.5 \times 10^6 \pi (z - ct)]$$

## 034

레이저 빔을 펄스로 $2.0ns$ 동안 발생시켰다. 이 레이저 빔의 직경이 $2.0mm$이고 에너지가 $3.0J$일 때, 이 펄스의 길이를 구하고, 에너지 밀도를 구하시오. (단, $\pi = 3.1415$, $c = 3.00 \times 10^8 m/s$, $\varepsilon_0 = 8.85pF/m$로 한다.)

## 035

직경 $2.0m$인 원형 안테나로 1시간 동안 어떤 별에서 받은 빛의 에너지가 $5.0mJ$이라고 할 때, 이 빛의 세기와 이 별빛의 전기장의 진폭을 구하시오. (단, $\pi = 3.1415$, $c = 3.00 \times 10^8 m/s$, $\varepsilon_0 = 8.85pF/m$로 한다.)

물리
천재
1000제

# PHYSICS GENIUS

1000저

CHAPTER

19

# 빛의 반사, 굴절, 편광

# 19장 빛의 반사, 굴절, 편광

**핵심 용어**

광축, 굴절법칙, 굴절률, 반사에 의한 편광, 반사법칙, 반사율, 법선, 스넬의 법칙, 임계각, 전반사, 편광, 편광각

### 001

**다음 중 빛이 횡파임을 증명할 수 있는 방법은?**

(가) 광전효과 실험 (나) 간섭 실험
(다) 편광 실험 (라) 반사 실험

### 002

**태양빛에 관한 것으로 옳은 것은?**

(가) 면편광 되어 있다.
(나) 원편광 되어 있다.
(다) 편광되어 있지 않다.
(라) 단색광이다.

### 003

**다음 중 물질의 굴절률의 정의로 옳은 것은?**

(가) 진공에서 빛의 진행 속력을 그 물질에서 빛의 진행 속력으로 나눈 값
(나) 그 물질에서 빛의 진행 속력을 진공에서 빛의 진행 속력으로 나눈 것
(다) 호도법으로 측정한 굴절각
(라) 그 물질에서 빛의 진행 속력

### 004

**빛이 굴절률이 작은 곳에서 굴절률이 큰 곳으로 어떤 입사각으로 입사할 때, 다음 중 옳은 것을 고르시오.**

(가) 빛이 법선 쪽으로 꺾이며 속력이 줄어든다.
(나) 빛이 법선에서 먼 쪽으로 꺾이며 속력이 줄어든다.
(다) 빛이 법선 쪽으로 꺾이며 속력이 증가한다.
(라) 빛이 법선에서 먼 쪽으로 꺾이며 속력이 증가한다.

## 005

**편광된 빛의 편광축을 $90°$ 회전시키려 할 때, 최종 빛의 세기가 가장 큰 경우를 고르시오.**

(가) 3개의 편광판으로 빛의 편광축을 각각 30° 회전시키는 경우
(나) 2개의 편광판으로 빛의 편광축을 각각 45° 회전시키는 경우
(다) 1개의 편광판으로 빛의 편광축을 90° 회전시키는 경우
(라) 편광된 빛의 편광축은 회전시킬 수 없으므로 답이 없음

## 006

**법선으로부터 $30°$로 수면으로 빛이 입사할 때 반사각을 구하시오. (단, 물의 굴절률은 $n = 1.33$으로 한다.)**

## 007

**진공에서 진동수 $5.00 \times 10^{14}$Hz인 빛이 굴절률 $n = 1.33$인 물로 입사할 때, 물속에서의 파장을 구하시오. (단, 진공에서 빛의 속력은 $3.00 \times 10^8 m/s$로 한다.)**

## 008

**굴절률이 $1.351$인 물질에서 빛의 진행 속력을 $v_1$이라 하고, 굴절률이 $1.451$인 물질에서는 $v_2$라 할 때, $v_2/v_1$을 구하시오. (단, 진공에서의 빛의 진행 속력을 $c = 3.00 \times 10^8 m/s$라 한다.)**

## 009

빛이 공기 중에서 어떤 물질로 진행할 때 굴절된다고 한다. 이 물질로 빛이 입사할 때, 입사각이 $45°$이고 굴절각이 $30°$라고 하면 이 물질의 굴절률을 구하시오. (단, 공기의 굴절률은 $1.000$으로 한다.)

## 010

두 거울이 수직으로 맞닿아 있다. 광선이 한 거울 면의 법선에 대하여 $15°$로 거울로 입사할 때, 두 번째 거울에서 반사하는 반사각을 구하시오.

## 011

붕어 한 마리가 연못에서 수면 아래 $100cm$에 노닐고 있다. 어떤 사람이 이 붕어를 붕어의 바로 위에서 쳐다볼 때, 이 붕어가 있는 곳의 겉보기 깊이를 구하시오. (단, 물의 굴절률은 공기에 대하여 $1.33$으로 한다.)

## 012

어떤 사람이 길이가 $10m$인 수영장의 가장자리에서 수평으로 물이 가득 찬 수영장을 바라보고 있다. 이 사람이 볼 수 있는 수영장의 최대 깊이를 구하시오. (단, 공기에 대한 물의 굴절률은 $1.33$으로 한다.)

## 013

호수 아래에서 수면으로 빛을 비출 때 빛이 전반사가 일어나는 수평면으로부터 측정한 빛의 입사 최대각을 구하시오. (단, 공기에 대한 물의 굴절률은 1.33으로 한다.)

## 014

굴절률이 1.451인 액체 물질 위에 굴절률이 1.333인 물이 있다. 이 두 액체의 경계면에서 전반사가 일어날 임계각을 구하시오.

## 015

그림처럼 빛이 두 매질의 경계면으로 입사각 $\theta_i$로 입사하면 일부는 반사되고 일부는 굴절된다. 위쪽 매질의 굴절률을 $n_1$이라 하고 아래쪽 매질의 굴절률을 $n_2$라 할 때, 반사된 빛이 굴절된 빛과 수직이 될 조건을 구하시오.

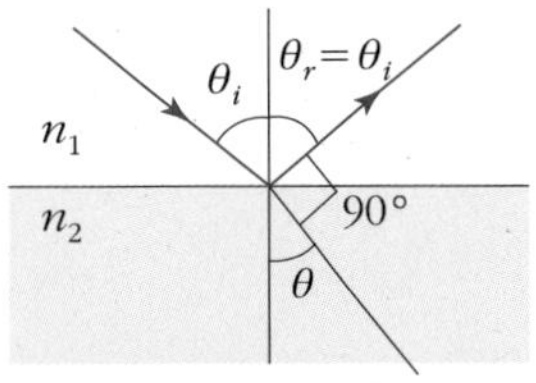


## 016

편광이 되지 않은 빛이 연속해서 3개의 편광판을 통과한다. 처음 빛의 세기를 $I_0$라 할 때, 각 편광판의 편광축이 서로 연속해서 30°씩 회전되어 있다면, 마지막 편광판을 통과한 빛의 세기를 구하시오.

## 017

잔잔한 호수면에서 반사한 달빛이 완전 편광이 되기 위한 달의 수평면으로부터의 고도각을 구하시오. (단, 공기에 대한 물의 굴절률은 1.33으로 한다.)

## 018

어떤 물질의 공기 중 편광각이 65.0°이라 한다. 이 물질 내부에서 전반사가 일어나기 위한 임계각을 구하시오. (단, 공기의 굴절률은 1.00으로 한다.)

## 019

공기에 대한 굴절률 1.45인 물질에서 공기 중에서 반사에 의한 완전 편광이 일어날 입사각을 구하시오.

## 020

두 편광판의 광축이 일치할 때 통과한 빛의 세기를 $I_0$라 하자. 그러면 두 편광판의 광축이 30°일 때 통과한 빛의 세기를 구하시오.

## 021

굴절률을 모르는 물체의 표면에서 반사하는 빛이 공기 중에서 입사각 55.0°에서 완전 편광이 일어났다고 한다. 이 물체의 공기에 대한 굴절률을 구하시오.

## 022

편광되지 않은 빛이 두 편광판을 연속으로 통과하였더니 빛의 세기가 처음의 30%로 되었다. 두 편광판의 광축 사이의 각을 구하시오.

## 023

두 편광판의 광축이 $50°$일 때 통과한 빛의 세기가 $I_1$이다. 광축이 평행할 때 통과하는 빛의 세기를 구하시오.

## 025

파장 $632.8nm$의 빛을 공기 중에서 어떤 매질로 입사각 $55.0°$로 비추면 굴절각이 $23.0°$라 한다. 이 매질에서 빛의 속력을 구하시오. (단, 빛의 진공에서 속력은 $3.00 \times 10^8 m/s$로 하고 공기의 굴절률은 $1.000$으로 한다.)

## 024

공기에 대하여 굴절률이 $1.54$인 매질에서 반사하는 빛이 완전 편광이 될 때 굴절되는 빛의 굴절각을 구하시오.

## 026

물속에서 굴절률 $n = 1.54$인 재질로 만들어진 광섬유로 광신호를 보내고자 한다. 빛이 광섬유로부터 빠져나가지 않는 광섬유 면으로부터의 빛의 최대 입사각을 구하시오. (단, 물의 굴절률은 $1.33$으로 한다.)

## 027

바다 밑에서 태양을 바라보면 연직선에서 $20.0°$로 들어오는 것처럼 보인다. 지면에 대하여 태양의 실제 고도각을 구하시오. (단, 바닷물의 공기에 대한 굴절률은 1.33으로 한다.)

## 028

공기에 대한 굴절률이 1.54인 물체의 반사율을 구하시오.

## 029

공기에서 매질로 빛이 $55.0°$로 입사할 때, 계면에 대하여 $42.0°$로 굴절이 일어난다고 한다. 이 매질의 공기에 대한 굴절률을 구하시오.

## 030

4개의 편광판이 나란히 연속해 있다. 이 편광판이 연속해서 광축이 서로 $45°$로 되어 있다고 한다. 편광이 되지 않은 세기 $I_0$인 빛을 비출 때, 이 편광판들을 통과한 빛의 세기를 구하시오.

## 031

편광이 되지 않은 빛을 광축이 서로 $90°$로 되어 있는 두 편광판의 첫 번째 편광판에 비추고 있다. 이 상태에서 편광이 되지 않은 빛의 20%만 두 편광판을 통과하도록 하기 위해 첫 번째 편광판의 광축을 두 번째 편광판의 광축에 대하여 회전시키고자 한다. 이 조건을 만족하기 위한 두 편광판의 광축 사이의 각을 구하시오.

## 032

매끄러운 얼음 표면으로부터 공기 중에서 빛이 반사하여 완전 편광이 되었다. 공기의 굴절률을 1.000으로 하고 얼음의 굴절률은 1.300으로 하였을 때, 빛의 입사각과 굴절각을 구하시오.

## 033

긴 대롱 앞뒤에 서로 광축이 $90°$가 되도록 편광판을 설치하였다. 그리고 두 편광판 사이에 어떤 액체를 채워 편광이 되지 않은 빛을 통과시켰더니 20%의 빛만 통과하였다고 한다. 이 액체가 편광이 된 빛의 광축을 얼마나 회전시켰는지 구하시오.

## 034

공기 중에서 어떤 매질로 파장 $450nm$인 빛을 입사각 $55.0°$로 입사시키면 굴절각이 $30.0°$라고 한다. 공기의 굴절률을 1.000으로 하고, 진공에서 빛의 진행 속력은 $3.00 \times 10^8 m/s$라고 할 때, 이 매질의 굴절률, 이 매질에서 빛의 파장, 그리고 빛의 진동수를 구하시오.

## 035

연못 바닥에서 점광원이 모든 방향으로 빛을 보낸다. 연못 밖에서 보면 이 빛이 직경 $20m$의 원형으로 보인다. 공기의 굴절률은 1.000, 물의 굴절률은 1.333으로 할 때, 이 연못의 깊이를 구하시오.

## 037

굴절률 $n = 1.541$인 재질로 만들어진 정삼각형 프리즘의 한 면에 공기 중에서 그림처럼 어떤 빛을 입사각 $\theta$로 비추면 프리즘의 다른 면으로 각 $\theta$로 통과한다고 한다. 이 각을 구하시오. (단, 공기의 굴절률은 1.000으로 한다.)

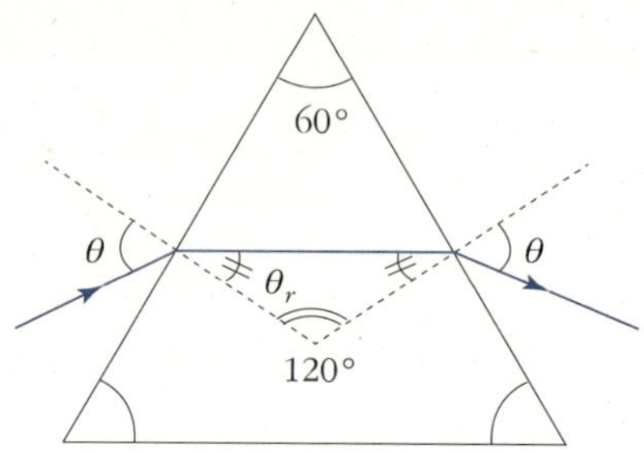


## 036

공기에 대하여 임계각이 $45°$인 물질에서 어떤 빛의 파장이 $380nm$라고 한다. 이 물질의 굴절률을 구하고, 진공에서 이 빛의 파장을 구하시오. (단, 공기의 굴절률은 1.000으로 한다.)

## 038

공기 중에서 어떤 매질로 빛이 입사각 $55.0°$로 입사할 때, 반사하는 빛이 완전 편광이 된다고 한다. 이 매질의 공기에 대한 굴절률을 구하고, 공기에 대한 내부 전반사가 일어날 임계각을 구하시오.

물리
천재
1000제

# PHYSICS GENIUS

1000제

CHAPTER

20

# 빛의 간섭과 회절

# 20장 빛의 간섭과 회절

**핵심 용어**

각 분해능, 간섭, 결 맞는 빛, 다중 슬릿, 단일 슬릿 회절, 반사에 의한 위상 변화, 보강 간섭 조건, 분해능, 소멸 간섭 조건, 얇은 막에서의 간섭, 이중슬릿 간섭, 회절, 회절격자

### 001

**비누거품 색은 주로 어떤 효과에 의한 것인가?**

(가) 간섭 (나) 회절
(다) 굴절 (라) 편광

### 002

**굴절률이 작은 곳에서 굴절률이 큰 곳으로 빛이 진행하면서 일어나는 반사에서,**

(가) 반사에 의해 빛의 위상이 90° 만큼 바뀐다.
(나) 반사에 의해 빛의 위상이 180° 만큼 바뀐다.
(다) 반사에 의해 빛의 위상이 360° 만큼 바뀐다.
(라) 반사에 의해 빛의 위상이 바뀌지 않는다.

### 003

**굴절률이 큰 곳에서 굴절률이 작은 곳으로 빛이 진행하며 일어나는 반사에서,**

(가) 반사에 의해 빛의 위상이 90° 만큼 바뀐다.
(나) 반사에 의해 빛의 위상이 180° 만큼 바뀐다.
(다) 반사에 의해 빛의 위상이 360° 만큼 바뀐다.
(라) 반사에 의해 빛의 위상이 바뀌지 않는다.

### 004

**물($n=1.33$) 웅덩이 위에 매우 얇은 기름($n=1.20$) 막에 의해 $480nm$의 빛이 반사되지 않기 위한 기름 막의 최소 두께를 구하시오.**

(가) $480nm$ (나) $240nm$
(다) $200nm$ (라) $100nm$

005

**결맞는 단색광에 의해 단일 슬릿으로 만들어지는 회절 무늬에서 슬릿의 폭을 줄이면?**

(가) 무늬의 크기가 늘어난다.
(나) 무늬의 크기가 줄어든다.
(다) 무늬의 밝기가 밝아진다.
(라) 무늬의 밝기가 어두워진다.

006

**동일한 슬릿을 사용하였을 때 다음 중 회절 무늬의 폭이 가장 넓게 나타날 수 있는 것은?**

(가) 붉은 빛 (나) 노란 빛
(다) 푸른 빛 (라) X-ray

007

**결이 맞는 단색광을 매우 가는 선에 비추면 그 그림자가 마치 평행한 여러 선에 의한 것처럼 보인다. 그 이유는?**

(가) 반사 때문이다.
(나) 굴절 때문이다.
(다) 회절 때문이다.
(라) 분산 때문이다.

008

**회절 무늬를 분석하는 방법으로 적합한 것은?**

(가) 뉴턴 법칙
(나) 케플러 법칙
(다) 상대성 이론
(라) 호이겐스의 원리

## 009

파장 $\lambda = 600nm$인 단색광을 간격 $0.100mm$인 이중 슬릿에 비출 때, $3.00m$ 떨어진 스크린에 나타나는 밝은 무늬의 간격을 구하시오.

## 010

이중 슬릿에 어떤 단색광을 비추었더니 5번째 밝은 무늬의 위치가 중심 최대 밝은 곳에서 각거리 $9.0°$에서 관측되었다. 이 이중 슬릿의 슬릿 사이의 간극을 구하시오. (단, 빛의 진동수는 $5.0 \times 10^{14} Hz$으로 하고 빛의 속력은 $3.0 \times 10^{8} m/s$로 한다.)

## 011

두 슬릿이 $0.10mm$ 간격으로 떨어져 있고, 이 이중 슬릿에서 스크린 사이의 거리는 $50cm$라 한다. 이 슬릿에 파장 $\lambda = 600nm$인 결이 맞는 빛을 비추었을 때, 스크린 상의 중심의 최대 밝은 곳에서 $15cm$ 떨어진 지점까지에 있게 될 밝은 무늬의 수를 구하시오.

## 012

그림처럼 결이 맞는 점광원에서 직접 도달하는 빛과 거울에서 반사하는 빛에 의해 스크린의 $P$ 점에 간섭무늬가 만들어진다. 점광원과 스크린 사이의 거리는 $150m$이고 광원이 거울 위 $0.50cm$에 있으며, 광원이 파장 $\lambda = 600nm$인 단색광일 때, 스크린 위의 첫 번째 어두운 무늬의 위치 $y$를 구하시오.

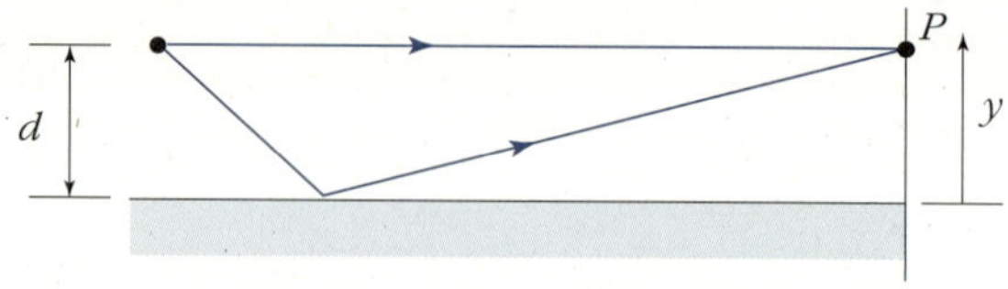

## 013

그림처럼 결이 맞는 점광원에서 직접 도달하는 빛과 거울에서 반사하는 빛에 의해 스크린의 $P$ 점에 간섭 무늬가 만들어 진다. 점광원과 스크린 사이의 거리는 $150m$이고 광원이 거울 위 $0.50cm$에 있으며, 광원이 파장 $\lambda = 600nm$인 단색광일 때, 스크린 위의 첫 번째 밝은 무늬의 위치 $y$를 구하시오.

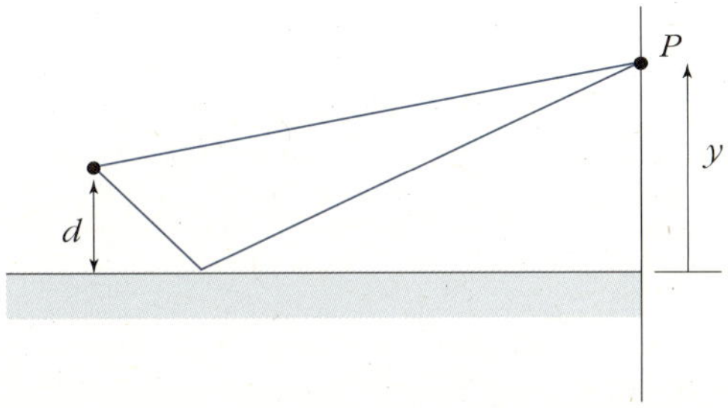


## 014

파장 $\lambda = 600nm$인 단색광이 공기 중에서 굴절률 $n = 1.42$이고 두께가 $30mm$인 비누방울로 입사할 때, 이 비누방울의 앞면에서 반사한 빛의 위상 변화를 구하시오. (단 공기의 굴절률은 $1.00$으로 한다.)

## 015

공기 중에서 굴절률 $n = 1.42$인 비누방울로 파장 $\lambda = 600nm$인 결이 맞는 빛이 진행하면서 반사가 강하게 일어날 이 비누방울의 최소 두께를 구하시오. (단, 공기의 굴절률은 $1.00$으로 한다.)

## 016

파장 $\lambda = 800nm$인 적외선 손실을 막고자 굴절률 $n = 1.60$인 얇은 플라스틱 막을 굴절률 $n = 1.50$인 두 유리판 사이에 넣고자 한다. 반사되는 적외선이 보강 간섭을 일으키는 데 필요한 플라스틱의 최소 두께를 구하시오.

## 017

그림은 두 점광원 A, B에서 동일한 위상으로 파장 $\lambda$ 인 빛이 나오는 것을 나타낸다. 점광원 A는 P 점에서 거리 $2\lambda$인 곳에 있고, 점광원 B는 P 점에서 거리 $7\lambda$ 인 곳에 있다. 점광원 A, B에서 P 점에 도달한 빛들 사이의 위상차를 구하시오.

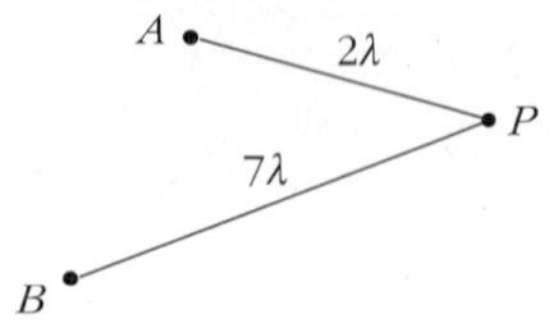


## 018

굴절률 $n_2$인 물질의 표면을 굴절률 $n_1$인 물질로 두께 $t$로 얇게 도포하였다. $n_1 > n_2$일 때, 이 표면에 공기 중에서 파장 $\lambda_0$인 결이 맞는 빛을 비추어 반사된 빛이 보강되도록 도포된 물질의 두께 조건을 구하시오. (단, 공기의 굴절률은 1.00으로 한다.)

## 019

굴절률 $n_2$인 물질의 표면을 굴절률 $n_1$인 물질로 두께 $t$로 얇게 도포하였다. $n_1 < n_2$일 때, 이 표면에 공기 중에서 파장 $\lambda_0$인 결이 맞는 빛을 비추어 반사된 빛이 보강되도록 도포된 물질의 두께 조건을 구하시오. (단, 공기의 굴절률은 1.00으로 한다.)

## 020

파장이 $\lambda = 632.8nm$인 결이 맞는 단색광을 폭 $0.10mm$인 단일 슬릿에 비추었을 때, 거리 $2.0m$ 떨어진 곳에서 중심의 가장 밝은 무늬의 폭을 구하시오.

## 021

고양이 눈은 사람과 다르게 홍채가 좁아지면 근사적으로 슬릿모양이 된다. 고양이 눈의 홍채가 좁아져서 폭이 $0.50mm$인 슬릿처럼 되었을 때, 파장 $\lambda = 550\text{nm}$에 대하여 이 고양이 눈의 각 분해능을 구하시오.

## 022

어떤 슬릿에 $632.8nm$의 결이 맞는 단색광을 비추었을 때, 중심의 최대 밝은 무늬가 $\pm 20°$에서 나타난다고 한다. 이 슬릿의 폭을 구하시오.

## 023

$632.8nm$의 결이 맞는 단색광에 의해 어떤 슬릿의 첫 번째 어두운 무늬가 $\pm 10°$에서 나타날 때, 이 슬릿의 폭을 구하시오.

## 024

주파수 $10.0kHz$인 평면 초음파가 $5.00cm$ 폭의 슬릿이 있는 편평한 면에 입사한다고 한다. 이 음파의 총 회절각$(2\theta)$를 구하시오. (단, 소리의 속력은 $340m/s$로 한다.)

## 025

망원경의 대물렌즈 구경이 $2.0m$일 때, 파장 $\lambda_0 = 500nm$인 빛에 대한 이 망원경의 각 분해능을 구하시오.

## 026

자동차의 두 전조등이 대략 $1.0m$ 떨어져 있다 한다. 이론적으로 사람의 눈이 이 두 전조등을 구분할 수 있는 거리를 구하시오. (단, 전조등 빛의 파장은 $550nm$, 동공의 직경은 $0.50cm$로 하고, 안구의 수양액의 굴절률은 평균값 $n = 1.33$으로 한다.)

## 027

어떤 두 별이 지구에서 보기에 각거리가 $1.0 \times 10^{-5} rad$ 떨어져 있다고 한다. 만일 사용하는 빛의 파장이 $\lambda = 550nm$이라면, 이 두 별을 구분할 수 있는 망원경의 최소 직경을 구하시오.

## 028

직경 $2.0m$인 접시 안테나를 사용하여 $4.5GHz$ 전파로 레이더를 작동시키고 있다. 이 레이더로 $100m$ 떨어진 두 비행체를 구분할 수 있는 최대 거리를 구하시오. (단, 빛의 속력은 $3.0 \times 10^8 m/s$로 한다.)

## 029

작은 구멍에 의한 회절 무늬의 첫 번째 어두운 원의 직경이 $10cm$이다. 작은 구멍과 스크린까지의 거리는 $50cm$이고 빛은 $\lambda = 600nm$일 때, 이 구멍의 직경을 구하시오.

## 030

$1.00km$ 떨어진 거리에서 나안으로 구분이 가능한 가장 작은 물체의 대략적인 크기를 구하시오. (단, 빛의 파장은 $\lambda_0 = 550nm$으로 하고 눈동자의 동공의 직경은 $D = 0.500cm$로 하며, 안구내부의 평균 굴절률은 $n = 1.33$으로 한다.)

## 031

파장 $\lambda$인 결이 맞는 빛을 어떤 단일 슬릿에 비추고 있다. 이 단일 슬릿의 폭은 조절이 가능하여, 첫 번째 어두운 회절 무늬의 위치가 중심의 최대 밝은 무늬의 위치에 대하여 무한히 먼 곳에 만들어질 때까지 변화시켰다. 이때 이 슬릿의 폭을 빛의 파장 $\lambda$로 표현하시오.

## 032

폭이 $a$인 두 슬릿의 중심 사이의 거리가 $d$이다. 이 이중 슬릿에 의해 파장 $\lambda$인 빛의 3번째 어두운 간섭 무늬 위치가 두 번째 어두운 회절 무늬 위치와 동일할 때, $d/a$ 비를 구하시오.

## 033

NaCl 결정의 결정면 간격이 $2.81 \times 10^{-10} m$ 이라고 할 때, 파장 $0.138 nm$ 인 X-선의 1차 밝은 회절 무늬가 일어날 각을 구하시오.

## 034

슬릿 사이의 간격이 $0.50 mm$ 이고 슬릿과 스크린 사이 거리가 $2.0 m$ 이며, 진공에서 $\lambda_0 = 600 nm$ 인 빛으로 이중 슬릿에 의한 간섭 무늬 실험을 굴절률 $n = 1.33$ 인 물속에서 할 때, 밝은 무늬 사이의 간격을 구하시오.

## 035

$d = 0.50 mm$ 인 이중 슬릿에 $\lambda = 600 nm$ 인 빛에 의하여 3차 밝은 무늬가 만들어질 위치의 각 $\theta$ 를 구하시오.

## 036

$d = 0.50 mm$ 인 이중 슬릿에 결이 맞는 단색광을 비추어 슬릿에서 거리 $100 cm$ 떨어진 스크린에 간섭 무늬를 만들었다. 밝은 무늬 사이의 거리가 $1.20 mm$ 일 때, 이 빛의 파장을 구하시오.

## 037

두 유리사이에 공기층이 있어 $\lambda = 600nm$인 빛이 반사에 의한 보강이 일어날 때, 이 공기층의 최소 두께를 구하시오. (단, 공기의 굴절률은 $n = 1.00$으로 한다.)

## 038

유리에 어떤 물질을 $160nm$ 두께로 코팅하였더니 공기 중에서 파장 $\lambda = 550nm$인 빛이 반사가 없이 완전히 이 코팅층을 통과한다고 한다. 이 물질의 굴절률을 구하시오. (단, 공기의 굴절률은 $n = 1.00$으로 한다.)

## 039

어떤 이중 슬릿에 파장 $\lambda_1$인 빛을 비추었을 때 스크린에 나타나는 3차 밝은 곳과 파장 $\lambda_2$인 빛을 비추었을 때 스크린에 나타나는 5차 밝은 곳이 겹친다고 한다. $\lambda_1/\lambda_2$를 구하시오.

## 040

$600nm$ 빛을 $6000/cm$인 회절격자에 수직으로 비추었을 때, 스크린에 나타나는 스펙트럼의 최고차수를 구하시오.

## 041

$\lambda = 600nm$인 빛이 어떤 회절격자에 의해 $45°$에서 3차 스펙트럼이 나타난다고 한다. 이 회절격자의 $1cm$ 길이당 격자수를 구하시오.

## 042

불꽃 반응으로 나트륨 원소에서 나오는 두 파장 $588.995nm$와 $589.592nm$를 폭 $4.0\mu m$인 단일 슬릿에 비추어 회절 무늬를 만들었다. 회절 중심으로부터 이 두 파장의 3차 회절 위치의 각들의 차이를 구하시오.

## 043

물$(n = 1.33)$ 위에 얇은 기름$(n = 1.30)$막이 있어 여기에 공기 중에서 백색광을 수직으로 비추면 $600nm$와 $400nm$ 파장의 빛만 반사된다고 한다. 이 기름 막의 최소 두께를 구하시오. (단, 공기의 굴절률은 $1.00$으로 한다.)

## 044

두 장의 슬라이드 글라스로 그림처럼 한쪽을 접촉시키고, 다른 쪽은 간격을 만들어 두 슬라이드 글라스 사이에 공기층의 쐐기가 만들어지도록 하였다. 여기에 공기 중에서 $550nm$ 빛을 수직으로 비추어 보면 밝은 무늬의 간격이 $0.50cm$라고 한다. 두 슬라이드 글라스가 접한 부분에서 $10cm$ 떨어진 곳의 공기층의 두께를 구하시오.

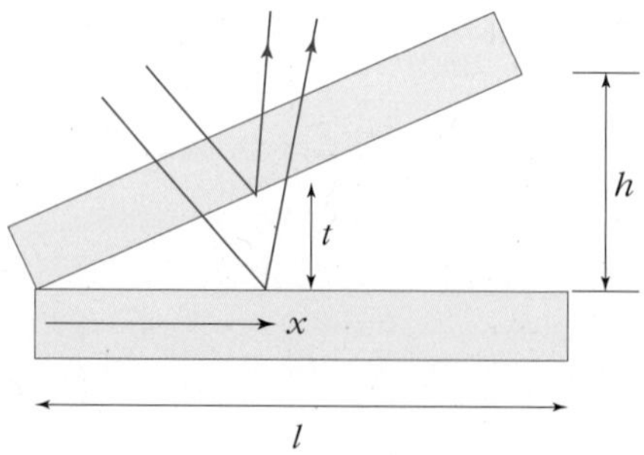

## 045

굴절률 1.350인 비누방울의 두께가 350$nm$라고 한다. 여기에 수직으로 백색광을 비추었을 때, 반사되지 않고 통과하는 빛의 파장을 구하시오. (단, 공기의 굴절률은 1.000으로 한다.)

## 046

굴절률이 1.330인 물에서 폭이 0.10$mm$인 슬릿에 공기 중 파장이 550$nm$인 빛을 비추어 슬릿에서 거리 2.00$m$에 있는 스크린에서 회절 무늬를 관찰할 때, 중앙의 밝은 무늬의 폭을 구하시오. (단, 공기의 굴절률은 1.000으로 한다.)

## 047

공기 중에서 파장이 550$nm$인 빛을 단일 슬릿에 비추어 이 슬릿에서 거리 5.0$m$ 떨어진 곳에서 2차 밝은 무늬의 폭이 1.5$cm$이라고 할 때, 이 슬릿의 폭을 구하시오.

## 048

구경 10$cm$인 망원경으로 망원경에서 1.0$km$ 떨어진 두 물체를 파장 550$nm$인 빛으로 볼 때, 구별할 수 있는 두 물체 사이의 최소 거리를 구하시오.

## 049

공기 중에서 단색광이 $20,000/cm$인 격자에 수직으로 입사하였을 때, 2차 밝은 곳이 $30.0°$에서 나타난다고 한다. 이 빛의 파장을 구하고 밝은 곳의 최대차수를 구하시오. (단, 공기의 굴절률은 1.000으로 한다.)

## 050

폭이 $a = 4.0\mu m$인 두 슬릿이 간격 $d = 25\mu m$ 떨어져 있다. 이 이중 슬릿에 파장 $\lambda = 550nm$인 빛을 비추어 회절과 간섭 현상이 동시에 일어나도록 할 때, 회절에 의한 중앙의 밝은 무늬 영역에 간섭에 의해 나타나는 밝은 무늬의 수를 구하시오.

물리
천재
1000제

# PHYSICS GENIUS

# 1000제

CHAPTER

21

# 기하광학

# 21장 기하광학

핵심 용어

거울에서 배율, 근점, 돋보기, 디옵터, 렌즈에서 배율, 렌즈제작자 공식, 망원경, 복합렌즈, 볼록거울, 볼록(오목)거울에서 초점거리, 안경, 오목거울, 원점, 현미경

**001**

**근시를 교정하기 위한 것으로 적합한 것은?**

(가) 오목렌즈
(나) 볼록렌즈
(다) 오목거울
(라) 볼록거울

**002**

**두 얇은 렌즈의 도수가 디옵터로 각각 P1과 P2라 할 때, 이 두 렌즈를 겹쳐 만들어지는 디옵터 도수는 얼마가 되는가?**

(가) P1과 P2 보다 크다.
(나) P1과 P2 보다 작다.
(다) P1+P2이다.
(라) P1과 P2 사이의 값이다.

**003**

**현미경에서 접안렌즈에 대한 것으로 옳은 것은?**

(가) 접안렌즈는 대물렌즈에 의해 만들어진 실상을 물체로 하여 실상을 만든다.
(나) 접안렌즈는 대물렌즈에 의해 만들어진 실상을 물체로 하여 허상을 만든다.
(다) 접안렌즈는 대물렌즈에 의해 만들어진 허상을 물체로 하여 실상을 만든다.
(라) 접안렌즈는 대물렌즈에 의해 만들어진 허상을 물체로 하여 허상을 만든다.

**004**

**단일렌즈로 만들어진 카메라에 관한 것으로 옳은 것은?**

(가) 오목렌즈를 사용하고 허상을 만든다.
(나) 오목렌즈를 사용하고 실상을 만든다.
(다) 볼록렌즈를 사용하고 허상을 만든다.
(라) 볼록렌즈를 사용하고 실상을 만든다.

### 005

키가 $180cm$인 사람이 자신의 모습을 모두 보기 위한 거울의 최소 크기를 구하시오. (단, 눈과 발 사이의 거리를 키와 같다고 가정한다.)

### 006

초점거리 $40cm$인 거울에 의해 만들어진 상이 도립으로 크기가 물체의 $1/5$ 크기라고 할 때, 물체의 위치와 상의 위치를 구하시오.

### 007

볼록거울의 초점거리가 $40cm$이고 상이 정립이며 배율이 $1/5$일 때, 상과 물체의 거리를 각각 구하시오.

### 008

초점거리 $40cm$인 오목거울 앞 $200cm$에 물체를 놓았을 때, 이 물체의 확대배율을 구하시오.

### 009

초점거리 $30cm$인 볼록거울에 의해 어떤 물체의 상의 거리가 $10cm$일 때, 이 물체의 거리를 구하시오.

### 010

곡률반경이 $2.0m$인 오목거울의 $2.0m$ 앞에 물체가 있을 때, 상의 거리를 구하시오.

## 011

높이 $20cm$인 물체를 초점거리 $20cm$인 볼록거울 앞 $30cm$에 놓았을 때 상의 높이를 구하시오.

## 012

초점 거리가 $120cm$인 오목거울 앞 $30cm$에 있는 물체의 배율을 구하시오.

## 013

연못의 겉보기 깊이는 실제 깊이와 다르다. 실제 깊이가 $2.0m$인 고요한 연못의 겉보기 깊이를 구하시오. (단, 물의 굴절률은 1.33으로 하고, 공기의 굴절률은 1.00으로 한다.)

## 014

$f=40mm$인 사진기의 $f$ 수가 2.8일 때, 렌즈의 직경을 구하시오.

## 015

굴절률이 1.50인 유리로 한 면은 평면, 다른 한 면은 곡률 반지름 $50cm$로 볼록으로 렌즈를 제작했을 때, 이 렌즈의 초점거리를 구하시오.

## 016

높이 $20cm$인 물체를 초점거리 $50cm$인 볼록렌즈 앞 $200cm$에 놓았을 때 상의 위치를 구하시오.

## 017

높이 $20cm$인 물체를 초점거리 $50cm$인 볼록렌즈 앞 $200cm$에 놓았을 때 상의 크기(높이)를 구하시오.

## 018

물체를 초점거리 $15cm$인 오목렌즈 앞 $15cm$에 놓았을 때 상의 위치를 구하시오.

## 019

초점거리 $40mm$인 렌즈로 만든 카메라에 $35mm$ 필름을 사용할 때, $10m$ 높이의 건물을 필름에 담으려면 카메라에서 건물까지 거리는 얼마로 해야 하는지 구하시오.

## 020

직경 $4.0cm$의 평행광선이 렌즈를 통과하여 $60.0°$의 원뿔형으로 빛이 퍼져갈 때 이 렌즈의 초점거리를 구하시오.

## 021

굴절률이 $1.52$인 유리로 양쪽이 모두 볼록하고 같은 곡률로 볼록한 렌즈를 만들어 초점거리를 $40cm$로 하려할 때, 이 렌즈의 곡률 반지름을 구하시오.

## 022

어떤 렌즈가 스크린에 실상을 만든다. 물체와 스크린 사이의 거리가 $300cm$이고, 상은 물체보다 $2.0$배 크다고 할 때, 이 렌즈의 초점거리를 구하시오.

## 023

근점이 $200cm$인 사람이 사용해야 할 안경의 종류와 이 안경의 초점거리를 구하시오. (단, 정상인의 근점은 $25cm$로 가정하고, 눈과 안경 사이거리는 무시한다.)

## 024

$-3.50D$의 안경을 사용하는 사람의 원점을 구하시오. (단, 눈과 안경 사이의 거리는 무시한다.)

## 025

배율 $5$인 확대경의 초점거리를 구하시오. (단, 근점은 $25cm$로 한다.)

## 026

어떤 굴절식 천체 망원경의 대물렌즈와 대안렌즈 사이의 거리가 $200cm$라고 한다. 이 망원경의 배율의 크기가 $99$라고 할 때, 대물렌즈의 초점거리와 대안렌즈의 초점거리를 구하시오. (단, 두 렌즈는 모두 같은 종류(오목 혹은 볼록)이다.)

## 027

경통 길이가 $200mm$인 어떤 현미경의 대물렌즈 배율이 $50$이고, 대안렌즈 배율은 $10$이라고 한다. 이 현미경의 대물렌즈의 초점거리, 대안렌즈의 초점거리, 그리고 총 배율을 구하시오. (단, 눈의 근점은 $25cm$로 한다.)

## 028

원점이 $30cm$인 사람의 시력을 안경으로 교정하려고 한다. 안경이 눈앞 $3cm$에 있을 때, 렌즈의 초점거리와 디옵터를 구하시오. (단, 정상인 눈의 근점은 $25cm$로 한다.)

## 029

초점거리 $40cm$와 $-60cm$인 두 얇은 렌즈의 광축을 일치시키고, 두 렌즈 사이의 거리를 매우 가깝게 하여 만든 렌즈 조합의 등가 초점거리를 구하시오.

## 030

초점거리가 각각 $f_1$, $f_2$인 두 얇은 렌즈가 있다. 이 두 렌즈의 광축을 일치시키고 서로 거리 $d$만큼 떨어뜨렸을 때, 첫 번째 렌즈 앞에 거리 $p_1$에 놓은 물체의 상의 위치인 두 번째 렌즈로부터의 거리 $q_2$를 $f_1$, $f_2$, $d$, $p_1$으로 구하시오.

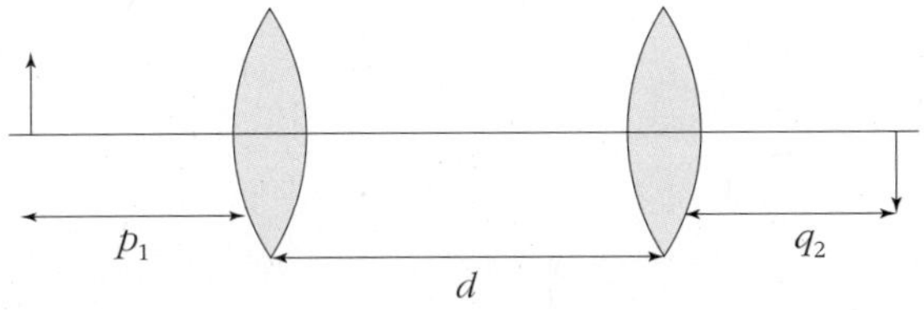

# PHYSICS GENIUS

1000제

CHAPTER

22

# 특수 상대론과 현대물리 입문

# 22장 특수 상대론과 현대물리 입문

**핵심 용어**

광양자, 광전효과, 물질파, 불확정성의 원리, 빛의 도플러 효과, 상대론적 속도 합성, 질량-에너지 등가식, 콤프톤산란

### 001

**드브로이의 이론에 의하면 움직이는 물체의 물질파의 파장은?**

(가) 그 물체의 에너지에 비례한다.
(나) 그 물체의 에너지에 반비례한다.
(다) 그 물체의 운동량에 비례한다.
(라) 그 물체의 운동량에 반비례한다.

### 002

**전자현미경은 다음 중 어떤 것을 이용한 것인가?**

(가) 입자의 파동성　　(나) 파동의 입자성
(다) 광전 효과　　(라) 콤프턴 산란

### 003

**다음 중에서 양자 효과가 아닌 것은?**

(가) 광전 효과
(나) 헬륨 기체의 선스펙트럼
(다) 단일 슬릿에 의한 회절 무늬
(라) 흑체 복사

### 004

**다음 중 가장 큰 에너지를 갖는 것은?**

(가) 마이크로파　　(나) 적외선
(다) 가시광선　　(라) 자외선

005

네온사인에서 방출되는 빛은 다음에 의한 것이다.

(가) 자발 방출
(나) 유도 방출
(다) 자발 방출과 유도 방출
(라) 답이 없음

006

어떤 물질이 광전효과에서 문턱 파장이 $600nm$라 할 때, 이 물질의 일함수를 $eV$ 단위로 구하시오. (단, $c=3.0\times10^{8}m/s$, $h=6.63\times10^{-34}J\cdot s$, $e=1.6\times10^{-19}C$ 이다.)

007

어떤 물질이 광전효과에서 $300nm$의 빛을 비추면 저지 전압이 $3.0V$라고 한다. 이 물질의 일함수를 $eV$ 단위로 구하시오. (단, $h=6.63\times10^{-34}J\cdot s$, $c=3.0\times10^{8}m/s$ 이다.)

008

일함수가 $5.0eV$인 물체의 표면에 파장 $300nm$인 빛을 비추었을 때, 방출되는 광전자의 최대 운동에너지를 $eV$ 단위로 구하시오. (단, $h=6.63\times10^{-34}J\cdot s$, $c=3.0\times10^{8}m/s$이다.)

009

일함수가 $2.0eV$인 금속 표면에 어떤 빛을 비추었더니 방출되는 광전자의 최대 운동에너지가 $1.0eV$였다. 이 금속 표면에 비추는 빛의 진동수를 3배로 하였을 때, 방출되는 광전자의 최대 운동에너지를 $eV$ 단위로 구하시오.

010

에너지 $9.00\times10^{-15}J$인 광자가 전자에 의해 산란되어 원래의 진행 방향에 대하여 $90°$ 각으로 산란되었다. 산란된 빛의 파장을 구하시오. (단, $h=6.63\times10^{-34}J\cdot s$, $m_e=9.1\times10^{-31}kg$, $c=3.0\times10^{8}m/s$, $e=1.6\times10^{-19}C$이다.)

011

진동수 $89.1MHz$인 광자의 에너지를 구하시오. (단, $h=6.63\times10^{-34}J\cdot s$이다.)

012

텔레비전의 브라운관에서 전자가 정지 상태에서 $30,000V$ 전위로 가속된다. 이 전자가 화면의 형광물질에 충돌하여 생성할 수 있는 최소 파장을 구하시오. (단, $h=6.63\times10^{-34}J\cdot s$, $m_e=9.1\times10^{-31}kg$, $c=3.0\times10^{8}m/s$, $e=1.6\times10^{-19}C$이다.)

## 013

헬륨네온 레이저가 파장이 $6.328\text{Å}$인 붉은 빛을 $0.20mW$로 출력하고 있을 때, 매 초$(s)$당 방출하는 광자의 수를 구하시오. (단, $h=6.63\times10^{-34}J\cdot s$이고, $c=3.0\times10^{8}m/s$이다.)

## 014

전자가 정지 상태에서 전위차 $30,000V$로 가속되었을 때, 이 전자의 드브로이 파장을 구하시오. (단, $h=6.63\times10^{-34}J\cdot s$이고, $m_e=9.1\times10^{-31}kg$이며, 전자의 전하량은 $1.6\times10^{-19}C$이고, $c=3.0\times10^{8}m/s$이다.)

## 015

어떤 입자의 총 에너지가 이 입자의 정지 질량 에너지보다 5배 크다고 할 때, 이 입자의 속력을 구하시오. (단, 빛의 속력은 $c$로 한다.)

## 016

불확정성의 원리에 의하면, 어떤 계의 에너지 불확실성은 계의 그 상태가 존재하는 시간 간격과 관련이 있다. 즉, $\Delta E\Delta t\geq\hbar$이다. 이제 고에너지 충돌 실험에서 불안정한 질량을 갖는 입자가 생성되었다고 하자. 이 입자의 질량의 불확실성이 $m_e/1000$이라면, 이 입자가 존재할 수 있는 시간이 얼마나 되는지 구하시오. (단, $h=6.63\times10^{-34}J\cdot s$이고, $m_e=9.1\times10^{-31}kg$이며, $c=3.0\times10^{8}m/s$이다.)

## 017

하이젠베르크의 불확정원리 식 $\Delta E \Delta t \geq \hbar$을 이용하여, 속력이 $6.0 \times 10^6 m/s$이고 에너지 불확실성이 $10eV$인 전자의 위치 정밀도를 구하시오. (단, 전자의 질량은 $9.1 \times 10^{-31} kg$이고 전자의 전하량은 $1.6 \times 10^{-19} C$이며, $h = 6.63 \times 10^{-34} J \cdot s$이다.)

## 018

질량 $60kg$인 사람이 $6.0m/s$로 움직일 때의 물질파를 구하시오. (단, $h = 6.63 \times 10^{-34} J \cdot s$이다.)

## 019

정지좌표계에서 길이가 $100cm$인 자를 일정 속력으로 움직이는 우주선에 넣고 정지좌표계에서 보았을 때, $50cm$이라고 한다. 이 우주선의 속력을 구하시오.

## 020

지구에 대하여 $0.9c$로 움직이는 우주선에서, 우주선에 대하여 $0.3c$로 셔틀을 발사하였다. 지구에서 본 이 셔틀의 속력을 구하시오.

## 021

지구에 대하여 $0.8c$로 움직이는 우주선 $A$가 있다. 이 우주선을 향해 지구에 대하여 $0.9c$로 접근하는 또 다른 우주선 $B$가 있다. 우주선 $A$에서 보았을 때, 우주선 $B$에 있는 $1.00m$ 길이(우주선 $B$에서 측정했을 때)의 자가 우주선 $A$를 지나치는 데 걸리는 시간을 구하시오.

## 022

어떤 별에서 $500nm$의 빛이 발생한다. 이 별이 지구에 대하여 $0.20c$로 멀어진다고 할 때, 지구에서 관찰한 이 별빛의 파장을 구하시오.

물리
천재
1000제

천|재|시|리|즈

물릴때까지 풀어보는 물리문제집

# 물리 천재 1000제

## 정답과 해설

최진문 저

PART 2

군자출판사

천 | 재 | 시 | 리 | 즈

물 릴 때 까 지 풀 어 보 는 물 리 문 제 집

# 물리 천재 1000제

정답과 해설

군자출판사

# 11장 쿨롱법칙과 전기장

## 001

**답** (가)

**풀이**
전하의 단위는 쿨롱($C$), 전위 혹은 전압의 단위는 볼트($V$), 전류의 단위는 암페어($A$), 전력의 단위는 와트($W$)로 나타낸다.

## 002

**답** (라)

**풀이**
전기장은 벡터이다. 원에 균일하게 분포한 전하에 의해 원의 중심에 발생하는 전기장을 정성적으로 생각해 보자. 만일 시험 전하를 원의 중심에 놓는다면 힘은 어떤 방향으로 이 시험 전하에 작용을 할까? 이 시험 전하가 힘을 받는다면 힘의 방향이 있을 것이다. 그러면 원의 대칭성 때문에 다른 방향의 힘도 가능해야 할 것이다. 따라서 모든 방향으로 힘이 작용할 수 있다는 모순에 도달하게 되므로, 이 원의 중심에서 시험 전하는 힘을 받지 않게 된다. 따라서 전기장이 없다.

## 003

**답** (라)

**풀이**
전하가 전기장에서 받는 힘은 $\vec{F}=q\vec{E}$로 구할 수 있다. 이 문제에서 원의 중심에는 전기장이 0이므로, 이 지점의 전하는 힘을 받지 않는다. 전기적으로 이 지점은 전하가 받는 힘이 평형인 위치이다.

## 004

**답** (라)

**풀이**
전기장의 정의 $\vec{E}=\dfrac{\vec{F}}{q}$에서 전기장의 단위를 알 수 있다. 힘의 단위는 기본 단위로 다시 표현이 가능하다. $T$는 자기장의 단위이다.

## 005

**답** $1.5N$

**풀이**

전기력은 백터량이다. 좌표를 적당히 선택하여 수평 성분과 수직 성분을 구해 다시 크기를 구한다.

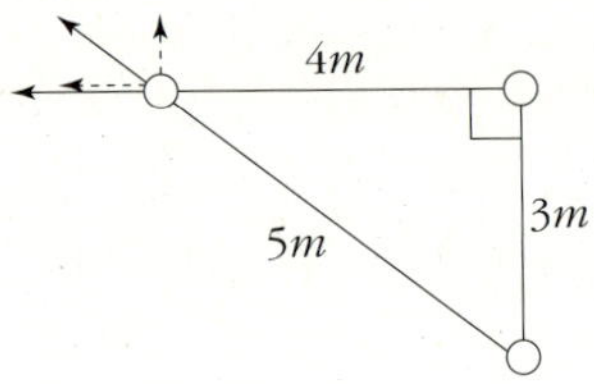


## 006

**답** $1.3N$

**풀이**

그림과 같이 좌표를 선택하여 각 전하가 $Q_3$에 작용하는 힘을 구하고, 성분으로 나누어 구한다. 단위 표현에 주의하자. 점선은 성분을 나타낸 것이다.

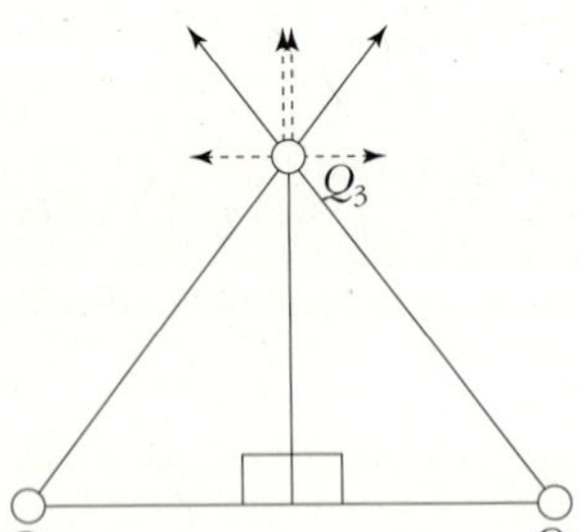


- $Q_1$이 $Q_3$에 작용하는 힘 :

$$\frac{9.0\times10^9(Nm^2/C^2)\ 80\mu C\ 24\mu C}{(25m^2)}\left(+\frac{3}{5}\hat{i}+\frac{4}{5}\hat{j}\right)$$

- $Q_2$가 $Q_3$에 작용하는 힘 :

$$\frac{9.0\times10^9(Nm^2/C^2)\ 80\mu C\ 24\mu C}{(25m^2)}\left(-\frac{3}{5}\hat{i}+\frac{4}{5}\hat{j}\right)$$

## 007

**답** $k_e\frac{q^2}{r^2}$

**풀이**

아래 그림처럼 합력은 마름모의 길이가 작은 대각선이다. 이 길이는 마름모의 특징을 분석하면 이 마름모의 한 변의 길이와 같다. 따라서 $k_e\frac{q^2}{r^2}$이다.

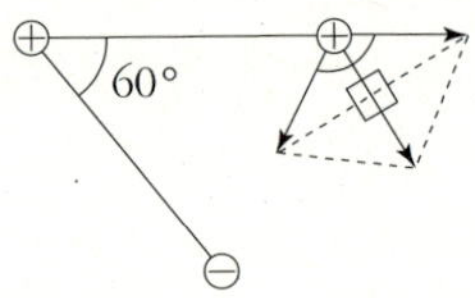


혹은 다음과 같이 구할 수도 있다. 마름모의 대각선이 서로 수직으로 양분하면서 교차하고 두 힘이 이루는 각이 $120°$이며 대각선이 이를 둘로 나눈다는 것을 알 수 있다. 그러므로 양전하 혹은 음전하로부터 이 전하가 받는 힘의 크기를 $F$라 하면, 이 대각선의 길이는 $2F\cos60° = F$이다.

## 008

**답** $2k_e\frac{q^2}{r^2}\cos30°$

**풀이**

모두 같은 종류이므로 서로 반발한다. 이 반발력은 모두 같다. 그림처럼 한 전하에 작용하는 힘이 마름모의 변을 이루고 있으므로, 합력의 크기는 $2k_e\frac{q^2}{r^2}\cos30°$이다.

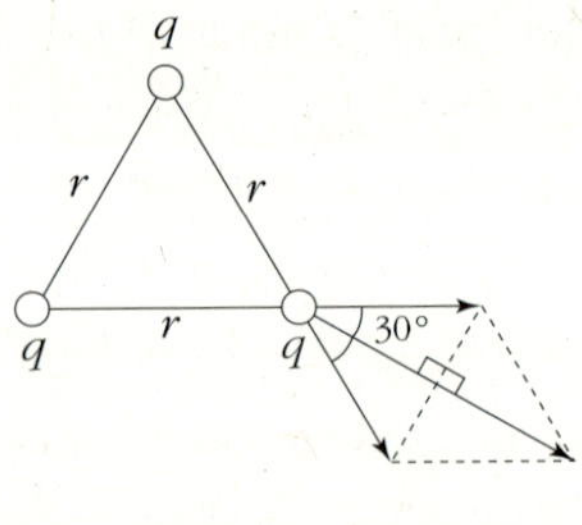

## 009

**답** $k_e\dfrac{q^2}{r^2}\sqrt{2}+k_e\dfrac{q^2}{(\sqrt{2}r)^2}=k_e\dfrac{q^2}{r^2}\left(\dfrac{1}{2}+\sqrt{2}\right)$

**풀이**

모두 같은 종류이므로 척력이 작용하고 인접한 전하가 미치는 힘의 크기는 같지만, 대각선 방향의 전하는 거리가 달라 힘의 크기가 다르다. 아래 그림처럼 힘의 방향을 고려하여 합성한다. 그림에서 인접한 두 전하에 의한 합성 힘의 방향과 대각 위치에 있는 전하에 의한 힘의 방향이 같다. 점선으로 나타낸 것은 인접한 두 전하에 의한 힘의 합을 나타낸 것이다. 따라서 힘의 크기는 $k_e\dfrac{q^2}{r^2}\sqrt{2}+k_e\dfrac{q^2}{(\sqrt{2}r)^2}=k_e\dfrac{q^2}{r^2}\left(\dfrac{1}{2}+\sqrt{2}\right)$ 이다.

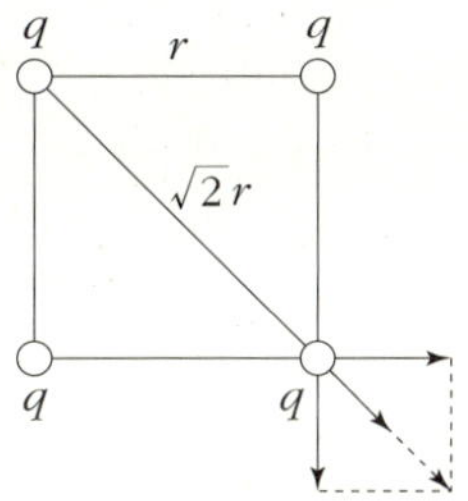


## 010

**답** $k_e\dfrac{q^2}{r^2}\sqrt{2}-k_e\dfrac{q^2}{(\sqrt{2}r)^2}=k_e\dfrac{q^2}{r^2}\left(\sqrt{2}-\dfrac{1}{2}\right)$

**풀이**

대각선 위치에 있는 음전하는 척력으로 작용하고 인접한 두 양전하는 인력으로 작용한다. 대각선 위치의 음전하에 의한 힘의 방향과 인접한 두 양전하에 의한 합력의 방향이 그림에 나타낸 것처럼 반대 방향이다. 점선으로 나타낸 것은 인접한 두 양전하에 의한 힘의 합을 나타낸 것이다. 따라서 힘의 크기는 $k_e\dfrac{q^2}{r^2}\sqrt{2}-k_e\dfrac{q^2}{(\sqrt{2}r)^2}=k_e\dfrac{q^2}{r^2}\left(\sqrt{2}-\dfrac{1}{2}\right)$ 이다.

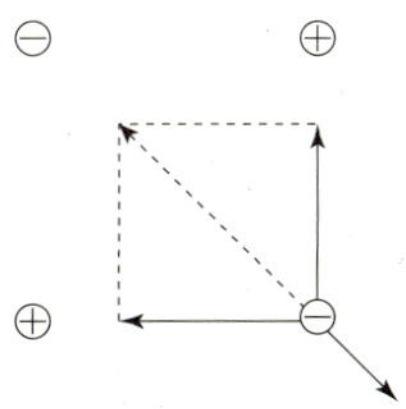

## 011

**답** $k_e\dfrac{q^2}{r^2}\sqrt{2}+k_e\dfrac{q^2}{(\sqrt{2}r)^2}=k_e\dfrac{q^2}{r^2}\left(\dfrac{1}{2}+\sqrt{2}\right)$

**풀이**

세 양전하에 의해 음전하에 인력이 작용한다. 음전하에 인접한 두 양전하에 의한 힘의 크기가 같으므로, 이 힘의 합의 방향이 대각선 방향의 양전하에 의한 힘의 방향과 같다. 점선은 이 두 양전하에 의한 힘의 합의 방향을 나타낸 것이다. 대각선 방향의 양전하에서 음전하까지의 거리는 $r\sqrt{2}$ 이다.

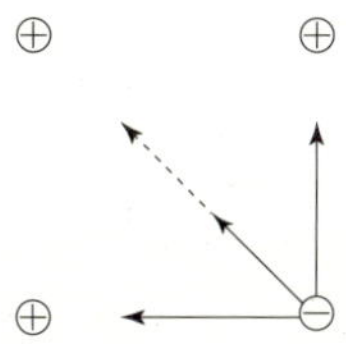

## 012

**답** $k_e \frac{q^2}{r^2}\sqrt{\left(\frac{1}{2}\right)^2 + (\sqrt{2})^2} = k_e \frac{q^2}{r^2}\frac{3}{2}$

**풀이**

그림과 같이 양전하에 작용하는 힘은 대각선 방향의 양전하에 의한 힘, 인접한 양전하에 의한 힘, 인접한 음전하에 의한 힘이 있다. 인접한 양전하와 음전하에 의한 힘의 합은 그림에 점선으로 표시하였다. 이 힘과 대각선 방향의 양전하에 의한 힘의 방향이 서로 수직이다. 그리고 대각선 방향에 있는 전하에서 이 전하까지의 거리는 $r\sqrt{2}$ 이다. 따라서 이 양전하에 작용하는 힘의 크기는 그림처럼 좌표를 선택하면 다음과 같다.

$$k_e \frac{q^2}{(\sqrt{2}r)^2}\hat{i} + k_e \frac{q^2}{r^2}\sqrt{2}\,\hat{j}$$

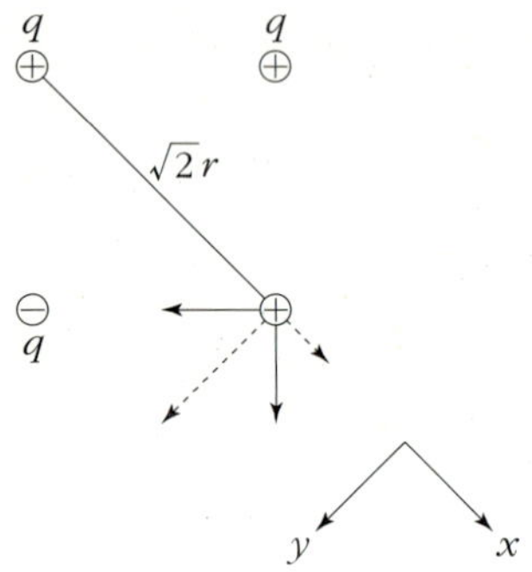


## 013

**답** $\vec{v}_0 + \vec{a}t = \vec{v}_0 + \frac{q\vec{E}}{m}t$

**풀이**

속도는 벡터량이다. 전기장 $\vec{E}$인 곳에서 전하 $q$는 $q\vec{E}$의 힘을 받는다. 초속 $\vec{v}_0$인 물체의 가속도가 $\vec{a}$이면 시각 $t$에서 이 물체의 속도는 $\vec{v}_0 + \vec{a}t$이다. 알짜 힘 $\vec{F}$를 받는 질량 $m$인 물체의 가속도는 $\vec{a} = \frac{\vec{F}}{m}$이다.

## 014

**답** $120m/s$

**풀이**

속도가 아닌 속력을 구하는 문제이다. $\vec{v} = \vec{v}_0 + \vec{a}t = \vec{v}_0 + \frac{q\vec{E}}{m}t$에서 구하여 크기를 구한다.

## 015

**답** $\frac{v_0^2 m}{2qE}$

$v_0^2 m$은 에너지 차원이고, $qE$는 힘의 차원이다. 따라서 답의 차원은 길이의 차원이다.

**풀이**

전기력의 반대 방향으로 힘을 받고 처음 전기장의 방향으로 움직이고 있었으므로, 점차 속력이 줄어 정지하는 순간이 있게 된다. 이 동안 이 물체가 움직인 거리를 구하는 것이다. 거리와 속도가 포함된 식을 생각한다. $2\vec{a} \circ (\Delta\vec{r}) = \vec{v}_f^2 - \vec{v}_i^2$을 이용한다. 가속도의 방향과 변위 $\Delta\vec{r}$의 방향이 반대임에 유의한다. $\vec{v}_f = 0$이고, $\vec{v}_i = \vec{v}_0$이다. 가속도 $\vec{a}$의 크기는 $\frac{q\vec{E}}{m}$의 크기와 같다. 답을 구하고 물리적 차원이 길이의 차원과 같은지 점검하여 최종 답으로 구한다.

## 016

**답** $20m$

**풀이**

음전하이므로 전기장 방향에 반대 방향으로 힘을 받고, 따라서 가속도도 전기장의 방향에 반대 방향이다. 처음 이 전하가 움직이는 방향은 전기장과 같은 방향이므로 이 전하는 점차 속도가 줄어든다. 그리고 결국 정지하는 순간이 있게 된다. 이 정지하는 순간까지 움직인 거리를 구하는 것이다. 1차원 운동이므로 $2a\Delta x = v_f^2 - v_i^2$을 이용한다. $v_f = 0$이고 $a$는 음수이다. 따라서 $\Delta x = v_i^2/a = v_i^2 m/(2|q|E)$로 구할 수 있다. 여기서 $30mg$은 $30 \times 10^{-6}kg$으로, SI 단위로 전환할 때 주의한다.

## 017

**답** $2.1 \times 10^5 m/s$

**풀이**

공간에 전자가 유일하게 있고 균일한 전기장에 있으므로 1차원 운동으로 생각할 수 있다. 따라서 $v = v_0 + at$ 식을 이용할 수 있다. 처음 정지 상태에 있었으므로 $v_0 = 0$이다. $a = \frac{qE}{m}$이다.

## 018

**답** $4.7 \times 10^{-2} N/C$

**풀이**

공간에서 오로지 양성자만 생각하면 이 문제를 양성자가 있는 공간의 지점에서 1차원 운동으로 생각할 수 있다. 전기장에서 전하가 받는 힘은 $q\vec{E}$이다. 이를 뉴턴 운동 법칙 $\vec{F} = m\vec{a}$와 결합하면, 1차원에서 $E = ma/q$로 전기장의 세기를 구할 수 있다.

## 019

**답** $2k_e \frac{q}{r^2} \cos 30°$

**풀이**

점전하 $q$에 의해 거리 $r$ 지점의 전기장의 세기는 $k_e \frac{q}{r^2}$이다. 전기장을 구하고자 하는 지점에 단위 양전하 $+1C$이 있다고 생각하는 것이 편하다. 전기장은 벡터량이므로 두 전하가 $P$ 점에 만드는 전기장을 벡터합성하여 구한다. 두 전하가 기여하는 전기장의 크기는 $k_e \frac{q}{r^2}$으로 같다. 따라서 아래 그림을 참고하면 $P$ 점에서 전기장의 세기는 $2k_e \frac{q}{r^2} \cos 30°$이다.

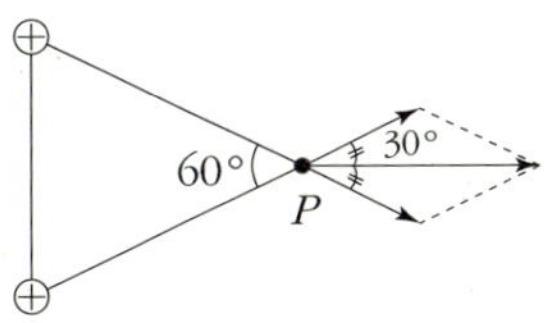

## 020

**답** $2k_e \frac{q}{r^2}\cos 60°$

**풀이**

$P$ 점에 단위 전하, 즉 $+1C$이 있다고 생각하고, 전기력선을 그려 생각한다. 각 전하가 $P$에 기여하는 전기장의 세기는 같다. 따라서 아래 그림을 참고하면 $P$ 점의 전기장의 세기는 다음과 같다. 단, 쿨롱상수는 $k_e$로 한다.

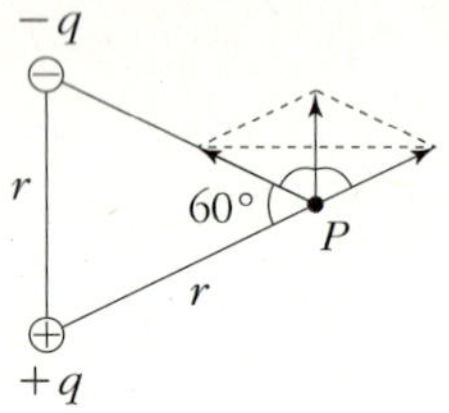


## 021

**답** $k_e \frac{q}{r^2}\left(\sqrt{2}+\frac{1}{2}\right)$

**풀이**

$P$ 점에 인접한 두 전하에 의한 전기장의 세기는 동일하다. 그리고 $P$ 점의 대각선 방향에 있는 전하에 의한 전기장은 그 방향이 $P$ 점에 인접한 전하에 의한 전기장의 합(점선으로 표시한 것)의 방향과 같다. 그러나 대각선 방향에 있는 전하는 거리가 $r\sqrt{2}$이므로 이 점을 고려하여 계산한다. 아래 그림을 참고하면 $P$ 점에서 전기장은 $k_e \frac{q}{r^2}\left(\sqrt{2}+\frac{1}{2}\right)$이다.

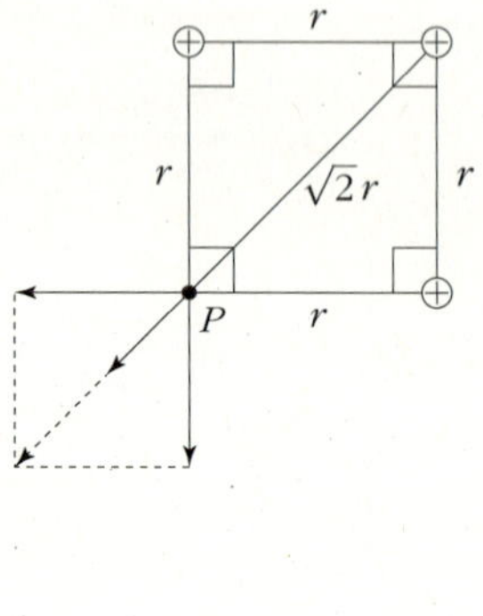


## 022

**답** $k_e \frac{q}{r^2}\left(\sqrt{2}-\frac{1}{2}\right)$

**풀이**

그림에 나타낸 바와 같이 $P$ 점에 인접한 두 양전하가 기여하는 전기장의 세기는 같다. $P$ 점의 대각선 위치에 있는 음전하에 의한 전기장의 세기는 거리가 $r\sqrt{2}$임을 고려해야 한다. $P$ 점에 인접한 두 양전하에 의한 합전기장(그림에서 점선으로 표시한 것)의 방향이 음전하에 의한 전기장의 방향과 반대이므로 그림을 참고하면 $k_e \frac{q}{r^2}\left(\sqrt{2}-\frac{1}{2}\right)$의 결과를 얻는다. 크기는 양(+)수이다.

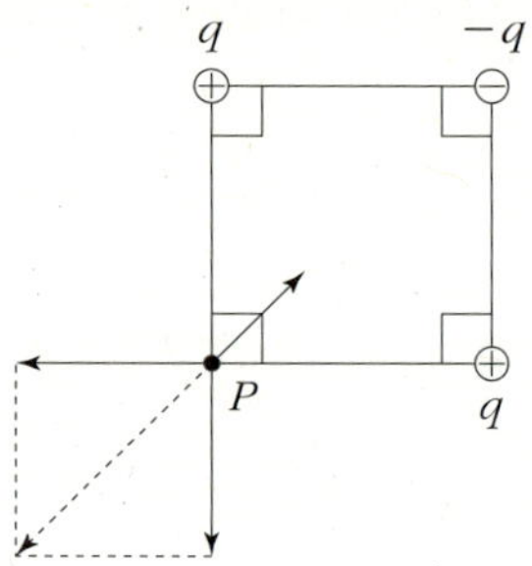


## 023

**답** $k_e \frac{q}{r^2}\sqrt{(\sqrt{2})^2+\left(\frac{1}{2}\right)^2} = k_e \frac{q}{r^2}\frac{3}{2}$

**풀이**

$P$ 점에 인접한 두 전하에 의한 전기장의 합은 그림에 점선으로 표기한 것과 같다. 그리고 대각 위치에 있는 양전하에 의한 전기장의 방향은 그림에 나타낸 바와 같이 점선으로 나타낸 전기장과 서로 수직이다. 따라서 $P$ 점에서 전기장의 세기는 $k_e \frac{q}{r^2}\sqrt{(\sqrt{2})^2+\left(\frac{1}{2}\right)^2} = k_e \frac{q}{r^2}\frac{3}{2}$이다.

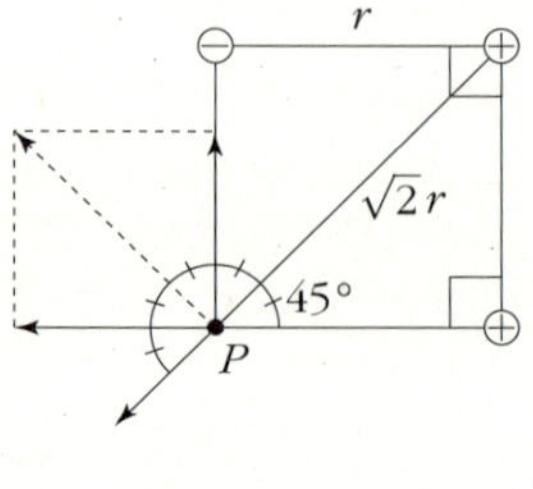

## 024

**답** $k_e \dfrac{q_1}{b^2}\hat{i} + k_e \dfrac{q_2}{a^2}\hat{j}$

**풀이**

전기장을 구해야 하므로 크기와 방향을 표현해야 한다. 따라서 적당한 좌표계를 선택해야 한다. $P$ 점에 단위 양(+) 전하가 있다고 가정하고, 주어진 전하는 구체적으로 부호가 주어지지 않았으므로 양(+)으로 가정하여 전기력을 생각한다. 최종 결과는 문제에서 주어진 전하 $q_1$, $q_2$의 부호에 의하여 올바른 값으로 나타나게 된다. 이 문제는 전하가 직사각형의 꼭짓점에 놓여 있어 $P$ 점에 기여하는 전기장이 간단히 좌표의 각 성분으로 나타난다는 점을 이해하면 문제가 쉽다. 아래 그림과 같이 좌표를 선택하면, 각 전하가 $P$ 점에 기여하는 전기장은 각각 $x$ 방향, $y$ 방향으로 작용하므로 결과는 $k_e \dfrac{q_1}{b^2}\hat{i} + k_e \dfrac{q_2}{a^2}\hat{j}$이다.

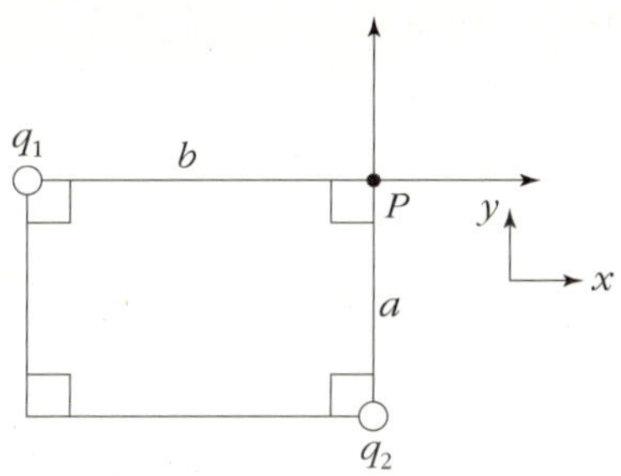


## 025

**답** $k_e \dfrac{q_1}{b^2}\hat{i} + k_e \dfrac{q_2}{a^2+b^2}\left[\dfrac{b}{\sqrt{a^2+b^2}}\hat{i} + \dfrac{a}{\sqrt{a^2+b^2}}\hat{j}\right]$
$+ k_e \dfrac{q_3}{a^2}\hat{j}$

**풀이**

정삼각형이나 정사각형의 꼭짓점에 동일한 양의 전하가 놓여 있는 경우와 다르다는 것을 이해해야 한다. 그림처럼 좌표를 선택하면 $q_1$과 $q_3$에 의한 전기장은 각 좌표의 성분으로 나타나지만, $q_2$에 의한 전기장은 각 성분으로 나누어야 한다. 각각의 전하에 의한 $P$ 점의 전기장은 다음과 같다.

- $q_1$에 의한 것 : $k_e \dfrac{q_1}{b^2}\hat{i}$
- $q_2$에 의한 것 : $k_e \dfrac{q_2}{a^2+b^2}\left[\dfrac{b}{\sqrt{a^2+b^2}}\hat{i} + \dfrac{a}{\sqrt{a^2+b^2}}\hat{j}\right]$
- $q_3$에 의한 것 : $k_e \dfrac{q_3}{a^2}\hat{j}$

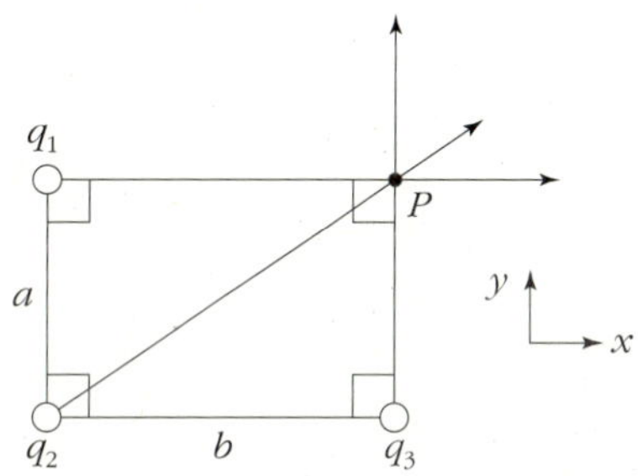

## 026

**답** $\frac{k_e}{r}\lambda\sqrt{2} = \frac{k_e}{r^2}\frac{2\sqrt{2}Q}{\pi}$

**풀이**

문제의 그림과 같은 조건을 아래 그림과 같은 것으로 바꾸어 생각한다. 그림을 참고하여 호의 작은 길이에 들어있는 전하량을 $dq$라 하고, 이 호의 선 전하밀도를 $\lambda$라 하면 다음의 관계가 성립한다.

$$\lambda = \frac{Q}{2\pi r/4},\ dq = \lambda ds = \lambda r d\theta$$

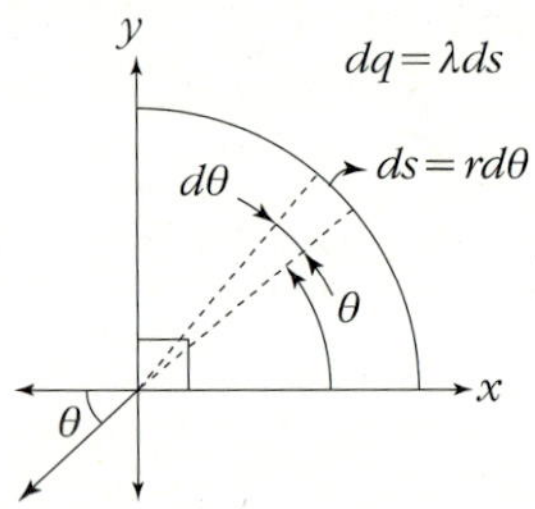


전하가 연속적으로 분포한 경우 이 전하 분포를 작은 영역으로 나누어 쿨롱법칙에 의한 전기장 식 $k_e\frac{dq}{r^2}$로 표현하고, 모든 전하에 의한 것은 이것의 적분인 $k_e\int\frac{dq}{r^2}$을 이용한다. 그리고 전기장은 벡터량임에 유의한다. 그림을 참고하면 전기장의 $x$ 성분과 $y$ 성분은 다음과 같다.

- $x$ 성분 :

$$-k_e\int_0^{\pi/2}\frac{dq}{r^2}\cos\theta = -\frac{k_e}{r^2}\lambda r\int_0^{\pi/2}\cos\theta d\theta = -\frac{k_e}{r}\lambda$$

- $y$ 성분 :

$$-k_e\int_0^{\pi/2}\frac{dq}{r^2}\sin\theta = -\frac{k_e}{r^2}\lambda r\int_0^{\pi/2}\sin\theta d\theta = -\frac{k_e}{r}\lambda$$

따라서 원의 중심에서 전기장의 세기는 $\frac{k_e}{r}\lambda\sqrt{2} = \frac{k_e}{r^2}\frac{2\sqrt{2}Q}{\pi}$ 이다.

## 027

**답** $108N/C$

**풀이**

$\frac{k_e}{r}\lambda\sqrt{2} = \frac{k_e}{r^2}\frac{2\sqrt{2}Q}{\pi}$을 사용한다. 여기서 $\lambda$는 선 전하밀도이다.

## 028

**답** $\frac{k_e\pi\lambda}{l\sqrt{2}}$

**풀이**

1/4 원으로 된 호이다. 따라서 호가 대하는 각은 90°이다. 그리고 선 전하밀도가 주어져 있다. 그런데 원의 반지름은 주어져 있지 않다. 그러나 호의 길이가 $l$이므로 원의 반지름을 $l = 2\pi r/4$에서 $r = 2l/\pi$로 계산할 수 있다. 그러므로 원의 중심에서 전기장의 세기는 다음과 같다.

$$\frac{k_e}{r}\lambda\sqrt{2} = k_e\frac{\pi}{2l}\lambda\sqrt{2} = \frac{k_e\pi\lambda}{l\sqrt{2}}$$

## 029

**답** $40N/C$

**풀이**

$\frac{k_e \pi \lambda}{l\sqrt{2}}$를 사용한다.

## 030

**답** $k_e \frac{Q}{b^2 - a^2/4}$ 방향은 전하 $Q$의 부호와 같다.

**풀이**

아래의 그림처럼 문제의 조건에 맞는 상황을 그림으로 나타낸 것을 참고한다. 전하가 막대에 연속적으로 분포한 것이므로 전기장의 방향을 고려하여 다음과 같은 식을 세울 수 있다.

$$\text{선 전하밀도 } \lambda = \frac{Q}{a},\ dq = \lambda dx,\ dE = k_e \frac{dq}{(b-x)^2}$$

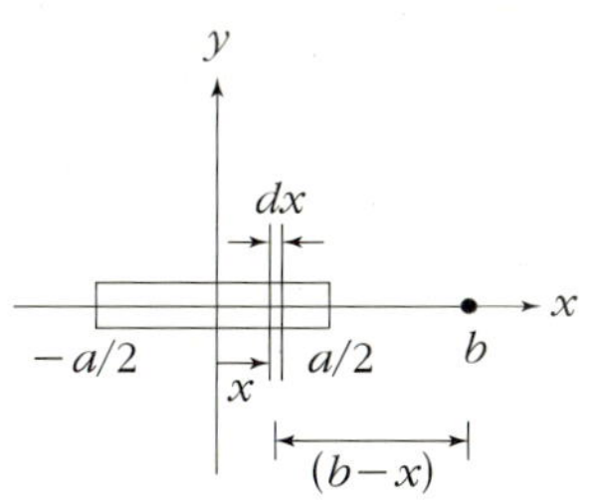


막대를 작은 조각으로 나누면 전기장을 구하고자 하는 지점에 기여하는 전기장의 방향은 각각 모두 동일하다. 따라서 전기장은 다음과 같이 구할 수 있다.

$$E = \int dE = k_e \frac{Q}{a} \int_{-a/2}^{a/2} \frac{dx}{(b-x)^2}$$

## 031

**답** $33N/C$

**풀이**

막대가 $x$축에 놓여 있다고 생각하면, $x$축 상 지점의 전기장을 구하는 것이다. 따라서 $k_e \frac{Q}{b^2 - a^2/4}$ 식을 사용할 수 있다.

## 032

**답** $2k_e \frac{Q}{\pi r^2}$

**풀이**

문제의 상황에 맞도록 아래 그림처럼 좌표를 잡고, 반원의 중심을 좌표의 중심과 일치시킨다. 원호의 작은 조각 $ds$에 의해 원점에 만들어지는 전기장의 성분을 구하면 다음과 같다.

$$dq = \lambda ds = \lambda r d\theta,\ \lambda = Q/(2\pi r/2) = Q/\pi r$$

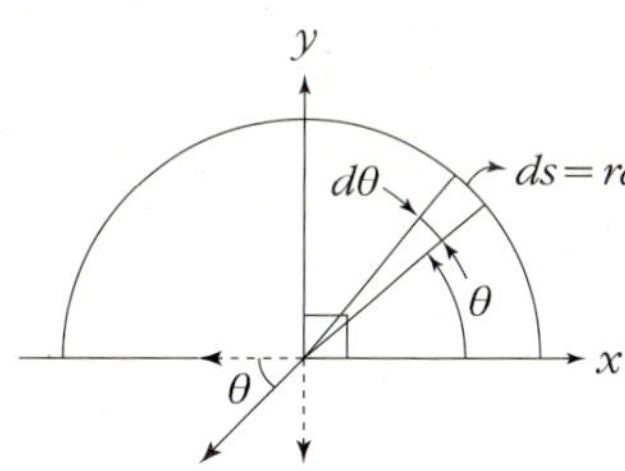


- $x$ 성분 : $-k_e \frac{\lambda}{r^2} \int_0^{\pi} \cos\theta r d\theta = 0$
- $y$ 성분 : $-k_e \frac{\lambda}{r^2} \int_0^{\pi} \sin\theta r d\theta = -2k_e \frac{\lambda}{r} = -2k_e \frac{Q}{\pi r^2}$

그림에서 대칭성 때문에 예측할 수 있는 것처럼 $x$ 성분의 전기장은 영(0)이다. 따라서 전기장의 세기는 $2k_e \frac{Q}{\pi r^2}$이다.

## 033

**답** $q/\varepsilon_0$

**풀이**

그림을 참고하면 정육면체의 면은 폐곡면으로, 가우스면이다. 그리고 이 가우스면 내부의 알짜 전하는 $q$이다. 따라서 가우스 법칙 $\oint \vec{E} \circ d\vec{A} = Q_{inc}/\varepsilon_0$에서 구한다. 여기에서 $Q_{inc}$는 가우스면 내 알짜 전하이다.

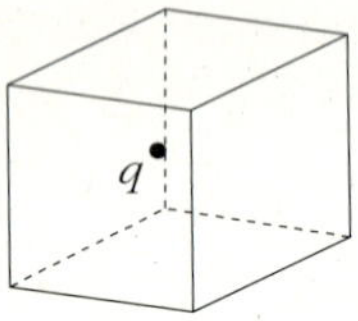


## 034

**답** $203Nm^2/C$

**풀이**

가우스 법칙 $\oint \vec{E} \circ d\vec{A} = Q_{inc}/\varepsilon_0$에서 가우스면 내부의 알짜 전하를 구한다. 그림을 참고하면 가우스면 내부의 전하는 길이 $60.0cm$에 해당하는 선에 해당한다.

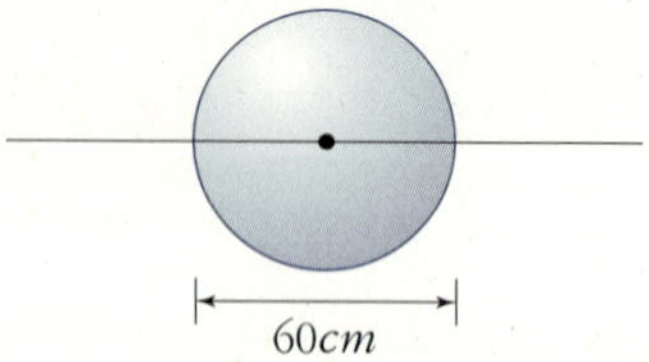


## 035

**답** $\rho \frac{4}{3}\pi r^3/\varepsilon_0$

**풀이**

문제의 조건에 맞는 그림을 아래처럼 그린다. 폐곡면을 통과하는 전기력선속을 구하는 문제이므로 이 폐곡면 내부의 알짜 전하를 구하면 된다. 전하밀도가 균일하므로, 폐곡면이 싸고있는 부피를 알면 된다. $\oint \vec{E} \circ d\vec{A} = Q_{inc}/\varepsilon_0$을 이용한다.

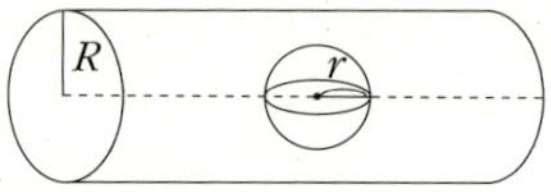


## 036

**답** $11.1Nm^2/C$

**풀이**

폐곡면을 통과하는 전기력선속을 구하는 문제로, 전하밀도는 균일하다. 문제의 조건에 맞는 그림을 그리면 아래의 그림과 같다.

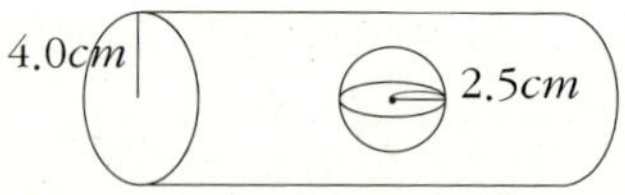


$\oint \vec{E} \circ d\vec{A} = Q_{inc}/\varepsilon_0$을 사용하여 전하밀도를 $\rho$, 구의 반지름을 $r$이라 할 때, $\oint \vec{E} \circ d\vec{A} = Q_{inc}/\varepsilon_0 = \rho \frac{4}{3}\pi r^3/\varepsilon_0$이다.

## 037

**답** $E = \dfrac{1}{2\pi\varepsilon_0}\dfrac{\lambda}{r}$

**풀이**

전기장을 정성적으로 보면 대칭성이 좋으므로 가우스 법칙으로 구한다. 도선에서 거리 $r$인 지점의 전기장의 세기는 같고, 방향은 직선에 수직이다. 따라서 그림처럼 가우스면을 잡으면, 원통의 양면에서 전기장의 방향과 면의 방향은 수직이므로 $\oint \vec{E} \circ d\vec{A} = Q_{inc}/\varepsilon_0$ 식의 적분에 기여하지 않고 원통 면의 적분만 기여한다. 따라서 구하고자 하는 전기장의 세기를 $E$라 하면 가우스 법칙의 적분은 $E2\pi rl$이 되고, 이 공간의 전하는 $\lambda l$이므로 전기장의 세기는 $E = \dfrac{1}{2\pi\varepsilon_0}\dfrac{\lambda}{r}$이 된다. 방향은 직선에 수직이다.

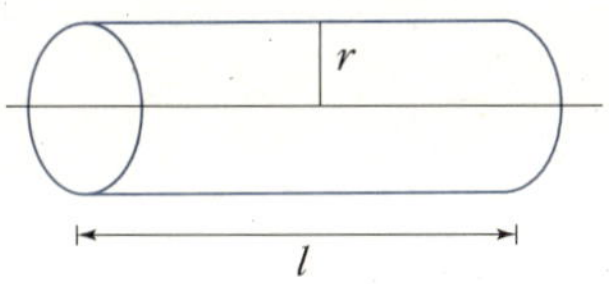


## 038

**답** $E = \dfrac{\sigma}{2\varepsilon_0}$

**풀이**

가우스 법칙을 그림과 같은 가우스면을 택하여 적용한다. 평면의 두께가 없으므로 가우스면을 택할 때 그림처럼 택해야 하고, 표면 전하밀도는 평면의 양쪽에 전기장을 생성한다는 점에 유의한다. 전기력선의 특징을 이용하면 간단한 논리로 모든 지점에서 전기장의 세기가 같다는 것을 보일 수 있다. 작은 원통의 표면에서는 전기장이 면에 수직이고, 오직 원통의 위와 아래 평면에서만 전기력선속 계산에 기여한다. 따라서 $\oint \vec{E} \circ d\vec{A} = Q_{inc}/\varepsilon_0$의 계산은 $E\,2A = A\sigma/\varepsilon_0$이 되므로 $E = \dfrac{\sigma}{2\varepsilon_0}$이 된다.

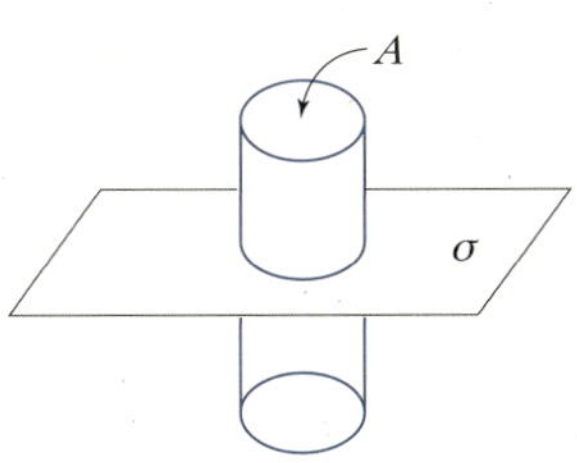


## 039

**답** 구 밖 : $E = \dfrac{1}{4\pi\varepsilon_0}\dfrac{Q}{r^2}$

구 내부 : $E = 0$

방향은 구 중심에서 방사 방향

**풀이**

전기장의 정성적 성질이 대칭성이 좋은 경우이므로 가우스 법칙을 사용하여 문제를 푼다. 이 문제에서는 구 내부에 알짜 전하가 존재하지 않으므로, 전기장이 없다. 구 외부에서는 그림과 같이 가우스면을 구로 택하면, 전기장이 가우스면에 수직이므로 $\oint \vec{E} \circ d\vec{A} = Q_{inc}/\varepsilon_0$의 결과는 $E\,4\pi r^2 = Q/\varepsilon_0$이다. 따라서 구 밖의 전기장의 세기는 $E = \dfrac{1}{4\pi\varepsilon_0}\dfrac{Q}{r^2}$이다.

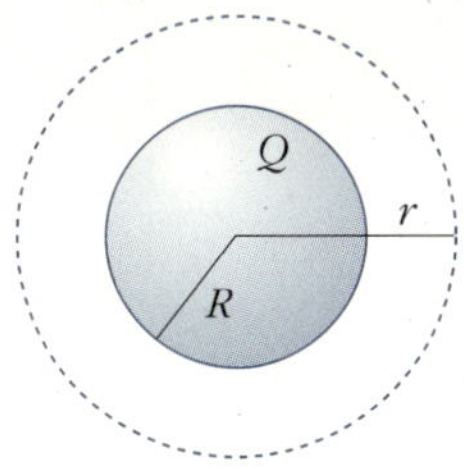

## 040

**답** 구 내부 : $E=\frac{1}{4\pi\varepsilon_0}r\frac{Q}{R^3}$, 구 중심에서 방사 방향

구 외부 : $E=\frac{1}{4\pi\varepsilon_0}\frac{Q}{r^2}$, 구 중심에서 방사 방향

**풀이**

전하가 균일하게 분포하므로 대칭성이 좋은 경우이다. 따라서 가우스 법칙을 적용할 수 있다.

- 구 외부 : $\oint \vec{E}\circ d\vec{A}=Q_{inc}/\varepsilon_0$을 그림과 같이 반지름 $r$인 구 외부에 적용하면 가우스면 내부의 알짜 전하는 $Q$이므로 $E\,4\pi r^2=Q/\varepsilon_0$의 결과를 얻는다. 따라서 구 외부에서 전기장은 $E=\frac{1}{4\pi\varepsilon_0}\frac{Q}{r^2}$이고, 방향은 구의 중심에서 방사 방향으로 향한다.

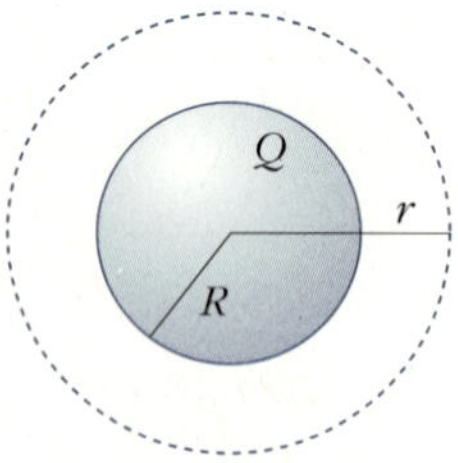


- 구 내부 : $\oint \vec{E}\circ d\vec{A}=Q_{inc}/\varepsilon_0$을 그림과 같은 가우스면에 적용하면 점선으로 표시한 구 내부의 알짜 전하는 비례식으로 다음과 같다.

$$Q:\frac{4}{3}\pi R^3=Q_{inc}:\frac{4}{3}\pi r^3\text{에서 } Q_{inc}=Q\frac{r^3}{R^3}$$

따라서 가우스 법칙의 결과는 다음과 같다.

$$E\,4\pi r^2=Q\frac{r^3}{R^3}/\varepsilon_0$$

그러므로 구 내부에서 전기장의 세기는 $E=\frac{1}{4\pi\varepsilon_0}r\frac{Q}{R^3}$이고, 방향은 구의 중심에서 방사 방향이다.

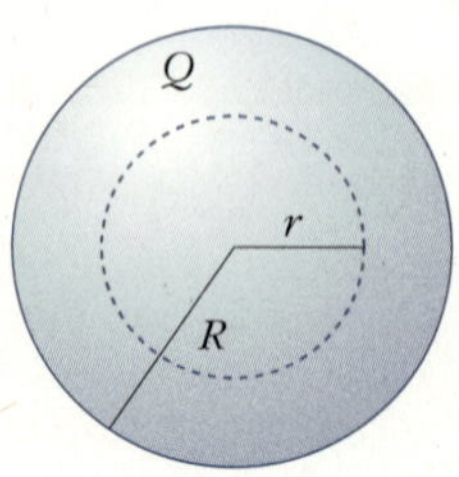


## 041

**답** $E=\frac{1}{4\pi\varepsilon_0}\frac{Qx}{(R^2+x^2)^{3/2}}$, 방향은 $x$축

**풀이**

그림에 나타낸 $dq$에 의한 전기장과 $dq$ 반대쪽에 위한 곳의 $dq$에 의한 전기장이 합쳐지면 전기장을 구하고자 하는 지점의 전기장은 $x$ 성분만 있게 된다.

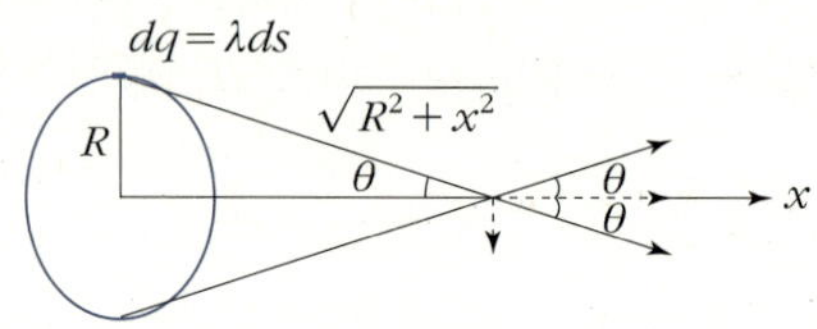


따라서, 고리 위의 모든 지점에서 전기장을 구하고자 하는 지점까지의 거리는 동일하게 $\sqrt{R^2+x^2}$이고, $ds$ 구간에 있는 전하에 의한 전기장 중 $x$ 성분은 $\cos\theta$를 곱하여 구한다. $\cos\theta=\frac{x}{\sqrt{R^2+x^2}}$이므로, 전기장은 다음과 같이 계산할 수 있다.

$$E=\int dE=\int dE_x=\int\frac{1}{4\pi\varepsilon_0}\frac{dq}{(R^2+x^2)}\cos\theta$$

$$=\frac{1}{4\pi\varepsilon_0}\frac{x}{(R^2+x^2)^{3/2}}\int dq$$

따라서 전기장의 크기는 $E=\frac{1}{4\pi\varepsilon_0}\frac{Qx}{(R^2+x^2)^{3/2}}$이다.

## 042

**답** $E=\left|\frac{\sigma_1}{2\varepsilon_0}-\frac{\sigma_2}{2\varepsilon_0}\right|$

**풀이**

편의상 평면의 전하를 같은 종류라고 생각해도 된다. 전하의 부호를 고려하여 계산할 때 최종으로 옳은 결과를 얻을 수 있다. 그림에서 위쪽의 평면은 두 평면 사이에 전기장을 만들 때 아래 방향으로 향하고, 아래쪽 평면은 위쪽으로 향할 것이므로 서로 상쇄하려는 방향으로 작용한다.

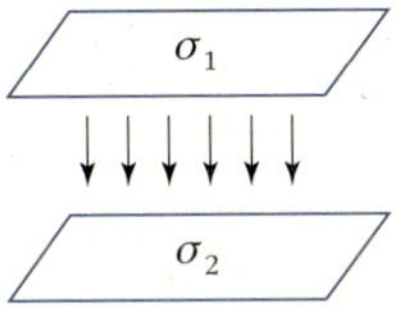


따라서 각각의 평면이 두께가 없는 무한 평면인 경우, 각각 전기장을 크기 $\frac{\sigma_1}{2\varepsilon_0}$, $\frac{\sigma_2}{2\varepsilon_0}$로 생성할 것이다. 전하의 부호에 따라 두 평면 사이의 전기장의 세기는 다음과 같이 계산한다.

$$E=\left|\frac{\sigma_1}{2\varepsilon_0}-\frac{\sigma_2}{2\varepsilon_0}\right|$$

## 043

**답** $40N/C$

**풀이**

두 표면 전하가 만들어내는 전기장이 서로 반대 방향으로 작용하므로, $E=\left|\frac{\sigma_1}{2\varepsilon_0}-\frac{\sigma_2}{2\varepsilon_0}\right|$으로 구한다.

## 044

**답** 원기둥 내부 : $E=\frac{r\rho}{2\varepsilon_0}$, 원기둥 축에 수직 방향

원기둥 외부 : $E=\frac{a^2\rho}{2\varepsilon_0 r}$, 원기둥 축에 수직 방향

**풀이**

가우스 법칙을 사용한다.

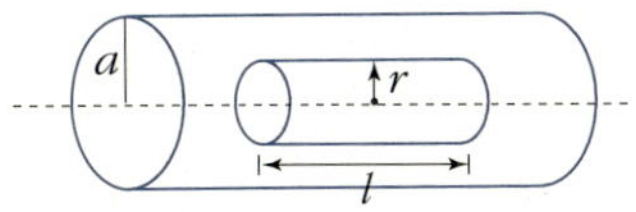


- 원기둥 내부에서 : 위 그림처럼 가우스면을 잡으면 원기둥 내부에서 원기둥의 축으로부터 수직거리 $r$인 지점의 전기장은 다음과 같이 구한다. $\oint \vec{E}\circ d\vec{A}=Q_{inc}/\varepsilon_0$에서 $E\,2\pi rl=\rho\pi r^2 l/\varepsilon_0$를 얻고 원기둥 내부에서 전기장은 $E=\frac{r\rho}{2\varepsilon_0}$이다.
- 원기둥 외부에서 : $\oint \vec{E}\circ d\vec{A}=Q_{inc}/\varepsilon_0$에서 $E\,2\pi rl=\pi a^2 l\rho/\varepsilon_0$를 얻고 원기둥 외부에서 전기장은 $E=\frac{a^2\rho}{2\varepsilon_0 r}$이다. 여기서 $r$은 원기둥 축에서 수직거리인 곳까지의 거리이다.

## 045

**답** $20N/C$

**풀이**

균일하게 대전된 원기둥 내부의 위치이다. 따라서 $E=\frac{r\rho}{2\varepsilon_0}$을 적용할 수 있다.

## 046

**답** 원기둥 내부 $E=\frac{a}{\varepsilon_0}\frac{r^3}{4}$, 원기둥 외부 $E=\frac{aR^4}{4\varepsilon_0 r}$

**풀이**

전하 분포가 원통형 대칭이 있으므로 가우스 법칙으로 구할 수 있다.

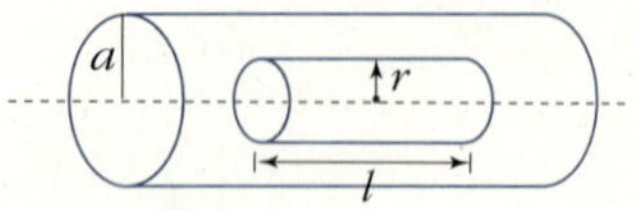


- 원기둥 내부 : 그림을 참고하여 가우스 법칙의 식 $\oint \vec{E}\circ d\vec{A}=Q_{inc}/\varepsilon_0$에서 다음 식을 얻을 수 있다.

$$E\,2\pi rl=\int_0^r l2\pi r\; ar^2dr/\varepsilon_0=\frac{l2\pi a}{\varepsilon_0}\frac{r^4}{4}$$

따라서 전기장의 크기는 $E=\frac{a}{\varepsilon_0}\frac{r^3}{4}$이다.

- 원기둥 외부 : 역시 가우스 법칙의 식 $\oint \vec{E}\circ d\vec{A}=Q_{inc}/\varepsilon_0$에서 다음 식을 얻을 수 있다.

$$E\,2\pi rl=\frac{1}{\varepsilon_0}\int_0^R ar^2 2\pi lr dr=\frac{a2\pi lR^4}{4\varepsilon_0}$$

따라서 전기장의 크기는 $E=\frac{aR^4}{4\varepsilon_0 r}$이다.

## 047

**답** $2.3N/C$

**풀이**

원기둥 내부의 전기장이다. 원통형 대칭이 있으므로 가우스 법칙으로 구할 수 있고, 따라서 $E=\frac{a}{\varepsilon_0}\frac{r^3}{4}$ 식을 활용할 수 있다.

## 048

**답** $r<r_1$ 영역 $E=0$

$r_1<r<r_2$ 영역 $E=\sigma_1 r_1^2/(\varepsilon_0 r^2)$

$r>r_2$ 영역 $E=(\sigma_1 r_1^2+\sigma_2 r_2^2)/(\varepsilon_0 r^2)$

**풀이**

구 대칭이고 전하가 균일하게 분포하므로 가우스 법칙을 이용한다.

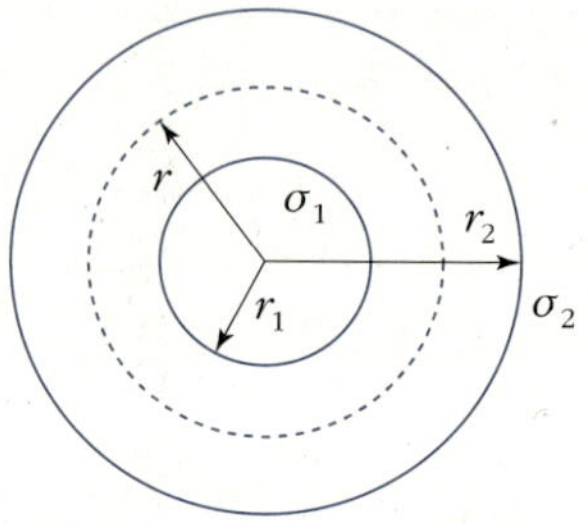


- $r<r_1$ 영역 : 이 영역에서 가우스면을 택하면 가우스면 내부에 알짜 전하가 없으므로 전기장이 없다.
- $r_1<r<r_2$ 영역 : 그림처럼 가우스면을 택하면 이 가우스면 내부에 알짜 전하는 반지름 $r_1$인 구 표면에 분포한 전하에 의한 것이다. 따라서 $4\pi r^2E=4\pi r_1^2\sigma_1/\varepsilon_0$이 성립하여 전기장은 다음과 같다. $E=\sigma_1 r_1^2/(\varepsilon_0 r^2)$
- $r>r_2$ 영역 : 가우스면이 두 구를 포함하므로 $4\pi r^2E=(4\pi r_1^2\sigma_1+4\pi r_2^2\sigma_2)/\varepsilon_0$이 성립하여 전기장은 다음과 같다. $E=(\sigma_1 r_1^2+\sigma_2 r_2^2)/(\varepsilon_0 r^2)$

## 049

**답** $6.7N/C$

**풀이**

구 대칭이고 전하밀도가 균일하므로, 가우스 법칙을 적용하여 전기장을 구할 수 있다. $E=(\sigma_1 r_1^2+\sigma_2 r_2^2)/(\varepsilon_0 r^2)$, $\sigma_1=50pC/m^2$, $r_1=2.0cm$, $\sigma_2=80pC/m^2$, $r_2=4.0cm$, $r=5.0cm$이다.

## 050

답 $r<R$에서 $E=\frac{1}{4\pi\varepsilon_0}\frac{q}{r^2}$

$r>R$에서 $E=\frac{1}{4\pi\varepsilon_0}\frac{(q+Q)}{r^2}$

구의 중심에서 방사 방향

풀이

전하가 구 대칭으로 분포하므로 가우스 법칙을 이용한다. 아래 그림을 참고하면 $r<R$에서 가우스 법칙 $\oint \vec{E}\circ d\vec{A} = Q_{inc}/\varepsilon_0$을 적용하면, $E\,4\pi r^2 = q/\varepsilon_0$이므로 $E=\frac{1}{4\pi\varepsilon_0}\frac{q}{r^2}$이다. $r>R$에서는 구 밖의 가우스면을 잡으면 이 가우스면 내부의 알짜 전하는 $q+Q$이므로, $E=\frac{1}{4\pi\varepsilon_0}\frac{(q+Q)}{r^2}$이 된다.

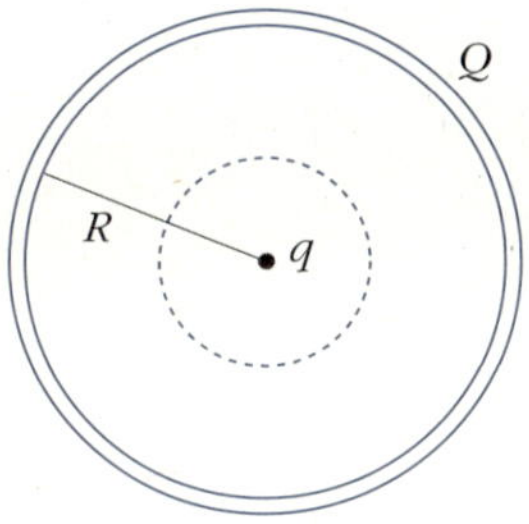


## 051

답 $180N/C$

풀이

구 대칭으로 전하가 분포하므로 가우스 법칙으로 구한다. 구 내부의 전기장을 구하는 것이므로, 구 표면의 전하는 구 내부의 전기장에 아무런 기여를 하지 않는다. 따라서 $E=\frac{1}{4\pi\varepsilon_0}\frac{q}{r^2}$로 구한다. 여기서 $q=8.0pC$이다.

## 052

답 $6.7N/C$

풀이

원통의 안쪽 반지름을 $r_1$, 바깥 쪽 반지름을 $r_2$, 도선의 선 전하밀도를 $\lambda_1$, 원통의 선 전하밀도를 $\lambda_2$라 하자. 전하가 균일하게 원기둥 대칭으로 분포하므로 가우스 법칙으로 전기장을 $r<r_1$, $r>r_2$ 영역에서 다음과 같이 구할 수 있다.

$r<r_1$에서 $E=\frac{1}{2\pi\varepsilon_0}\frac{\lambda_1}{r}$, $r>r_2$에서 $E=\frac{1}{2\pi\varepsilon_0}\frac{(\lambda_1+\lambda_2)}{r}$

$r<r_1$인 영역에서는 $\lambda_2$에 의한 전기장이 없다.

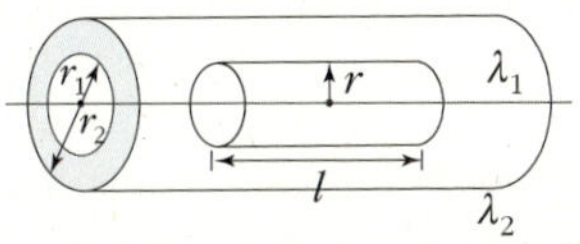


이 문제는 원통 바깥의 전기장을 구하는 것이다.

## 053

답 $2.7nC/m^2$

풀이

도체이므로 평형상태에서 전하는 모두 표면에만 분포한다. 가우스면을 그림처럼 작은 원통모양으로 하면, 이 원통의 위쪽 면은 전기장과 나란하고, 아래쪽 면은 도체 내부에 위치하므로 전기장이 통과하지 않는다. 원통의 면에서는 전기장이 면과 수직이다. 따라서 $EA=\sigma A/\varepsilon_0$에서 $\sigma=\varepsilon_0 E$가 된다. 여기서 $A$는 가우스면으로 잡은 원통의 위쪽 면적, $\sigma$는 구하고자 하는 표면 전하밀도, $E$는 표면 전하밀도를 구하고자 하는 곳 바로 바깥의 전기장이다.

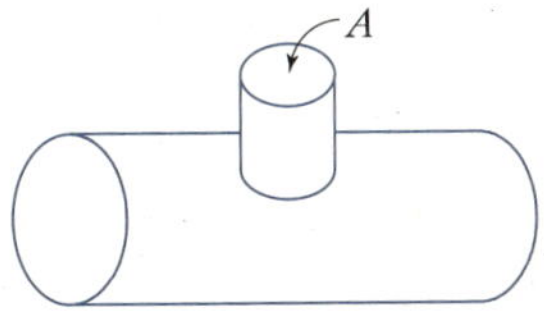

## 054

**답** $1.6\mu C/m^2$

**풀이**

아래의 그림과 같은 상황이다. 도체 구에 넣은 전하는 문제가 구 대칭적인 성격이므로 도체 구 표면에 고르게 분포한다. 그림의 점선과 같은 가우스면을 택하여 가우스 법칙을 적용하면, 도체 구 내부에 전기장이 없으므로 $\oint \vec{E} \circ d\vec{A} = Q_{inc}/\varepsilon_0 = 0$에서 도체 구 안쪽 면에는 $-q$가 분포해야 한다. 그러면 도체 구 바깥에는 처음 알짜 전하 $Q$가 있었으므로 $q+Q$의 전하가 있게 된다. 따라서 구 안쪽의 반지름을 $a$, 구 바깥의 반지름을 $b$라 하면 각 면에서 표면 전하밀도는 다음과 같게 된다.

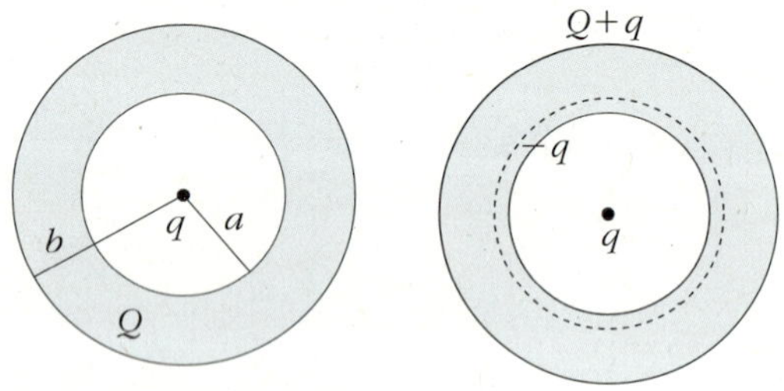


- $\sigma_1 = -q/(4\pi a^2)$ 구 안쪽 면
- $\sigma_2 = (Q+q)/(4\pi b^2)$ 구 바깥 면

여기서는 구 안쪽 면의 표면 전하밀도를 구하는 것이다.

## 055

**답** 구각 안쪽에는 $-q$, 구각 바깥에는 전하가 없다.

**풀이**

대전되지 않은 구각의 중심에 전하 $q$를 넣으면 그림처럼 구각 내부에는 $-q$, 외부에는 $+q$가 대전되며, 이 구각을 접지시키면 바깥의 $+q$는 가능하면 멀리 구각 내부의 전하 $q$로부터 멀어지려할 것이므로 빠져나가게 된다. 따라서 접지하여 정전 평형 상태에 도달하면 구각 바깥에는 전하가 없다. 이 상태에서 접지를 제거하여도 그 상태는 유지된다. 따라서 구각 안쪽에는 $-q$가 대전되고 구각 바깥에는 전하가 없다.

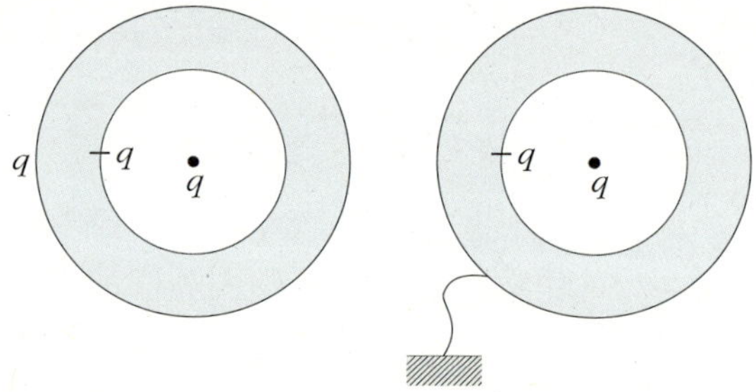


## 056

**답** 표면 전하밀도가 없다.

**풀이**

가운데 도체는 처음 알짜 전하가 없었다. 전하 보존법칙에 의해 알짜 전하가 계속 없을 것이므로 표면 전하밀도는 없다. 다른 관점에서 생각해 보자. 왼쪽에는 양전하가 있고 오른쪽에는 음전하가 있으므로, 전기장이 오른쪽 방향으로 향한다. 중간의 도체는 이 전기장을 받아 다시 그대로 낸다. 따라서 가운데 도체로 들어가거나 나가는 알짜 전기력선은 없다. 그러므로 알짜 전하가 없다. 어떤 방법으로 생각을 해도 결과는 같다. 왜냐하면 여기서 고려한 방법이 결국 모두 같은 의미를 나타내는 것이기 때문이다.

## 057

**답** 구각 안쪽 : $-q$
구각 바깥 : $-4q$

**풀이**

처음 구각이 대전되지 않았을 때, 내부에 전하 $q$를 넣으면 구각 내부 면에 $-q$가 대전된다. 왜냐하면 정전 평형 상태에서 도체 내부에는 전기장이 없고, 이 내부에 가우스면을 택하면 $\oint \vec{E} \circ d\vec{A} = Q_{inc}/\varepsilon_0 = 0$이기 때문이다. 그러면 구각 외부 면에는 $+q$가 있게 되는데, 처음 구각에는 전하가 없었기 때문이다. 여기에 이제 $-5q$를 넣고 정전 평형 상태에 도달하면, 외부 면에 있었던 $+q$와 합하여 구각 외부에는 $-4q$가 있게 된다.

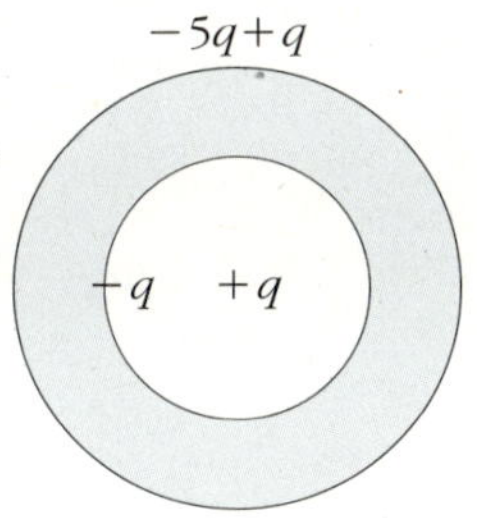


## 058

**답** $4.0N/C$

**풀이**

전기장의 정의 $\vec{E} = \dfrac{\vec{F}_{q_0}}{q_0}$에서 $q_0 = 2.0C$으로 생각한다.

## 059

**답** $3.0m/s^2$

**풀이**

전하 $q$가 전기장 $\vec{E}$에서 받는 힘은 $q\vec{E}$이다. 그리고 질량 $m$인 입자가 힘 $\vec{F}$를 받으면 가속도 $\vec{a}$는 $\vec{F} = m\vec{a}$의 관계가 있다.

## 060

**답** $2.0N/C$

**풀이**

전하 $q$가 전기장 $\vec{E}$에서 받는 힘은 $q\vec{E}$이다. 그리고 질량 $m$인 입자가 힘 $\vec{F}$를 받으면 가속도 $\vec{a}$는 $\vec{F} = m\vec{a}$의 관계가 있다. 따라서 $\vec{E} = \dfrac{m\vec{a}}{q}$이다.

## 061

답 $-3.0C$

풀이
정전 평형 상태이므로, 도체 구각에서 전기장은 없다. 따라서 이 구각의 안쪽에는 구각의 중심에 놓인 전하를 상쇄하는 전하가 있어야 한다. 그리고 구각에는 처음 알짜 전하 $5.0C$이 있어야 하므로, 구각의 바깥 면에는 $+8.0C$이 있게 된다.

# 12장 전위와 축전기 및 정전용량

## 001

**답** (나)

**풀이**

에너지 단위는 $J$, 전류의 단위는 $A$, 일률과 전력의 단위는 $W$, 전위의 단위는 $V$이다. 이 단위들은 모두 유도 단위로, 기본 단위인 $kg$, $m$, $s$, $C$로 표현할 수 있다.

## 002

**답** (다)

**풀이**

전하 $q$가 갖는 전위차 $V$와 전기적 위치에너지 $U$는 $U=qV$의 관계가 있다. 전기장은 보존력 장이므로 역학적 에너지가 보존된다. 따라서 처음 정지 상태에서 전위차에 의해 전하가 가속되면 $K_i+U_i=K_f+U_f$에서 $\frac{1}{2}mv^2=qV$의 관계식을 얻는다. 그러므로 $v \propto \sqrt{V}$이다.

## 003

**답** (라)

**풀이**

전기장의 단위는 $N/C$ 혹은 $V/m$이다. 일률, 전력의 단위는 $W$, 자기장의 단위는 $T$, 정전용량의 단위는 $F$ 혹은 $C/V$이다.

## 004

**답** (라)

**풀이**

정전용량의 정의는 $C=\frac{Q}{V}$이다. 그리고 유도 단위로 $1F=1C/1V$이므로, $[F]=\frac{[Q]}{[V]}=\frac{[Q]}{[J/Q]}=\frac{C^2}{J}$이다.

## 005

**답** 2,000$N/C$

**풀이**

매우 넓은 평행판 축전기의 전기장은 균일하다고 할 수 있다. 이 평행판 축전기 내부의 전기장, 전위, 판 사이의 거리는 $V=Ed$의 관계가 있다. 전기장의 단위는 $V/m$ 혹은 $N/C$이다.

## 006

**답** $60J$

**풀이**

전기력으로 전기를 띤 물체가 움직인다. 전기장은 보존력장이므로 역학적 에너지 보존법칙이 성립한다. 그리고 물체는 처음 정지해 있었으므로 처음 운동에너지는 없다. $K_i+U_i=K_f+U_f$에서 $\frac{1}{2}mv^2=qV$로 구한다.

## 007

**답** $-14.0V$

**풀이**

역학적 에너지 보존법칙을 사용한다.

$K_A+U_A=K_B+U_B$에서 $q(V_B-V_A)=\frac{1}{2}m(v_A^2-v_B^2)$로 구한다.

## 008

**답** $+60V$

**풀이**

점전하 $q$에서 $r$ 떨어진 지점의 전위는 $k_e\frac{q}{r}$이다. 그리고 불연속적인 전하 분포에 의한 전위는 $\sum_i k_e\frac{q_i}{r_i}$이다. 단, 전위의 기준점은 $\infty$인 곳이다. 여기에서 $q_i$는 각 전하이며, $r_i$는 이 각 전하에서 전위를 알고자 하는 지점까지의 거리이다. 이 문제에서 그림으로 거리와 전하에 대한 조건을 주었다.

## 009

**답** $-43V$

**풀이**
퍼텐셜은 스칼라이다. ∞인 곳을 퍼텐셜의 기준으로 했을 때, 점전하 $q$에 의한 거리 $r$인 지점의 퍼텐셜은 $k_e\frac{q}{r}$이다. 이 경우 점전하의 전하량이 모두 같고, 각 전하에서 전위(퍼텐셜)을 알고자 하는 지점까지 모두 거리가 같다. 따라서 $4k_e\frac{q}{r}$로 구할 수 있다.

## 010

**답** $0.86m$

**풀이**
역학적 에너지 보존법칙을 사용한다. $K_A+U_A=K_B+U_B$에서 입자가 정지할 때, $K_B=0$로 하면 $K_A=20J$이다. 두 입자의 거리가 $3.0m$일 때, 퍼텐셜 에너지는 $k_e\frac{q_1q_2}{r}$로 구한다. 여기서 ∞를 퍼텐셜 에너지의 기준으로 생각한다.

## 011

**답** $1.34m/s$

**풀이**
두 물체의 질량이 같고 전하량도 같으므로, 정지 상태에서 출발하여 서로 인력으로 접근할 때 속력이 같다. 이때는 두 전하 사이의 상호 작용에 의한 퍼텐셜 에너지를 고려하면 된다. $K_i+U_i=K_f+U_f$를 사용한다. 처음 정지해 있었으므로 $K_i=0$이다. 두 물체가 같은 속력을 갖게 되므로 $K_f=2\times\frac{1}{2}mv^2$이다. 두 전하가 서로 반대 부호이고, 크기가 같으므로 $U_i=-k_e\frac{q^2}{r_i}$, $U_f=-k_e\frac{q^2}{r_f}$이다.

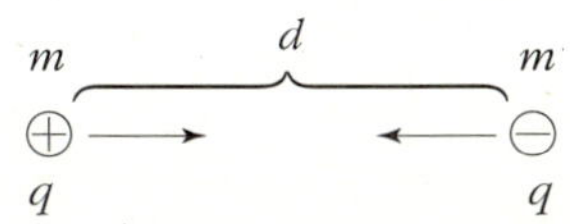


## 012

**답** $15.3J$

**풀이**
무한대의 위치에서 전하를 가져올 때 에너지의 공급이 필요하고, 이 에너지가 곧 퍼텐셜 에너지가 된다. 무한대의 위치가 퍼텐셜의 기준점이다. 점전하의 경우로, 퍼텐셜 에너지는 스칼라이고 꼭짓점에서 정사각형의 중심까지 거리가 $(3\sqrt{2}/2)m$이다. 따라서 $4k_e\frac{q^2}{r}$로 구한다.

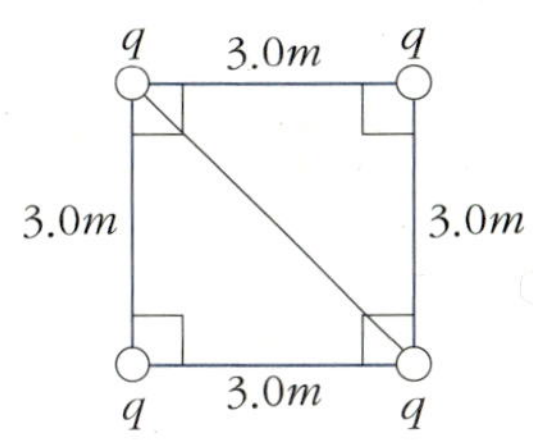

## 013

**답** $24V$

**풀이**

연속으로 분포한 전하에 의한 전위는 ∞를 전위의 기준으로 하였을 때, $\int k_e \frac{dq}{r}$로 구한다. 그림을 참고하면 선 전하 밀도를 $\lambda$라고 할 때 $dq = \lambda dl = \lambda R d\theta$이다. 호에서 전위를 알고자 하는 지점 $P$까지 거리가 일정하여 $R$이므로 $P$점의 전위는 $\int k_e \frac{dq}{r} = \frac{k_e}{R}\int dq = \frac{k_e}{R}\int_0^{30°} \lambda R d\theta = k_e \lambda \frac{\pi}{6}$이다. 여기에서 각을 호도법으로 나타내야 함에 유의한다.

## 014

**답** $26V$

**풀이**

역학적 에너지 보존법칙 $K_1 + U_1 = K_2 + U_2$에서 $U = qV$이므로 $q\Delta V = \frac{1}{2}m_e v^2$이 성립한다.

## 015

**답** $\frac{1}{4\pi\varepsilon_0}\frac{q_1 q_2}{l}$, $\frac{1}{4\pi\varepsilon_0}\left(\frac{q_1}{l/2} + \frac{q_2}{l/2}\right)$, $x = \frac{q_1 l}{q_1 - q_2}$

**풀이**

퍼텐셜 에너지와 퍼텐셜이 다른 개념임을 이해해야 한다. 퍼텐셜 에너지는 전하 사이의 상호 작용에 의한 것이다. 따라서 $U = -\int_{ref}^{r} \vec{F}_E \circ d\vec{r} = -\int_{\infty}^{r} \vec{F}_E \circ d\vec{r} = \frac{1}{4\pi\varepsilon_0}\frac{q_1 q_2}{l}$이다. 어떤 지점의 전위는 전하가 공간에 만들어내는 것으로 생각할 수 있으므로 전위는 전하와 거리로 결정된다. 그러므로 두 전하 중간 지점의 전위는 $\frac{1}{4\pi\varepsilon_0}\left(\frac{q_1}{l/2} + \frac{q_2}{l/2}\right)$이다. 두 전하 사이 전위가 영(0)인 지점의 위치를 $q_1$에서 $x$라 하자. 그러면 이 지점의 전위는 $\frac{1}{4\pi\varepsilon_0}\left(\frac{q_1}{x} + \frac{q_2}{l-x}\right) = 0$에서 $q_1(l - x) + q_2 x = 0$이므로 $x = \frac{q_1 l}{q_1 - q_2}$가 된다.

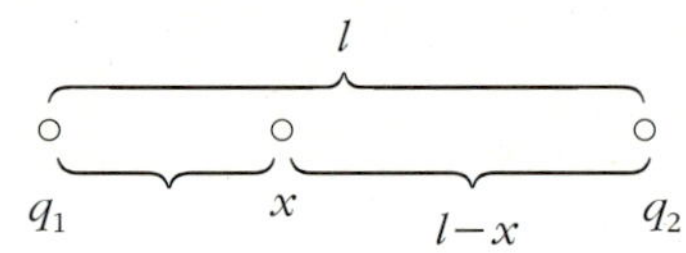


## 016

**답** $37V$

**풀이**

그림을 참고하면 연속으로 분포한 전하의 경우이므로, $dq = \lambda dx = bxdx$이고 구하고자 하는 전위는 다음과 같이 계산할 수 있다.

$$\int k_e \frac{dq}{\sqrt{x^2+y^2}} = k_e b \int_0^L \frac{xdx}{\sqrt{x^2+y^2}} = k_e b\sqrt{x^2+y^2}\Big|_0^L$$
$$= k_e b\left[\sqrt{L^2+y^2} - y\right]$$

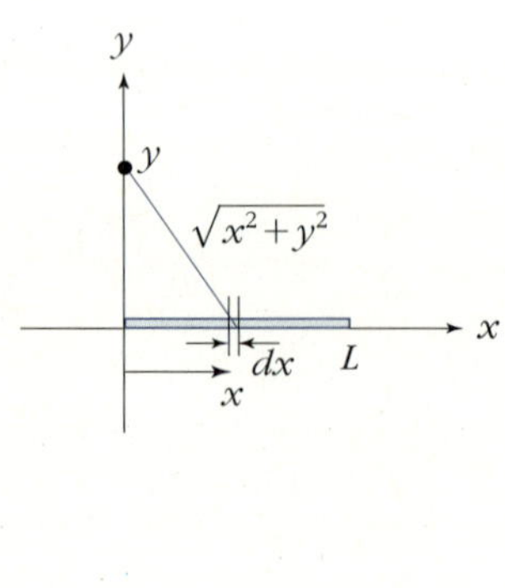

## 017

**답** $3.0J$

**풀이**

전하가 연속으로 분포한 경우이다. 그림처럼 작은 구간으로 나누고 이 구간의 전하를 점전하라 생각하면, 전위의 기준이 ∞일 때 원의 중심의 전위는 $k_e \int \frac{dq}{r} = k_e \frac{Q}{r}$이다. 여기서 $r$은 원의 반지름이고, $Q$는 원주에 분포한 총 전하이다. 그리고 원의 중심에 전하 $q$를 ∞에서 가져오기 위한 에너지는 $qV$이다. 여기에서 $V$는 ∞를 전위의 기준으로 했을 때 $q$가 위치한 곳의 전위이다.

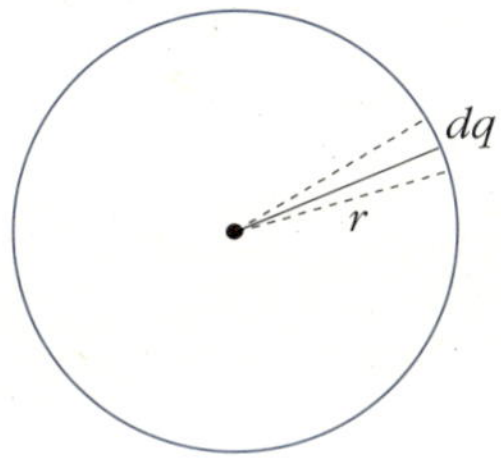


## 018

**답**

$$\frac{1}{4\pi\varepsilon_0}\left(\frac{q_1q_2}{b}+\frac{q_1q_3}{a}+\frac{q_1q_4}{\sqrt{a^2+b^2}}+\frac{q_2q_3}{\sqrt{a^2+b^2}}+\frac{q_2q_4}{a}+\frac{q_3q_4}{b}\right)$$

**풀이**

배치를 위해 필요한 에너지는 이 전하들을 ∞에서 가져오기 위해 필요한 에너지이다. 따라서 전하들이 서로 상호 작용하는 효과를 이기기 위해 공급해야 하는 에너지가 되고, 이것은 이 배치가 갖는 퍼텐셜 에너지가 된다. 이 문제에서는 전하들이 서로 상호 작용하는 가짓수가 $_4C_2 = 6$개이다.

$$\frac{1}{4\pi\varepsilon_0}\left(\frac{q_1q_2}{r_{12}}+\frac{q_1q_3}{r_{13}}+\frac{q_1q_4}{r_{14}}+\frac{q_2q_3}{r_{23}}+\frac{q_2q_4}{r_{24}}+\frac{q_3q_4}{r_{34}}\right)$$

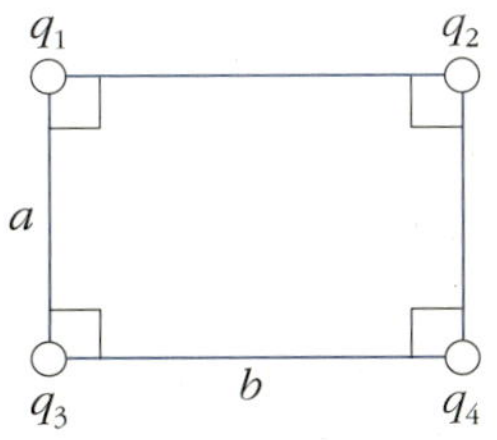


## 019

**답** $24V$

**풀이**

연속으로 분포한 전하에 의한 전위를 구하는 문제이다. 따라서 그림을 참고하면 $dq=\lambda dx$, $\lambda = Q/L$, $L=3.0m$이며, 구하고자 하는 전위는 다음 식과 같이 구할 수 있다.

$$V=\int dV = k_e\int\frac{dq}{r}=k_e\lambda\int_{-1.5}^{1.5}\frac{dx}{4-x}$$
$$=k_e\frac{Q}{L}\left[-\ln(4-x)\right]\Big|_{-1.5}^{1.5}$$

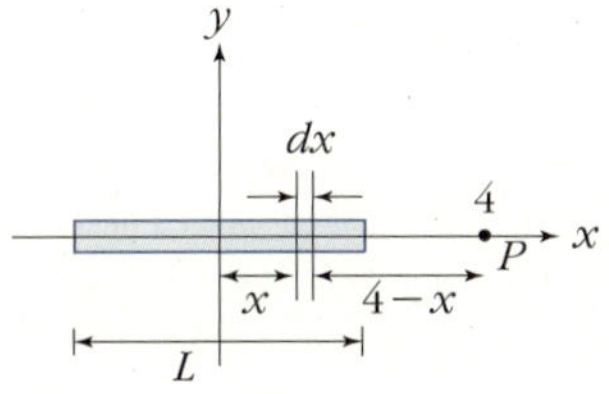


## 020

**답** $12J$

**풀이**

전위의 정의 $V=U/q$를 사용한다. ∞에서 전하 $q$를 가져오는 경우이므로 ∞를 전위의 기준으로 하여 그림의 한 변 중간 지점의 전위 $V$를 찾아 $qV$를 구하면 된다. ∞를 전위의 기준으로 할 때 점전하 $q_0$에서 거리 $r$인 지점의 전위는 $k_e\frac{q_0}{r}$이다. 그림을 참고하면 필요한 에너지는 $k_e\left(\frac{2q}{\sqrt{3}a}+2\frac{2q}{a}\right)q' = \frac{k_e}{a}qq'\left(\frac{2}{\sqrt{3}}+4\right)$이다. 여기서 $a$는 정삼각형의 한 변의 길이이다.

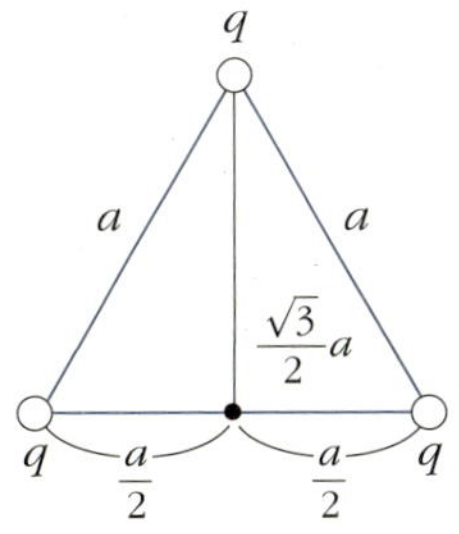

## 021

답 $5.0kV$, $B$

풀이

양전하는 전위가 높은 곳에서 전위가 낮은 곳으로 이동하지만, 음전하는 전위가 낮은 곳에서 전위가 높은 곳으로 이동한다. 여기서 전자가 가속되어 운동 에너지가 증가하였으므로 전극판 $B$가 높은 전위가 된다. 그리고 전기장은 보존력 장이므로 $q\Delta V = \Delta K$에서 전위차를 구할 수 있다.

## 022

답 $34V$

풀이

전위차의 크기를 구하는 것이다. 두 도체판 사이의 전기장은 일정할 것이므로, $V = Ed$를 사용할 수 있다. $E = \sigma/\varepsilon_0$이다.

## 023

답 $V = k_e b\left(\sqrt{b^2+y^2} - \sqrt{a^2+y^2}\right)$

풀이

문제의 조건에 맞는 그림을 다음과 같이 그린다. 전하가 연속으로 분포한 경우이고, 전위의 기준점이 $\infty$이므로 사용할 식은 $k_e\int \frac{dq}{r}$이다. 여기서 $dq = \lambda dx = bxdx$이고, $r = \sqrt{x^2+y^2}$이다.

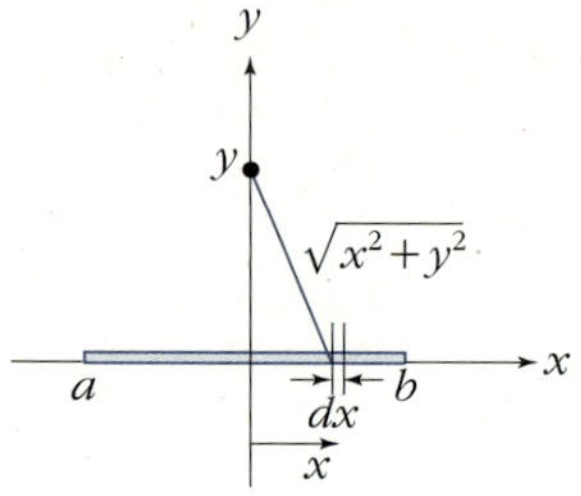


## 024

답 $\theta = \arctan\left\{\frac{v_y}{v_0} = \frac{\frac{eE}{m_e}\frac{L}{v_0}}{v_0} = \frac{eEL}{m_e v_0^2} = \frac{eVL}{d\, m_e v_0^2}\right\}$

풀이

전자가 축전기 극판을 빠져 나올 때 $v_y$ 성분이 있게 된다. 이 성분과 처음 입사할 때의 속도 $v_0$가 이루는 각은 $\theta$이다. 전자의 $v_0$는 변화가 없지만 전자가 극판을 지나는 동안 $y$ 방향으로 힘을 받아 가속된다. 처음 $y$ 방향 속도가 없으므로 전자가 극판을 통과할 때 걸리는 시간을 $t$라고 하면, $t = L/v_0$, $v_y = at$이다. 여기서 $a$는 전자가 $y$ 방향으로 받는 가속도이다. $y$ 방향으로 받는 힘이 $F$이면, $F/m_e$이 바로 이 가속도이며, $F = qE = eE$이다. 여기서 $E$는 축전기 내부의 전기장이다. $E = V/d$이므로, 이를 정리하면

$$\tan\theta = \frac{v_y}{v_0} = \frac{\frac{eE}{m_e}\frac{L}{v_0}}{v_0} = \frac{eEL}{m_e v_0^2} = \frac{eVL}{d\, m_e v_0^2}$$가 된다.

## 025

**답** $0.73V$

**풀이**

원기둥 바깥 지점들 사이의 전위차의 크기를 계산하는 문제이다. 그리고 전하밀도가 균일하다. 따라서 무한 직선 도선으로 간주하여 계산 가능하다. 전위는 $V = -\int_{ref}^{r} \vec{E} \circ d\vec{r}$로 계산할 수 있으므로 $\vec{E}$를 구해야 한다. 무한 직선의 경우 선 전하밀도가 $\lambda$이면 진공에서 전기장의 크기가 직선에서 수직거리 $r$인 지점은 $\frac{1}{2\pi\varepsilon_0}\frac{\lambda}{r}$이다. 그림처럼 $A$, $B$ 지점의 전위차는 $V_B - V_A = -\int_A^B \vec{E} \circ \vec{r} = \frac{1}{2\pi\varepsilon_0}\lambda \ln\left(\frac{r_A}{r_B}\right)$이고, 이 값은 $<0$이다. 따라서 $\lambda > 0$이면, $A$ 점의 전위가 $B$ 점보다 높다. 여기에서는 전위차의 크기를 구하는 것이므로 이를 주의한다. 선 전하밀도는 $\lambda = \frac{\pi R^2 L\rho}{L} = \pi R^2 \rho$이다. 여기서 $R$은 원기둥의 반지름, $\rho$는 전하밀도, $L$은 그림에 표시한 원기둥의 일부분의 길이이다.

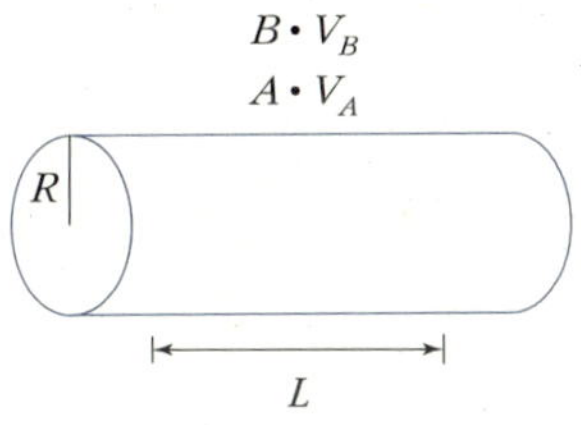


## 026

**답** $\frac{\rho}{6\varepsilon_0}r^2$

**풀이**

전기장을 알 수 있으면 $a$ 지점과 $b$ 지점의 전위차는 $V_{ab} = V_a - V_b = -\int_b^a \vec{E} \circ d\vec{r}$로 구할 수 있다. 보통 점전하의 경우 $\infty$를 전위의 기준으로 하므로, 여기서 구 중심에서 먼 곳인 구 내부의 지점 $r$을 기준점으로 하고 구의 중심의 전위를 구해보자.

$\Delta V = -\int_r^0 \vec{E} \circ d\vec{r}$에서 전기장 $\vec{E}$를 $r$에서 $0$ 구간에서 가우스 법칙으로 구하면 다음과 같다.

$$E\,4\pi r^2 = \rho\left(\frac{4}{3}\pi r^3\right)/\varepsilon_0\text{에서 } E = \frac{\rho}{3\varepsilon_0}r$$

이 구간에서 전기장의 형식이 변하지 않는다. 따라서 $\Delta V = -\int_r^0 \frac{\rho r}{3\varepsilon_0}dr = -\frac{\rho}{6\varepsilon_0}r^2\Big|_r^0$이다. 전위차의 크기를 구하라 했으므로 양$(+)$의 값을 구한다.

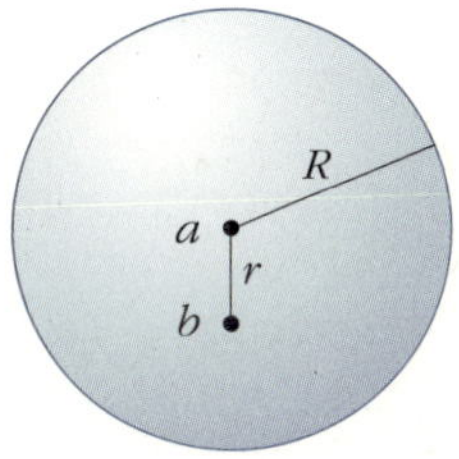

## 027

**답** $\dfrac{Q^2}{8\pi\varepsilon_0 R}$

**풀이**

문제의 의미를 잘 해석하여야 한다. 도체 구가 축전기 역할을 하고 이 축전기에 전하 $Q$를 넣기 위한 에너지를 구하는 문제이다. 즉, 축전기의 용량과 전하량을 알면 축전기에 저장된 전기적 에너지가 $U=\dfrac{1}{2}\dfrac{Q^2}{C}$임을 이용하는 문제이다. 반지름 $R$인 도체구의 정전용량은 $4\pi\varepsilon_0 R$이다. 혹은 다음과 같이 구할 수도 있다. 이 도체 구에 의한 전기장이 $E=\dfrac{1}{4\pi\varepsilon_0}\dfrac{Q}{r^2}$이고, 이 전기장의 에너지 밀도는 $u=\dfrac{1}{2}\varepsilon_0 E^2$이므로 $U=\int u d\tau=\int_R^\infty \dfrac{1}{2}\varepsilon_0 E^2 4\pi r^2 dr$에서 구할 수도 있다.

## 028

**답** 6.0$V$

**풀이**

도체 내부에서는 모두 전위가 같다. 두 지점의 전위차를 구하는 문제이므로 $\Delta V=V_A-V_B=-\int_B^A \vec{E}\circ d\vec{r}$을 사용하여 구할 수 있다. 여기서 $A$는 구의 바로 바깥 면의 지점이다.

$$V_A-V_B=-\int_B^R \vec{E}\circ d\vec{r}=\frac{1}{4\pi\varepsilon_0}\left(\frac{Q}{R}-\frac{Q}{r_B}\right)$$

여기서 $Q$는 도체 구의 총 알짜 전하, $R$은 구의 반지름, $r_B$는 구의 중심에서 $B$ 지점까지 거리이다.

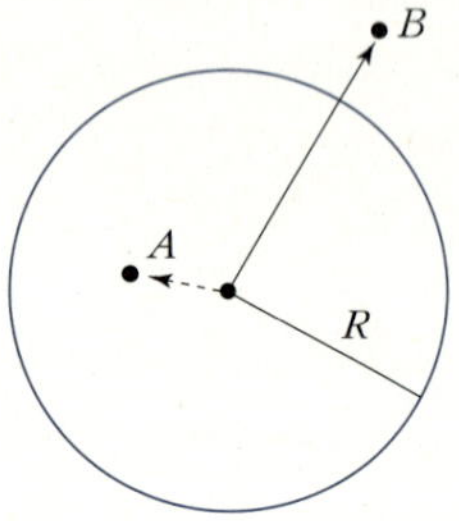


## 029

**답** $\dfrac{\rho}{4\varepsilon_0}\left(r_B^2-r_A^2\right)$

**풀이**

전기장을 아는 경우 전위의 정의에서 $V_A-V_B=-\int_B^A \vec{E}\circ d\vec{r}$로 구한다. 따라서 전기장을 먼저 구한다. 그리고 $A$, $B$ 지점이 모두 원기둥 내부이므로 전기장 $\vec{E}$가 원기둥 내부 전기장이다. 다음과 같이 원기둥 내부에서 가우스 법칙으로 전기장을 구할 수 있다.

$$E2\pi rL=\pi r^2 L\rho/\varepsilon_0 \text{에서 } E=\frac{\rho}{2\varepsilon_0}r$$

$$V_A-V_B=-\int_B^A \vec{E}\circ d\vec{r}=\int_{r_B}^{r_A}\frac{\rho}{2\varepsilon_0}r dr=-\frac{\rho}{4\varepsilon_0}r^2\Big|_{r_B}^{r_A}$$

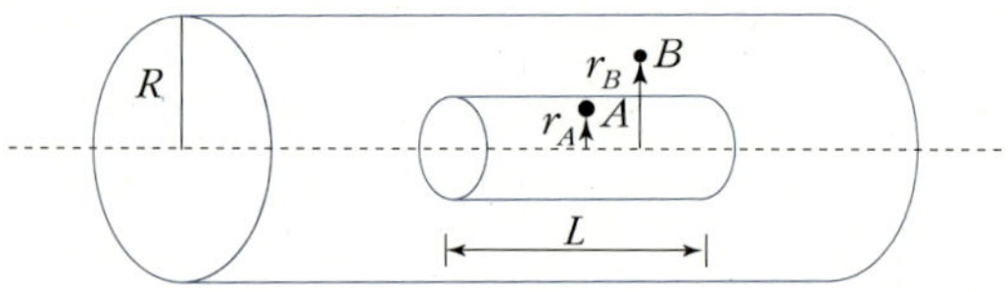


여기서 원기둥의 축에서 $B$점까지 수직거리를 $r_B$라 하고, $A$점까지 수직거리를 $r_A$라 하였다.

## 030

**답** $V=\dfrac{mgd}{e}$

**풀이**

전기력과 중력이 평형을 이루도록 다음과 같이 식을 세운다.

$$eE+mg=0$$

이 식에서 $E=V/d$이므로 다음과 같이 필요한 전압을 구할 수 있다.

$$V=\frac{mgd}{e}$$

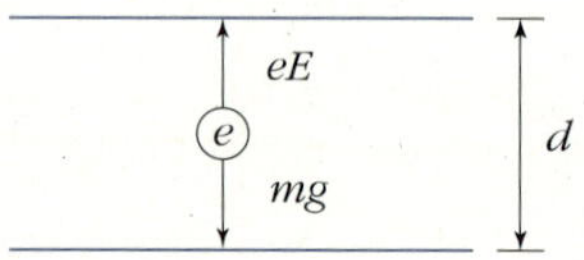

## 031

**답** $-2.0V$

**풀이**

전기장이 주어져 있으면 전위차는 $V_B - V_A = -\int_A^B \vec{E} \circ d\vec{r}$로 구한다. $x$ 성분만 전기장이 존재한다.

## 032

**답** $\frac{1}{2\pi\varepsilon_0}\lambda \ln\left(\frac{ref}{r}\right)$

**풀이**

전위는 절댓값을 구할 필요가 없다. 전위를 구할 때는 전위의 기준이 어디에 있는지 문제에서 확인할 필요가 있다. 이 문제는 전위의 기준점이 구체적으로 주어져 있지 않을 뿐만 아니라 정할 수 없는 예이다. 먼저 전기장을 가우스 법칙으로부터 다음과 같이 구한다.

$$E = \frac{1}{2\pi\varepsilon_0}\frac{\lambda}{r}$$

$$V_r = -\int_{ref}^{r} \vec{E} \circ d\vec{r} = -\int_{ref}^{r} \frac{1}{2\pi\varepsilon_0}\frac{\lambda}{r}dr = \frac{1}{2\pi\varepsilon_0}\lambda \ln\left(\frac{ref}{r}\right)$$

여기서 $ref$는 ln 함수가 발산하므로 $\infty$로 택할 수 없다. 따라서 문제에서 구체적으로 전위의 기준점을 주어지지 않는 한 정해지지 않은 상태로 둔다. 실제로 구체적인 문제를 풀 때는 전위차를 계산하므로 $ref$를 알 필요가 없다.

## 033

**답** $\frac{1}{4\pi\varepsilon_0}\frac{Q}{\sqrt{x^2+R^2}}$

**풀이**

전하 분포가 가우스 법칙으로 전기장을 쉽게 구할 수 있는 경우가 아니다. 그러나 $\infty$인 곳의 전위를 기준으로 삼으라 했으므로 점전하의 전위 식 $k_e\frac{q}{r}$을 사용할 수 있다. 이 경우 전하가 연속으로 균일하게 분포하므로 $\int k_e\frac{dq}{r}$을 적용한다. 전위는 스칼라이므로 방향성이 없고, 그림을 참고하면 $dq$가 변하는 동안 $r=R$로 변하지 않는다. 따라서 다음 식이 성립한다.

$$V_x = \int \frac{1}{4\pi\varepsilon_0}\frac{dq}{r} = \frac{1}{4\pi\varepsilon_0}\int\frac{dq}{\sqrt{x^2+R^2}}$$
$$= \frac{1}{4\pi\varepsilon_0}\frac{1}{\sqrt{x^2+R^2}}\int dq$$

$\int dq$는 고리에 분포한 전하의 합을 의미하고, 이 값은 $Q$이다.

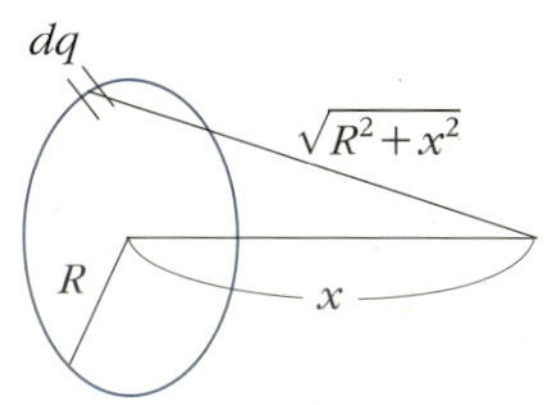

## 034

**답** $\dfrac{1}{4\pi\varepsilon_0}\dfrac{q}{r}$

**풀이**

문제를 그림으로 나타낸 것을 참고하면 구 껍질 바깥의 전위를 구하는 것이다. 구 껍질이 동심으로 되어있고 그 중심에 전하가 놓여 있다. 구 껍질은 모두 각기 등전위면 역할을 한다. 그리고 점전하의 등전위면과 같은 위치에 있다. 따라서 구 껍질 바깥의 전위는 점전하에 의한 전위와 동일하다.

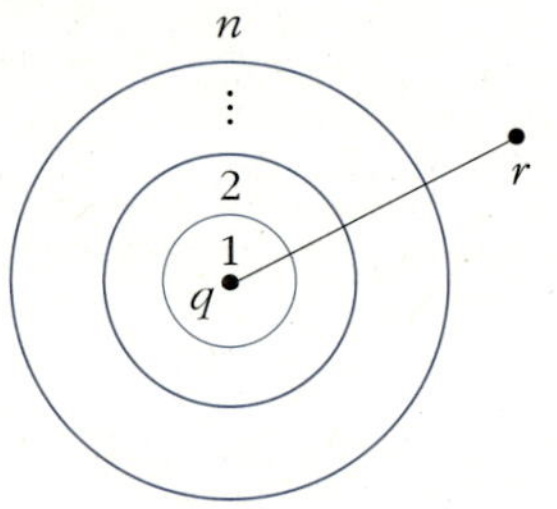


## 035

**답** $r>R$ : $\dfrac{1}{4\pi\varepsilon_0}\dfrac{Q}{r}$, $r<R$ : $\dfrac{1}{4\pi\varepsilon_0}\dfrac{Q}{R}$

**풀이**

전하의 분포가 대칭성이 좋아 가우스 법칙으로 전기장을 다음과 같이 쉽게 구할 수 있다.

$r>R$인 영역은 $E=\dfrac{1}{4\pi\varepsilon_0}\dfrac{Q}{r^2}$, $r<R$인 영역은 $E=0$ (도체 내부이므로)

따라서 전위는 다음과 같다.

- $r>R$인 영역 :

$$-\int_\infty^r \vec{E}\circ d\vec{r} = -\int_\infty^r \frac{1}{4\pi\varepsilon_0}\frac{Q}{r^2}dr = \frac{1}{4\pi\varepsilon_0}\frac{Q}{r}$$

  $r<R$인 영역에서는 $\infty$에서 구 내부의 지점으로 적분할 때 전기장의 형태가 바뀐다. 따라서 적분 구간을 다음과 같이 나누어 계산한다.

- $r<R$인 영역 :

$$-\int_\infty^r \vec{E}\circ d\vec{r} = -\int_\infty^R \vec{E}\circ d\vec{r} + \left(-\int_R^r \vec{E}\circ d\vec{r}\right)$$
$$= -\int_\infty^R \vec{R}\circ d\vec{r} = \frac{1}{4\pi\varepsilon_0}\frac{Q}{R}$$

그림은 전위를 거리에 따라 나타낸 것이다.

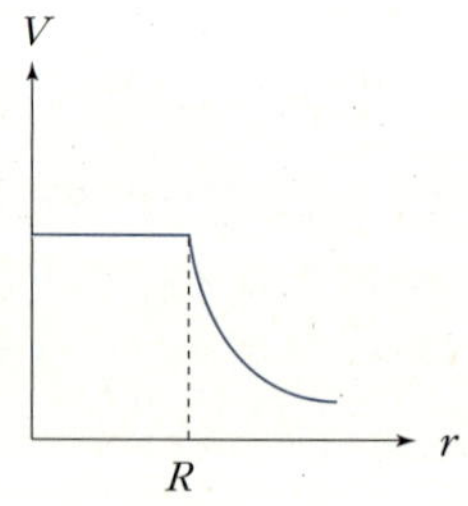

## 036

**답** $r>R$ : $V=\dfrac{1}{4\pi\varepsilon_0}\dfrac{Q}{r}$

$r<R$ : $V=\dfrac{1}{8\pi\varepsilon_0}\dfrac{3Q}{R}-\dfrac{1}{8\pi\varepsilon_0}\dfrac{Q}{R^3}r^2$

**풀이**

전하의 분포가 대칭성이 좋아 가우스 법칙으로 구 내부와 외부의 전기장을 다음과 같이 구할 수 있다.

- $r>R$ : $E=\dfrac{1}{4\pi\varepsilon_0}\dfrac{Q}{r^2}$
- $r<R$ : $4\pi r^2E=\dfrac{r^3}{R^3}Q/\varepsilon_0$에서 $E=\dfrac{1}{4\pi\varepsilon_0}\dfrac{Q}{R^3}r$

따라서 $V_P=-\int_{ref}^{P}\vec{E}\circ d\vec{r}$로 전위를 구할 수 있다. 이때, 구 표면을 경계로 전기장의 함수 꼴이 바뀐다는 것에 유의한다. 구 중심에서 전위를 알고자 하는 지점까지의 거리를 $r$이라고 하자. 그러면 전위는 다음과 같이 구한다.

- $r>R$ : $V=-\int_{\infty}^{r}\vec{E}\circ d\vec{r}=-\int_{\infty}^{r}\dfrac{1}{4\pi\varepsilon_0}\dfrac{Q}{r^2}dr=\dfrac{1}{4\pi\varepsilon_0}\dfrac{Q}{r}$
- $r<R$ : $V=-\int_{\infty}^{r}\vec{E}\circ d\vec{r}=-\int_{\infty}^{R}\vec{E}\circ d\vec{r}+\left(-\int_{R}^{r}\vec{E}\circ d\vec{r}\right)$

$$=-\int_{\infty}^{R}\frac{1}{4\pi\varepsilon_0}\frac{Q}{r^2}dr-\int_{R}^{r}\frac{1}{4\pi\varepsilon_0}\frac{Q}{R^3}rdr$$

$$=\frac{1}{8\pi\varepsilon_0}\frac{3Q}{R}-\frac{1}{8\pi\varepsilon_0}\frac{Q}{R^3}r^2$$

아래 그림은 구의 중심으로부터 거리에 따른 전위를 나타낸 것이다.

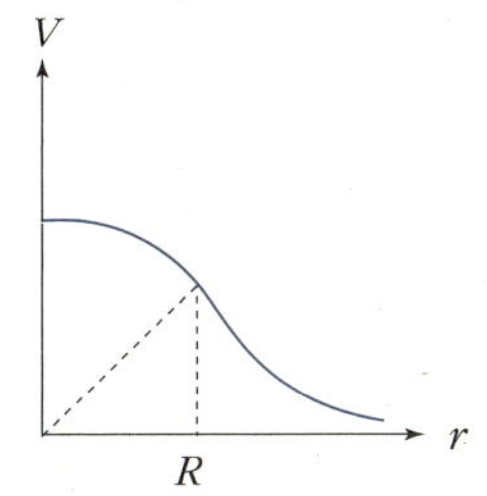


## 037

**답** $k_e\dfrac{2Q}{R^2}\left(\sqrt{x^2+R^2}-x\right)$

**풀이**

가우스 법칙으로 전기장을 쉽게 구할 수 없는 경우이다. $\infty$를 전위의 기준으로 하라했으므로 점전하에 의한 전위 식을 전하가 연속으로 분포한 경우로 확장한 식 $V=\int k_e\dfrac{dq}{r}$을 이용한다. 원반은 그림처럼 반지름 $r$, 두께 $dr$인 고리의 모임으로 생각할 수 있다. 이 고리에 있는 전하량을 $dq$라 하면, 이 고리에 의한 $P$ 점의 전위는 $k_e\dfrac{dq}{\sqrt{x^2+r^2}}$이다. 그리고 $Q$가 원반에 고르게 분포하므로 반지름 $r$, 두께 $dr$인 고리에 있는 전하 $dq=\dfrac{Q}{\pi R^2}2\pi rdr=\dfrac{2Q}{R^2}rdr$이다. 따라서 그림의 $P$ 점의 전위는 다음과 같이 구할 수 있다.

$$V=k_e\int\frac{dq}{r}=k_e\int_0^R\frac{2Q}{R^2}\frac{rdr}{\sqrt{r^2+x^2}}=k_e\frac{2Q}{R^2}\sqrt{x^2+r^2}\Big|_0^R$$

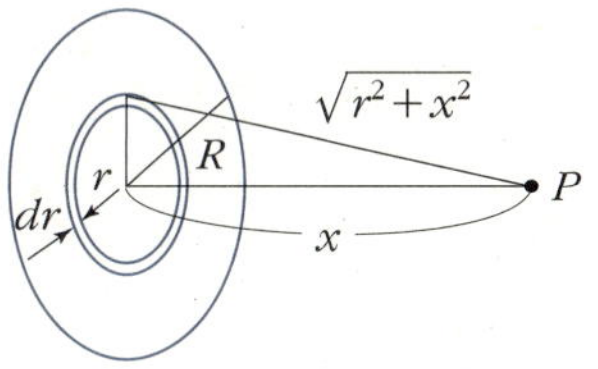

## 038

**답** $r > R : V = \dfrac{R^2\rho}{2\varepsilon_0}\ln\left(\dfrac{ref}{r}\right)$,

$r < R : V = \dfrac{R^2\rho}{2\varepsilon_0}\ln\left(\dfrac{ref}{R}\right) + \dfrac{\rho}{4\varepsilon_0}(R^2 - r^2)$

**풀이**

전위의 기준점이 주어지지 않았다. 따라서 임의로 전위의 기준점을 택한다. 이 경우 ∞인 지점을 전위의 기준으로 택할 수 없다. 따라서 $\int k_e \dfrac{dq}{r}$ 식을 사용할 수 없다. 그러나 전하분포가 대칭성이 좋아 전기장을 구할 수 있으므로 $V = -\int \vec{E} \circ d\vec{r}$을 사용할 수 있다.

우선 가우스 법칙으로 원기둥 내부와 외부에서 전기장을 구하면 다음과 같다.

- $r > R$ : $E\,2\pi rL = \pi R^2 L\rho/\varepsilon_0$에서 $E = \dfrac{R^2\rho}{2\varepsilon_0 r}$이다.
- $r < R$ : $E\,2\pi rL = \pi r^2 \rho L/\varepsilon_0$에서 $E = \dfrac{\rho}{2\varepsilon_0}r$이다.

따라서 전위는 다음과 같다.

- $r > R$ : $V = -\int_{ref>R}^{r} \vec{E} \circ d\vec{r} = \dfrac{R^2\rho}{2\varepsilon_0}\ln\left(\dfrac{ref}{r}\right)$
- $r < R$ : 원기둥 바깥과 안쪽의 전기장의 형태가 다르므로 구간을 나누어 적분한다.

$$V = -\int_{ref>R}^{R} \vec{E} \circ d\vec{r} + \left(-\int_{R}^{r<R} \vec{E} \circ d\vec{r}\right)$$

$$= \frac{R^2\rho}{2\varepsilon_0}\ln\left(\frac{ref}{R}\right) - \int_R^r \frac{\rho r}{2\varepsilon_0}dr$$

$$= \frac{R^2\rho}{2\varepsilon_0}\ln\left(\frac{ref}{R}\right) + \frac{\rho}{4\varepsilon_0}(R^2 - r^2)$$

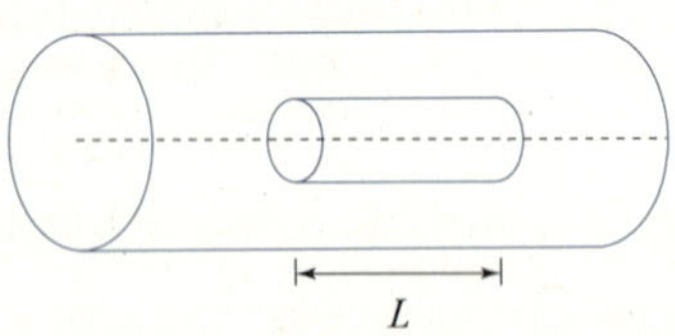


## 039

**답** $k_e \dfrac{Q\,x}{(x^2 + R^2)^{3/2}}\hat{\imath}$

**풀이**

전위와 전기장과의 관계식을 알아야 한다. $V = -\int \vec{E} \circ d\vec{r}$에서 $\vec{E} = -\vec{\nabla}V$이다. 여기서 $\vec{\nabla} = \dfrac{\partial}{\partial x}\hat{\imath} + \dfrac{\partial}{\partial y}\hat{\jmath} + \dfrac{\partial}{\partial z}\hat{k}$이다. 전위가 $x$만의 함수이므로 전기장의 방향이 $+x$축 쪽이다.

## 040

**답** $k_e \dfrac{2Q}{R^2}\left[\dfrac{-x}{\sqrt{x^2 + R^2}} + 1\right]\hat{\imath}$

**풀이**

전기장과 전위의 관계는 다음과 같다.

$$\vec{E} = -\vec{\nabla}V,\quad V = -\int \vec{E} \circ d\vec{r}$$

$$\vec{E} = -\vec{\nabla}V = k_e \frac{2Q}{R^2}\left[\frac{-x}{\sqrt{x^2 + R^2}} + 1\right]\hat{\imath}$$

이 식에서 $R \to \infty$이면 무한 평면이 된다. 그러면 $k_e = \dfrac{1}{4\pi\varepsilon_0}$이고, $\dfrac{Q}{\pi R^2} = \sigma$이므로 $\vec{E} = \dfrac{1}{2\varepsilon_0}\dfrac{Q}{\pi R^2} = \dfrac{\sigma}{2\varepsilon_0}\hat{\imath}$로 균일한 표면 전하밀도에 의한 전기장이 된다.

## 041

**답** $200\mu F$

**풀이**

축전기를 병렬연결하면 용량이 증가한다.

$$C_{eq} = C_1 + C_2$$

그림을 참고하면 병렬연결은 축전기의 면적이 커진 것과 같아 용량이 증가한다는 것을 정성적으로 알 수 있다.

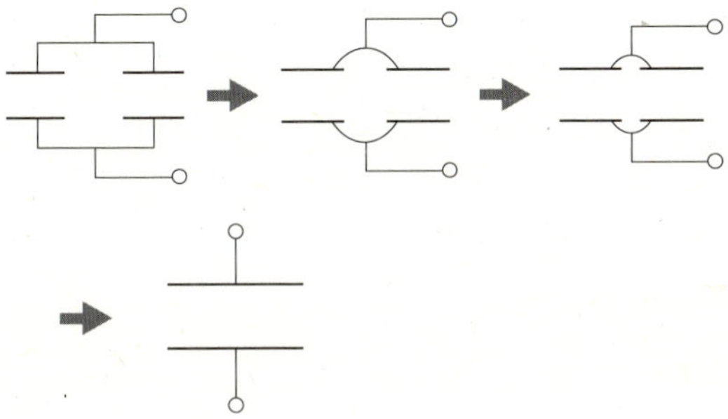

## 042

**답** $50\mu F$

**풀이**

축전기를 직렬연결하면 등가용량은 감소한다.

$$1/C_{eq} = 1/C_1 + 1/C_2$$

그림을 참고하면 직렬연결한 축전기는 극판사이의 거리를 크게 한 것과 같다. 따라서 용량이 줄게 되는 것을 정성적으로 알 수 있다.

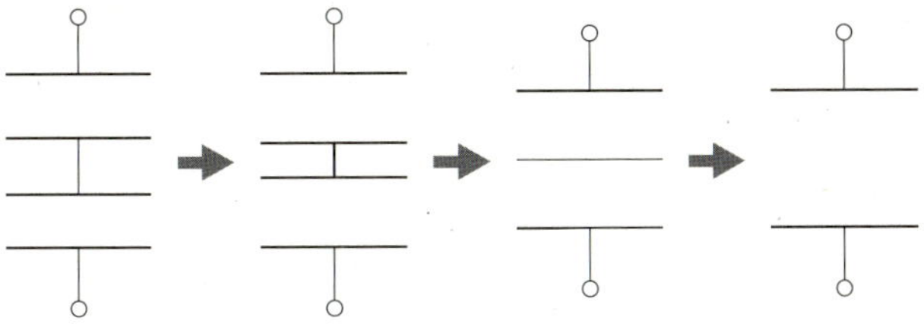

## 043

**답** $\varepsilon_0 \dfrac{A}{d}$

**풀이**

두 극판의 거리가 극판의 면적에 비하여 매우 작으면 극판 사이의 전기장이 일정하다고 생각할 수 있다. 정전용량을 구하기 위해 극판에 전하 $Q$를 가정한다. 그러면 다른 전극에는 $-Q$가 있게 된다. 따라서 극판의 표면 전하밀도는 $Q/A$, 극판 사이의 전기장은 $\dfrac{Q}{\varepsilon_0 A}$, 두 극판 사이의 전위차는 $\dfrac{Q}{\varepsilon_0 A}d$가 된다. 따라서 정전용량은 $C = \dfrac{Q}{V}$에서 $\varepsilon_0 \dfrac{A}{d}$이다.

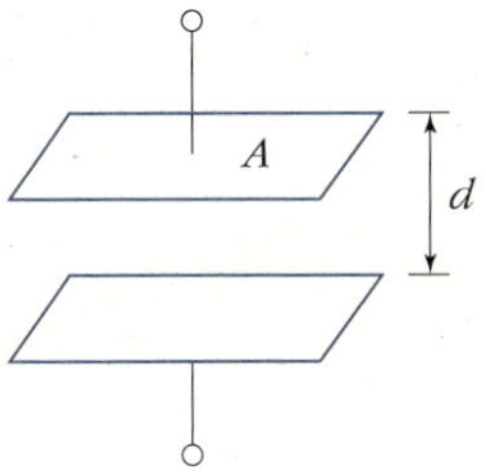


## 044

**답** $10\mu F$

**풀이**

두 $15\mu F$은 병렬로 합성 용량이 $30\mu F$이다. 그러면 3개의 $30\mu F$이 직렬로 연결된 것과 같다. 병렬은 $C_{eq} = C_1 + C_2$이고, 직렬은 $\dfrac{1}{C_{eq}} = \dfrac{1}{C_1} + \dfrac{1}{C_2}$이다.

## 045

**답** $4C$

**풀이**

모두 병렬로 연결되어 있다. 병렬의 경우 $C_{eq} = \sum_i C_i$이다.

## 046

**답** $0.4C$

**풀이**

직렬연결이다. $\frac{1}{C_{eq}} = \frac{1}{C} + \frac{1}{C} + \frac{1}{2C}$에서 $C_{eq} = \frac{2}{5}C$이다.

## 047

**답** $12\mu F$

**풀이**

두 $24\mu F$은 직렬로 합성 용량이 $12\mu F$이고, 이것이 다시 $12\mu F$와 병렬연결되어 있다.

## 048

**답** $C$

**풀이**

점선으로 표시한 부분은 병렬연결이다. 이 부분의 합성 용량은 $2C$이고, 이것과 다른 것이 다시 직렬연결되어 있다.

## 049

**답** $C$

**풀이**

점선으로 표시한 부분은 직렬연결로 합성 용량이 $C$이다. 이것이 다른 $C$와 병렬연결되어 있어 $2C$가 되고 다시 이것이 $2C$와 직렬연결되어 있다.

## 050

**답** $0.50mJ$

**풀이**

축전기에 저장된 에너지 식은 $\frac{1}{2}\frac{Q^2}{C}=\frac{1}{2}QV=\frac{1}{2}CV^2$이다. 이것들 중에서 주어진 조건으로 쉽게 구할 수 있는 것을 사용한다. $C_2$와 $C_3$는 병렬로 연결되어 합성 용량이 $30\mu F$이므로 $C_1$과 용량이 같고, $C_1$과 직렬이므로 $C_1$에 걸리는 전압과 동일하다. 따라서 $U_{C_2}=\frac{1}{2}C_2V^2$를 사용한다. 여기서 $V=10V$이다.

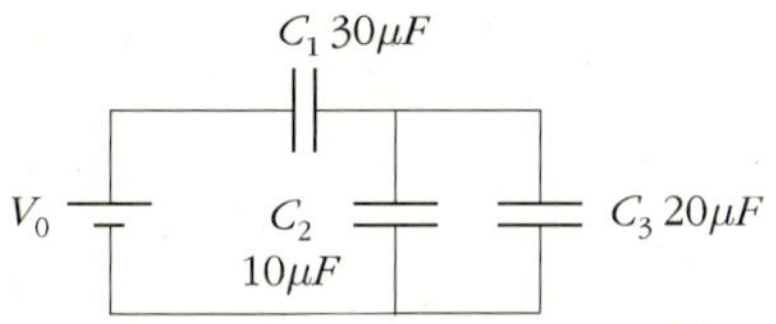


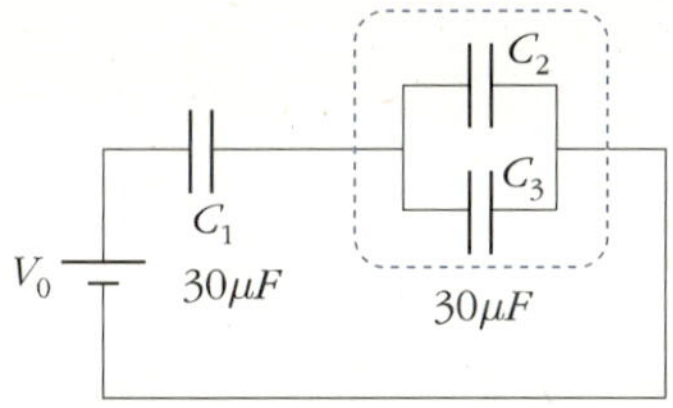


## 051

**답** $1.5mJ$

**풀이**

$\frac{1}{2}CV^2$으로 구할 수도 있으나 $\frac{1}{2}\frac{Q^2}{C}$를 이용해 보자. 이 회로의 전체 합성 정전용량은 $15\mu F$이다. 따라서 $20V$ 전원에서 공급되는 전하량은 $300\mu C$으로, $C_1$에 저장되며, $C_2$와 $C_3$에 각각 $100\mu C$, $200\mu C$이 저장된다. 따라서 $C_1$에 저장되는 에너지는 $1.5mJ$이다. 이 값은 $\frac{1}{2}C_1V^2$으로 구한 것과 같다.

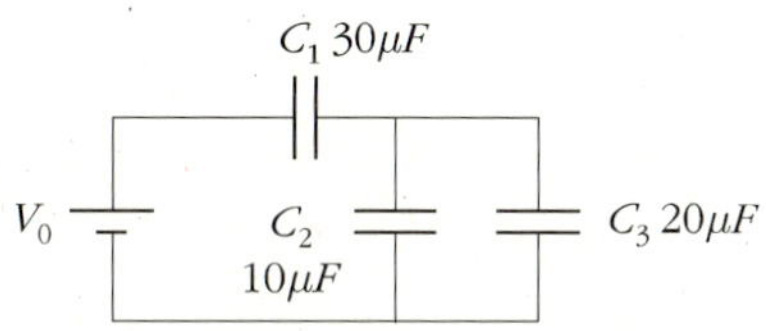


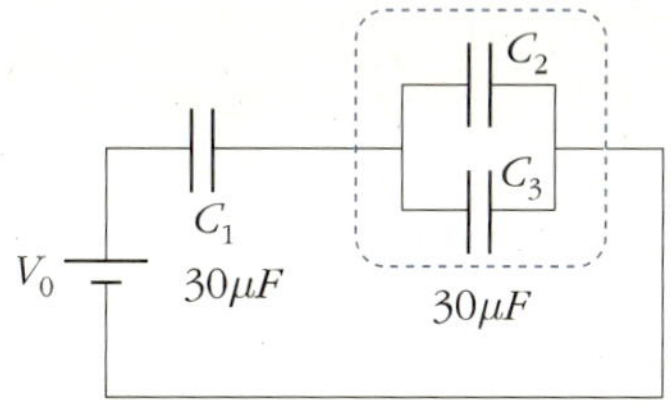

## 052

답 $1.0mJ$

풀이

$\frac{1}{2}QV$ 식으로 구해보자. $C_3$에 저장된 전하량은 $200\mu C$이고, 이 축전기에 걸리는 전압은 $10V$이므로 이 축전기에 저장된 에너지는 $1.0mJ$이다. 이 값은 $\frac{1}{2}CV^2$ 혹은 $\frac{1}{2}\frac{Q^2}{C}$로 구한 것과 같다.

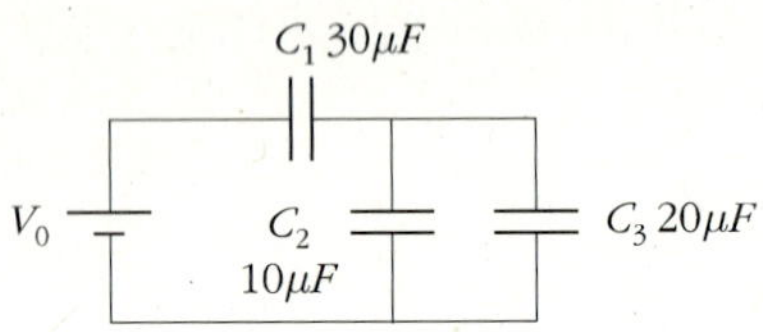


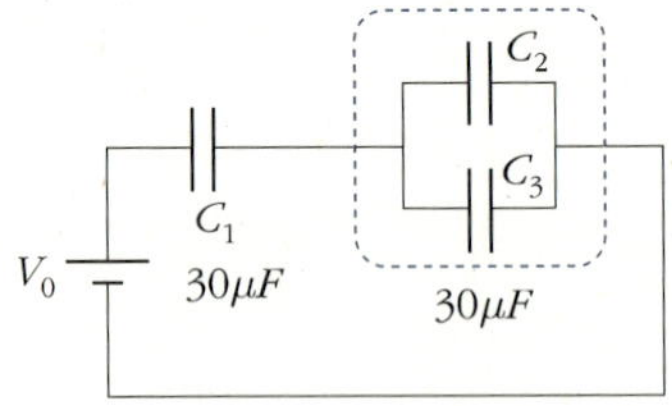


## 053

답 $C$

풀이

점선으로 표시한 부분은 $3C$가 모두 직렬연결되어 있어 합성 용량이 $C$이고 이것이 $2C$와 병렬연결되어 있어 $3C$가 된다. 이것이 다시 반복된다.

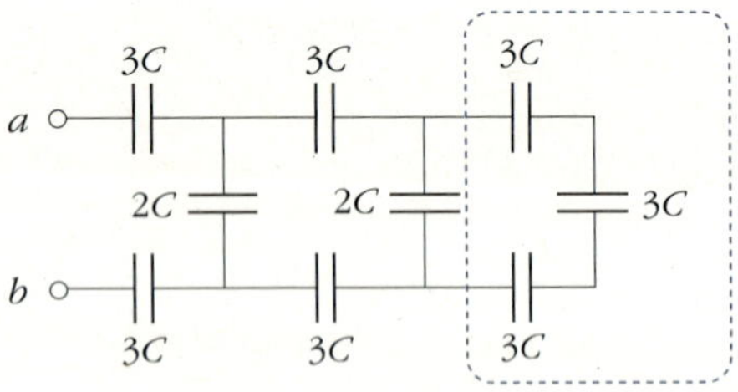


## 054

답 $3C$

풀이

점선으로 표시된 부분은 모두 $2C$의 직렬연결로 합성 용량이 $C$이다. 그러면 3개의 $C$가 병렬연결된 것과 같다.

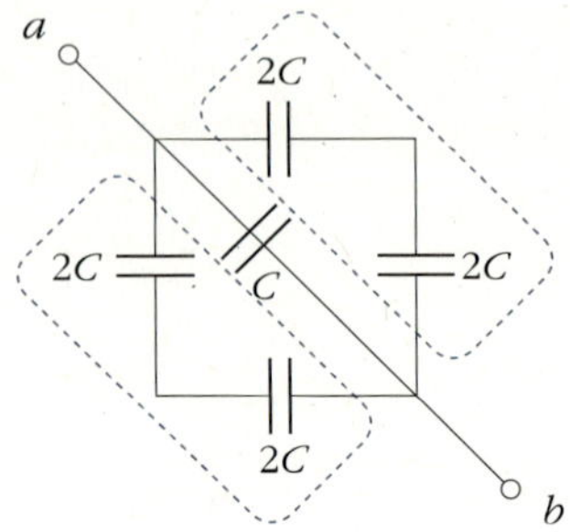


## 055

답 $\frac{40}{3}\mu C$

풀이

그림처럼 서로 다른 극을 연결하면 전하가 일부 상쇄된다. 그리고 나머지 전하를 서로 나누어 갖게 된다. $4.0\mu F$ 축전기는 $200\mu C$, $8.0\mu F$ 축전기는 $160\mu C$의 전하를 처음 가지고 있다가 두 축전기가 병렬로 연결되므로 두 축전기는 평형 상태에 도달하면서 전압이 같아진다. 따라서 $Q=CV$에서 $4\mu \cdot \frac{40\mu C}{12\mu F}=\frac{40}{3}\mu C$의 전하가 $4.0\mu F$ 축전기에 남는다.

## 056

**답** $C = \dfrac{\varepsilon_0 K_1 K_2 A}{K_2 d_1 + K_1 d_2}$

**풀이**

아래 그림과 같이 등가 축전기 회로를 나타내보면 직렬연결된 축전기와 같다. 그리고 각 축전기의 정전용량은 $K_1\varepsilon_0\dfrac{A}{d_1}$, $K_2\varepsilon_0\dfrac{A}{d_2}$이다. 직렬연결된 축전기의 합성 용량은 $\dfrac{1}{C_{eq}} = \dfrac{1}{C_1} + \dfrac{1}{C_2}$이다.

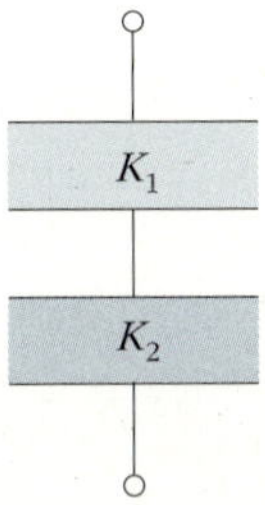


## 057

**답** $C_{eq} = \varepsilon_0 \dfrac{K_1 A + K_2 A}{2d}$

**풀이**

등가회로를 아래 그림처럼 나타내보면 면적이 $A/2$, 거리가 $d$인 평행판 축전기에 유전상수가 각각 $K_1$, $K_2$인 유전체가 있는 두 축전기의 병렬연결과 같다. 각 축전기의 정전 용량은 다음과 같다.

$$C_1 = K_1\varepsilon_0\frac{(A/2)}{d},\ C_2 = K_2\varepsilon_0\frac{(A/2)}{d}$$

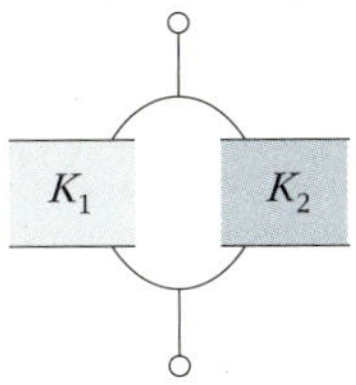


## 058

**답** $200\mu C$

**풀이**

직렬로 연결하여 전지를 연결하면 각 축전기에 저장되는 전하량은 합성 용량의 축전기에 저장된 전하량과 같다. 따라서 $Q = C_{eq}V$이다.

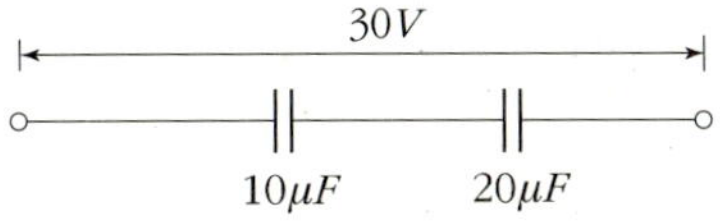


## 059

**답** $4.75 \times 10^5 N/C$

**풀이**

전기장 자체가 에너지를 가지고 있다. 전기장에 의한 에너지 밀도는 진공에서 $u = \dfrac{1}{2}\varepsilon_0 E^2$이다. 유전율이 $\varepsilon$인 물질 내에서는 전기장의 세기가 $E$ 라면 에너지 밀도는 $\dfrac{1}{2}\varepsilon E^2$이다. 따라서 다음 식을 세울 수 있다.

$$1.00J/m^3 = \frac{1}{2}\varepsilon_0 E^2$$

이 식에서 $E = \sqrt{\dfrac{2.00J/m^3}{\varepsilon_0}}$ 를 구할 수 있다.

## 060

**답** $48V$

**풀이**

두 축전기를 연결하여 평형상태가 되었다면 두 축전기는 병렬연결한 것이고, 두 축전기의 단자 전압이 같게 된다. 따라서 병렬 합성 용량은 $80\mu F$이고, 전압이 $30V$로 같으므로 총 전하는 $2400\mu C$이다. 이 전하는 처음 $V_0$로 축전한 $50\mu F$ 축전기에 있던 전하이다. 따라서 $\frac{2400\mu C}{50\mu F}$로 $V_0$를 구할 수 있다.

## 061

**답** $\frac{100}{3}V$

**풀이**

축전기를 연결하면 병렬연결이 된다. $40\mu F$ 축전기에 저장된 전하가 축전기를 연결하면 두 축전기에 걸리는 전압이 같을 때까지 전하의 이동이 일어나 나누어 분포하게 된다. 즉, 두 축전기가 병렬연결이며 전압이 같아진다는 것이 핵심이다. 총 전하량은 $40\mu F \cdot 50V = 2000\mu C$이고, 합성 용량은 $60\mu F$이다. 따라서 $\frac{2000\mu C}{60\mu F} = \frac{100}{3}V$의 전위차가 발생한다.

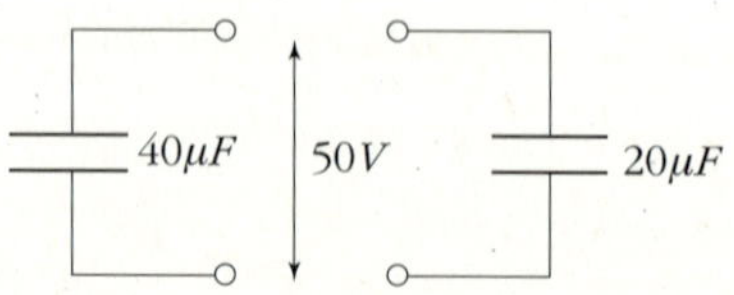


## 062

**답** $K\varepsilon_0 \frac{A}{K(d-a)+a}$

**풀이**

그림을 다시 그리면 아래 그림과 같이 두 축전기의 직렬연결과 등가적으로 같다. 따라서 두 축전기의 직렬연결 식을 이용하여 정전용량을 구할 수 있다.

$$\frac{1}{C_{eq}} = \frac{1}{C_1} + \frac{1}{C_2} = \frac{d-a}{\varepsilon_0 A} + \frac{a}{K\varepsilon_0 A}$$

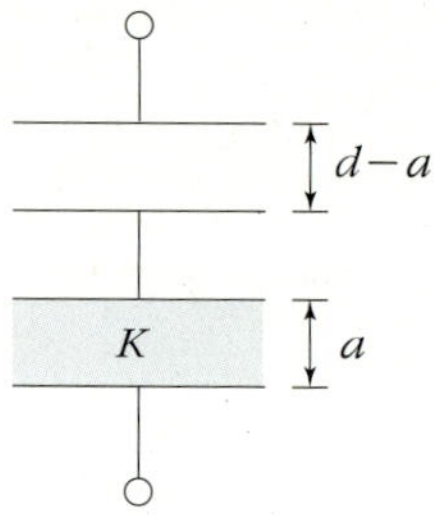


## 063

**답** $\frac{(K_1+K_2)\varepsilon_0 A}{d}$

**풀이**

주어진 구조의 회로를 재구성하여 등가 회로를 나타내면 아래 그림과 같다. 즉, 두 축전기의 병렬연결과 같다. 각 축전기의 정전용량은 $K_1\varepsilon_0\frac{A}{d}$, $K_2\varepsilon_0\frac{A}{d}$이다.

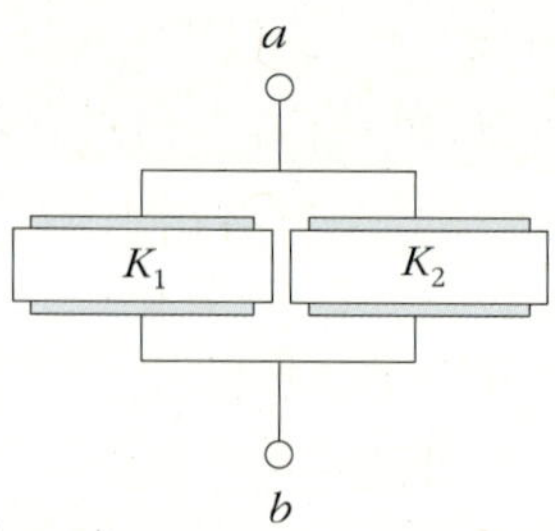

## 064

**답** $Q_0$, $3V_0$

**풀이**

축전기에 전하가 축전된 후 전지를 떼었으므로, 극판에 쌓인 전하의 크기는 변화가 없다. 따라서 평행판 축전기 극판의 면 전하밀도가 변하지 않을 것이고, 그러므로 극판 사이의 전기장의 세기가 변하지 않는다. 따라서 $V = Ed$에서 전위차의 크기를 계산할 수 있다.

## 065

**답** $2C_0$, $\frac{1}{2}V_0$

**풀이**

유전체가 있으면 전기 용량은 $C = \varepsilon\frac{A}{d} = K\varepsilon_0\frac{A}{d}$으로 계산할 수 있다. 그리고 극판의 총 전하량이 변하지 않았으므로 두 극판 사이의 전기장의 세기는 유전체가 없을 때의 전기장의 세기를 $E_0$라 하면 $E = \frac{E_0}{K}$가 된다. 전극 간극이 변하지 않았으므로 따라서 전위차도 $V = \frac{V_0}{K}$가 된다.

## 066

**답** $C = 4\pi\varepsilon_0 R$

**풀이**

축전기는 전하를 저장하는 그릇이다. 보통 두 개의 도체로 구성되는데 여기서 도체가 1개뿐이다. 나머지 하나는 ∞에 도체가 놓여 있다고 생각한다. 그러면 정전용량의 정의 식 $C = \frac{Q}{V}$에서 도체 구에 전하 $Q$가 있고, ∞에는 $-Q$가 있다고 가정하여 도체 구와 ∞ 사이의 전위를 계산하고, 정전용량의 정의 식으로 정전용량을 구한다. 보통 $-Q$가 있는 곳을 전위의 기준으로 삼는다. 전위를 계산할 때 전기장은 가우스 법칙으로 구한다.

$$V = -\int_{\infty}^{R}\vec{E}\circ d\vec{r} = -\int_{\infty}^{R}\frac{1}{4\pi\varepsilon_0}\frac{Q}{r^2}dr = \frac{1}{4\pi\varepsilon_0}\frac{Q}{R}$$

## 067

**답** $C = \frac{4\pi\varepsilon_0 r_a r_b}{(r_b - r_a)}$

**풀이**

안쪽 구각에 $Q$를 가정하고 바깥쪽 구각에는 $-Q$를 가정한다. 그리고 이 두 구각 사이의 전기장을 가우스 법칙으로 구하여 두 구각 사이의 전위를 구한다.

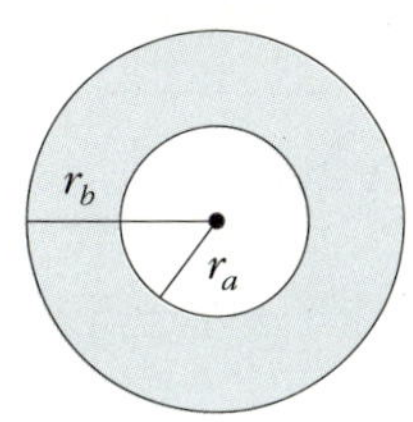


$$V = -\int_{r_b}^{r_a}\vec{E}\circ d\vec{r} = -\int_{r_b}^{r_a}\frac{1}{4\pi\varepsilon_0}\frac{Q}{r^2}dr = \frac{1}{4\pi\varepsilon_0}Q\left(\frac{1}{r_a} - \frac{1}{r_b}\right)$$

$$= \frac{1}{4\pi\varepsilon_0}Q\frac{(r_b - r_a)}{r_a r_b}$$

그러므로 $C = \frac{Q}{V}$에서 정전용량을 구한다.

## 068

**답** $2\pi\varepsilon_0 R$

**풀이**

반지름 $R$인 구각이 홀로 있을 때 진공에서 정전용량은 $4\pi\varepsilon_0 R$이다. 이때 상대 전극은 $\infty$에 있는 것으로 생각했다. 이제 동일한 반지름의 두 구각이 멀리 떨어져있다. 이 두 각이 멀리 떨어져 있으므로 떨어진 거리에 비하여 구각의 크기를 무시하여 이를 그림으로 표현하면 다음과 같다. 즉, $\infty$를 공통으로 하여 마치 직렬연결된 축전기와 같은 것이다.

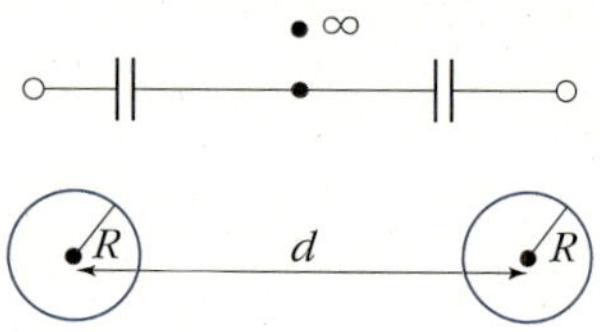


## 069

**답** $\dfrac{C}{L}=\dfrac{2\pi\varepsilon_0}{\ln(r_b/r_a)}$

**풀이**

아래 그림처럼 길이 $L$인 동축 원통에 전하 $Q$를 가정하고 두 원통 사이의 전기장을 가우스 법칙으로 구한다. 그리고 이 전기장으로부터 두 원통 사이의 전위차를 계산하여 $C=Q/V$에서 정전용량을 구한다.

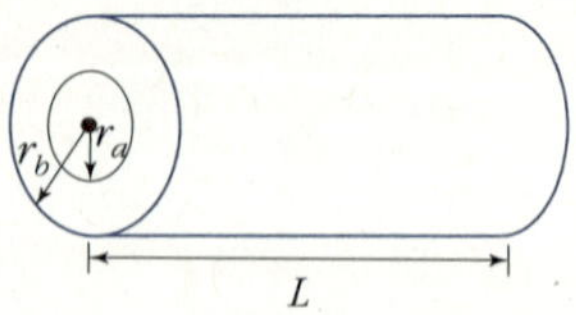


$\lambda=Q/L,\ E=\dfrac{1}{2\pi\varepsilon_0}\dfrac{\lambda}{r}$

$$V=-\int_{r_b}^{r_a}\vec{E}\circ d\vec{r}=-\int_{r_b}^{r_a}\frac{1}{2\pi\varepsilon_0}\frac{\lambda}{r}dr=\frac{1}{2\pi\varepsilon_0}\lambda\ln\left(\frac{r_b}{r_a}\right),$$

따라서 $C=\dfrac{Q}{V}=\dfrac{2\pi\varepsilon_0 L}{\ln(r_b/r_a)}$이다.

## 070

**답** $\dfrac{\pi\varepsilon_0 L(K_1+K_2)}{\ln(r_b/r_a)}$

**풀이**

유전체가 채워지지 않았을 때 정전용량은 $\dfrac{2\pi\varepsilon_0 L}{\ln(r_b/r_a)}$이다. 만일 원통 사이가 유전상수 $K$인 물체로 채워져 있다면 정전용량은 $\dfrac{2\pi K\varepsilon_0 L}{\ln(r_b/r_a)}$이다. 이 원통 사이에 반씩 유전상수가 다른 물체로 채워져 있으므로, 이의 등가 축전기를 나타내면 그림과 같이 병렬연결이다. 단, 절반만 채워져 있으므로 $\dfrac{2\pi K\varepsilon_0 L}{\ln(r_b/r_a)}$에서 각각 정전용량이 $\dfrac{\pi K_1\varepsilon_0 L}{\ln(r_b/r_a)}$, $\dfrac{\pi K_2\varepsilon_0 L}{\ln(r_b/r_a)}$이 된다.

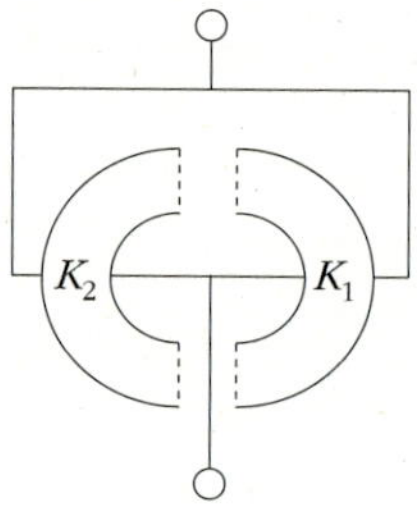

## 071

답 $\dfrac{2\pi(K_1+K_2)\varepsilon_0 r_a r_b}{(r_b-r_a)}$

풀이

유전체가 없는 경우 정전용량은 $C=\dfrac{4\pi\varepsilon_0 r_a r_b}{(r_b-r_a)}$이다. 만일 유전상수 $K$인 물체로 채워져 있다면 정전용량은 $C=\dfrac{4\pi K\varepsilon_0 r_a r_b}{(r_b-r_a)}$이 될 것이다. 문제의 조건에 맞는 상황을 다시 나타내면 다음 그림과 같이 두 축전기의 병렬연결과 같다. 단, 각기 용량은 $\dfrac{2\pi K_1\varepsilon_0 r_a r_b}{(r_b-r_a)}$, $\dfrac{2\pi K_2\varepsilon_0 r_a r_b}{(r_b-r_a)}$이다.

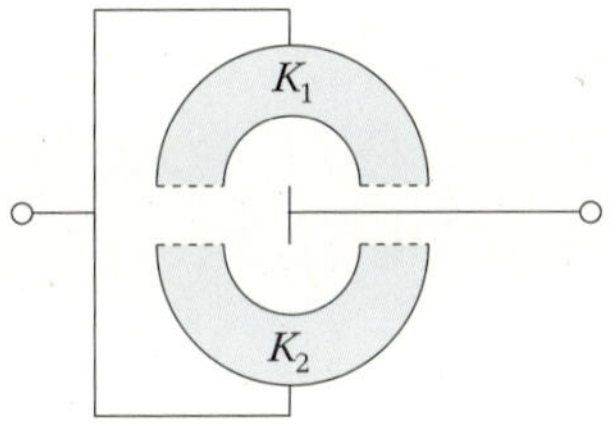


## 072

답 (가) $C_1=\dfrac{\varepsilon xa}{d}$, $C_2=\dfrac{\varepsilon_0(l-x)a}{d}$

(나) $C=\dfrac{a\{\varepsilon x+\varepsilon_0(l-x)\}}{d}$

(다) $U=\dfrac{1}{2}CV^2=\dfrac{1}{2}\dfrac{a\{\varepsilon x+\varepsilon_0(l-x)\}}{d}V^2$

풀이

(가) 평행판 축전기의 정전용량 식 $\varepsilon_0\dfrac{A}{d}$을 사용한다. 여기서 $A$는 극판의 면적이며, $d$는 극판 사이의 거리이다. 여기서 극판의 폭을 $a$로 주었다. 따라서 $C_1=\dfrac{\varepsilon xa}{d}$, $C_2=\dfrac{\varepsilon_0(l-x)a}{d}$

(나) 극판의 두 부분이 마치 병렬연결한 축전기와 같다. 따라서 $C=C_1+C_2$이다.

(다) 축전기에 저장된 총 에너지는 $U=\dfrac{1}{2}\dfrac{Q^2}{C}=\dfrac{1}{2}CV^2=\dfrac{1}{2}QV$로 나타낼 수 있다. 주어진 조건으로 에너지를 구할 수 있는 식을 사용한다. 여기서는 총 정전용량과 축전기에 가한 전압이 주어져 있다. 따라서 $U=\dfrac{1}{2}CV^2$의 식을 사용하는 것이 좋다.

물리
천재
1000제

# 13장 전류와 저항, 기전력

## 001

**답** (라)

**풀이**

전하의 단위는 쿨롱($C$), 전위의 단위는 볼트($V$), 전류의 단위는 암페어($A$), 저항의 단위는 옴($\Omega$)이다.

## 002

**답** (다)

**풀이**

전력의 단위는 와트($W$)이다. $1W = 1J/s$이며, 전위는 $1V = 1J/C$, 전류는 $1A = 1C/s$이다.

## 003

**답** (가)

**풀이**

저항은 $R = V/I$로 정의되고, 비저항은 $\rho = E/J$로 정의된다. 저항과 비저항의 관계는 아래의 그림을 참고하여 살펴보자. 비저항 $\rho$인 물질로 단면적 $A$, 길이 $l$인 물체에 길이 방향으로 전압 $V$를 가하여 전류가 $I$이면, 이 물체의 저항은 $R = \rho\frac{l}{A}$이다. 따라서 비저항의 단위를 저항과 길이로 나타낼 수 있다.

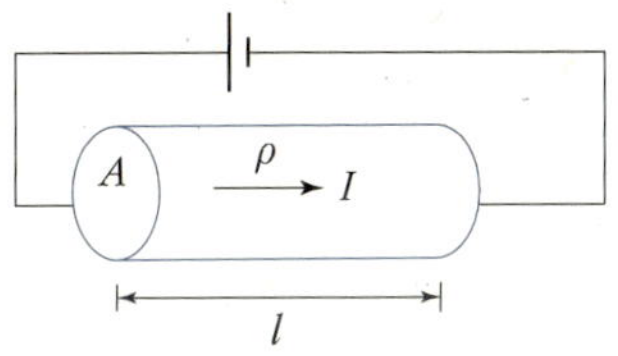


## 004

**답** (나)

**풀이**

에너지의 단위는 주울($J$), 전하의 단위는 쿨롱($C$), 정전용량의 단위는 패럿($F$)이다. 전력의 단위는 일률의 단위와 같다.

## 005

**답** (라)

**풀이**

비저항은 물체의 고유한 값으로 물체의 크기나 모양에 관계없다. 그러나 저항은 물체의 크기와 모양에 따라 다르다.

## 006

**답** $\frac{\rho}{4\pi}\frac{(r_b - r_a)}{r_a r_b}$

**풀이**

구각의 안쪽에서 바깥으로 전류가 흐른다고 생각한다. 비저항을 알고 저항을 구하는 식 $R=\rho\frac{l}{A}$에서 $A$는 전류의 방향에 수직인 단면적이고, $l$은 전류의 방향에 나란한 길이이다.

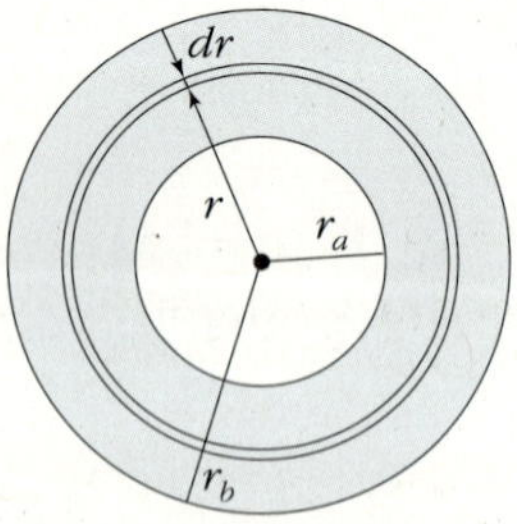


그런데 이 경우 전류의 방향에 수직인 단면적이 변한다. 따라서 그림과 같이 작은 구 껍질을 택했을 때, 이 구 껍질에서 저항은 $dR=\rho\frac{dr}{4\pi r^2}$이고, 두 구각 사이의 저항은 이러한 구 껍질의 모임에 의한 것이므로, $R=\int dR=\int_{r_a}^{r_b}\rho\frac{dr}{4\pi r^2}$으로 구한다.

## 007

**답** $R=\frac{\rho}{2\pi L}\ln\left(\frac{r_b}{r_a}\right)$

**풀이**

전류가 원통의 내부에서 원통의 외부로 흐른다고 가정한다. 전류의 방향에 수직한 면적이 변하므로 그림과 같이 작은 원통 껍질을 생각한다. 주어진 원통은 이 작은 껍질들의 합으로 볼 수 있다. 그러므로 저항은 이 껍질들에 대한 저항을 합하여 구한다.

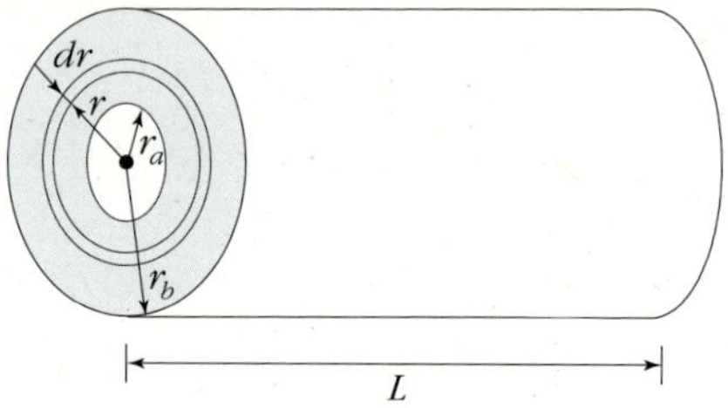


$dR=\rho\frac{dr}{2\pi rL}$에서 $R=\int dR=\int_{r_a}^{r_b}\rho\frac{dr}{2\pi rL}=\frac{\rho}{2\pi L}\int_{r_a}^{r_b}\frac{dr}{r}$

이다.

## 008

**답** (가) $\dfrac{\rho_1\rho_2(b-a)}{2\pi ab(\rho_1+\rho_2)}$

(나) $I_1=\dfrac{V_{ab}2\pi ab}{\rho_1(b-a)}$, $I_2=\dfrac{V_{ab}2\pi ab}{\rho_2(b-a)}$

(참조: $\rho_1=\rho_2=\rho$이면 $R=\dfrac{\rho}{4\pi}\dfrac{(r_b-r_a)}{r_ar_b}$로 되는 것을 확인할 수 있다.)

**풀이**

(가) 구각 사이에 비저항이 다른 물질이 채워져 있으므로, 아래 그림처럼 등가 회로를 구성할 수 있다. 그러면 반쪽 구각들의 병렬연결이 된다. 따라서 각 비저항 물질로 구성된 반쪽 구각의 저항을 먼저 구한다. 완전 구각의 경우 $R=\dfrac{\rho}{4\pi}\dfrac{(r_b-r_a)}{r_ar_b}$이다. 여기서 $r_b$, $r_a$는 각기 바깥과 안쪽 구각의 반지름이며, $\rho$는 두 구각 사이를 채운 물질의 비저항이다. 그러므로 이 문제의 반쪽 구각의 저항은 각기 $R_1=\dfrac{\rho_1}{2\pi}\dfrac{(b-a)}{ab}$, $R_2=\dfrac{\rho_2}{2\pi}\dfrac{(b-a)}{ab}$이다. 이 두 저항의 병렬연결은 다음과 같이 구한다. $\dfrac{1}{R_{eq}}=\dfrac{1}{R_1}+\dfrac{1}{R_2}$

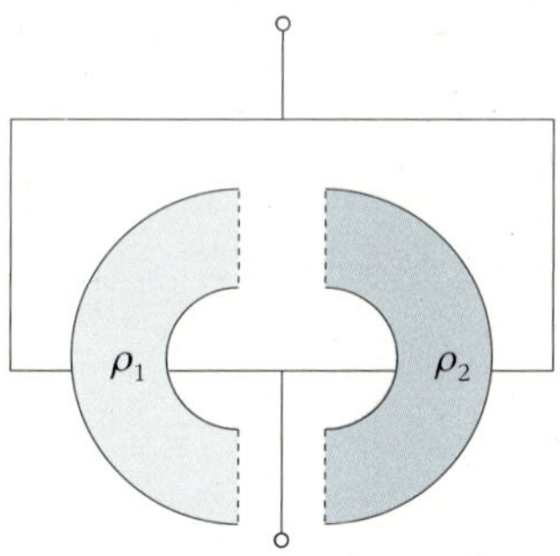


(나) 등가회로를 다시 그리면 다음과 같다.

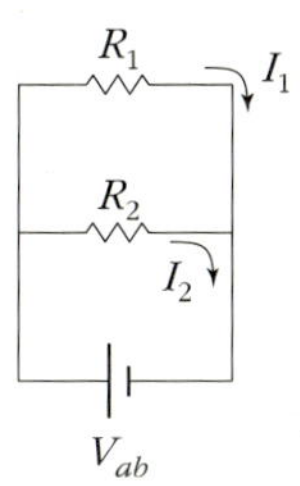


따라서 $I_1=\dfrac{V_{ab}}{R_1}$이고 $I_2=\dfrac{V_{ab}}{R_2}$이다.

## 009

**답** $\dfrac{\rho_1\rho_2\ln(b/a)}{\pi L(\rho_1+\rho_2)}$

(참고 : $\rho_1=\rho_2=\rho$이면 $R=\dfrac{\rho}{2\pi L}\ln(b/a)$로 되는 것을 확인할 수 있다.)

**풀이**

아래 그림과 같이 등가 회로를 그려보면, 두 반쪽 원통의 병렬연결로 생각할 수 있다.

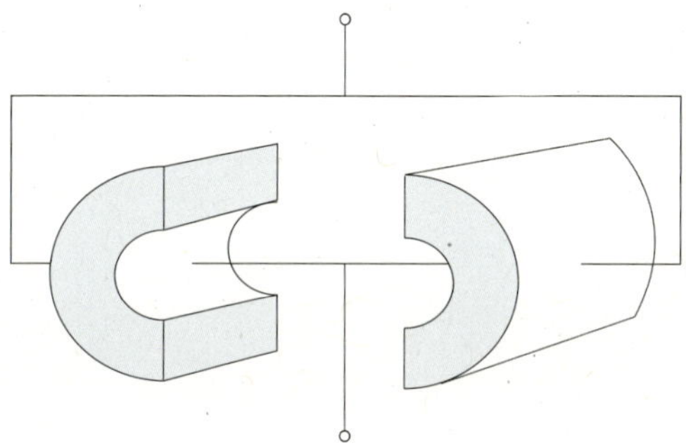

비저항 $\rho$인 한 종류의 물질로 원통 사이를 채웠을 때, 두 원통 사이의 저항은 $R=\dfrac{\rho}{2\pi L}\ln\left(\dfrac{r_b}{r_a}\right)$이다. 그런데 비저항이 다른 물질을 반만 채웠으므로 각 반쪽 원통의 저항은 다음과 같다.

$$R_1=\frac{\rho_1}{\pi L}\ln\left(\frac{b}{a}\right),\ R_2=\frac{\rho_2}{\pi L}\ln\left(\frac{b}{a}\right)$$

따라서 이 두 저항의 병렬연결 합성 저항은 $\dfrac{\rho_1\rho_2\ln(b/a)}{\pi L(\rho_1+\rho_2)}$이다.

## 010

**답** $9R$

**풀이**

도체의 부피는 일정하다는 것에 유의한다. 즉, $\pi r^2 l = \pi r'^2 (3l)$이다. 따라서 늘어난 도체의 반지름은 $r' = r/\sqrt{3}$이다. 단면적이 일정하므로 처음 도체의 저항을 $R = \rho \frac{l}{\pi r^2}$이라 하면, $R' = \rho \frac{l'}{\pi r'^2} = \rho \frac{(3l)}{\pi r^2/3} = \rho \frac{l}{\pi r^2} 9 = 9R$이다.

## 011

**답** $0.072 \times 10^{-3} m/s$

**풀이**

단면적이 $A$인 도체에서 전하밀도가 $n$, 전하의 전하량이 $q$, 유동속력이 $v_d$일 때, 전류는 $I = nqv_d A$이다. 따라서 $v_d = \frac{I}{nqA}$이다. 그런데 도선의 직경이 주어졌으므로 전자의 유동속력은 다음과 같다.

$$v_d = \frac{I}{nq\pi(d/2)^2} = \frac{I}{nq\pi d^2} 4$$

## 012

**답** $1.9 \times 10^{15}$

**풀이**

전류의 정의는 $I = \frac{dQ}{dt}$이다. 여기서 $dQ = nq$, $dt = 1.0s$이다. 따라서 $n = \frac{I}{q} 1.0s$이다.

## 013

**답** $484W$

**풀이**

전력은 전기적 일률의 약칭이다. 그리고 $P = I^2 R = V^2/R = IV$로 구할 수 있다. 여기서는 저항과 전압을 주었으므로 $V^2/R$로 구한다.

## 014

답 $1.2mm^2$

풀이

단면적이 $A$로 균일하고 균질한 도선의 전하밀도가 $n$, 전하의 전하량이 $q$, 전하의 유동속도의 크기가 $v_d$인 경우, 도선의 전류는 $I = nqv_dA$이다. 따라서 $A = \frac{I}{nqv_d}$로 구한다.

## 015

답 $768\Omega$

풀이

물질의 비저항과 저항은 모두 온도에 따라 변한다. 근사적으로 비저항과 저항은 온도변화의 1차 함수로 다음과 같이 나타낼 수 있다.

$$\rho(T) = \rho_0(1+\alpha\Delta T),\ R(T) = R_0(1+\alpha\Delta T)$$

여기서 $\rho_0$와 $R_0$는 각기 기준 온도에서 비저항과 저항이고, $\rho$와 $R$은 온도 $T$에서 비저항과 저항이다. 그리고 $\alpha$는 비저항 온도계수이다. 온도를 절대온도로 표현할 때와 섭씨온도로 표현할 때 계산에 유의한다. $P = V^2/R$이고, $R = R_0(1+\alpha\Delta T)$에서 $R_0 = \frac{V^2}{P(1+\alpha\Delta T)}$로 구할 수 있다. 여기서 $\Delta T = 20.0°C \times 10 - 20.0°C$이다.

## 016

답 $33\mu A$

풀이

전류의 정의는 $I = \frac{dq}{dt}$이다. 특정 지점을 단위시간 동안 지나는 전하량을 알면 그 지점의 전류를 알 수 있다. 따라서 이 경우 전하가 원운동을 하므로 특정 지점에서 전하가 단위시간 동안 몇 번을 지나는지 알면 전류를 구할 수 있다. 즉, $I = \frac{dq}{dt} = \frac{q}{T} = qf = \frac{q}{2\pi r/v} = \frac{q}{2\pi r}v$이다.

## 017

답 $2.9kV$

풀이

전류의 정의를 알아야 한다. 저항기 양단의 전위차는 전류가 $I$이고, 저항이 $R$일 때, $V = IR$이다. 여기서 $V$를 찾는 문제이다. 그런데 전류 $I = dQ/dt$이고 $dQ$는 전자의 개수와 전자의 전하량으로 구할 수 있으며, $dt$도 주어져 있으므로 전위차는 다음과 같이 구할 수 있다.

$$V = IR = \frac{dQ}{dt}R = \frac{d(ne)}{dt}R$$

## 018

답 $1.39\times10^4/\Omega\cdot m = 1.39\times10^2/\Omega\cdot cm$,
$n = 8.3\times10^{21}/cm^3$

풀이

전기전도도와 비저항과는 $\sigma = \frac{1}{\rho}$의 관계가 있다. 전류가 흐르는 방향으로 도체의 단면적이 변하지 않으므로, 이 도체 막대의 저항은 문제에서 주어진 조건으로 $R = \rho\frac{l}{A} = \frac{l}{\sigma A} = \frac{V}{I}$의 식을 만족한다. 따라서 전기전도도는 $\sigma = \frac{l}{A}\frac{I}{V}$이다.

전자밀도를 구하기 위해서는 전자밀도와 문제에서 주어진 조건을 연결하는 식을 찾아야 한다. $I = nqAv_d$는 전류를 전하밀도, 전하량, 도체의 단면적, 유동속력으로 나타낸 것이다. 따라서 $n = \frac{I}{qAv_d}$로 전자밀도를 구할 수 있다.

## 019

답 $13.5kW$

풀이

단면적이 균일하고 길이와 비저항이 주어졌다. 그리고 전류의 방향에 수직한 단면의 면적이 일정하다. 따라서 $R = \rho\frac{l}{A}$를 사용할 수 있다. $l$은 물체의 길이, $A$는 단면적이다. 모든 계산은 표준단위(SI)로 한다. 전력은 $P = V^2/R$이므로 $P = \frac{V^2}{R} = \frac{V^2A}{\rho l}$이다.

## 020

답 $1.17\times10^{-4}m/s$

풀이

$I = nqv_dA$에서 $v_d = \frac{I}{nqA}$이다. 여기서 $n$은 단위 부피당 전하 운반자의 밀도, $q$는 전하 운반자의 전하량, $A$는 도선의 단면적이다. $q$와 $A$는 문제에서 주어졌다. 여기에서 단위 부피당 전하 운반자의 밀도는 전자밀도이다. 원자당 1개의 전자를 전하 운반자로 제공하므로, 결국 단위 부피 속의 원자의 수를 구하면 전자밀도를 구할 수 있다. 구리의 원자량을 $M_0$라고 하면, $\frac{N_A}{M_0} = \frac{n}{\rho}$에서 $n = \rho\frac{N_A}{M_0}$이다. 그러므로 $v_d = \frac{IM_0}{\rho N_A qA}$이다.

## 021

답 $8.6J$

풀이

저항에서 소비되는 에너지는 열로 발산된다. 그리고 저항에서 소비되는 단위 시간당 에너지는 소비 전력이다. 저항에서 소비되는 전력은 저항값과 저항에 걸리는 단자 전압을 알면 $P = V^2/R$로 구할 수 있다. 따라서 $E = \int Pdt$인데, 전력이 일정하므로 다음과 같이 구할 수 있다.

$$E = \int Pdt = P\Delta t = \frac{V^2}{R}\Delta t$$

## 022

답 $16h$

풀이

$80Ah$는 $80A$ 전류를 1시간 사용할 수 있다는 의미이다. 따라서 전조등에서 사용하는 전류를 알면 전조등을 켤 수 있는 시간을 알 수 있다. 그런데 축전지의 전위가 $12V$이고 전조등은 $60W$를 소비하므로, $I = 60W/12V$이다. 따라서 $T = \frac{80Ah}{I} = \frac{80Ah}{60W}12V$이다.

## 023

답 $2.23A$, $98.7\Omega$

풀이

물을 가열하기 위한 필요 에너지를 $Q = \Delta T \cdot c \cdot m$라 하자. 여기서 $c$는 물의 비열이고, $m$은 물의 질량이다. 이 에너지는 전기적 에너지로 공급된다. 즉, $Q = VIdt$이다. 따라서 $I = \frac{Q}{Vdt} = \frac{\Delta T \cdot c \cdot m}{Vdt}$이고, $R = \frac{V}{I} = V\frac{Vdt}{\Delta T \cdot c \cdot m}$이다.

## 024

답 $0.48\Omega$

풀이

도선의 길이 방향 저항을 구하는 문제이다. 도선의 길이 방향으로 단면적이 일정하고 직경이 주어졌다. 직경을 $d$, 반경을 $r$이라 하면, 도선의 저항을 다음과 같이 구할 수 있다.

$$R = \rho\frac{l}{A} = \rho\frac{l}{\pi r^2} = \rho\frac{l}{\pi(d/2)^2} = \rho\frac{l}{\pi d^2}4$$

## 025

답 $0.283 \times 10^6/(\Omega \cdot m) = 0.283 \times 10^4/(\Omega \cdot cm)$,
$R_2 = 225\Omega$

풀이

도선을 따라 단면적이 변하지 않는다. 그러므로 $R = \rho\frac{l}{A} = \frac{l}{\sigma\pi(d/2)^2}$에서 $\sigma = \frac{l4}{\pi d^2 R}$이다. 처음 도선의 저항을 $R_1$, 길이를 $l_1$, 직경을 $d_1$이라고 하고, 나중 도선의 저항을 $R_2$, 길이를 $l_2$, 직경을 $d_2$이라고 하면, $R_2$는 다음과 같다.

$$R_2 = \rho\frac{l_2}{A_2} = \frac{l_2}{\sigma\pi(d_2/2)^2} = \frac{l_2 4}{\pi d_2^2}\frac{\pi d_1^2}{l_1 4}R_1 = \left(\frac{d_1}{d_2}\right)^2\frac{l_2}{l_1}R_1$$

13장 전류와 저항, 기전력

## 026

**답** $R/9$

**풀이**

원기둥의 길이 방향으로 단면적이 변하지 않고 일정하다. 그리고 도체의 전체 부피가 길이를 변경시켜도 변하지 않는다. 비저항도 도체의 모양이 바뀌어도 변하지 않는다. 따라서 도체를 변형한 후 길이를 $l'$, 반경을 $r'$, 저항을 $R'$이라고 하면, 다음과 같은 식들을 세울 수 있다. 도체의 부피가 변하지 않으므로 $\pi r^2 l = \pi r'^2 l'$이고, 길이를 1/3로 줄였으므로 $l' = l/3$이며 $r' = \sqrt{3}r$이다.

$$R' = \rho\frac{l'}{A'} = \rho\frac{l'}{\pi r'^2} = \rho\frac{l/3}{\pi(\sqrt{3}r)^2} = \rho\frac{l}{\pi r^2}\frac{1}{9} = R/9$$

## 027

**답** $1.7\times10^{-7}\Omega\cdot m$

**풀이**

도선이므로 길이 방향 저항이고, 문제에서 도선의 단면적이 일정하다는 것을 알 수 있다. 따라서 $R=\rho\frac{l}{A}$ 식을 이용할 수 있다. 여기에서 $A=\pi r^2=\pi(d/2)^2$으로 $r$은 반경이고, $d$는 직경이다. 그러므로 비저항은 $\rho=\frac{R\pi d^2}{4l}$이다.

## 028

**답** $R=\rho\frac{h}{\pi r_a r_b}$

**풀이**

전류의 방향에 수직인 단면의 면적이 일정하지 않다. 따라서 아래 그림처럼 얇은 조각을 생각하면, 이 조각에서 저항은 $dR=\rho\frac{dy}{\pi r^2}$이다. 수직 축의 방향을 $y$ 축으로 택하면, 다음 식들이 성립한다.

$$r=\frac{(r_a-r_b)}{h}y+r_b,\quad dr=\frac{r_a-r_b}{h}dy$$

따라서 원뿔꼴의 축 방향 저항은 이 작은 조각의 저항을 합한 것으로 다음과 같이 구할 수 있다.

$$\begin{aligned}R&=\int_{r_b}^{r_a}dR=\int_{r_b}^{r_a}\frac{\rho}{\pi r^2}dy=\int_{r_b}^{r_a}\frac{\rho}{\pi r^2}\frac{h}{(r_a-r_b)}dr\\&=\frac{\rho h}{\pi(r_a-r_b)}\int_{r_b}^{r_a}\frac{1}{r^2}dr=\frac{\rho h}{\pi(r_a-r_b)}\left(\frac{1}{r_b}-\frac{1}{r_a}\right)\\&=\frac{\rho h}{\pi(r_a-r_b)}\frac{(r_a-r_b)}{r_ar_b}=\frac{\rho h}{\pi r_ar_b}\end{aligned}$$

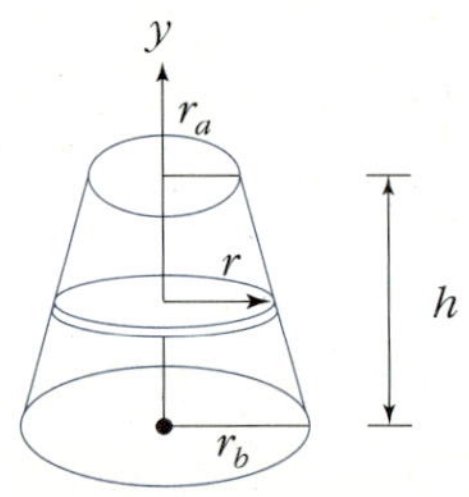


만일 $r_a=r_b=r$이면 $R=\rho\frac{h}{\pi r^2}$으로 $R=\rho\frac{l}{A}$ 꼴이 되므로 식의 타당성을 검증할 수 있다.

# 14장 직류회로

## 001

**답** (나)

**풀이**

병렬연결의 등가 저항은 $\frac{1}{R_{eq}} = \frac{1}{R_1} + \frac{1}{R_2}$이다. 병렬연결한 등가 저항값은 각 저항값보다 작다. 전하가 갈 수 있는 길이 많아져서 전하의 흐름을 방해하는 요소가 적어진 것으로 볼 수 있기 때문이다.

## 002

**답** (가)

**풀이**

직렬연결한 저항의 등가값은 증가한다. 전하의 흐름이 더 방해받기 때문이다. 직렬연결의 등가 저항값은 $R_{eq} = R_1 + R_2$이다.

## 003

**답** (라)

**풀이**

$\sum I = 0$ 키르히호프의 접점 규칙으로, 전하보존법칙에서 유도된다. $\sum V = 0$ 키르히호프의 폐회로법칙으로, 에너지보존법칙에서 유도된다. $\sum F = ma$ 뉴턴의 제2법칙이다.

## 004

**답** (다)

**풀이**

전력은 전기적 일률로, 소비 전력은 저항 등의 소자에서 소모하는 전기적 일률이다. 전력은 $P = I^2R = V^2/R = IV$으로 구할 수 있으며, 여기서는 저항과 이 저항에 걸리는 전압이 주어졌다.

## 005

**답** (라)

**풀이**

전압계는 전압을 측정하고자 하는 소자에 병렬로 연결한다. 따라서 소자로 흘러가는 전류가 전압계로 나뉘어갈 수 있으며, 이를 방지하기 위해 전압계로 전류가 흐르지 않는 것이 좋다. 그러므로 전압계의 내부 저항은 클수록 좋다.

## 006

**답** (다)

**풀이**

전류계는 전하의 흐름을 측정하는 기구이다. 그러므로 전류를 측정하고자 하는 지점 혹은 소자에 전류계를 직렬로 연결하여 전하의 흐름을 측정한다. 그리고 전류계는 전하의 흐름을 방해하지 말아야 하므로 저항이 없는 것이 이상적이다. 따라서 전류계에는 전위차가 발생하지 않는 것이 좋다.

## 007

**답** $6.7\Omega$

**풀이**

$3R$과 $R$은 직렬로 전체 $4R$이고, $2R$로 $0.30A$가 흐르므로 $3R$과 $R$로는 $0.15A$가 흐른다. 그러면 $4R$로는 $0.45A$가 흐른다. 따라서 아래 그림에 나타낸 폐회로에 키르히호프의 고리 규칙을 적용할 때, 다음의 식을 얻을 수 있다.

$$16V - 0.45A \cdot 4R - 0.30A \cdot 2R = 0$$

이 식에서 $R = 6.7\Omega$를 얻는다.

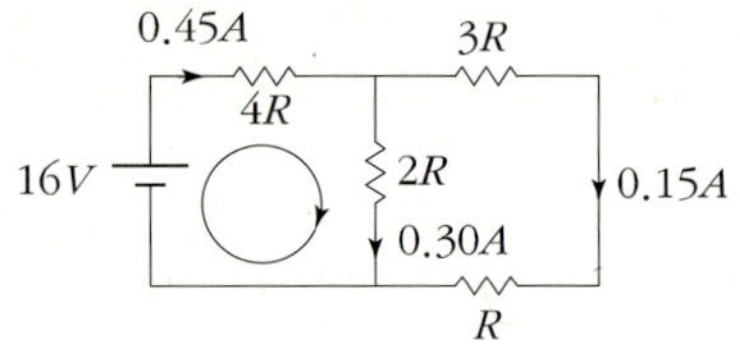


또 다른 방법으로 아래 그림처럼 등가 저항 $R_{eq}$를 구하면 $R_{eq} = \frac{16}{3}R$이다. 따라서 $16V$에서 $0.45A$가 나오므로 $V = IR_{eq}$에서 $V = IR_{eq} = I\frac{16}{3}R$를 얻고, $R = 6.7\Omega$를 얻을 수 있다.

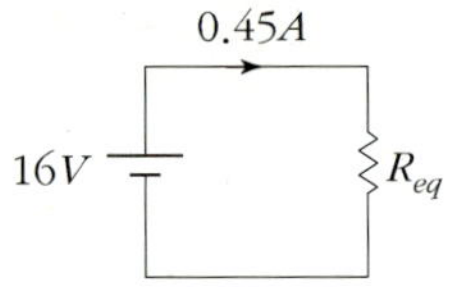

## 008

**답** $R_{eq}=R(1+\sqrt{3})$

**풀이**

문제에서 주어진 저항 망을 아래 그림처럼 해석할 수 있다.

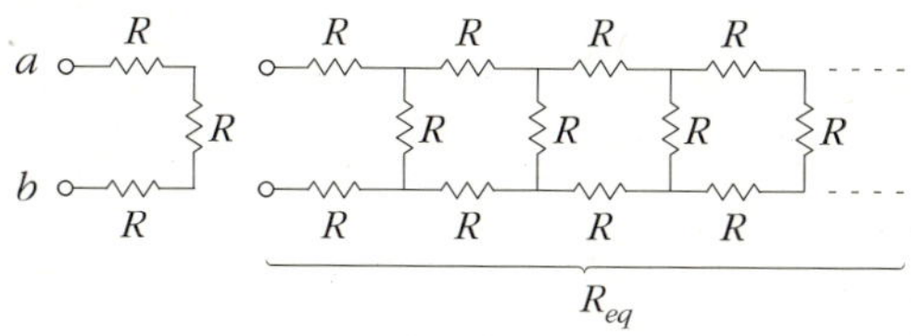

무한 저항 망의 등가 저항값을 $R_{eq}$라고 하면, 이 무한 저항 망이 저항 $R$과 병렬로 연결되고 다시 두 개의 $R$과 직렬로 연결되는 것으로 볼 수 있다. 따라서 다음과 같은 식을 얻게 된다.

$$\frac{RR_{eq}}{R_{eq}+R}+R+R=R_{eq}$$

이 식을 정리하여 $R_{eq}$에 대한 2차 방정식 꼴을 얻는다. 따라서 2 해를 얻는데, 그 중에서 의미가 있는 것을 찾는다. 저항은 음$(-)$의 값을 갖지 않으므로 $R_{eq}=R\pm\sqrt{R^2+2R^2}=R\pm\sqrt{3R^2}$에서 $R_{eq}=R(1+\sqrt{3})$만 의미가 있다. 그리고 그림을 참고하면 적어도 등가 합성 저항이 $2R$ 보다는 크고 $3R$ 보다는 작아야 한다는 것을 알 수 있다.

## 009

**답** $7.5W$

**풀이**

$10\Omega$와 $20\Omega$는 직렬이고, 이것이 다시 $30\Omega$와 병렬로 연결되어 있다. 전체 등가 저항은 $15\Omega$이므로 전지에서 $1.0A$가 나온다. 이것이 나뉘어 각각 $30\Omega$, $10\Omega$, $20\Omega$의 직렬 저항으로 흐른다. 따라서 $30\Omega$로 흐르는 전류는 $0.5A$이다. 그러므로 $P=I^2R$에서 이 저항에서 발생하는 열에너지를 구할 수 있다.

## 010

**답** $65\Omega$

**풀이**

그림을 생각하기 편한 것으로 변형하면 아래와 같다. 즉, 병렬연결한 것의 직렬연결이다. 각 병렬연결의 합성 저항은 $0.5R$, $R$, $2R$, $3R$이다. 따라서 $a$, $b$ 사이의 등가 저항값은 $6.5R$이다.

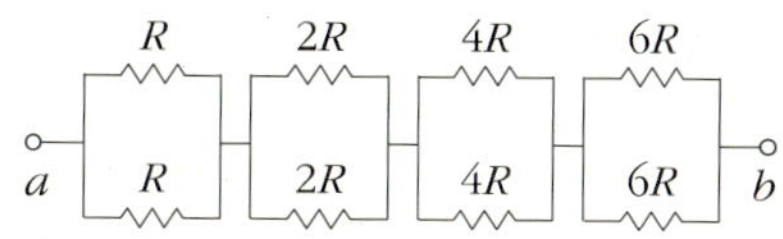

## 011

**답** $0.42A$

**풀이**

$10\Omega$, $20\Omega$, $30\Omega$가 병렬로 연결되어 등가 저항은 $R_{eq}=\frac{60}{11}\Omega$이다. 이것이 다시 $10\Omega$와 직렬로 연결되어 있어 총 등가 저항은 $\left(\frac{60}{11}+10\right)\Omega$이다. 전지에서 나오는 전류를 $I$라 하면 이 전류가 $10\Omega$, $20\Omega$, $30\Omega$로 나뉘어 흐른다. $10\Omega$, $20\Omega$, $30\Omega$ 저항의 각 단자 전압은 모두 같다. 저항은 전하의 흐름을 방해하는 소자이다. 따라서 저항값에 반비례하여 전류가 흐르게 된다. 그러므로 $10\Omega$, $20\Omega$, $30\Omega$에 흐르는 전류의 비는 $6:3:2$이며, $\frac{6}{11}I$, $\frac{3}{11}I$, $\frac{2}{11}I$의 전류가 흐른다. $I=\frac{24V}{(60/11+10)\Omega}$이다.

## 012

**답** $12\Omega$

**풀이**

아래 부분의 등가 저항 $\frac{3}{2}R$과 윗부분의 저항 $R$의 병렬연결이다. 따라서 $a$와 $b$ 사이의 등가 저항값은 다음과 같다.

$$R_{eq}=\frac{R\cdot\frac{3}{2}R}{\frac{3}{2}R+R}=\frac{3}{5}R$$

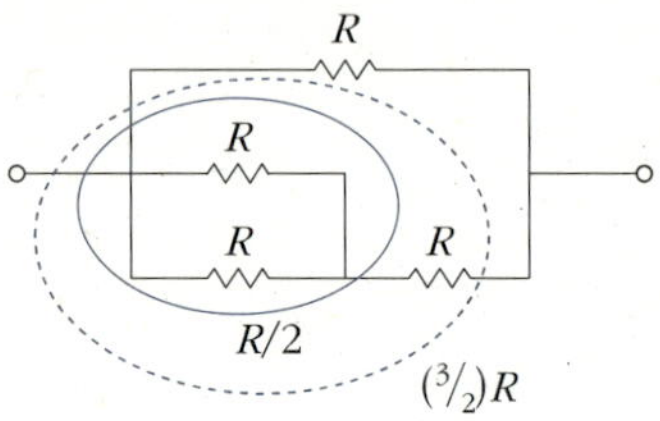


## 013

**답** $20\Omega$

**풀이**

두 저항이 직렬이면 적어도 전류는 $30V/20\Omega=1.5A$ 보다 작거나 같아야 한다. 그런데 전원에서 나오는 전류가 $3.0A$이므로 두 저항은 병렬연결이다. 미지 저항값을 $x$라 하고, 두 저항을 병렬연결한 등가 저항값을 $R_{eq}$라 하면 다음이 성립한다. $30V/R_{eq}=3.0A$, $R_{eq}=10\Omega=20\Omega\frac{x}{(20\Omega+x)}$

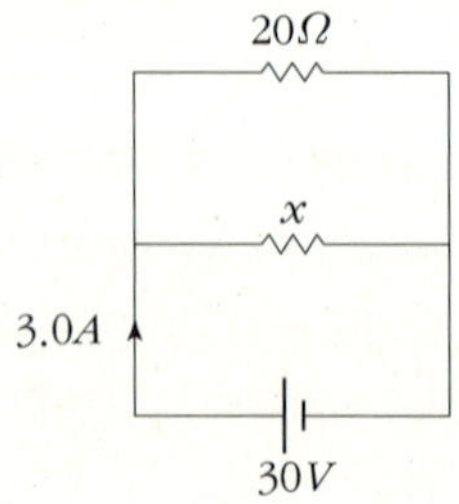


## 014

**답** $36\Omega$

**풀이**

문제의 회로를 부분으로 나누어 해석하면 아래 그림과 같다. 그러면 윗부분의 $3R$과 아래 부분의 $4R$이 병렬로 연결된 것과 같으므로 $a$, $b$ 사이의 등가 저항은 다음과 같다.

$$R_{eq}=\frac{12R^2}{4R+3R}=\frac{12}{7}R$$

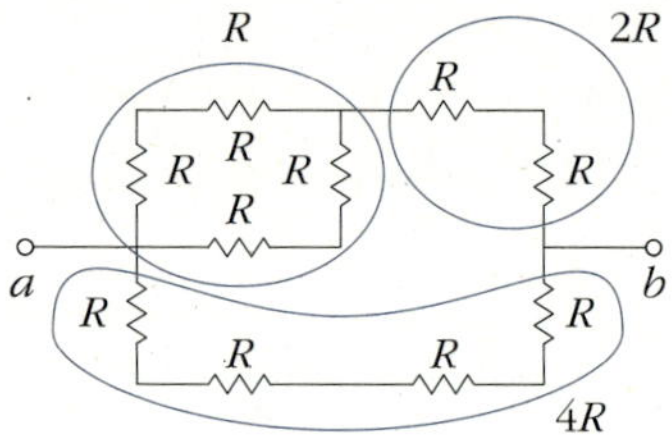


## 015

**답** $10\Omega$

**풀이**

이 회로의 합성 등가 저항은 $R_{eq}=\frac{4}{3}R+4R$이다. 따라서 $\frac{V}{R_{eq}}=I$에서 $\frac{16V\,3}{4R+12R}=0.30A$를 얻고, $R=10\Omega$를 얻는다.

## 016

**답** $R_{eq} = \frac{5}{6}R$

**풀이**

저항의 직렬 혹은 병렬연결의 식으로 등가 저항을 구하기 어려운 경우가 있다. 그럴 때는 $V=IR$ 식을 이용하여 구할 수 있는 경우가 있다. 그리고 대칭성을 잘 살펴보면 문제를 쉽게 풀 수 있는 경우도 있다. 아래 그림에서 대칭성에 의해 $a$, $b$, $c$ 방향의 전류가 모두 같음을 알 수 있다. 마찬가지로 1, 2, 3 지점에 분기하는 전류도 대칭성 때문에 그림에 표기한 바와 같이 전류가 같다. 따라서 그림에 나타낸 전류로 $V_A - V_B$를 계산하면 $iR + \frac{i}{2}R + iR = 3iR_{eq}$이 된다. 여기서 $A$, $B$ 사이의 합성 저항을 $R_{eq}$로 본 것이다. 따라서 $R_{eq} = \frac{5}{6}R$이다. 그림에서 •와 × 부호는 각기 대칭성으로 등가 점을 나타낸다.

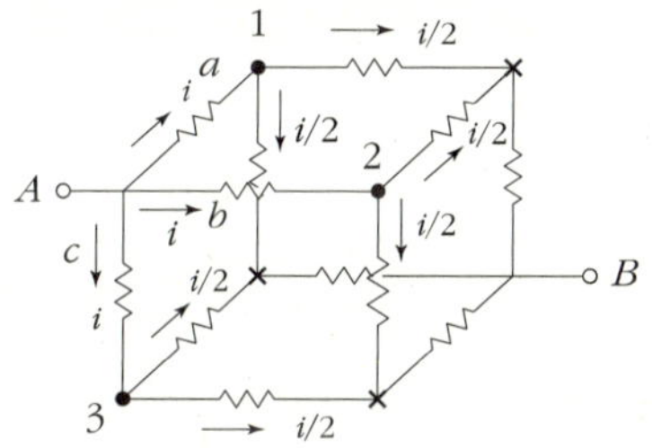


## 017

**답** $+7.2V$

**풀이**

아래 그림과 같이 전류 $I_1$, $I_2$를 가정하고, 키르히호프의 고리 규칙을 적용하기 위해 고리 ①, ②를 그림과 같은 방향으로 택한다.

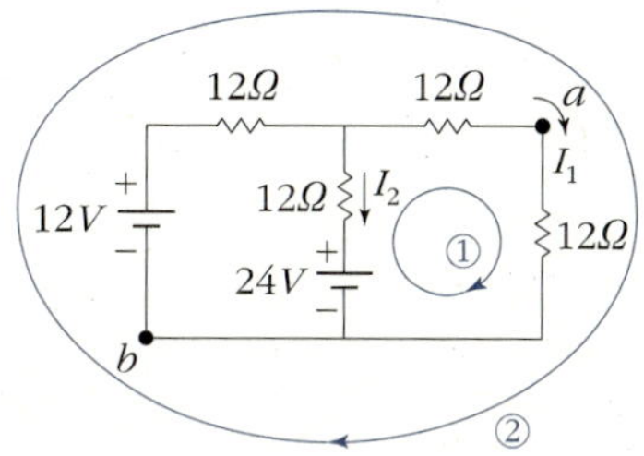


그러면 다음과 같은 식을 얻을 수 있다.

$12V - 12\Omega(I_1 + I_2) - 12\Omega I_1 - 12\Omega I_1 = 0$에서

$$12V - 36\Omega I_1 - 12\Omega I_2 = 0 \quad \cdots \ (1)$$

$24V + 12\Omega I_2 - 24\Omega I_1 = 0$에서

$$24V - 24\Omega I_1 + 12\Omega I_2 = 0 \quad \cdots \ (2)$$

(1)+(2)에서 $36V - 60\Omega I_1 = 0$를 얻고, 여기서 $I_1 = 0.60A$를 얻는다. 식 (1)에 이 값을 대입하면 $I_2 = 1V - 3\Omega I_1 = -0.80A$이다. 그러므로 $I_1$의 방향은 처음 가정한 방향이고, $I_2$는 처음 가정한 것과 반대 방향이다. 따라서 $V_{ab} = V_a - V_b = 12\Omega I_1 = +7.2V$이다. 즉, $a$ 점의 전위가 $b$ 점보다 높다.

## 018

**답** $14.6V$ (전위차의 크기이다.)

**풀이**

축전기에 쌓인 전하를 $Q$라 할 때, 축전기 양단의 전압은 $\frac{Q}{C}$이다. $RC$ 회로이므로 전지 전압을 $V_0$라 하면 축전기에 쌓이는 전하는 시간에 따라 $Q = CV_0(1-e^{-t/RC})$이다. 따라서 축전기 양단의 전압은 $V = V_0(1-e^{-t/RC})$가 된다. 그런데 $e^{-t/RC}$를 구해야 하므로, 문제에서 주어진 조건인 전류 $I = 2.0mA$인 순간을 활용한다. 스위치를 닫는 순간 전류를 $I_0$라고 하면, $RC$ 회로에서 전류는 $I = I_0e^{-t/RC}$이다. 그리고 $I_0 = \frac{V_0}{R}$이다. 따라서 $e^{-t/RC} = I\frac{R}{V_0}$로 나타낼 수 있다. 이를 이용하면 축전기 양단에 걸리는 전압은 다음과 같다.

$$V = V_0\left(1 - I\frac{R}{V_0}\right) = V_0 - IR$$

## 019

**답** $36W$

**풀이**

전력을 구하려면 공급하는 전류를 구하면 된다. 따라서 아래 그림처럼 $20V$ 전지에서 나오는 전류를 $I_2$라 하고, $30V$ 전지에서 나오는 전류를 $I_1$이라 하자. $I_2$를 구하기 위해 결국 $I_1$도 구해야 한다. 키르히호프의 접점 규칙을 두 $10\Omega$ 저항과 $20\Omega$ 저항이 만나는 점에 적용하면 그림에 표시한 전류가 각 저항에 흐른다.

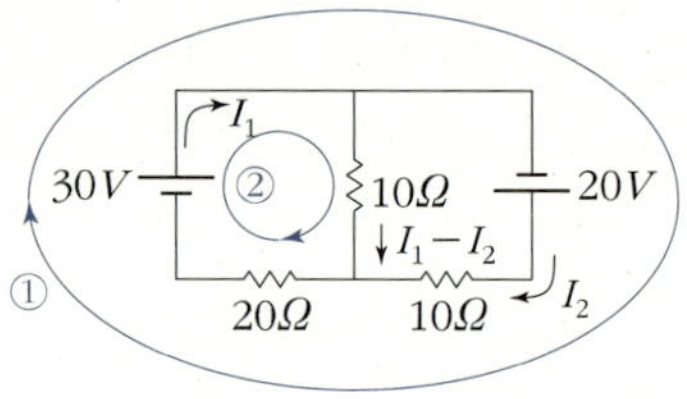


이제 두 미지수 $I_1$, $I_2$를 구하기 위해 그림에 표시한 것처럼 두 독립된 고리를 택하고, 키르히호프의 고리 규칙을 적용하여 다음과 같이 두 식을 구한다.

고리 ①에서 $30V + 20V - 20\Omega I_1 - 10\Omega I_2 = 0$를 얻고
이를 정리하면 $5V - 2\Omega I_1 - 1\Omega I_2 = 0$ (1)

고리 ②에서 $30V - 20\Omega I_1 - 10\Omega(I_1 - I_2) = 0$를 얻고
이를 정리하면 $3V - 3\Omega I_1 + 1\Omega I_2 = 0$ (2)

위 두 식은 물리적 차원을 분명히 유지하기 위하여 단위를 맞추어 쓴 것이다. 그러면 (1)+(2)하여 다음을 얻는다.

$$8V - 5\Omega I_1 = 0$$

따라서 $I_1 = \frac{8}{5}A$이다.
이것을 (1) 식에 대입하여 $I_2 = 5A - 2\cdot\frac{8}{5}A = \frac{9}{5}A$를 얻는다. 그러므로 $20V$에서 공급하는 전력은 $20V\cdot I_2 = 20V\cdot\frac{9}{5}A = 36W$이다.

## 020

**답** $V=11V$, $r=0.29\Omega$

**풀이**

문제에서 구하는 미지수가 두 개이므로 적어도 두 개의 독립된 식을 구해야 한다. 아래 그림과 같이 문제의 회로를 나타낼 수 있다.

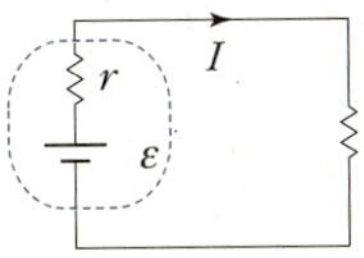


그러면 전지의 단자 전압은 외부 저항 $R$ 양단의 전압과 같고, $\varepsilon - Ir = IR$이 단자 전압이다. 여기서 $r$은 전지의 내부 저항이다. 그런데 저항에서 소비하는 전력을 $P=40W$로 주어졌으므로 $I^2R=P$에서 $I=\sqrt{P/R}$이고, 따라서 $IR=\sqrt{P/R}R=\sqrt{RP}=11V$이다.

또한 $I=\dfrac{\varepsilon}{R+r}$이므로 $I^2R=P$에서 $I^2=\dfrac{P}{R}=\dfrac{\varepsilon^2}{(R+r)^2}$을 얻고, 이를 정리하여 저항은 음수가 될 수 없으므로 $\sqrt{\dfrac{\varepsilon^2 R}{P}}-R=r$을 얻고 $r=0.29\Omega$을 얻는다.

## 021

**답** $53mA$ 왼쪽으로, $2.2k\Omega$

**풀이**

미지수가 두 개이므로 적어도 두 개의 독립된 식을 세워야 한다. 키르히호프의 규칙을 적용할 수도 있지만 여기에서는 약간 다른 방법으로 문제를 풀어보자. 아래 그림에 표시한 것처럼 문제에서 주어진 조건인 $12V$에서 나오는 전류와 $500\Omega$를 흐르는 전류가 같다는 것을 이용하면 $V_{ba}=V_b-V_a$를 먼저 다음과 같이 구할 수 있다. 즉, 아래 그림에 나타낸 ①의 방향으로 전위차를 구하면 $12V-40mA\cdot500\Omega=-8.0V$이다. 이 전위는 전위차를 측정하는 두 지점이 같으므로 ②의 방향으로 계산하여도 같아야 한다. 따라서 다음 식이 성립해야 한다.

$$-24V+I\cdot300\Omega=-8.0V$$

그러므로 $I=\dfrac{16V}{300\Omega}=53mA$이다.

이제 이 전류와 $12V$에서 나오는 전류 $40mA$가 $b$ 점에서 키르히호프의 접점 규칙을 만족해야 하므로, 저항 $R$을 통해 접점을 향해 오는 전류는 $13mA$가 된다. 따라서 $a$ 점에서 $b$ 점으로 전위를 $20V$ 전지를 통해 계산하면 다음 식이 만족되어야 한다.

$$20V-13mA\cdot R=-8.0V$$

그러므로 이 식을 정리하여 저항 $R$ 값을 다음과 같이 얻을 수 있다. $R=\dfrac{28V}{13mA}=2.2k\Omega$

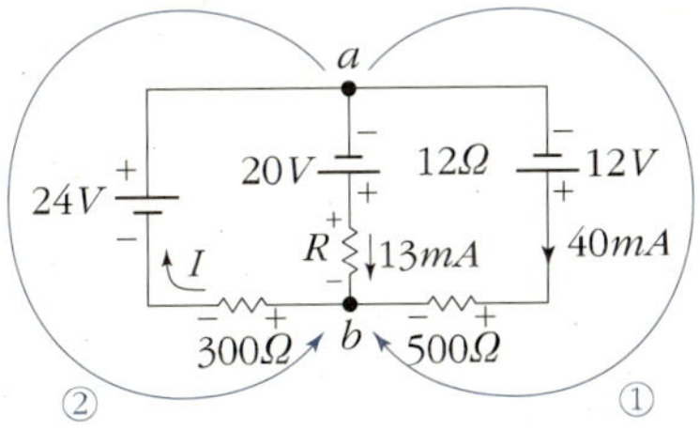

## 022

**답** $194k\Omega$, $10.3\mu A$

**풀이**

아래 그림에 나타낸 바와 같이 $RC$ 회로이다. 그러므로 축전기의 단자 전압은 $V=\frac{Q}{C}=\frac{C\cdot\varepsilon}{C}(1-e^{-t/\tau})=\varepsilon(1-e^{-t/\tau})$ 이다. 여기서 $\tau=RC$로 회로의 시상수이다.

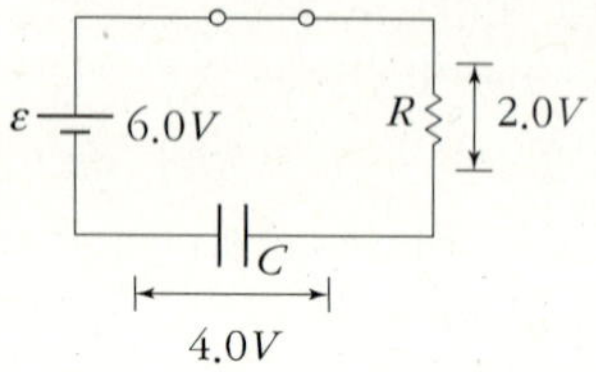


그림처럼 $t=1.0s$인 순간 축전기 단자 전압이 $4.0V$이면, 저항의 단자 전압은 $2.0V$이다. 따라서 문제에서 구하고자 하는 저항에 흐르는 전류는 저항 $R$ 값을 결정하면 구할 수 있다. 즉, 이 문제는 미지수가 한 개인 것이다. 따라서 이 미지수를 포함하고 문제에서 주어진 조건을 포함한 식을 선택한다. 여기서는 $V=\varepsilon(1-e^{-t/RC})$를 택할 것이다. 주어진 조건을 이 식에 대입하여 정리하면 다음과 같은 순서로 정리할 수 있다.

$\left(1-\frac{V}{\varepsilon}\right)=e^{-t/RC}$, $RC\ln(1-V/\varepsilon)=-t$, $R=\frac{-t}{C\ln(1-V/\varepsilon)}$

이 시각에 저항을 통해 흐르는 전류는 $I=2.0V/194k\Omega=10.3\mu A$이다.

## 023

**답** $-8.0V$

**풀이**

$V_b-V_a$의 의미는 $a$ 점을 전위의 기준으로 하고 $b$ 점의 전위를 찾으라는 것이다. 따라서 아래 그림처럼 각 소자의 단자 전압을 합하여 구한다. 저항의 단자 전압은 전류의 방향에 의하여 그림에 표기한 것과 같은 극성을 띠게 된다. 즉, 저항에서 극성은 전류가 들어가는 곳이 양(+)이고, 전류가 나가는 곳이 음(−)이다. 저항 양단의 단자전압의 크기는 $V_R=IR$로 구할 수 있다.

$$V_b-V_a=-12V+10V-6.0V=-8.0V$$

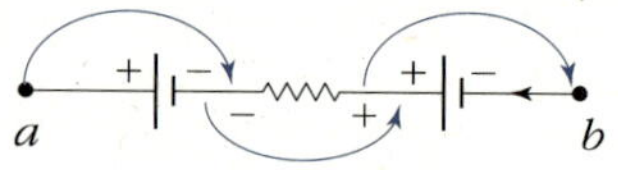

## 024

**답** $10V$, $0.25A$

**풀이**

두 저항을 직렬로 연결하였을 때의 회로를 아래 그림처럼 나타낼 수 있다. 그러면 $60\Omega$에 흐르는 전류가 그대로 $40\Omega$에도 흐른다는 것을 알 수 있다. 그런데 $60\Omega$ 저항에 흐르는 전류는 $I=\frac{6.0V}{60\Omega}=0.10A$이므로, 따라서 $40\Omega$ 저항의 단자 전압은 $4.0V$가 된다. 그러므로 전원의 전압은 $\varepsilon=6.0V+4.0V=10V$이다.

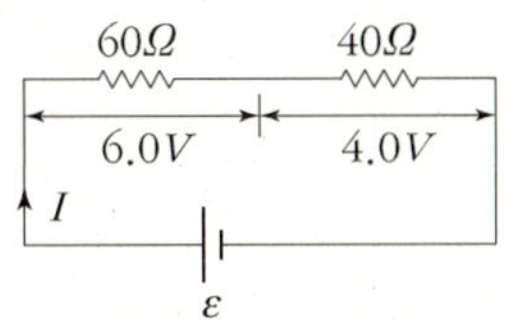


두 저항을 병렬로 연결하여 전원에 연결한 회로는 아래 그림과 같이 나타낼 수 있다. 두 저항 모두 동일한 전위차에 연결되어 있으므로, $40\Omega$ 저항에 흐르는 전류는 $\frac{10V}{40\Omega}=0.25A$가 된다.

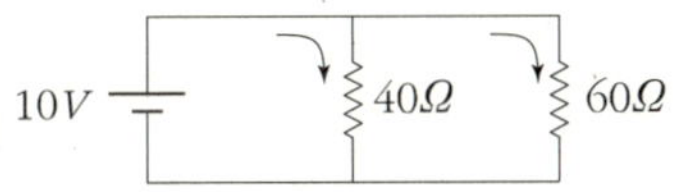


## 025

**답** $3.0V$

**풀이**

저항의 단자 전압의 극성은 전류가 들어가는 곳은 양(+), 전류가 나가는 곳은 음(−)이다. 전지의 극성은 전류의 방향과 관계없다. 축전기의 극성은 전하가 양(+)이면 양(+)이고, 전하가 음(−)이면 음(−)이다. $V_b-V_a$를 구하는 것이므로 $a$ 지점을 전위의 기준으로 하여 $b$ 지점의 전위를 측정한다. 아래 그림처럼 각 소자의 전위를 계산하여 합한다. 아래 그림의 화살표는 시작점을 기준으로 끝점의 전위를 계산한다는 의미이다.

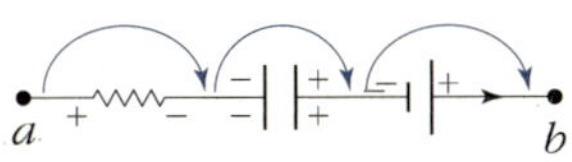


$$IR+\frac{Q}{C}+V=-6.0V+3.0V+6.0V=3.0V$$

## 026

**답** $0.72ms$, $72\Omega$

**풀이**

$RC$ 회로이고, 시상수 $\tau=RC$이다. 문제의 조건과 구하고자 하는 물리량이 들어있는 후보가 되는 식을 찾으면 $Q(t)=Q_0(1-e^{-t/\tau})$이다. 여기서 $Q_0$는 최대 축전량이다. 따라서 문제에서 주어진 조건으로 식을 다음과 같은 과정으로 정리할 수 있다.

$$50\%Q_0=Q_0(1-e^{-T/\tau}),\ 0.5=(1-e^{-T/\tau}),\ 0.5=e^{-t/\tau},$$
$$\ln(1/2)=-T/\tau,\ \ln 2=T/\tau,\ \tau=T/(\ln 2)=RC$$

따라서 $\tau=T/(\ln 2)$에서 구하고 $R=\frac{T}{\ln 2\cdot C}$에서 구한다.

## 027

**답** $12.5V$

**풀이**

$b$ 점이 전위의 기준이다. 아래 그림처럼 각 소자에 걸리는 단자 전압을 단자의 극성을 고려해서 합하여 $V_a-V_b$를 구한다. $V_{ab}=IR_2-V_2+\frac{Q}{C}-V_1+IR_1$는 다음과 같다.

$$+18V-12V+3.5V-6.0V+9.0V=12.5V$$

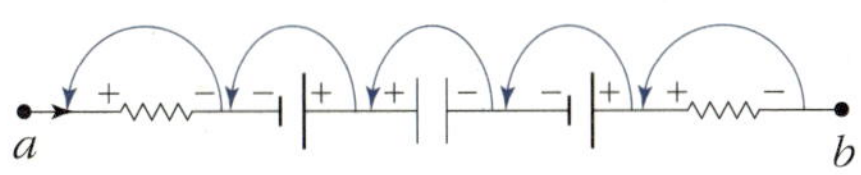

## 028

**답** $R = 5.0\Omega$, $r = 1.0\Omega$

**풀이**

여러 가지 풀이 방법이 있을 수 있다. 그 방법들이 결국 모두 동치이다. 그 중 한 가지 선호하는 방법을 택한다.

이 회로에서 단자 전압은 저항 $R$의 단자 전압이기도 하다. 따라서 단자 전압이 $10.0V$이고 이 저항에서 소비되는 전력이 $20W$이므로 $P = IV$에서 전류는 $2.0A$이다. 그러면 저항 $R$의 단자 전압이 $10.0V$, 흐르는 전류가 $2.0A$이므로 $V = IR$에서 $R = 5.0\Omega$가 된다. 그러면 내부 저항에 의한 전압 강하는 $2.0V$, 전류는 역시 $2.0A$이므로 $2.0V = r\,2.0A$에서 내부 저항 $r = 1.0\Omega$가 된다.

또 다른 방법을 보자.

$P = \frac{V^2}{R}$에서 저항에 걸리는 전압이 $10V$이므로 $R = \frac{V^2}{P} = 5.0\Omega$이다. 그러면 이 저항에 흐르는 전류는 $I = \frac{V}{R} = 2.0A$이다. 따라서 $I = \frac{\varepsilon}{R+r}$에서 $I(R+r) = \varepsilon$이고, $2.0A(5.0\Omega + r) = 12V$이므로 $2.0A \cdot r = 2V$이어서 $r = 1.0\Omega$이다. 결국 어떤 방법을 택하여도 결과가 같다는 것을 알 수 있다.

## 029

**답** $-36.6V$

**풀이**

$b$ 점이 전위의 기준이다. 아래 그림처럼 각 소자의 단자 전압을 극성을 고려하여 합한다. 저항은 전류의 방향에 따라 단자 전압의 극성이 정해지고, 축전기는 축전기 극판의 전하의 종류에 따라 단자 전압의 극성이 정해진다. 전지 혹은 기전력은 전류의 방향에 관계없이 단자 전압의 극성이 정해진다.

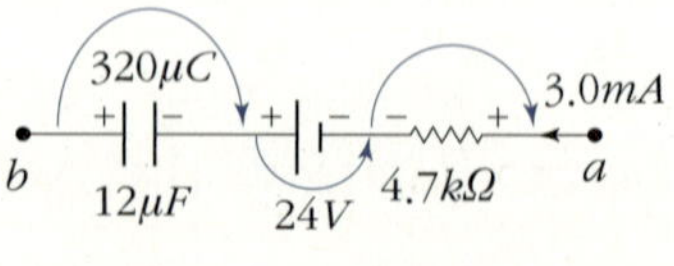


$$\frac{-320\mu C}{12\mu F} - 24V + 3.0mA \times 4.7k\Omega$$

## 030

**답** $R = 100\Omega$

**풀이**

처음 이 저항에 공급된 전위를 $V$라 하고 이 값은 고정되어 있는 것으로 본다. 그러면 처음 이 저항을 흐르는 전류는 $I = \frac{V}{R}$이다. 그리고 저항 $300\Omega$을 연결하여 흐르는 전류를 $I'$이라 하면 $I' = \frac{V}{R + 300\Omega}$이다. 그런데 문제에서 $I' = \frac{1}{4}I$이라 했으므로 $\frac{V}{300\Omega + R} = I\frac{1}{4} = \frac{V}{R}\frac{1}{4}$이 성립한다. 이를 정리하면 $R + 300\Omega = 4R$에서 $R = 100\Omega$을 얻는다.

## 031

**답** $7.6ms$

**풀이**

축전기에 저장된 에너지는 $U = \frac{1}{2}\frac{Q^2}{C} = \frac{1}{2}QV = \frac{1}{2}CV^2$이다. 문제에서 주어진 조건으로 축전기에 저장된 에너지를 표현할 수 있는 것을 찾는다. 여기서는 $\frac{1}{2}\frac{Q^2}{C}$이다. 방전되는 $RC$ 회로이므로, 축전기에 처음 $Q_0$가 있었다면 $Q(t) = Q_0 e^{-t/RC}$로 방전된다. 따라서 처음 축전기는 $\frac{1}{2}\frac{Q_0^2}{C}$의 에너지가 있었고, 10%를 잃어버리면 90%가 남게 된다. 그러므로 $\frac{1}{2}\frac{Q_0^2}{C}0.9 = \frac{1}{2}\frac{Q^2}{C} = \frac{1}{2}\frac{Q_0^2}{C}e^{-2t/Rc}$가 성립한다. 따라서 $\ln(0.9) = -2t/RC$이다.

## 032

**답** $\varepsilon = 8.5V,\ r = 5.0\Omega$

**풀이**

전지의 단자 전압은 내부 저항을 $r$, 기전력은 $\varepsilon$, 전류를 $I$라 할 때, $V = \varepsilon - Ir$이다. 구해야 하는 미지수가 두 개이므로 미지수와 문제에서 주어진 조건으로 연결된 독립된 두 개의 식을 찾아야 한다. 문제에서 주어진 조건을 다음과 같이 정리하자.

기전력 $\varepsilon$, 내부 저항 $r$, 전류 $I_1$일 때 단자 전압 $V_1$, 전류 $I_2$일 때 단자 전압 $V_2$라 하면 다음과 같은 두 개의 식을 세울 수 있다.

$$V_1 = \varepsilon - I_1 r, \quad V_2 = \varepsilon - I_2 r$$

이 두 식을 결합하면 $V_1 - V_2 = (I_2 - I_1)r$, 따라서 $r = \dfrac{V_1 - V_2}{I_2 - I_1} = 5.0\Omega$를 얻는다. 그리고 이 값을 $\varepsilon = V_1 + I_1 r$에 대입하여 $\varepsilon = 6.0V + 500 \times 10^{-3}A \cdot 5.0\Omega = 8.5V$를 얻는다.

## 033

**답** $29.2mW$

**풀이**

단위 시간당 에너지는 전기적 일률 즉, 전력과 같다. 축전기에 저장되는 에너지 저장률이므로 $I = 2.0mA$인 순간의 전력이다. $P = IV$이다. 그런데 $RC$ 회로에서 $I = \dfrac{V_0}{R}e^{-t/RC}$이므로 $e^{-t/RC} = R\dfrac{I}{V_0}$이다. 그리고 $V = \dfrac{Q}{C} = \dfrac{Q_0}{C}(1 - e^{-t/RC}) = \dfrac{V_0 C}{C}(1 - e^{-t/RC}) = V_0(1 - e^{-t/RC})$이다. 따라서 전류 $I$가 주어졌으므로 $P = IV = IV_0\left(1 - R\dfrac{I}{V_0}\right) = IV_0 - I^2 R$이다.

물리
천재
1000제

# 15장 자기장과 자기장의 근원

## 001

답 (가)

풀이

자기력선속(자속)의 단위는 $Wb$ 혹은 $T \cdot m^2$이다. 전기장의 단위는 $N/C$ 혹은 $V/m$이다. 자기장의 단위는 $T$이다.

## 002

답 (나)

풀이

아래 그림과 같은 경우를 생각하자. 종이면(지면)으로 들어가는 균일한 자기장에 수직으로 오른쪽으로 양전하가 들어간다. 전하의 움직임은 전류를 만들고 전류는 자기장을 생성한다는 것을 알고 있다. 따라서 그림에 표시한 것과 같이 이 움직이는 전하에 의해 발생하는 자기장을 ⊗, ⊙로 표시하면 이미 존재하는 균일한 자기장과 벡터합성이 되어 전하가 움직이는 위쪽은 자기장의 약화가 일어나고, 아래쪽은 자기장의 강화가 일어난다. 자기장은 곧 에너지인 것을 나중에 알게 된다. 정확히는 자기장은 공간에 에너지 밀도로 나타난다. 따라서 이 에너지 밀도는 잠재한 에너지인 퍼텐셜 에너지가 된다. 중력의 경우 물체의 중력 퍼텐셜 에너지가 큰 곳에서 작은 곳으로 물체가 움직이듯, 이 경우도 전하가 움직이는 방향에 수직으로 힘을 받는다. 물체가 움직이는 방향에 수직으로 힘을 받으면 물체의 이동 속도는 변하지 않고 방향만 바뀌므로 그림처럼 움직이는 방향의 전환이 일어나며, 다시 그림에 표시한 바와 같이 수직으로 힘을 받아 연속으로 방향을 바꾸게 되어 결국 원운동을 하게 된다.

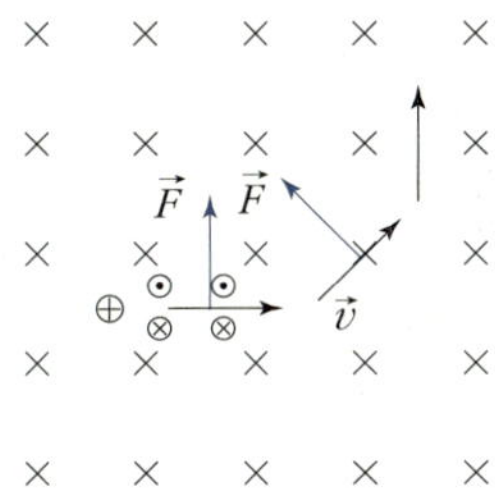

## 003

**답** (다)

**풀이**

문제의 조건에 맞도록 아래 그림처럼 생각하자. 그러면 도선의 위쪽은 자기장의 약화가 발생하고 아래쪽은 자기장의 강화가 발생하여 자기장에 의한 에너지 밀도가 아래쪽이 커진다.

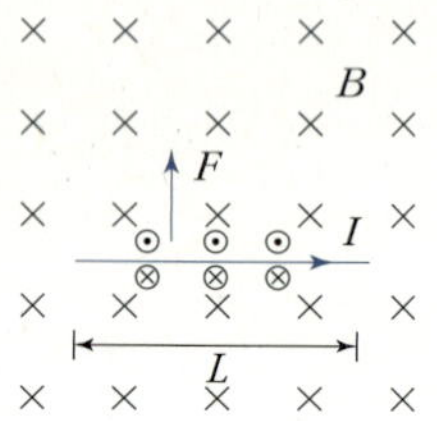


따라서 에너지 밀도가 큰 곳에서 에너지 밀도가 작은 곳으로 도선은 위쪽으로 힘을 받는다. 이것이 이 현상의 정성적인 설명이며, 이것을 정량적으로 표현하면 다음과 같다.

$$\vec{F} = I\,\vec{L} \times \vec{B}$$

여기서 $\vec{L}$은 크기는 도선의 길이이고, 방향은 전류의 방향이다. 이 식은 자기장 내에서 전류가 흐르는 직선 도선에 적합한 식이다. 만일 도선이 곡선이면, 미적분학을 이용하여 직선으로 생각할 수 있는 작은 구간으로 나누어 다음과 같이 구한다.

$$\vec{F} = \int I d\vec{l} \times \vec{B}$$

## 004

**답** (나)

**풀이**

균일한 자기장에 있는 전류가 흐르는 직선 도선이다. 따라서 $\vec{F} = I\,\vec{L} \times \vec{B}$를 이용한다. 문제에서 주어진 조건을 다음과 같이 벡터로 표현한다.

$$\vec{L} = 2.0m\,\hat{j},\ \ \vec{B} = 2.0T\,\hat{k}$$

그리고 벡터 연산을 한다. 그러면 $\vec{F} = 12N\,\hat{i}$를 얻는다.

## 005

**답** (라)

**풀이**

$\vec{v}$로 움직이는 전하 $q$가 이 전하에서 $\vec{r}$인 곳에 만드는 자기장 $\vec{B}$는 진공에서 $\vec{B} = \dfrac{\mu_0}{4\pi}\dfrac{q\vec{v} \times \vec{r}}{r^3}$이다. 전류 $I$가 흐르는 작은 도선 조각 $dl$에 의해 이 도선 조각에서 $\vec{r}$인 곳에 만들어지는 자기장 $d\vec{B}$는 진공에서 $d\vec{B} = \dfrac{\mu_0}{4\pi}\dfrac{Id\vec{l} \times \vec{r}}{r^3}$이다. 변하는 전기장은 변하는 전기력선속을 만들고, 이것은 $\dfrac{d\Phi_E}{dt} = \dfrac{\int \vec{E} \circ d\vec{A}}{dt} = \int \dfrac{\partial \vec{E}}{\partial t} \circ d\vec{A}$에서 다시 변위전류 $I_D = \varepsilon_0 \dfrac{d\Phi_E}{dt}$(진공의 경우)를 만든다. 이 변위전류는 자기장을 만든다. 변하는 자기장은 변하는 자기력선속을 만들고, 이것은 다시 $\varepsilon = -\dfrac{d\Phi_M}{dt} = \oint \vec{E} \circ d\vec{l}$에서 전기장을 만든다.

## 006

**답** (가)

**풀이**

문제의 상황을 그림과 같이 나타내면 두 도선 사이의 자기장의 세기는 두 도선 위와 두 도선 아래보다 약해진다. 따라서 자기장에 의한 에너지 밀도는 두 도선 사이가 작으므로 에너지 밀도가 강한 쪽에서 약한 쪽으로 힘이 작용하게 된다. 즉, 두 도선이 인력을 작용한다.

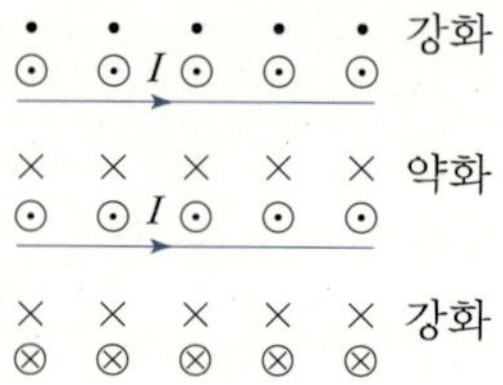

## 007

**답** (나)

**풀이**

문제의 상황을 아래 그림처럼 나타낼 수 있다. 그러면 두 도선 사이의 자기장은 두 도선 사이 밖의 자기장보다 강해진다. 따라서 자기장 에너지가 강한 곳에서 자기장 에너지가 약한 곳으로 힘이 작용하게 된다.

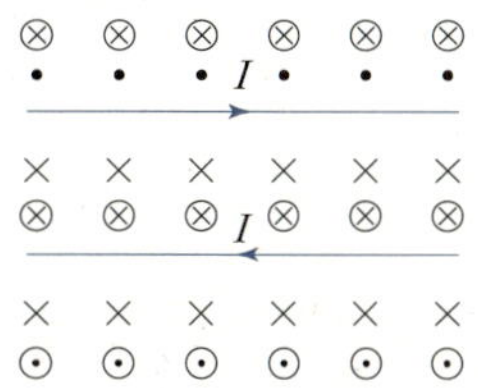


## 008

**답** $\frac{\mu_0}{2}\frac{I}{R}$

**풀이**

그림과 같이 좌표를 선택하자. 그러면 그림의 작은 조각에 의해 원의 중심에 만들어지는 자기장은 다음 식으로 나타낼 수 있다. $d\vec{B}=\frac{\mu_0}{4\pi}I\frac{d\vec{l}\times\vec{r}}{r^3}$

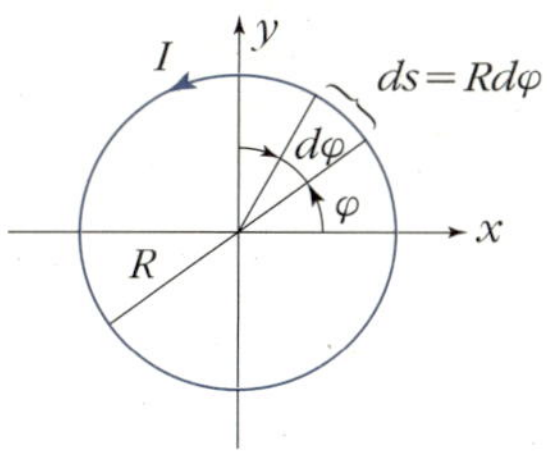


여기서 $\vec{r}=-R\hat{r}$, $d\vec{l}=Rd\varphi\hat{\varphi}$이다. 원통형 좌표계에서 $\hat{r}$, $\hat{\varphi}$, $\hat{k}$는 직교좌표이면서 오른손 좌표계를 형성한다. 따라서 $d\vec{B}=\frac{\mu_0}{4\pi}I\frac{Rd\varphi\hat{\varphi}\times(-R)\hat{r}}{R^3}=\frac{\mu_0}{4\pi}I\frac{R^2d\varphi\hat{k}}{R^3}$을 얻는다. 이를 적분하면 구하고자 하는 자기장은 다음과 같다.

$$\vec{B}=\int d\vec{B}=\int\frac{\mu_0}{4\pi}I\hat{k}\frac{1}{R}d\varphi=\frac{\mu_0}{4\pi}I\hat{k}\frac{1}{R}2\pi=\frac{\mu_0}{2}\frac{I}{R}\hat{k}$$

## 009

**답** $\frac{\mu_0 I}{2\pi r}$

**풀이**

대칭성이 좋은 경우이므로 암페어 법칙을 사용하여 구한다. 그림처럼 도선에서 수직거리 $r$인 곳은 모두 자기장의 세기가 같고 원주를 따라가는 방향이다. 이 원주를 암페어 고리로 하고, 암페어 법칙 $\oint\vec{B}\circ d\vec{l}=\mu_0 I_{encl}$을 적용한다. 진공 상태에 계가 있으므로 $\mu_0$를 쓴다. 자기장과 암페어 고리의 선적분의 방향을 나란하도록 잡으면 $\oint\vec{B}\circ d\vec{l}=2\pi rB$이다. 그리고 이 암페어 고리가 만드는 면을 관통하는 전류는 $I$이므로 $\mu_0 I_{encl}=\mu_0 I$이다.

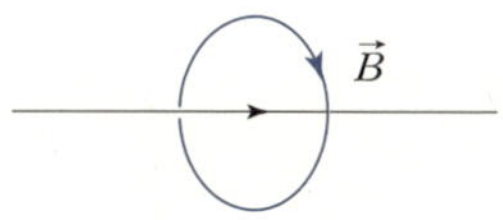


## 010

**답** (가) 0, (나) $IL B\hat{j}$, (다) $ILB\hat{j}$

**풀이**

전류가 흐르는 직선에 자기장이 작용하는 힘은 $\vec{F}=I\vec{L}\times\vec{B}$를 이용하면 구할 수 있다. (가)에서 도선이 받는 힘을 식으로 표현하면 $\vec{F}_1=I(-L\hat{k})\times B\hat{k}=0$이다. 마찬가지로 (나)에서 도선이 받는 힘은 아래 그림을 참고하면 $x$ 방향의 성분은 상쇄되고 $y$ 방향의 성분만 남는다는 것을 알 수 있다. 식으로 표현하면 다음과 같다.

오른쪽 부분은 $\vec{F}_{2r}=IL(-\cos\theta\hat{i}+\sin\theta\hat{j})\times B\hat{k}$, 왼쪽 부분은 $\vec{F}_{2l}=IL(-\cos\theta\hat{i}-\sin\theta\hat{j})\times B\hat{k}$, 이 둘의 합은 $\vec{F}_2=2ILB\cos\theta\hat{j}$이다. 그런데 $\theta=60°$이므로 $\vec{F}_2=ILB\hat{j}$이다. (다)에 작용하는 힘은 같은 방법으로 $\vec{F}_3=I(-L\hat{i})\times B\hat{k}=ILB\hat{j}$이다.

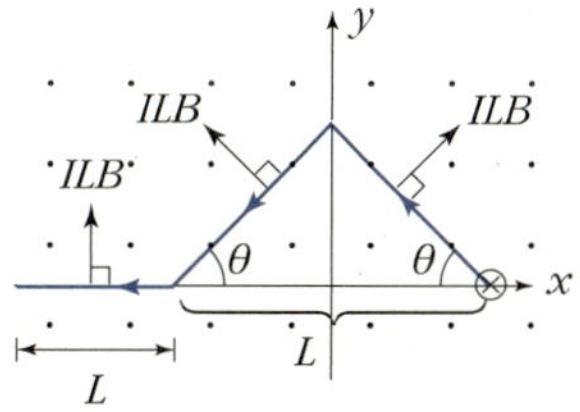

## 011

**답** (가) $8.00Am^2\hat{k}$, (나) $-4.00Nm\hat{i}$, (다) 0

**풀이**

전류가 흐르는 도선 고리의 자기 모멘트의 크기는 전류와 고리 면적의 곱이다. 방향은 전류가 흐르는 방향을 오른손 규칙에 따라 4 손가락 방향과 일치시켰을 때 엄지가 가리키는 곳이다. 자기장이 자기 모멘트에 작용하는 돌림힘은 $\vec{\tau}=\vec{m}\times\vec{B}$이고, 자기 모멘트가 자기장 내에서 갖는 퍼텐셜 에너지는 $U=-\vec{m}\circ\vec{B}$이다. 문제에서 주어진 좌표를 이용하여 다음과 같이 문제를 풀 수 있다.

(가) $\vec{m}=NI\vec{A}=8.00Am^2\hat{k}$

(나) $\vec{\tau}=\vec{m}\times\vec{B}=8.00Am^2\hat{k}\times0.500T\hat{j}=-4.00Nm\hat{i}$

(다) $U=-\vec{m}\circ\vec{B}=8.00Am^2\hat{k}\circ0.500T\hat{j}=0$

## 012

**답** 세기 : $B=\dfrac{\mu_0 NI}{2\pi r}$

방향 : 토로이드 내부의 원주 방향

**풀이**

그림과 같이 문제의 상황을 나타내 보자. 그러면 이상적인 경우, $r<r_1$인 영역과 $r>r_2$인 영역에서는 자기장이 없고, 토로이드 내부에서만 자기장이 존재한다.

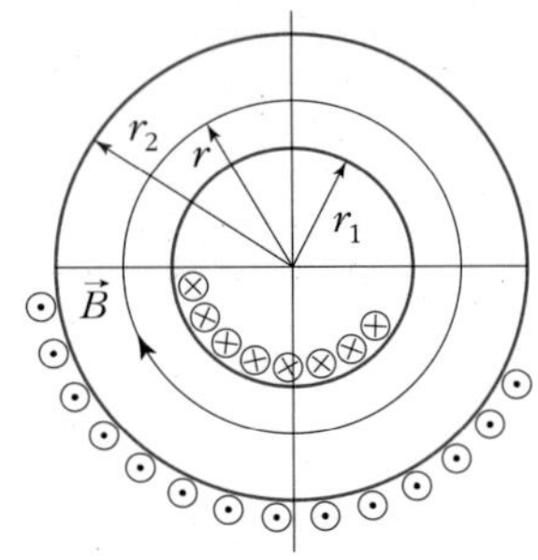


대칭성이 좋은 경우이므로 암페어 법칙으로 자기장을 구할 수 있다. 그림과 같이 토로이드 내부에 토로이드 중심에서 거리 $r$인 원으로 암페어 고리를 선택한다. 오른손 규칙으로 그림과 같은 상황에서 토로이드 내부의 자기장의 방향은 암페어 고리를 따라 시계방향임을 알 수 있고, 따라서 선적분의 방향을 그렇게 선택한다. 이 암페어 고리 위의 모든 점에서 자기장의 세기는 모두 같고, 선적분의 방향과 자기장의 방향이 나란하므로 $\oint\vec{B}\circ d\vec{l}=2\pi rB$이다. 그리고 이 암페어 고리가 만드는 면을 통과하는 알짜 전류는 $NI$이다. 따라서 $\oint\vec{B}\circ d\vec{l}=\mu_0 I_{encl}$에서 $2\pi rB=\mu_0 NI$이므로, 토로이드 내부에서 자기장의 세기는 $B=\dfrac{\mu_0 NI}{2\pi r}$이다.

## 013

**답** $1.9 \times 10^{18} m/s^2$

**풀이**

$q\vec{v} \times \vec{B} = m\vec{a}$에서 구할 수 있다. $\vec{B}$는 주어져 있고 $\vec{v} = 3.0 \times 10^6 m/s\ \hat{i}$이다. 크기를 구하는 것이므로 주의한다.

## 014

**답** $2.0(7.0\hat{i} - 2.0\hat{j} - 17\hat{k})N$

**풀이**

$\vec{F} = q\vec{v} \times \vec{B}$를 사용한다(벡터의 외적 연산을 참조).

## 015

**답** $18 \times 10^3 m/s^2$

**풀이**

움직이는 전하가 자기장에서 받는 힘은 $\vec{F} = q\vec{v} \times \vec{B}$이다. 그리고 힘은 뉴턴 제 2 법칙에 따라 $\vec{F} = m\vec{a}$를 만족한다. 따라서 문제의 조건으로 다음 식을 얻을 수 있다.

$$ma = qvB\sin 30°$$

그러므로 구하고자 하는 가속도의 크기는 $a = \dfrac{qvB\sin 30°}{m}$ 이다.

## 016

**답** $r<R$에서 $B=\dfrac{\mu_0}{2\pi}I\dfrac{r}{R^2}$

$r>R$에서 $B=\dfrac{\mu_0}{2\pi}\dfrac{I}{r}$

방향은 전류의 방향에 따라 오른손 규칙을 적용하여 모두 암페어 고리의 원주를 따라간다.

**풀이**

대칭성이 좋은 경우이므로 암페어 법칙으로 자기장을 구할 수 있다. 원기둥 바깥에서 아래 그림과 같이 원기둥의 축에서 거리 $r$인 곳을 지나는 암페어 고리를 택하면, 이 고리 위에서 자기장은 원주 방향이다. 따라서 $\oint \vec{B}\circ d\vec{l}=\mu_0 I_{encl}$에서 무한 직선 도선의 경우와 같은 결과를 얻는다.

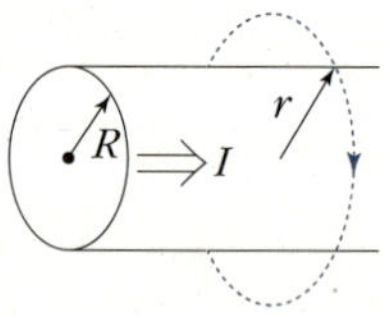


원기둥 내부에서는 아래 그림처럼 원기둥의 내부에 원기둥의 축으로부터 반지름 $r$인 암페어 고리를 택한다. 그러면 대칭성 때문에 역시 자기장은 이 원의 원주 방향이고, 크기는 이 원 위의 모든 점에서 동일하다. 따라서 $\oint \vec{B}\circ d\vec{l}=2\pi rB$이다. 이 암페어 고리가 만드는 면을 관통하는 전류는 비례식 $I:\pi R^2=I_{encl}:\pi r^2$으로부터 $I_{encl}=\dfrac{r^2}{R^2}I$가 된다. 따라서 이 원기둥 내부의 자기장의 세기는 $B=\dfrac{\mu_0}{2\pi}I\dfrac{r}{R^2}$이다.

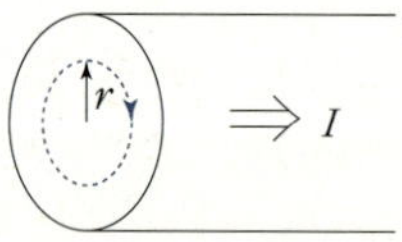


## 017

**답** $1.1kN\hat{k}$

**풀이**

전류가 흐르는 도선이 자기장에서 받는 힘을 구하는 문제이다. $\vec{F}=I\vec{l}\times\vec{B}$ 식을 사용하여 문제에서 주어진 조건으로 다음과 같은 식을 얻을 수 있다.

$$\vec{F}=I\vec{l}\times\vec{B}=12A(3.0m\hat{\imath})\times(20\hat{\imath}+30\hat{\jmath})mT=1.1kN\hat{k}$$

여기서는 $\vec{l}=3.0m\hat{\imath}$, $\vec{B}=(20\hat{\imath}+30\hat{\jmath})mT$, $I=12A$을 사용한다.

## 018

**답** $\vec{B}=\frac{\mu_0}{2}I\frac{R^2}{(h^2+R^2)^{3/2}}\hat{k}$

**풀이**

진공이므로 투자율은 $\mu_0$이다. 문제의 조건을 그림으로 나타내면 다음과 같다.

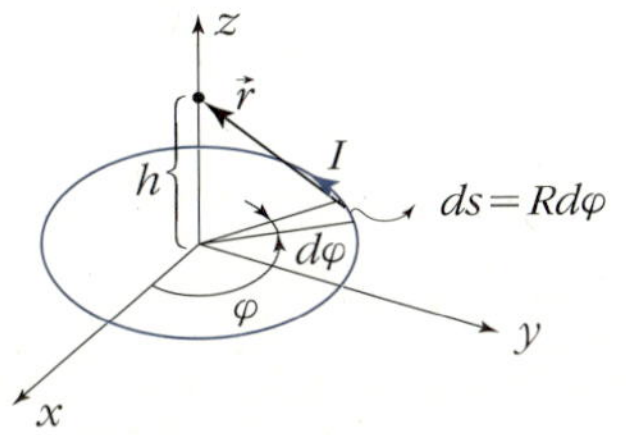


그림에 표시한 작은 조각에 의해 원의 중심에서 수직거리 $h$ 떨어진 지점의 자기장은 다음과 같이 나타낼 수 있다.

$$d\vec{B}=\frac{\mu_0}{4\pi}I\frac{d\vec{l}\times\vec{r}}{r^3}$$

여기서 원통형 좌표계로 $\vec{r}=-\rho\hat{\rho}+h\hat{k}=-R\hat{\rho}+h\hat{k}$이고, $d\vec{l}=Rd\varphi\hat{\varphi}$이며, $r=\sqrt{R^2+h^2}$이므로 $d\vec{B}=\frac{\mu_0}{4\pi}I\frac{d\vec{l}\times\vec{r}}{r^3}=\frac{\mu_0}{4\pi}I\frac{Rd\varphi\hat{\varphi}\times(-R\hat{\rho}+h\hat{k})}{(R^2+h^2)^{3/2}}=\frac{\mu_0}{4\pi}\frac{R^2d\varphi\hat{k}+Rhd\varphi\hat{\rho}}{(R^2+h^2)^{3/2}}$이다.

$\vec{B}=\int d\vec{B}$인데, $\hat{k}$는 $\varphi$가 변해도 변하지 않지만, $\hat{\rho}$는 $\varphi$가 변할 때 방향이 아래 그림처럼 변한다.

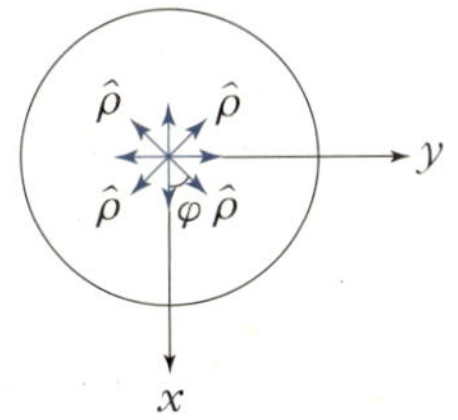


따라서 $d\vec{B}=\frac{\mu_0}{4\pi}\frac{R^2d\varphi\hat{k}+Rhd\varphi\hat{\rho}}{(R^2+h^2)^{3/2}}$의 적분에서 위 그림을 참고하면 $\int_0^{2\pi}\hat{\rho}\,d\varphi=0,\ \int_0^{2\pi}\hat{k}\,d\varphi=2\pi\hat{k}$이 된다.

그러므로 자기장은 다음과 같다.

$$\vec{B}=\frac{\mu_0}{2}I\frac{R^2}{(h^2+R^2)^{3/2}}\hat{k}$$

만일 $h=0$이면, 반지름 $R$인 원형 고리에 전류가 $I$일 때 원의 중심에서 자기장과 같은 $\vec{B}=\frac{\mu_0}{2}\frac{I}{R}\hat{k}$가 얻어진다.

## 019

**답** 크기는 $2.7N$이다.

**풀이**

문제의 조건을 아래 그림과 같이 시각화하고 자기장 내에서 전류가 흐르는 직선 도선이 받는 자기력을 구하는 것이므로 $\vec{F}=I\vec{l}\times\vec{B}$에서 조건을 식으로 표현하여 구한다. 문제의 조건을 식으로 표현하면 다음과 같다. 도선의 직선 구간이 두 부분으로 되어 있고 이를 각기 표현하여 합하면 $\vec{l}=(3.0m\hat{i}+4.0m\hat{k})$이다. 자기장은 $\vec{B}=30mT\hat{k}$이다. 따라서 $\vec{F}=I\vec{l}\times\vec{B}=-2.7N\hat{j}$이다.

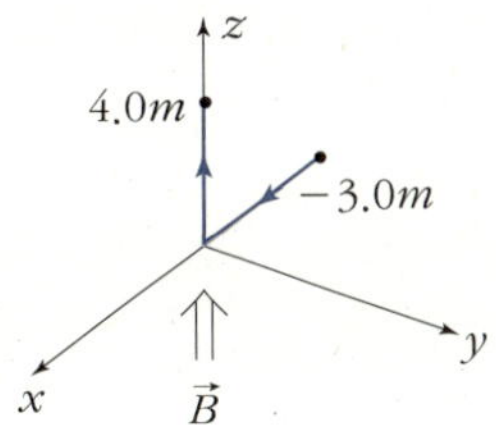


## 020

**답** 영(0)

**풀이**

균일한 자기장에서 전류가 흐르는 직선 도선에 작용하는 자기력을 구하는 문제이므로 $\vec{F}=I\vec{l}\times\vec{B}$로 구할 수 있다. 문제에서 주어진 좌표계를 사용하면 도선의 각 직선 구간을 벡터로 표현하여 다음과 같이 나타낼 수 있다.

$$\vec{l}=L\hat{j}+2L\hat{i}-L\hat{j}=2L\hat{i}$$

그리고 자기장은 $\vec{B}=B\hat{i}$로 나타낼 수 있다.

그러므로 $\vec{F}=I\vec{l}\times\vec{B}=I(2L\hat{i})\times B\hat{i}=0$이다. 즉, 알짜 힘은 없다. 정성적으로 이 문제를 보면 자기장의 방향과 나란한 전류 구간은 힘을 받지 않고, 나머지 부분은 각각 반대 방향으로 힘을 받는다는 것을 알 수 있다. 따라서 알짜 힘은 없다.

## 021

**답** 자기장의 방향은 그림에 표시한 것과 같이 오른손 규칙으로 정하고 크기는 $B = \frac{\mu_0}{2}\lambda$이다.

**풀이**

아래 그림과 같이 문제의 상황을 다시 나타내면 도체에서 수직거리 $h$인 곳의 자기장의 세기는 모두 같고, 방향 또한 거리만 같다면 동일하다. 즉, 대칭성이 좋은 경우이다. 그러므로 암페어 법칙을 적용하여 자기장을 구할 수 있다. 아래 그림에서 도체판 위에서는 자기장이 오른쪽 방향이고, 판 아래에서는 왼쪽 방향이다. 그림과 같은 암페어 고리를 택하고 $\oint \vec{B} \circ d\vec{l} = \mu_0 I_{encl}$을 적용한다. 그림에서 $\oint \vec{B} \circ d\vec{l} = 2LB$이고, $\mu_0 I_{encl} = \mu_0 \lambda L$이다. 따라서 자기장의 세기는 $B = \frac{\mu_0}{2}\lambda$이다. 진공에서 무한 평면에 표면 전하밀도 $\sigma$로 대전된 경우 전기장의 세기가 $E = \frac{\sigma}{2\varepsilon_0}$인 것과 꼴을 비교해서 기억하자.

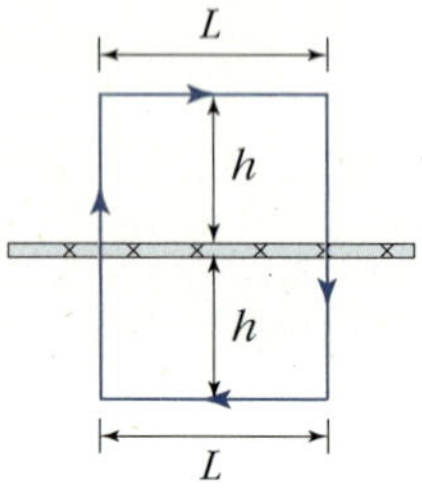


## 022

**답** $5.0N \cdot m$

**풀이**

전류가 흐르는 고리가 자기장 내에서 받는 돌림힘은 $\vec{\tau} = \vec{m} \times \vec{B}$이고, $\vec{m} = NI\vec{A}$이다. $\vec{A}$는 전류 고리의 면적을 크기로 하고 오른손 규칙으로 전류가 흐르는 방향으로 4 손가락의 방향을 일치시키면 엄지가 가리키는 방향이다. 문제에서 주어진 그림을 참고하면 $\vec{m} = NabI(\sin\theta\,\hat{i} - \cos\theta\,\hat{k})$이고, $\vec{B} = B\hat{i}$이다. 따라서 $\vec{\tau} = \vec{m} \times \vec{B} = -NabIB\cos\theta\,\hat{j}$이다.

## 023

**답** 자기장의 방향은 그림에 나타낸 것과 같고, 크기는

$r < r_a$에서 $B = \frac{\mu_0}{2\pi}\frac{r}{r_a^2}I$

$r_a < r < r_b$에서 $B = \frac{\mu_0}{2\pi}\frac{I}{r}$

$r_b < r < r_c$에서 $B = \frac{\mu_0}{2\pi}\frac{I}{r}\left[1-\left(\frac{r^2-r_b^2}{r_c^2-r_b^2}\right)\right]$

$r > r_c$에서 $B = 0$

**풀이**

정성적인 관찰로부터 대칭성이 있는 문제이므로 암페어 법칙으로 자기장을 구할 수 있다는 것을 알 수 있다. 문제의 조건을 아래 그림처럼 오른쪽으로 흐르는 전류를 양(+)으로 나타내자.

$r < r_a$인 영역에서, 아래 그림처럼 암페어 고리를 선택한다. 그리고 이 암페어 고리에 $\oint \vec{B}\circ d\vec{l} = \mu_0 I_{encl}$을 적용한다. 그러면 $I_{encl}$은 그림에서 색칠된 부분으로 흐르는 전류이며, 전류가 균일하게 흐른다고 했으므로 비례식으로 $I : \pi r_a^2 = I_{encl} : \pi r^2$에서 $I_{encl} = I\frac{r^2}{r_a^2}$이다. 따라서 암페어 법칙에서 $2\pi r B = \mu_0 I\, r^2/r_a^2$을 얻고, $B = \frac{\mu_0}{2\pi}\frac{r}{r_a^2}I$을 얻는다. 자기장의 방향은 전류가 오른쪽으로 흐르고 있으므로 오른손 규칙으로 그림에 화살표로 나타낸 방향임을 알 수 있다.

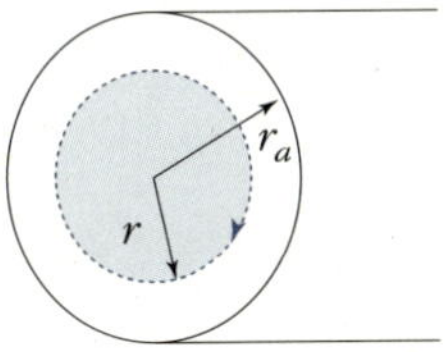


$r_a < r < r_b$인 영역에서, 아래 그림과 같이 암페어 고리를 택한다. 그러면 이 고리가 만드는 면을 통과하는 전류는 $I$이고 오른쪽 방향이다. 그러면 $\oint \vec{B}\circ d\vec{l} = \mu_0 I_{encl}$에서 $2\pi r B = \mu_0 I$이고, 따라서 $B = \frac{\mu_0}{2\pi}\frac{I}{r}$이다.

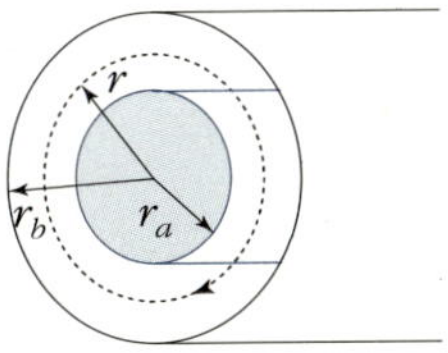


$r_b < r < r_c$인 영역에서, 아래 그림과 같이 암페어 고리를 택한다. 그러면 이 고리가 만드는 면을 통과하는 전류가 서로 반대방향을 향하고 있어 알짜 전류는 다음과 같이 구해야 한다. $r_b < r < r_c$의 면을 전류가 균일하게 흐른다고 했으므로, 비례식으로 그림에 나타낸 암페어 고리가 만드는 면을 통과하는 전류 중 왼쪽으로 흐르는 것은 비례식으로 다음과 같이 구한다.

$$I : \pi(r_c^2 - r_b^2) = I_{encl} : \pi(r^2 - r_b^2)\text{에서 } I_{encl} = I\frac{r^2 - r_b^2}{r_c^2 - r_b^2}$$

따라서 이 암페어 고리에 의해 만들어지는 면을 통과하는 총 알짜 전류는 $I_{encl} = I - I\frac{r^2-r_b^2}{r_c^2-r_b^2}$이다. 따라서 $\oint \vec{B}\circ d\vec{l} = \mu_0 I_{encl}$에서 $2\pi r B = \mu_0 I_{encl}$을 얻고, $B = \frac{\mu_0}{2\pi}\frac{I}{r}\left[1-\left(\frac{r^2-r_b^2}{r_c^2-r_b^2}\right)\right]$을 얻는다.

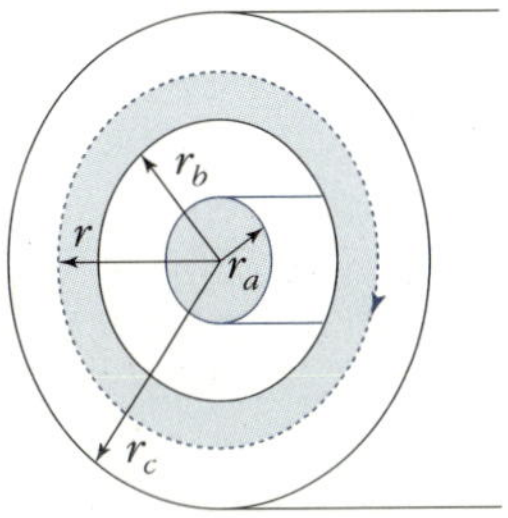


이 영역에서 자기장의 방향은 암페어 고리가 만드는 면을 통과하는 전류가 오른쪽임을 알 수 있으므로 그림의 암페어 고리에 나타낸 화살표의 방향과 같다.

$r > r_c$인 영역에서는 암페어 고리를 택하면 이 고리가 만드는 면을 통과하는 알짜 전류가 없다. 따라서 자기장 $B = 0$이다.

## 024

**답** $6.0N \cdot m$

**풀이**

자기장 내에서 전류가 흐르는 도체 고리에 작용하는 돌림힘은 $\vec{\tau} = \vec{m} \times \vec{B}$이다. 여기서 $\vec{m} = NI\vec{A}$이고, $\vec{A}$는 오른손 규칙으로 전류가 흐르는 방향과 오른손의 4 손가락의 방향을 일치시킬 때 엄지가 가리키는 방향으로 전류가 흐르는 고리가 만드는 면의 방향이다. $N$은 도체 고리의 도선이 감긴 횟수이며, $I$는 도체 고리에 흐르는 전류이다. 고리의 법선 벡터가 $(3\hat{i} - 2\hat{j} + 3\hat{k})$과 나란하다 했으므로 단위 벡터를 구하면 다음과 같다.

$$(3\hat{i} - 2\hat{j} + 3\hat{k})/\sqrt{3^2 + 2^2 + 3^2}$$

그러면 문제에서 주어진 조건을 수식으로 나타내면 다음과 같다.

$$\begin{aligned}\vec{\tau} &= \vec{m} \times \vec{B} \\ &= (5.0A)[\pi(0.60m)^2]\frac{(3\hat{i} - 2\hat{j} + 3\hat{k})}{\sqrt{22}} \times (2\hat{i} - 3\hat{j} + 2\hat{k})T \\ &= 6.0(\hat{i} - \hat{k})N \cdot m\end{aligned}$$

## 025

**답** 원기둥 내부 $r < R$ : $B = \mu_0 \frac{C}{3} r^2$

원기둥 외부 $r > R$ : $B = \mu_0 \frac{C}{3} \frac{R^3}{r}$

**풀이**

원기둥의 축을 기준으로 대칭성이 좋은 경우이다. 아래 그림과 같이 전류가 왼쪽으로 흐른다고 하자.

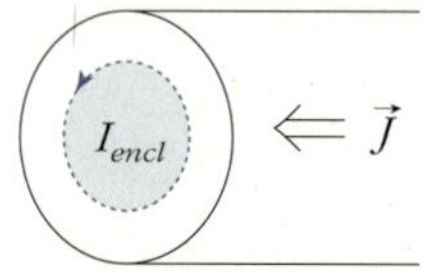


$r < R$인 영역에서 아래 그림과 같이 원기둥의 중심축에서 수직 거리 $r$인 곳의 원을 암페어 고리로 택하자. 전류가 그림에서 왼쪽으로 흐르면 이 고리를 따라 자기장은 나란하다. 따라서 $\oint \vec{B} \circ d\vec{l} = 2\pi rB$이다. 이 암페어 고리가 만드는 면을 통과하는 전류밀도가 일정하지 않으므로 이 면을 통과하는 전류를 계산하기 위해 아래 그림을 생각하자.

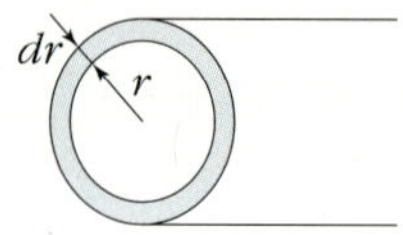


그림의 작은 껍질을 통과하는 전류는 $dI = 2\pi r dr \cdot J = 2\pi r dr Cr = 2\pi Cr^2 dr$이다. 따라서 반지름 $r$인 원의 면을 통과하는 전류는 $I_{encl} = \int dI = 2\pi C \int_0^r r^2 dr = 2\pi C \frac{r^3}{3}$이다. 그러므로 원기둥 내부에서 자기장의 세기는 $B = \mu_0 \frac{C}{3} r^2$이다. 원기둥 바깥에서 자기장을 구해보자. 원기둥의 축에서 수직거리 $r$인 곳을 통과하는 반지름 $r$인 원으로 암페어 고리를 잡으면, 자기장의 방향이 이 고리를 따라 나란하므로 $\oint \vec{B} \circ d\vec{l} = 2\pi rB$이다. 그리고 이 암페어 고리가 만드는 면을 통과하는 전류는 원기둥의 단면을 통과하는 전류와 같으므로 $I_{encl} = \int dI = 2\pi C \int_0^R r^2 dr = 2\pi C \frac{R^3}{3}$이다. 따라서 원기둥 바깥에서 자기장의 세기는 $B = \mu_0 \frac{C}{3} \frac{R^3}{r}$이다.

## 026

**답** $0.42T$

**풀이**

자기장 내에서 전류 고리에 의한 자기 모멘트가 받는 돌림힘은 $\vec{\tau}=\vec{m}\times\vec{B}$이고 최대 돌림힘의 크기가 주어졌다. 즉, $\tau_{max}=mB$가 주어졌다. 그리고 여기서 전류 고리는 원형이므로 $m=NIA=NI\pi r^2$이다. 따라서 $\tau_{max}=\pi r^2 INB$에서 $B=\dfrac{\tau_{max}}{\pi r^2 NI}$이다.

## 027

**답** 반지름 $1.0m$, 원운동을 하는 주기가 $0.21s$, 피치가 $4.2m$인 나선 운동을 한다.

**풀이**

자기장 내에서 전하는 $\vec{F}=q\vec{v}\times\vec{B}$의 힘을 받는다. 자기장에 수직인 속도 성분은 하전 입자를 원운동 하도록 하고, 자기장에 나란한 속도 성분은 하전 입자가 자기력을 받지 않아 속도가 변하지 않는다. 따라서 이 경우 속도의 $z$ 성분은 원운동을 만들고, 속도의 $y$ 성분은 변하지 않는다. 자기장에 수직인 속도 성분을 $v_\perp$라 하고, 자기장에 나란한 속도 성분을 $v_\parallel$라 하자.

원운동은 구심력이 필요하며 이 경우 자기력이 그 역할을 한다. 따라서 $qv_\perp B=m\dfrac{v_\perp^2}{R}$을 만족한다. 여기서 $R$은 원운동의 반지름, $q$는 하전 입자의 전하량, $m$은 하전 입자의 질량이다. 따라서 $R=\dfrac{mv_\perp}{qB}$의 반지름을 갖는 원운동을 하전 입자가 한다.

하전 입자가 이 원을 한 바퀴 도는 데 걸리는 시간은 $T=\dfrac{2\pi R}{v_\perp}=\dfrac{2\pi m v_\perp}{qBv_\perp}=\dfrac{2\pi m}{qB}$이다.

이 시간 동안 하전 입자는 $v_\parallel$로 수평이동하고 그 거리 즉, 피치는 $v_\parallel T=\dfrac{v_\parallel 2\pi m}{qB}$이다.

## 028

**답** $\frac{F}{L} = \frac{\mu_0}{2\pi}\frac{I^2}{h}$

**풀이**

아래 그림과 같이 적절하게 좌표를 선택하여 문제의 상황에 맞도록 두 도선을 배치하자. 그리고 힘의 크기를 구하는 것이므로 전류의 방향이 둘 모두 같다고 하자. 그러면 1번 도선에 의해 2번 도선에 발생하는 자기장은 $\vec{B} = \frac{\mu_0}{2\pi}\frac{I}{h}(-\hat{k})$ 이다. 이 자기장에 의해 2번 도선의 길이 $L$에 자기력이 작용하고 그 힘은 다음과 같다.

$$\vec{F}_2 = IL\hat{j} \times \frac{\mu_0}{2\pi}\frac{I}{h}(-\hat{k}) = \frac{\mu_0}{2\pi}\frac{I^2}{h}L(-\hat{i})$$

마찬가지로 도선 1에 작용하는 힘을 구해도 그 크기는 이와 같다. 따라서 단위 길이당 도선에 작용하는 힘의 크기는 $\frac{F}{L} = \frac{\mu_0}{2\pi}\frac{I^2}{h}$이다.

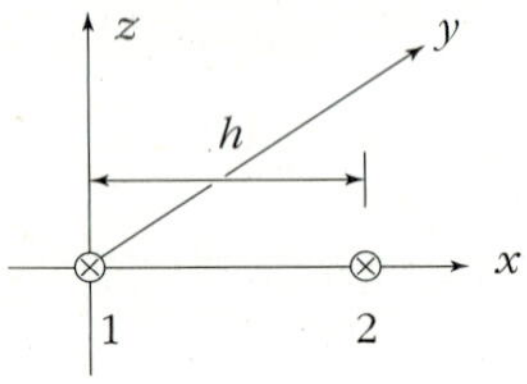


## 029

**답** $3.2 \times 10^2 m/s$

**풀이**

하전 입자가 자기장 내에서 움직이면 자기장에 수직인 속도 성분 $v_\perp$는 원운동을 만들고, 자기장에 수평인 속도 성분 $v_\parallel$는 영향을 받지 않는다. 원운동은 등속 원운동이므로 원의 반지름을 $R$, 주기를 $T$라 하면 $v_\perp = \frac{2\pi R}{T} = 314m/s$이고, $T$ 동안 자기장의 방향과 나란하게 움직인 거리가 피치이므로 $v_\parallel = \frac{6.0cm}{2.0ms} = 30m/s$이다. 따라서 $v = \sqrt{v_\perp^2 + v_\parallel^2}$ 이다.

## 030

**답** $9.1mm$

**풀이**

자기장에 수직으로 하전 입자가 입사하므로 자기력이 하전 입자의 구심력 역할을 한다. 따라서 $qvB = m\frac{v^2}{R}$에서 $R = \frac{mv}{qB}$이다. 그런데 이 하전 입자의 운동에너지가 $eV$ 단위로 주어졌으므로 $\frac{1}{2}mv^2 = 4.0 \times 10^3 \times 1.60 \times 10^{-19} C \cdot V$에서 $v = \sqrt{2eV/m}$를 구할 수 있고, 하전 입자가 양성자이므로 $q = e$와 같다. 따라서 $R = \sqrt{2m\frac{V}{e}}/B$이다. 여기서 $V$는 $4.0kV$이다.

## 031

**답** $\dfrac{F}{L}=\dfrac{\mu_0 I\lambda}{\pi}\arctan\left(\dfrac{w}{2h}\right)$

**풀이**

평판에서 도선까지의 거리가 변한다. 따라서 아래 그림처럼 평판의 길이 $L$인 작은 영역에 도선이 작용하는 힘을 먼저 고려한다. 이 힘은 전류가 흐르는 나란한 두 도선 사이에 작용하는 것과 같다.

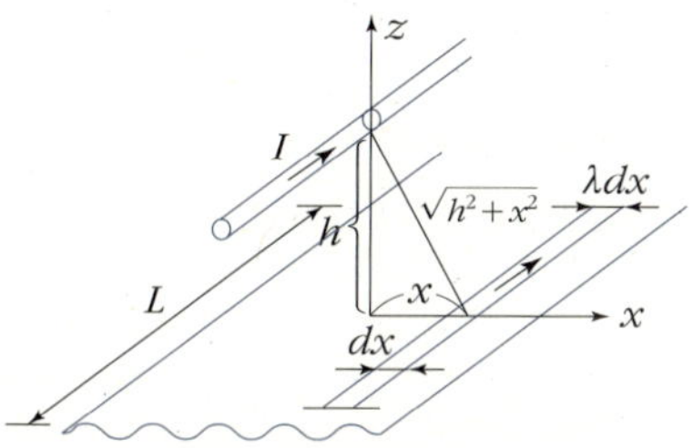


그림에서 무한 직선 도선이 무한 평판의 작은 조각 위치에 만드는 자기장의 세기는 $\dfrac{\mu_0}{2\pi}\dfrac{I}{\sqrt{h^2+x^2}}$이다. 그리고 이 자기장의 방향은 무한 평판의 작은 조각에 흐르는 전류의 방향에 수직이다. 이 작은 조각에 흐르는 전류는 $\lambda dx$이고, 길이 $L$인 이 조각에 작용하는 힘은 $\vec{F}=\lambda dx\vec{L}\times\vec{B}$에서 $\vec{L}\perp\vec{B}$이므로, 크기가 $F=\lambda dxL\dfrac{\mu_0}{2\pi}\dfrac{I}{\sqrt{h^2+x^2}}$이다. 방향은 아래 그림에 나타낸 것과 같이 이 조각에서 무한 직선 도선을 향한다. 그런데 아래 그림에 나타낸 것과 같이 무한 도선에서 무한 평판에 내린 수직선을 기준으로 양쪽의 무한 평판 조각에 작용하는 두 힘을 살펴보면 $x$ 성분은 서로 상쇄되고 $y$ 성분만 남는다는 것을 알 수 있다. 무한 평판의 작은 조각에 작용하는 힘의 $y$ 성분은 아래 그림을 참고하면 다음과 같다.

$$dF=\frac{\mu_0 I\lambda L dx}{2\pi\sqrt{h^2+x^2}}\frac{h}{\sqrt{h^2+x^2}}$$

따라서 이 무한 평판의 길이 $L$에 전류가 흐르는 무한 직선 도선이 작용하는 힘의 크기는 다음과 같이 구할 수 있다.

$$F=\int dF=\frac{\mu_0 I\lambda Lh}{2\pi}\int_{-w/2}^{w/2}\frac{dx}{h^2+x^2}=\frac{\mu_0 I\lambda Lh}{2\pi}2\int_0^{w/2}\frac{dx}{h^2+x^2}$$

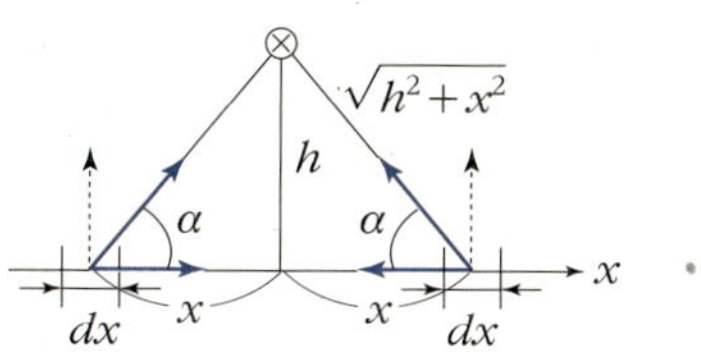


여기서 $\displaystyle\int_0^{w/2}\frac{dx}{h^2+x^2}=\frac{h}{h^2}\int\frac{d(x/h)}{(x/h)^2+1}=\frac{1}{h}\int\frac{d\tan\theta}{\tan^2\theta+1}$ $\displaystyle=\frac{1}{h}\int\frac{\sec^2\theta d\theta}{\sec^2\theta}=\frac{1}{h}\int d\theta$로, $x/h=\tan\theta$로 치환하고, 따라서 적분 구간은 $x: 0\rightarrow w/2$에서, $\theta: 0\rightarrow\arctan\left(\dfrac{w}{2h}\right)$로 바뀐다.

그러므로 $F=\dfrac{\mu_0 I\lambda L}{\pi}\arctan\left(\dfrac{w}{2h}\right)$이고, 폭 $w$인 무한 길이의 평판에 단위 길이당 무한 직선 도선이 작용하는 힘의 크기는 다음과 같다.

$$\frac{F}{L}=\frac{\mu_0 I\lambda}{\pi}\arctan\left(\frac{w}{2h}\right)$$

## 032

**답** $0.18\mu s$

**풀이**

전자의 전하량을 $q$, 전자의 질량을 $m_e$, 균일한 자기장을 $B$, 원의 반경을 $R$, 전자가 자기장 내에서 등속 원운동 할 때의 속력을 $v$라고 하고, 전자가 이 반경으로 원을 한 바퀴 도는 데 걸리는 시간을 $T$라고 하자. 그러면 이 $T$가 주기가 된다. 이 주기는 전자가 원을 한 바퀴 도는 데 걸리는 시간이므로 $T=\dfrac{2\pi R}{v}$로 구할 수 있다. 문제에서 $R$은 주어졌고, $v$는 주어지지 않았으므로 $v$를 주어진 값으로 표현해야 한다. 전자가 원운동을 하고 있으므로 전자의 속도와 자기장이 서로 수직이라고 할 수 있다. 서로 수직하지 않으면 전자는 나선 운동을 할 것이다. 균일한 자기장 내에서 등속 원운동하는 전자는 구심력을 받고 자기력이 이 구심력 역할을 하므로 $m_e\dfrac{v^2}{R}=qvB$이다. 따라서 $v=\dfrac{qBR}{m_e}$이고, 이것을 $T=\dfrac{2\pi R}{v}$에 대입하면 $T=\dfrac{2\pi m_e}{qB}$로 문제에서 주어진 값들로 표현할 수 있다.

## 033

**답** 전류 고리에 작용하는 알짜 힘은 없다. 전류 고리에 작용하는 돌림힘의 크기는 $I\pi R^2\frac{\mu_0\lambda}{2}$이다.

**풀이**
문제의 조건에 맞도록 아래 그림과 같이 좌표를 선택하고 전류의 방향을 정한다. 문제에서 특별히 전류의 방향을 주지 않았으므로 그림처럼 임의로 택할 수 있다.

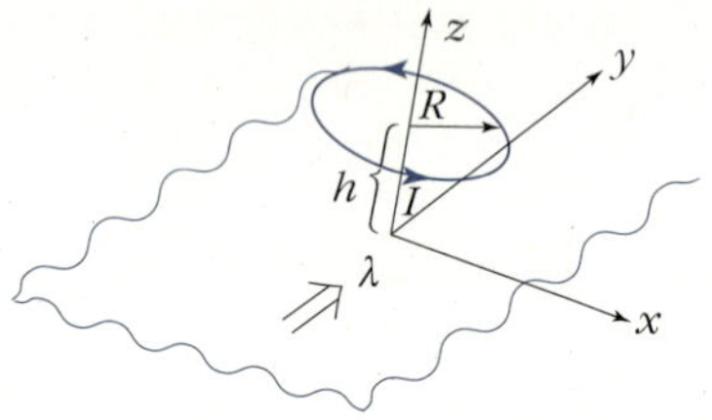


무한 평면 위의 자기장을 문제의 조건으로 위 그림에 나타낸 좌표로 표현하면 $\vec{B}=\frac{\mu_0\lambda}{2}\hat{\imath}$이다. 이제 아래 그림과 같이 전류 고리의 작은 조각 $dS$에서 전류의 방향을 고려하면 $d\vec{S}=Rd\varphi\,\hat{\varphi}=Rd\varphi(-\hat{\imath}\sin\varphi+\hat{\jmath}\cos\varphi)$로 나타낼 수 있고, 이 원형 고리의 작은 조각에 작용하는 힘은 $d\vec{F}=I\,d\vec{S}\times\vec{B}$ $=I\,Rd\varphi(-\hat{\imath}\sin\varphi+\hat{\jmath}\cos\varphi)\times\frac{\mu_0\lambda}{2}\hat{\imath}=-I\,R\frac{\mu_0\lambda}{2}\hat{k}\cos\varphi d\varphi$ 이다.

따라서 이 원형 고리 전체에 작용하는 힘은 $\vec{F}=\int d\vec{F}=$ $-IR\frac{\mu_0\lambda}{2}\hat{k}\int_0^{2\pi}\cos\varphi d\varphi=0$이다.

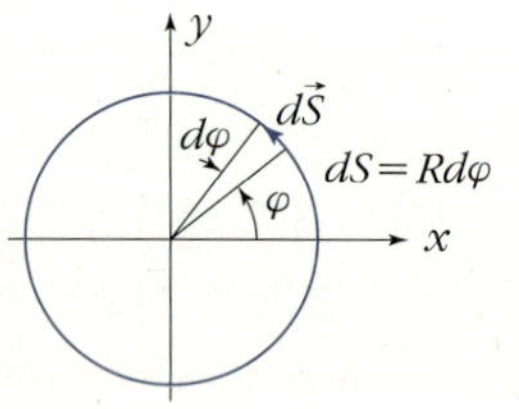


이 결과는 정성적으로 분석할 때, 균일한 자기장 내부에 있는 폐 전류 고리에 작용하는 힘이 영(0)이라는 것과 일치하는 것이다.

이 고리에 작용하는 돌림힘을 구하기 위해 $\vec{\tau}=\vec{m}\times\vec{B}$에서 그림의 좌표를 고려하면 $\vec{m}=I\pi R^2\hat{k}$이고, $\vec{B}=\frac{\mu_0\lambda}{2}\hat{\imath}$이므로 $\vec{\tau}=I\pi R^2\frac{\mu_0\lambda}{2}\hat{\jmath}$이다. 이 결과는 다음과 같이 해석할 수 있다. 즉, 전류 고리에 의한 자기장의 방향이 무한 평면에 의한 자기장의 방향과 같도록 전류 고리가 회전하려 한다는 것이다.

## 034

**답** $16mm$

**풀이**
전하가 균일한 자기장에 수직으로 입사하면 하전 입자는 등속 원운동을 한다. 따라서 여기서는 양성자에 작용하는 자기력이 구심력 역할을 하게 된다. 그러므로 양성자의 속력을 $v$, 질량을 $m_p$, 전하량을 $q$, 자기장을 $B$, 양성자가 만드는 원 궤적의 반지름을 $R$이라고 하면 다음 식이 성립한다. 자기력이 구심력 역할을 하므로 $qvB=m_p\frac{v^2}{R}$에서 $R=\frac{m_pv}{qB}$이다. 그런데 문제에서 양성자의 속력이 주어지지 않고 정지 상태에서 일정한 전압으로 가속시켰다고 하였다. 따라서 전기장에 의해 양성자가 운동에너지를 얻게 된 것을 알 수 있고, 전기장은 보존력장이므로 역학적 에너지 보존법칙을 사용하여 가속전압이 $V$이면 $0+qV=\frac{1}{2}mv^2+0$에서 양성자의 속력 $v=\sqrt{2qV/m_p}$를 얻을 수 있다. 그러므로 양성자가 만드는 궤적의 반지름은 $R=\sqrt{(2m_pV/q)}/B$이다. 여기서 $q$는 양성자의 전하량이다.

## 035

**답** $B=\lambda\frac{g}{I}$

**풀이**
중력은 아래쪽으로 도선에 작용하고 자기력은 위쪽으로 도선에 작용한다. 이 두 힘이 평형을 이루면 도선은 공중에 부양된다. 도선의 길이 $l$에 작용하는 중력의 크기는 $F_g=(\lambda l)g$이고, 자기력의 크기는 자기장의 방향과 전류의 방향이 수직이므로 $F_M=IlB$이다. 따라서 $F_g=F_M$에서 $B=\lambda\frac{g}{I}$를 얻는다.

## 036

**답** $7.9\times10^{-2}T$

**풀이**

아래 그림과 같이 속도선택기에서 전기장의 방향과 자기장의 방향은 서로 수직이다. 여기서 자기장의 방향은 지면으로 들어간다.

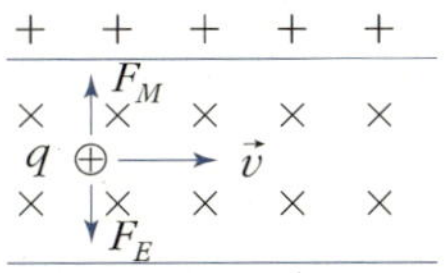


전기력과 자기력의 크기가 같으면 편향되지 않고 직선 운동을 한다. 그림에서 자기력의 크기는 $F_M = qvB$이고, 방향은 위쪽이다. 반면 전기력의 크기는 $F_E = qE$이고, 방향은 아래쪽이다. 따라서 이 양성자가 편향되지 않고 직선 운동을 하기 위해서는 $qvB = qE$의 조건, 즉 $v = E/B$의 조건을 만족해야 한다. 그런데 여기서 양성자의 에너지가 $eV$ 단위로 주어져 있으므로 $\frac{1}{2}mv^2 = qV$에서 $v = \sqrt{\frac{2qV}{m}} = \frac{E}{B}$이다. 따라서 $B = E/\sqrt{2qV/m}$을 얻는다. 여기서 에너지가 $eV$ 단위로 주어졌음에 유의한다. 이것을 표준단위(SI Unit)로 전환해야 한다. 즉, $1eV = 1.6\times10^{-19}C\cdot1V$임을 사용해야 한다.

## 037

**답** $4.0\mu T$

**풀이**

전류 $I$가 흐르는 무한 직선 도선에서 수직거리 $r$인 지점의 자기장 크기를 암페어 법칙으로 구하면 $\frac{\mu_0}{2\pi}\frac{I}{r}$이다. 자기장의 방향은 오른손 규칙으로 정할 수 있다. 문제의 조건에서 자기장의 양(+)의 방향을 $3I$의 전류가 $P$ 점에 만드는 자기장의 방향이라고 하자. 그러면 문제의 조건에서 $P$ 점의 자기장은 다음과 같이 구할 수 있다.

$$\frac{\mu_0}{2\pi}\frac{3I}{3.0m} - \frac{\mu_0}{2\pi}\frac{I}{1.0m} - \frac{\mu_0}{2\pi}\frac{4I}{2.0m}$$

자기장의 세기를 구하는 문제이므로 이 계산의 크기를 구한다.

## 038

**답** $m = \frac{1}{4}Q\omega R^2$

**풀이**

전하가 움직이면 전류가 되고, 이 전류는 자기장을 만들며 전류 고리는 자기 모멘트를 형성한다. 아래 그림처럼 원반 위의 작은 고리를 생각하자.

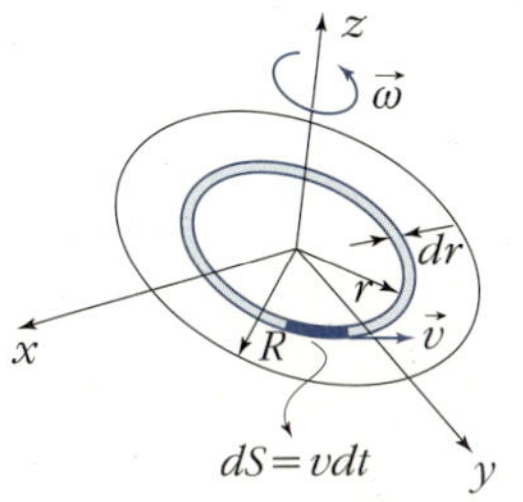


원반의 표면 전하밀도를 $\sigma$라고 하자. 원반의 그림에 표시한 곳이 $dt$ 동안 이동한 거리는 $vdt$, $v = r\omega$, 두께 $dr$인 고리이므로 $dt$ 동안 원반의 고리가 이동한 면적은 $vdt\,dr$이 된다. 따라서 이동한 전하는 $dQ = \sigma\, vdt\, dr$이고, 이 고리에서 만들어지는 전류는 $I' = \frac{dQ}{dt} = \sigma\, v\, dr = \sigma r\omega dr$이 된다. 그러므로 이 고리에 의한 자기 모멘트는 크기가 $dm = I'\pi r^2 = \pi r^2\sigma r\omega dr$이며, 방향은 전하의 종류와 각속도의 방향에 의해 오른손 규칙으로 정할 수 있고 원반의 회전축과 나란함을 알 수 있다. 원반 위의 이러한 고리가 각기 만드는 자기 모멘트는 방향이 모두 같으므로 회전하는 대전된 원반에 의한 자기 모멘트의 크기는 다음과 같다.

$$m = \int dm = \pi\sigma\omega\int_0^R r^3 dr = \frac{1}{4}\pi\sigma\omega R^4$$

그런데 $\sigma = \frac{Q}{\pi R^2}$이므로, $m = \frac{1}{4}Q\omega R^2$이다.

## 039

**답** $280\mu T$

**풀이**

자기장은 벡터이다. 전류의 방향이 주어지지 않았으므로 그림과 같이 임의로 정한다. 아래 그림과 같이 두 직선에 의한 자기장이 각기 만들어져 벡터합성이 된다. 이 경우 두 자기장이 90°로 만난다. 전류가 $I$인 무한 직선 도선에서 수직 거리 $r$인 지점의 자기장의 크기는 $\frac{\mu_0}{2\pi}\frac{I}{r}$이다. 전류의 방향이 바뀌어도 자기장의 크기는 변함이 없다.

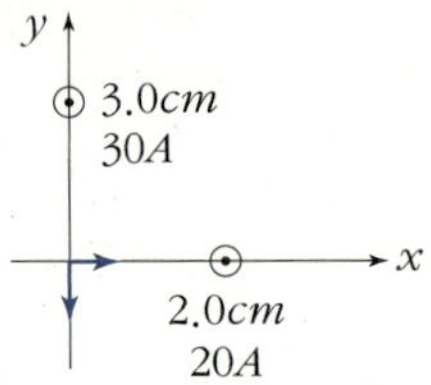


## 040

**답** $9.3\times10^{-3}T$

**풀이**

문제의 조건을 그림으로 나타내면 아래 그림과 같다. 자기장의 크기를 구하는 것이므로, 전류의 방향은 문제의 조건에 맞도록 적당하게 선택한다. 아래 그림에서 $P$ 점의 자기장의 세기를 구하는 것이다. 오른손 규칙을 사용하면 각 도선에 의한 자기장이 만나 자기장의 세기가 강화된다는 것을 알 수 있다.




## 041

**답** $m=\frac{T}{N}\frac{qB}{2\pi}$

**풀이**

문제에서 주어진 조건으로 하전 입자의 질량을 구하기 위해서는 하전 입자의 질량과 문제의 조건이 연결된 식을 구해야 한다. 문제에서 주어진 조건을 이용하면 하전 입자의 원운동 주기는 $T_0=\frac{T}{N}$이다. 그런데 반지름 $R$인 원을 일정한 속력으로 등속 원운동하는 경우 주기는 $T_0=\frac{2\pi R}{v}$이다. 그리고 균일한 자기장 $B$에서 질량 $m$이고, 전하가 $q$인 하전 입자가 등속 $v$로 반지름 $R$인 원운동을 할 때, 자기력이 구심력 역할을 하므로 $qvB=m\frac{v^2}{R}$을 만족한다. 따라서 $R=\frac{mv}{qB}$를 얻고, 이것을 $T_0=\frac{2\pi R}{v}$에 대입하면 $T_0=\frac{2\pi\frac{mv}{qB}}{v}=\frac{2\pi m}{qB}=\frac{T}{N}$이다. 따라서 $m=\frac{T}{N}\frac{qB}{2\pi}$로 문제에서 주어진 조건으로 하전 입자의 질량을 표현할 수 있다.

## 042

**답** $1.97\times10^{-6}T$

**풀이**

아래 그림처럼 원주의 작은 호 $dS$가 원의 중심에 작용하는 자기장은 모든 호에서 원의 중심까지 거리가 같고, 자기장의 방향이 같으므로 호의 길이에 비례하여 기여한다. 즉, $d\vec{B}=\frac{\mu_0}{4\pi}I\frac{d\vec{S}\times\vec{r}}{r^3}$에서 $\vec{r}\perp d\vec{S}$이고 $r$이 일정하다. 따라서 반지름이 $R$이고 전류가 $I$인 원의 경우, 원의 중심에 자기장의 세기는 $\frac{\mu_0}{2}\frac{I}{R}$이다. 이 경우 반원이므로 중심에서 자기장의 세기는 $\frac{\mu_0}{2}\frac{I}{R}\times\frac{1}{2}$이다. 그런데 반지름 $R$이 주어지지 않았고, 반원의 호의 길이 $l$만 주어졌다. 그러므로 반원의 호의 길이는 $\pi R=l$에서 $R=\frac{l}{\pi}$로 반지름을 구할 수 있고, 따라서 반원의 중심에서 자기장의 세기는 다음과 같다.

$$B=\frac{\mu_0}{2}\frac{I}{R}\frac{1}{2}=\frac{\mu_0}{4}\frac{I}{l}\pi$$

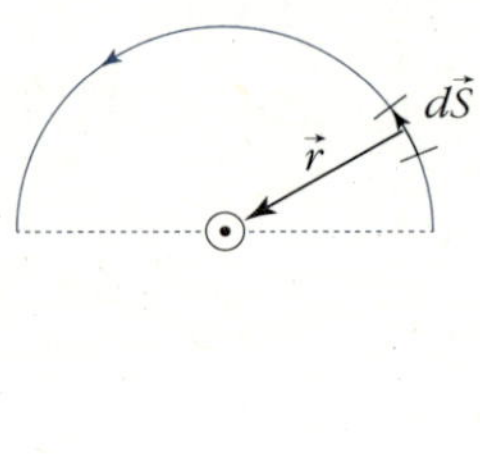

## 043

**답** $64\mu T$

**풀이**

문제의 상황을 그림으로 나타내면 아래와 같다. 그림에서 $P$ 점의 자기장을 구하는 것이다.

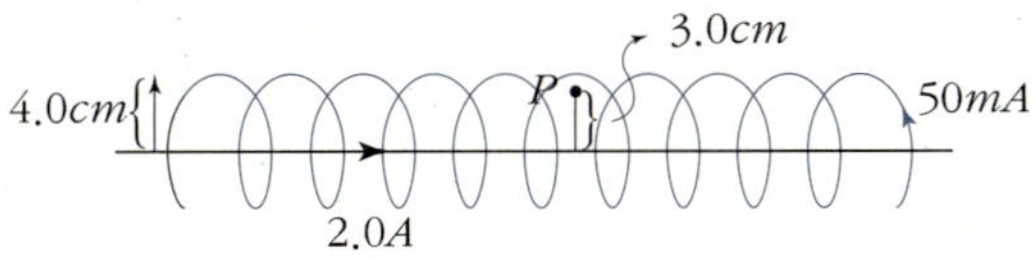


솔레노이드 내부의 자기장의 크기는 $B_1 = \mu_0 n I_1$이고, 솔레노이드의 축과 나란한 방향이다. 이것이 $P$ 점에 솔레노이드가 기여하는 자기장이기도 하다. 여기서 $n = 1000/m$이고, $I_1 = 50mA$이다. 직선 도선에 의해 $P$ 점에 만들어지는 자기장의 크기는 $B_2 = \frac{\mu_0}{2\pi}\frac{I_2}{r}$이고, 지면에서 나오는 방향이다. 여기서 $I_2 = 2.0A$이며, $r$은 직선 도선에서 $P$ 점까지 수직거리로 $r = 3.0cm$이다. $B_1$과 $B_2$가 서로 수직이므로 $P$ 점에서 자기장의 세기는 $B = \sqrt{B_1^2 + B_2^2}$ 이다.

## 044

**답** $1.96\times10^{-4}T$

**풀이**

전류가 흐르는 도선에 의한 자기장을 구하는 것이다. $d\vec{B} = \frac{\mu_0}{4\pi} I \frac{d\vec{l}\times\vec{r}}{r^3}$에서 $\vec{r} \parallel d\vec{l}$이므로 $\alpha$, $\beta$ 구간에서는 $P$ 점에 자기장을 만들지 않는다. 그러나 두 원호는 $P$ 점에 자기장을 만든다. 안쪽은 지면(종이면)으로 들어가는 자기장을, 바깥은 지면으로 나오는 자기장을 만든다. 반지름이 일정한 전류가 흐르는 도선의 경우, 원호의 모든 지점에서 $P$ 점에 기여하는 자기장이 모두 동일하다. 이 문제의 경우 서로 반대로 흐르는 두 개의 전류가 있는 1/4 원호에 의한 자기장이다. 따라서, 반지름 $R$, 전류 $I$인 원형 도체 고리에 의해 원의 중심에 만들어지는 자기장의 세기가 $\frac{\mu_0}{2}\frac{I}{R}$이므로, 지면으로 들어가는 방향을 양(+)이라고 하면 $P$ 점에서 자기장의 크기는 다음과 같다.

$$B = \frac{\mu_0}{2}\frac{I}{a}\cdot\frac{1}{4} - \frac{\mu_0}{2}\frac{I}{b}\cdot\frac{1}{4} = \frac{\mu_0}{2}\frac{1}{4}I\left(\frac{1}{a} - \frac{1}{b}\right)$$
$$= \frac{\mu_0}{8}I\frac{(b-a)}{ab}$$

$b > a$이므로 이 값이 자기장의 크기로 적당한 값이 된다.

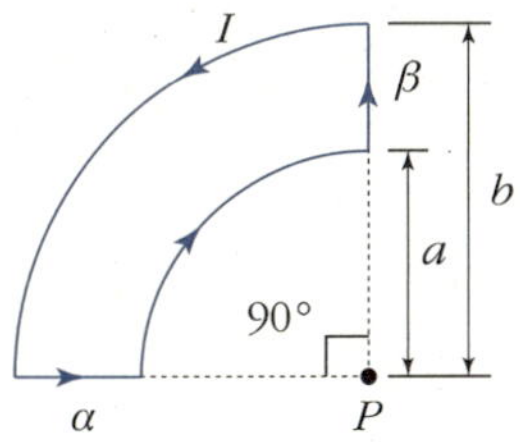

## 045

**답** 크기 $\frac{\mu_0}{2\pi}iIw\left(\frac{1}{a}-\frac{1}{b}\right)$이고 무한 직선 도선 쪽으로 힘이 작용한다.

**풀이**

무한 직선 도선에 의해 직사각형 도체 고리에 작용하는 자기장이 자기력을 만든다. 아래 그림처럼 도체 고리를 구간으로 나누어 보도록 하자. 그러면 1 구간에 작용하는 자기장은 1 구간에 흐르는 전류의 방향과 수직이다. 그런데 1 구간에 작용하는 자기장이 일정하지 않다. 따라서 그림처럼 1 구간에서 작은 조각을 고려하면 이 조각에 작용하는 힘의 크기는 $idr\frac{\mu_0}{2\pi}\frac{I}{r}$이고, 힘의 방향은 그림에서 왼쪽이다. 그러므로 1 구간이 받는 자기력의 크기는 $i\frac{\mu_0}{2\pi}I\int_a^b\frac{dr}{r}=iI\frac{\mu_0}{2\pi}\ln\left(\frac{b}{a}\right)$이다. 마찬가지로 2 구간이 받는 힘의 크기는 $iI\frac{\mu_0}{2\pi}\ln\left(\frac{b}{a}\right)$이고 방향은 오른쪽이다. 3 구간에 작용하는 자기장은 세기가 일정하여 $\frac{\mu_0}{2\pi}\frac{I}{b}$이고, 따라서 이 구간에 작용하는 자기력의 크기는 $iw\frac{\mu_0}{2\pi}\frac{I}{b}$이며, 방향은 그림에서 $-z$ 쪽이다. 마찬가지 방법으로 4 구간에 작용하는 자기력의 크기는 $iw\frac{\mu_0}{2\pi}\frac{I}{a}$이고 방향은 $+z$이다.

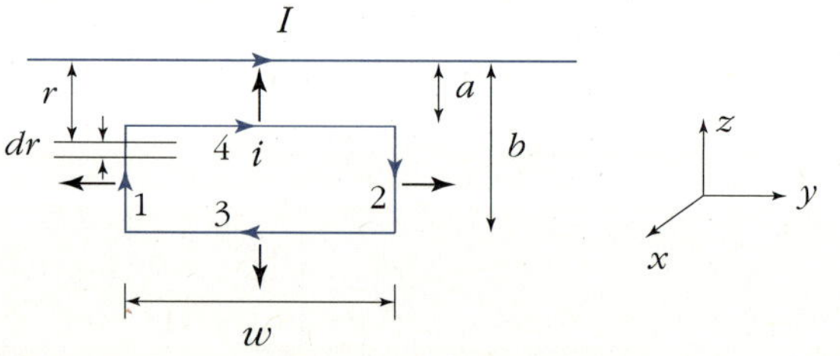


따라서 직사각형 도선에 작용하는 알짜 힘의 방향은 무한 도선 쪽이고 크기는 $\frac{\mu_0}{2\pi}iIw\left(\frac{1}{a}-\frac{1}{b}\right)$이 된다.

## 046

**답** $\frac{\mu_0}{2}\frac{I}{R}\frac{3}{8}$

**풀이**

이와 같은 문제에서 반지름이 같은 원호의 조각은 모두 원의 중심에 같은 방향의 자기장을 $P$ 점에 생성한다. $d\vec{B}=\frac{\mu_0}{4\pi}I\frac{d\vec{l}\times\vec{r}}{r^3}$에서 그림의 직선 부분은 $P$ 점에 자기장을 생성하지 않는 것을 알 수 있다.

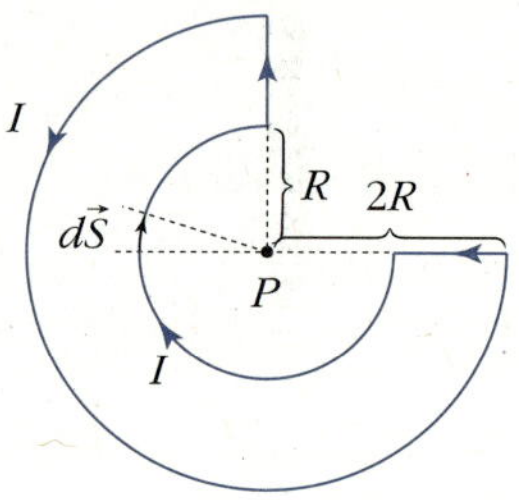


반지름 $R$인 원형 도체 고리에 전류가 $I$이면, 원의 중심에 자기장의 세기는 $\frac{\mu_0}{2}\frac{I}{R}$이다. 이 문제는 3/4원이 원의 중심에 만드는 자기장의 세기를 구하는 것이다. 따라서 지면으로 들어가는 자기장의 방향을 양(+)으로 보면 $P$ 점의 자기장의 세기는 다음과 같다.

$$\frac{\mu_0}{2}\frac{I}{R}\frac{3}{4}-\frac{\mu_0}{2}\frac{I}{2R}\frac{3}{4}=\frac{\mu_0}{2}\frac{I}{R}\frac{3}{8}$$

## 047

**답** $m = \frac{Q}{3}\omega R^2$

**풀이**

구 표면의 전하밀도를 $\sigma$라고 하자. 그러면 그림에 표시한 $dS$가 $\omega$로, 반지름 $r$로 회전할 때 전류가 된다. 전류 $I = \frac{dQ}{dt}$이고, $dt$ 동안 $dS$ 폭의 전하는 $vdt$의 길이를 움직이므로, $dt$ 동안 그림에 표시한 지점에서 $dQ = \sigma\, vdt\, dS$가 지나간다. 따라서 이 지점에서 나타나는 전류는 $I' = \frac{dQ}{dt} = \sigma v dS$이다. 그림에서 $v = r\omega$, $dS = Rd\theta$, $\sigma = \frac{Q}{4\pi R^2}$, $r = R\sin\theta$이다. 따라서 $I' = \frac{Q}{4\pi R^2} R\sin\theta\, \omega\, Rd\theta = \frac{Q}{4\pi}\omega \sin\theta d\theta$이다. 이 전류에 의한 자기 모멘트는 전류의 면적이 $\pi r^2$이므로 다음과 같다.

$$dm = I'\pi r^2 = \frac{Q}{4\pi}\omega \sin\theta\, d\theta\, \pi(R^2 \sin^2\theta) = \frac{Q}{4}\omega R^2 \sin^3\theta\, d\theta$$

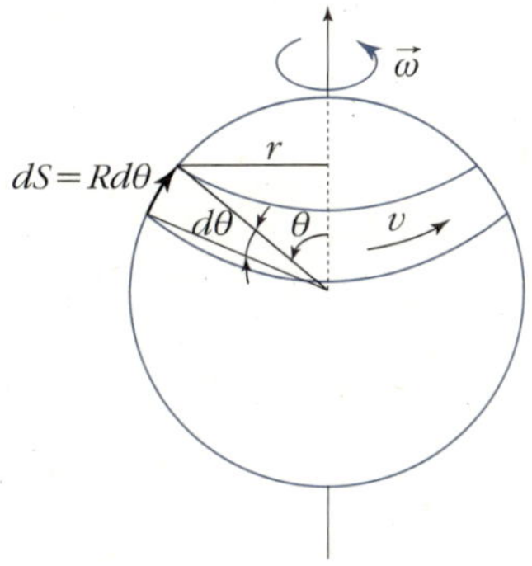


$d\vec{m}$의 방향은 $\vec{\omega}$의 방향과 나란하고(주의! 나란하지만 같은 방향이 아닐 수 있다. 전하 $Q$의 부호에 따라 같은 방향이거나 반대 방향이 될 수 있다.), 구 표면의 전하의 움직임에 의한 모든 $d\vec{m}$이 같은 방향이다. 따라서 $m = \int dm = \frac{Q}{4}\omega R^2 \int_0^\pi \sin^3\theta\, d\theta = \frac{Q}{3}\omega R^2$이다. 방향은 $\vec{\omega}$와 나란하다. 전하의 종류에 따라 그리고 $\vec{\omega}$의 방향에 따라 $\vec{m}$의 방향이 결정된다. 여기서 $\int_0^\pi \sin^3\theta\, d\theta = \int_0^\pi \sin^2\theta\, d(-\cos\theta) = \int_\pi^0 (1-\cos^2\theta) d\cos\theta = \int_{-1}^1 (1-X^2)dX = 2\int_0^1 (1-X^2)dX = \frac{4}{3}$임을 이용하였다.

## 048

**답** $50\mu T$

**풀이**

안쪽 원형 고리는 $P$ 점에 지면에서 나오는 자기장을 만들고, 바깥쪽 원형 고리는 $P$ 점에 지면으로 들어가는 자기장을 만든다. 전류 $I$, 반지름 $r$인 원형 고리의 중심에 만들어지는 자기장의 세기는 $\frac{\mu_0}{2}\frac{I}{r}$이다. 따라서 지면에서 나오는 자기장의 방향을 양(+)으로 하면 $P$ 점의 자기장은 다음과 같다.

$$B = \frac{\mu_0}{2} I \left[\frac{1}{r_a} - \frac{1}{r_b}\right]$$

## 049

**답** $12 \times 10^{-2}T$

**풀이**

문제의 조건을 살펴보면 토로이드 내부의 자기장을 구하는 것이다. 대칭성이 좋은 경우이므로, 암페어 법칙으로 토로이드의 내부의 자기장을 구할 수 있다. 토로이드 중심에서 거리가 같은 지점은 모두 자기장의 세기가 같고, 방향은 토로이드 내부의 원주 방향이다. 암페어 고리를 토로이드 중심에서 거리 $r$인 원으로 택하면, 암페어 법칙 $\oint \vec{B} \circ d\vec{l} = \mu_0 I_{encl}$에서 $2\pi r B = \mu_0 NI$으로 $B = \frac{\mu_0}{2\pi}\frac{NI}{r}$을 얻는다.

## 050

**답** $3.46 \times 10^{-3}N/m$

**풀이**

세 도선이 모두 같은 상태이므로, 아래 그림처럼 좌표를 선택하여 도선 3에 작용하는 힘을 고려하자. 도선에 흐르는 전류를 $I$라고 하면, 도선 1이 도선 3에 단위 길이당 작용하는 힘의 크기는 $\frac{F}{L} = \frac{\mu_0}{2\pi}\frac{I^2}{a}$이고 방향은 그림에 표시한 것과 같다. 마찬가지로 도선 2가 도선 3에 단위 길이당 작용하는 힘의 크기는 $\frac{F}{L} = \frac{\mu_0}{2\pi}\frac{I^2}{a}$이고 방향은 그림에 표시한 것과 같다. 그림에 나타낸 것처럼 $x-y$ 좌표계에서 도선 3에 작용하는 힘의 $x$ 성분은 상쇄된다. 따라서 $y$ 성분만 남는다. 그러므로 도선 3에 작용하는 단위 길이당 알짜 힘은 다음과 같다.

$$\frac{F_{total}}{L} = 2\cos 30° \frac{\mu_0}{2\pi}\frac{I^2}{a}$$

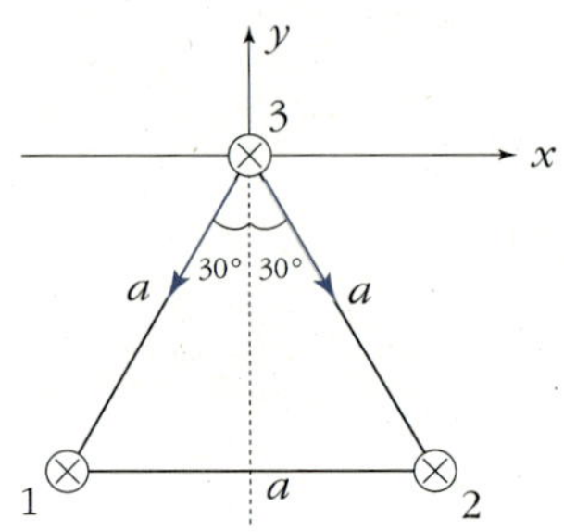

## 051

**답** $P = IB\omega\frac{l^2}{2}$

**풀이**

아래 그림과 같은 위치에서 막대는 $\vec{F} = I\vec{l} \times \vec{B}$에서 왼쪽으로 자기력을 받는다. 따라서 이 막대를 일정한 각속력 $\omega$로 그림처럼 회전하기 위해서는 자기력과 동일한 힘을 오른쪽으로 가해야 한다. 힘 $\vec{F}$로 물체를 $\vec{v}$로 움직이는 경우 물체에 공급해야 하는 일률은 $P = \vec{F} \circ \vec{v}$이다. 그런데 이 경우 막대의 모든 지점은 같은 크기의 힘을 받지만 막대의 위치마다 움직이는 속도의 크기가 다르다. 따라서 아래 그림과 같이 막대의 작은 조각에 공급해야 하는 일률은 생각하면, 가해야 하는 힘의 방향과 막대의 조각이 움직이는 방향이 같으므로 $dP = \vec{F} \circ \vec{v} = I\,drB \cdot v = I\,drB \cdot \omega r = IB\omega r\,dr$이고, 막대 전체에 공급해야 하는 총 일률은 $P = \int dP = \int_0^l IB\omega r\,dr = IB\omega\frac{l^2}{2}$이다.

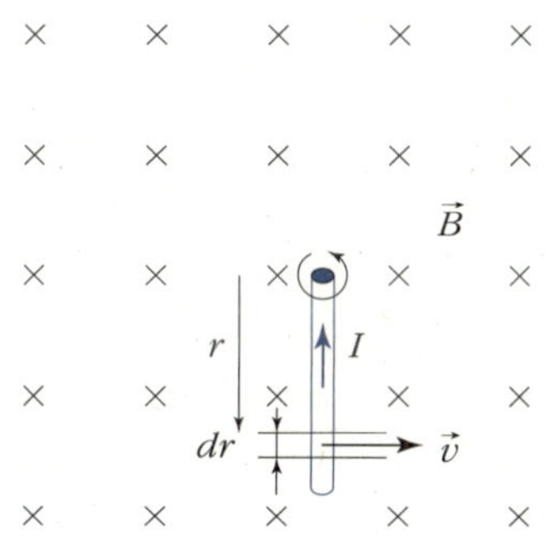

## 052

**답** $1.3 \times 10^{-4}T$

**풀이**

원기둥 내부의 자기장을 구하는 문제와 같다. 문제의 조건에서 전류밀도가 일정하다.

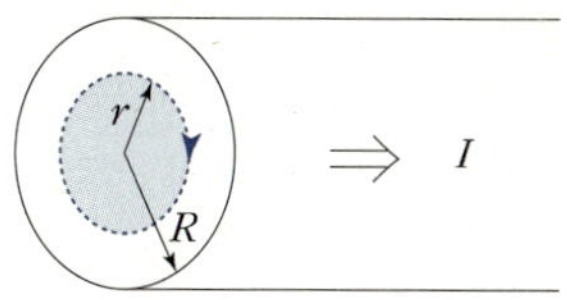

대칭성이 좋은 경우이므로 암페어 법칙으로 자기장을 구할 수 있다. 원기둥의 중심에서 거리가 같은 지점의 자기장의 세기는 같고 원주 방향이므로, 그림처럼 원기둥 내부에 반지름 $r$인 암페어 고리를 택하여 암페어 법칙 $\oint \vec{B} \circ d\vec{l} = \mu_0 I_{encl}$을 적용한다. 그러면 $\oint \vec{B} \circ d\vec{l} = 2\pi r B$이다. $I_{encl}$은 암페어 고리가 만드는 면을 통과하는 전류이고, 도선의 단면을 따라 전류밀도가 일정하므로 비례식으로 $I : \pi R^2 = I_{encl} : \pi r^2$에서 $I_{encl} = I\frac{r^2}{R^2}$이다. 따라서 $2\pi r B = \mu_0 I \frac{r^2}{R^2}$에서 $B = \frac{\mu_0}{2\pi} I \frac{r}{R^2}$이다.

15장 자기장과 자기장의 근원

## 053

답 $35T$

풀이

양성자의 질량이 전자보다 매우 커서 전자에 대하여 정지해 있다고 생각할 수 있다. 그러면 전자가 양성자 주변을 움직이고, 이 움직이는 전자는 자기장을 만든다. 전자가 원운동을 하므로 마치 전류가 흐르는 고리에 의해 원의 중심에 발생하는 자기장을 구하는 것과 같이 생각할 수 있다. 전하가 움직여서 만들어지는 전류 $I$는 전하 $q$가 한 바퀴 도는 데 걸리는 시간을 $T$라 할 때, 한 지점에서 시간 $T$ 동안 전하 $q$가 이동한 것과 같다. 따라서 $I=q/T=\frac{q}{2\pi}\frac{2\pi}{T}=\frac{q}{2\pi}2\pi f=\frac{q}{2\pi}\omega$이다. 여기서 진동수 $f=1/T$이고 각속력 혹은 각진동수는 $\omega=2\pi f$임을 사용하였다. 질량 $m$인 물체가 반지름 $r$, 각속력 $\omega$로 등속 원운동을 할 때 구심력은 $m\frac{v^2}{r}=mr\omega^2$이다. 이 경우 양성자와 전자의 전기력이 구심력 역할을 하므로 $m_e r\omega^2=\frac{1}{4\pi\varepsilon_0}\frac{e^2}{r^2}$이 성립한다.

따라서 $\omega=\frac{e}{r}\frac{1}{\sqrt{4\pi\varepsilon_0 m_e r}}$이다.

이 값을 $I=\frac{q}{2\pi}\omega=\frac{e}{2\pi}\omega$에 대입하고, 전류 $I$에 의해 반지름 $r$인 원형 전류 고리의 중심에 만들어지는 자기장 식 $B=\frac{\mu_0}{2}\frac{I}{r}$에 대입하면 $B=\frac{\mu_0}{4\pi}\frac{e^2}{r^2}\frac{1}{\sqrt{4\pi\varepsilon_0 m_e r}}$을 얻는다. 여기에 진공의 유전율 $\varepsilon_0$와 투자율 $\mu_0$ 값을 넣고 주어진 $r$과 $m_e$ 값을 대입하면, 고전적으로 보았을 때 양성자가 느끼는 자기장은 대략 $35T$가 된다.

이 문제를 또 다른 방법으로 접근하여 풀 수 있다. 즉, 다음과 같은 움직이는 전하가 만드는 자기장 식을 사용하는 것이다.

$$\vec{B}=\frac{\mu_0}{4\pi}\frac{q\vec{v}\times\vec{r}}{r^3}$$

이 경우 $\vec{v}\perp\vec{r}$이므로 자기장의 크기만 생각하면 $B=\frac{\mu_0}{4\pi}\frac{qvr}{r^3}=\frac{\mu_0}{4\pi}\frac{qv}{r^2}$이다. 전기력이 구심력 역할을 하므로 $m_e\frac{v^2}{r}=\frac{1}{4\pi\varepsilon_0}\frac{q^2}{r^2}$에서 $v=\frac{q}{\sqrt{4\pi\varepsilon_0 m_e r}}$이다.

이것을 $B=\frac{\mu_0}{4\pi}\frac{qv}{r^2}$에 대입하고 $q=e$를 고려하면

$B=\frac{\mu_0}{4\pi}\frac{e^2}{r^2}\frac{1}{\sqrt{4\pi\varepsilon_0 m_e r}}$을 얻는다.

## 054

답 $3.6\times10^{-3}T$

풀이

아래 그림을 참고하면, $r_a<r<r_b$에서 자기장을 구하는 것이다. 전류 밀도는 일정하다. 즉, 전류를 $I$라 하고, 안쪽 반지름을 $r_a$, 바깥쪽 반지름을 $r_b$라고 하면 $J=\frac{I}{\pi(r_b^2-r_a^2)}$이다.

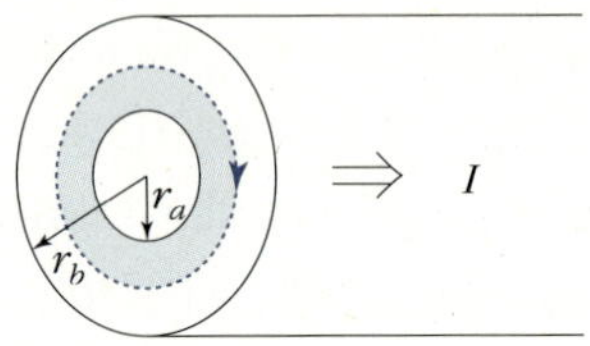


문제의 대칭성으로 원통의 중심에서 수직거리 $r$인 곳의 자기장의 세기는 모두 같고 원주 방향이다. 그림의 점선과 같은 암페어 고리를 택하고, 암페어 법칙 $\oint\vec{B}\circ d\vec{l}=\mu_0 I_{encl}$을 적용하자. 그러면 $\oint\vec{B}\circ d\vec{l}=2\pi rB$이고, 암페어 고리가 만드는 면을 통과하는 전류는 $I_{encl}=J\cdot\pi(r^2-r_a^2)$이다.

따라서 $2\pi rB=\mu_0\frac{I}{\pi(r_b^2-r_a^2)}\pi(r^2-r_a^2)$이고,

$B=\frac{\mu_0}{2\pi}\frac{I}{r}\frac{(r^2-r_a^2)}{(r_b^2-r_a^2)}$이다.

## 055

**답** $B=\mu_0\sigma R\omega$

**풀이**

원통 표면의 전하가 회전하면 마치 원통 주변을 흐르는 전류처럼 작용한다. 따라서 솔레노이드와 같은 자기장을 만든다. 그러므로 $r>R$인 곳은 $B=0$이고, $r<R$인 곳만 자기장이 있게 된다. 그림에서 원통 표면의 길이 $dl$이 $dt$ 동안 회전한 거리는 $vdt$이고, 그림에 나타낸 위치에서 이동한 전하는 $dQ=\sigma dl\,vdt$이다. 따라서 이 부분의 전류는 $dQ/dt=I'=\sigma\,vdl$인데, $v=R\omega$이므로 $I'=\sigma R\omega dl$이다. 이제 아래 그림에 나타낸 것과 같이 원통의 길이를 따라 길이 $l$에 암페어 법칙을 적용하자.

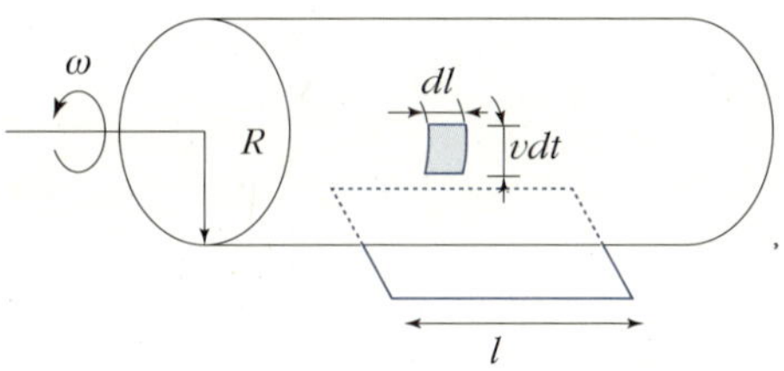


그러면 $\oint \vec{B}\circ d\vec{l}=B\,l$이고, $\mu_0 I_{encl}=\mu_0\sigma R\omega l$이다. 따라서 $B=\mu_0\sigma R\omega$를 얻는다. 자기장의 방향은 원통에 대전된 전하의 종류와 원통이 회전하는 방향에 따라 오른손 규칙으로 정한다. $B=\mu_0\sigma R\omega$의 물리적 차원을 분석하면 자기장의 차원임을 알 수 있다.

## 056

**답** 원기둥의 외부에는 자기장이 없고 내부에만 존재한다.

$$B=\frac{\mu_0\rho\omega}{2}(R^2-r^2)$$

자기장은 원기둥의 축과 나란한 방향이고, 원기둥의 회전 방향과 전하의 종류에 따라 오른손 규칙에 의해 결정할 수 있다.

**풀이**

원기둥에 분포한 전하가 원기둥의 축을 중심으로 회전하면서 솔레노이드에서 코일에 전류가 흐르는 것과 같은 역할을 한다. 따라서 $r>R$인 영역에서는 자기장이 없다. 아래 그림에서 $dt$ 동안 그림의 $dl$ 조각이 움직여서 만들어지는 전류 $I'$은 다음과 같다.

$$I'=\frac{dQ}{dt}=\frac{\rho dr\,dl\,vdt}{dt}\doteq\frac{\rho dr\,dl\,\omega r dt}{dt}=\rho\omega r dr\,dl$$

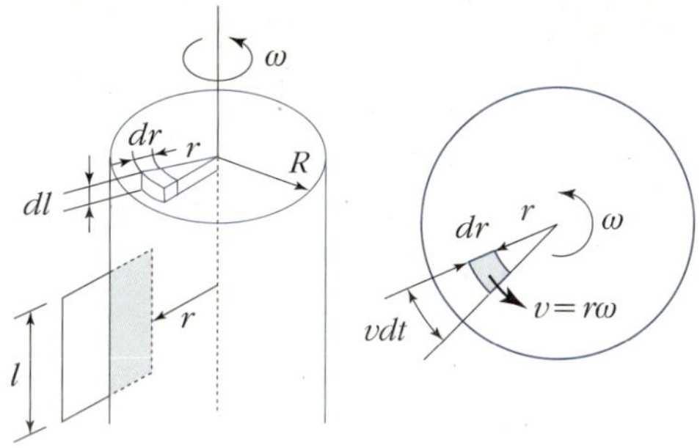


원기둥 내의 자기장을 구하기 위하여 솔레노이드의 경우와 같이 암페어 고리를 그림처럼 택한다. 그러면 $I_{encl}$은 빗금친 영역의 전류이고 다음과 같다.

$$I_{encl}=\int_r^R \rho\omega l r\,dr=\rho\omega l\frac{1}{2}(R^2-r^2)$$

자기장의 방향은 솔레노이드의 경우와 같이 원기둥의 축과 나란하다. 따라서 암페어 법칙 $\oint \vec{B}\circ d\vec{l}=\mu_0 I_{encl}$에서 $Bl=\mu_0\rho\omega l\frac{1}{2}(R^2-r^2)$이고, $B=\frac{\mu_0\rho\omega}{2}(R^2-r^2)$을 얻는다.

$r\to R$일 때, $r=R-\Delta R$이라 하자. 그러면

$B=\frac{\mu_0\rho\omega}{2}[2\Delta R\cdot R-(\Delta R)^2]$에서 $r\to R$일 때, $\Delta R\to 0$이므로 영(0)으로 수렴하는 고차 항을 제외하면 $B=\mu_0\omega R(\rho\Delta R)$이다. 이 결과는 $r<R$인 곳의 전하의 움직임에 의한 효과는 없고 오로지 $R\sim R-\Delta R$ 사이의 전하에 의한 알짜 자기장이 만들어지며, $\rho\Delta R=\sigma$로 표면 전하밀도처럼 볼 수 있어 원통의 표면 전하밀도에 의한 것과 같음을 알 수 있다.

## 057

**답** $m=\left(\frac{4}{3}\pi a^3\rho\right)\omega\frac{a^2}{5}$, $B=\frac{\mu_0\rho\omega}{3}a^2$

**풀이**

그림에 표시한 작은 조각이 움직여서 만들어지는 전류는 $\frac{dQ}{dt}$이고 시간 $dt$ 동안 이동하는 전하는 $\rho dr(rd\theta)(vdt)$이다. 그런데 그림에서 $v=R\omega$이므로, 이 작은 조각에 의한 전류를 $I'$이라고 하면 $I'=\frac{dQ}{dt}=\frac{\rho dr(rd\theta)(R\omega dt)}{dt}=\rho\omega dr d\theta r^2\sin\theta$이다. 여기서 그림을 참고하여 $R=r\sin\theta$임을 사용하였다. 이 전류에 의한 자기 모멘트는 $dm=I'\pi R^2=\rho\omega r^2 dr d\theta\sin\theta\pi r^2\sin^2\theta$이다. 이러한 전류 고리에 의한 자기 모멘트가 모두 회전축과 나란하여 동일 방향이므로, 총 자기 모멘트는 다음과 같다.

$$m=\int dm=\rho\omega\pi\int_0^a r^4 dr\int d\theta\sin^3\theta$$
$$=\rho\omega\pi\frac{a^5}{5}\int_0^\pi \sin^2\theta d(-\cos\theta)$$

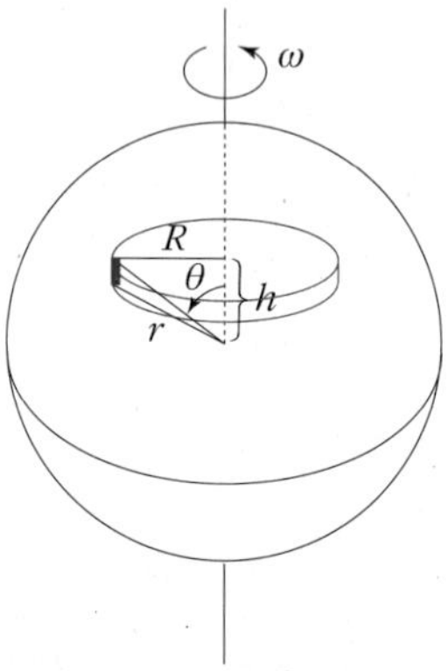


그런데 $\int_0^\pi \sin^2\theta\, d(-\cos\theta)=\int_0^\pi(1-\cos^2\theta)d(-\cos\theta)=\int_\pi^0(1-\cos^2\theta)d\cos\theta=\int_{-1}^1(1-X^2)dX$임을 이용할 수 있으므로 $m=\rho\omega\pi\frac{a^5}{5}\times\frac{4}{3}=\left(\frac{4}{3}\pi a^3\rho\right)\omega\frac{a^2}{5}$이다.

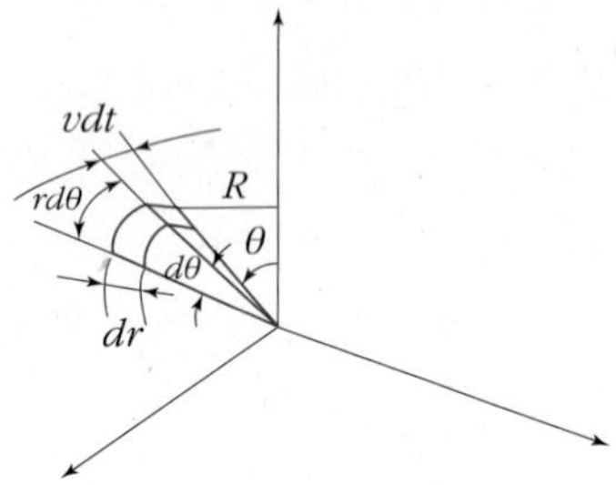


앞에서 살펴본 전류 고리에 의해 구의 중심에 만들어지는 자기장의 세기는 그림에 나타낸 기하학적 조건으로 표기하면 다음과 같다.

$$dB=\frac{\mu_0}{2}I'\frac{R^2}{(h^2+R^2)^{3/2}}$$
$$=\frac{\mu_0}{2}\rho\omega dr\,d\theta\,r^2\sin\theta\frac{r^2\sin^2\theta}{(r^2\cos^2\theta+r^2\sin^2\theta)^{3/2}}$$
$$=\frac{\mu_0}{2}\rho\omega\frac{r^4dr\,\sin^3\theta d\theta}{r^3}=\frac{\mu_0\rho\omega}{2}rdr\,\sin^3\theta d\theta$$

이러한 고리에 의한 자기장의 방향이 구의 중심에서 모두 같으므로 전체 효과는 다음과 같다.

$$B=\int dB=\frac{\mu_0\rho\omega}{2}\int_0^a rdr\int_0^\pi \sin^3\theta\,d\theta=\frac{\mu_0\rho\omega}{3}a^2$$

## 058

**답** $m=\frac{evr}{2}$

**풀이**

$m_N\gg m_e$이므로, 핵은 공간에 전자에 대하여 정지해 있다고 생각할 수 있다. 그리고 자기 모멘트의 크기는 $m=NIA$이다. 전자가 반지름 $r$인 원 궤도를 돈다고 하면 $A=\pi r^2$이다. 속력 $v$로 반지름 $r$인 원을 도는 전자는 원을 한바퀴 도는 데 $T=\frac{2\pi r}{v}$의 시간이 필요하다. 따라서 한 위치에서 전자가 다시 돌아오는 데 걸리는 시간이 $T$이므로, 전류는 $I=\frac{dQ}{dt}=\frac{e}{T}=\frac{ev}{2\pi r}$이다. 그러므로 $m=NIA=\frac{ev}{2\pi r}\pi r^2=\frac{evr}{2}$이다.

# 16장 전자기 유도와 인덕턴스

## 001

**답** (가)

**풀이**

자기장의 방향과 면의 방향이 나란하다. 전류는 $I=\frac{\varepsilon}{R}$로 구하고, 기전력은 $\varepsilon=-N\frac{d\Phi}{dt}=-N\frac{d(\vec{B}\circ\vec{A})}{dt}=-NA\frac{dB}{dt}$에서 구한다.

## 002

**답** (나)

**풀이**

유도 기전력의 방향은 변하는 자속을 방해하는 방향이다. 이를 렌츠의 법칙이라고도 한다. $N$ 극이 들어가므로 도선 고리 입장에서는 아래 방향의 자속이 증가한다. 이 증가하는 자속을 방해하려면 도선 고리에 전류가 흘러 이 증가하는 자속을 상쇄해야할 것이다. 그러므로 도선 고리 위에서 볼 때 반시계 방향으로 전류가 흘러야 한다. 따라서 기전력의 방향이 결정된다.

## 003

**답** (가)

**풀이**

아래 그림을 참고하자. 막대의 양전하를 가정하고 이 양전하가 받는 힘을 고려하면 된다. 그림처럼 도체 막대가 움직이면 도체 막내 내부의 양전하도 오른쪽으로 움직인다. 전하의 움직임은 전류가 되고 자기장을 발생할 것이므로, 그림에 표시한 것처럼 전하가 움직이는 방향에 대하여 위쪽에는 지면에서 나오는 자기장이, 아래쪽에서는 들어가는 자기장이 발생할 것이고 이 자기장이 원래 주어진 자기장과 결합하여 아래쪽에는 자기장의 세기가 강해지고, 위쪽은 자기장의 세기가 약해진다. 자기장은 곧 에너지 밀도이므로 아래쪽의 에너지 밀도가 크고 위쪽의 에너지 밀도가 작다. 물체는 공간 에너지인 퍼텐셜 에너지가 큰 곳에서 작은 곳으로 힘을 받게 되므로 이 양전하는 위쪽으로 힘을 받는다. 따라서 양전하는 막대의 위쪽에 쌓이게 되고 그러므로 막대의 위쪽 전위가 높게 된다.

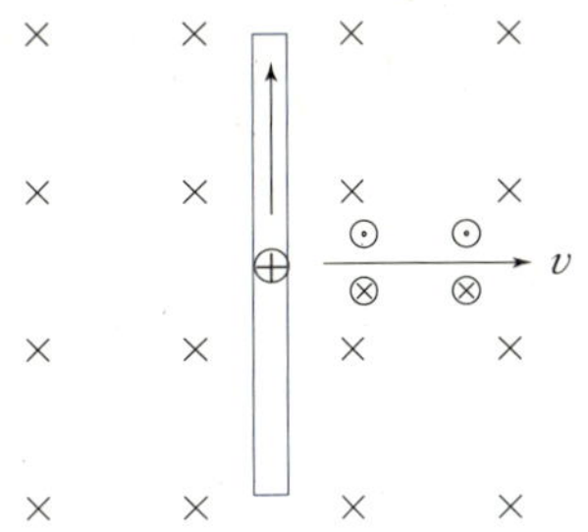

## 004

**답** (나)

**풀이**

운동 기전력을 구하는 것이다. 자기장을 금속 도체가 끊고 지나가므로 금속 도체에 유도 기전력이 발생한다. 이를 수식으로 표현하면 $\varepsilon=\vec{v}\times\vec{B}\circ\vec{l}$이다. 여기서 $\vec{l}$은 막대의 기전력 방향을 고려한 길이 벡터이다. 이 방향을 임의로 택하더라도 계산된 $\varepsilon$의 값으로부터 기전력의 방향을 알 수 있다. 여기서는 3 벡터가 모두 서로 수직이고, 기전력의 크기만 구하면 되므로 $vBl$로 구한다.

## 005

**답** (가)

**풀이**

진공에서 자기장 에너지 밀도는 $\frac{1}{2}\frac{B^2}{\mu_0}$이다. 물질이 있으면 $\mu_0 \to \mu$ 하면 된다. 그리고 솔레노이드 내부의 자기장의 크기는 전류의 크기로 결정되며, 자기장의 방향은 전류의 방향으로 결정된다. 솔레노이드 부피가 변하지 않고 전류도 변하지 않았으면 솔레노이드 내부의 자기장 에너지도 변화가 없다.

## 006

**답** (나)

**풀이**

저항은 전하의 움직임을 방해하는 작용을 하고, 마치 마찰력처럼 에너지를 열에너지로 소모시킨다. 인덕터는 전류의 변화를 싫어하므로 전류의 변화를 방해하려고 한다. 그래서 전지와 직렬로 $RL$ 회로를 구성하여 스위치를 닫으면 처음에는 전류가 잘 흐르지 않다가 시간이 충분히 흐르면 저항 $R$과 전지의 기전력에 의해 전류가 일정하게 된다. 시상수는 물리적으로 시간 차원이므로 $L$과 $R$의 차원으로 시간 차원이 되는 것을 만든다고 생각하면 $\tau=L/R$이다.(참고 $\varepsilon=-L\frac{di}{dt}$에서 $dt=-L\frac{di}{\varepsilon}$을 고려하면 쉽게 시상수 차원을 표현할 수 있다.)

## 007

**답** (가)

**풀이**

인덕터는 에너지를 저장할 수 있고 전류의 변화를 싫어하며, 에너지를 소모하지는 않고 전류로 자기장을 만들어 에너지를 저장한다. 전하를 저장하고 전기장의 형태로 에너지를 저장할 수 있는 장치가 축전기이다. 축전기 역시 에너지를 소모하지 않는다.

## 008

**답** (나)

**풀이**

$LC$ 회로는 $L$에서는 자기장으로 $C$에서는 전기장으로 에너지를 번갈아 저장하면서 진동하는 회로이다. 이상적인 $LC$ 회로에서는 에너지 소모가 일어나지 않아 영원히 진동한다. 에너지가 전기장과 자기장 형태로 번갈아 변하여 저장되므로 축전기의 전하와 인덕터의 자기장이 시간에 따라 계속 변한다. 그러나 에너지 보존 법칙을 만족하므로 회로의 총 에너지는 시간에 따라 변하지 않는다.

## 009

**답** $38.4V$, 반시계 방향

**풀이**

자기장이 $x$의 위치에 따라 변한다. 따라서 아래 그림처럼 작은 조각을 택하면 이 영역에서는 자기장이 일정하다고 볼 수 있다. 이 조각에서 자속은 면의 방향과 자기장이 나란하므로 자속의 크기만 생각하면, $d\Phi_M = BHdx$이다. 따라서 이 고리의 면을 관통하는 자속은 $\int_0^W BHdx = \int_0^W 3t^2x^2Hdx = t^2W^3H$이다. 그러므로 유도 기전력의 크기는 $\varepsilon = -\frac{d\Phi_M}{dt}$에서 $t = 0.10s$일 때 구한다.

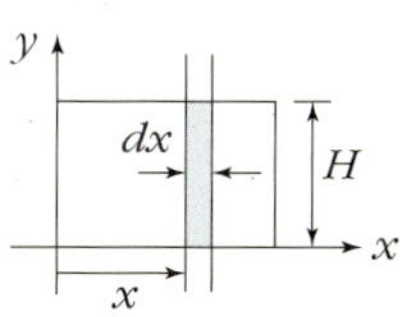


유도 기전력에 의한 전류의 방향은 자속이 변하는 것을 방해하는 방향으로 찾는다. 그림에서 자기장이 시간에 따라 지면으로 들어가는 크기가 증가하므로 고리 입장에서는 이 증가하는 자기장을 감소시키려 전류가 흐르게 된다. 그 방향은 전류에 의해 자기장이 지면 밖으로 나오게 하는 것이다.

## 010

**답** $0.54A$

**풀이**

코일의 면에 수직으로 자기장이 통과하므로 $\vec{B} \circ \vec{A} = BA$이다. 따라서 이 코일에 유도되는 기전력은 $\varepsilon = -N\frac{d\Phi_M}{dt} = -N\frac{dBA}{dt} = -NA\frac{dB}{dt}$이다. 기전력의 크기가 $0.27V$이므로 $I = V/R$에서 유도 기전력에 의한 전류의 크기를 구할 수 있다.

## 011

**답** $0.0125N$

**풀이**

아래 그림처럼 도체 막대가 오른쪽으로 움직이면 전류가 흘러 자기력이 작용한다. 자기력의 방향이 도체 막대의 움직임과 반대 방향이므로 오른쪽으로 움직이는 도체 막대의 속도가 줄어든다. 따라서 이 도체 막대를 일정하게 움직이도록 하기 위해서는 오른쪽으로 이 자기력과 같은 힘을 가해야 한다. 즉, 자기력과 같은 크기의 힘이 필요한 힘이다. 자기력은 전류가 흐르는 도선의 경우 $\vec{F} = I\vec{l} \times \vec{B}$이다. 이 경우 자기장과 전류 방향이 서로 수직이고 힘의 크기만 필요하므로 $F = IlB$로 구한다. 전류 $I = \frac{\varepsilon}{R}$이다. 유도 기전력은 운동 기전력이고 $\varepsilon = \vec{v} \times \vec{B} \circ \vec{l}$이다. 여기서 기전력의 방향은 $\vec{l}$ 방향에 따라 부호가 결정된다. $\vec{l}$을 임의의(막대의 위쪽 혹은 아래쪽) 방향으로 선택하여도 $\varepsilon$의 방향은 일정하게 된다. 여기서는 자기장의 방향, 속도, 도선의 방향이 모두 수직이므로 $\varepsilon = vBl$이다. 따라서 $F = \frac{vBl}{R}lB$이다.

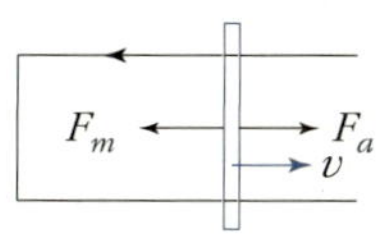


16장 전자기 유도와 인덕턴스

## 012

**답** 0.63$mH$

**풀이**
자체유도계수는 코일에 전류가 있다고 가정하고 자기장을 계산하고 그 자기장이 코일 자체에 자속을 만든다고 생각하여 계산한다. 식으로 표현하면 $L=\frac{N\Phi}{I}=\frac{N\vec{B}\circ\vec{A}}{I}$이다. 솔레노이드의 단면적을 $A$, 길이를 $l$, 코일이 감긴 횟수를 $N$, 전류를 $I$라 할 때, 솔레노이드의 자기장은 $B=\frac{\mu_0 NI}{l}$이다. 그리고 솔레노이드의 자기장이 솔레노이드 단면을 수직으로 통과하므로 $\vec{B}\circ\vec{A}=BA$이다. 따라서 $L=\frac{\mu_0 N^2 A}{l}$이다.

## 013

**답** 24$mA$

**풀이**
도체 고리 내부의 자기장의 방향은 고리의 면을 관통하지만 그 크기가 위치에 따라 다르다. 따라서 아래 그림처럼 작은 구역에서 자속을 구하면 무한 직선에서 거리 $r$인 지점의 자기장이 $\frac{\mu_0}{2\pi}\frac{I}{r}$이므로, $d\Phi_M=dr\,l\frac{\mu_0}{2\pi}\frac{I}{r}$이다.

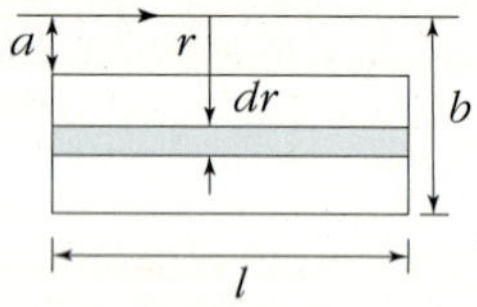


그러므로 도체 고리를 통과하는 자속은 다음과 같다.

$$\Phi_M=\int d\Phi_M=\int_{r_a}^{r_b}\frac{\mu_0}{2\pi}lI\frac{1}{r}dr=\frac{\mu_0 I}{2\pi}l\ln\left(\frac{b}{a}\right)$$

따라서 $\varepsilon=-\frac{d\Phi_M}{dt}$에서 유도 기전력을 구하고 전류는 $\varepsilon/R$에서 구하면, 전류의 크기는 다음과 같이 나타낼 수 있다.

$$\frac{\mu_0 l}{2\pi R}\ln\left(\frac{b}{a}\right)\frac{dI}{dt}$$

## 014

**답** 2.25$Wb$

**풀이**
자속 $\Phi_M=\vec{B}\circ\vec{A}$이다. 여기서 면의 방향은 면의 법선의 방향이다. 법선의 방향은 면의 가장자리를 따라 만든 폐곡선을 따라 움직일 때, 그 움직임의 방향과 오른손의 4 손가락 방향을 일치시키면 엄지가 가리키는 방향으로 한다. 이것을 오른손 규칙이라고 한다. 여기서는 자속의 크기만 구하는 것이므로 법선을 어느 방향으로 택하든 상관이 없다. 그런데 여기서 주어진 각이 면의 법선과 자기장이 이루는 것이 아니고 면과 자기장이 이루는 각이므로 주의해야 한다. 여기서는 $BA\cos 60°$이다.

## 015

**답** 50$\mu V$

**풀이**
면적은 변하지 않고, 면과 자기장이 이루는 각도 변하지 않는다. 자기장의 세기만 변한다. 그리고 면의 방향과 자기장의 방향이 나란하다. 따라서 다음 식이 성립한다.

$$\varepsilon=-\frac{d\Phi_M}{dt}=-\frac{d(BA)}{dt}=-A\frac{dB}{dt}$$

여기서 $dB=2.0mT$이고, $dt=0.20s$이다.

## 016

**답** $V_{ab} = -14.4V$

**풀이**

자기장과 코일의 면이 나란하다. 따라서 코일에 유도되는 유도 기전력은 $\varepsilon = -N\frac{d\Phi_M}{dt} = -NA\frac{dB}{dt}$ 이다. 이 식에서 유도 기전력의 크기를 구할 수 있다. 그런데 $a$ 점과 $b$ 점의 전위차를 구해야 하므로 렌츠의 법칙을 적용하여 정성적으로 어느 쪽이 전위가 높은 곳인지 알 수 있다. 아래 그림과 같이 두 지점 사이에 저항을 연결하면 코일을 통과하는 자속 변화를 반대하는 방향으로 전류가 흐를 것이다. 자속이 증가하는 경우이므로 코일에 전류가 흘러 이 증가하는 자속을 방해 하려면 코일의 전류가 왼쪽으로 향하는 자기장을 만들어야 한다. 따라서 그림과 같은 방향의 전류가 만들어진다. 그러면 저항의 입장에서 $b$ 점의 전위가 $a$ 점보다 높게 된다. 다른 방법으로 생각하여도 결과는 같다.

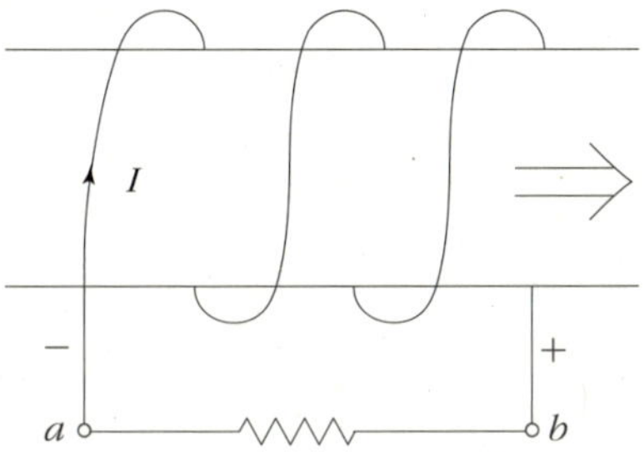


## 017

**답** $12.4cm$

**풀이**

자기장과 코일의 면이 이루는 각이 변하지 않고 코일의 면적도 변하지 않는다. 따라서 $\varepsilon = -N\frac{d\Phi_M}{dt} = -N\frac{d(BA\cos\theta)}{dt} = -NA\cos\theta\frac{dB}{dt} = -N\pi r^2\cos\theta\frac{\Delta B}{\Delta t}$ 이 성립한다. 이 식에서 − 부호는 기전력의 방향을 나타내는 것이고, 여기서는 기전력의 크기만 필요하므로 코일의 반지름은 다음 식으로 나타낼 수 있다.

$$r = \sqrt{\frac{\varepsilon}{N\pi\cos\theta} \cdot \frac{\Delta t}{\Delta B}}$$

## 018

**답** $500mV$

**풀이**

운동 기전력을 구하는 문제이다. 막대의 길이 방향 벡터 $\vec{l}$ 을 택하여 $\varepsilon = \vec{v} \times \vec{B} \circ \vec{l}$ 로 구하거나, $\varepsilon = -\frac{d\Phi}{dt} = -\frac{Blvdt}{dt} = -vlB$로 구할 수 있다. $\vec{l}$의 방향을 어떻게 택하느냐에 따라 $\varepsilon = V_{ab}$를 혹은 $\varepsilon = V_{ba}$를 계산하게 된다. 여기서는 구체적으로 기전력의 방향을 묻지 않았으므로 크기만 구한다.

## 019

**답** $0.33m/s$

**풀이**

아래 그림을 보면 자기장 내부에서 움직이는 도체에 전류가 그림에 표시된 방향으로 유도된다. 이 전류 때문에 도체는 위쪽 방향으로 자기력을 받고 이 자기력과 중력이 평형을 이룰 때까지 가속된다. 이 도선에 유도되는 전류는 도체가 낙하하는 속도가 커지면 증가한다.

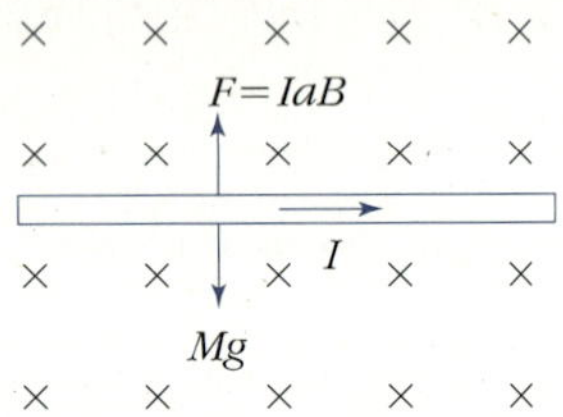


도체의 움직임 방향과 자기장의 방향 그리고 도체가 놓인 방향이 모두 서로 수직이다. 따라서 도체에 유도되는 기전력의 크기는 $\varepsilon=\vec{v}\times\vec{B}\circ\vec{a}$에서 $\varepsilon=vBa$이다. 그러면 도체에 흐르는 전류의 크기는 $I=\frac{\varepsilon}{R}=\frac{vBa}{R}$이다. 따라서 이 도체가 받는 힘의 크기는 $\vec{F}=I\vec{a}\times\vec{B}$에서 $F=IaB=\frac{vBa}{R}aB=v\frac{(Ba)^2}{R}$이고, 이 힘이 중력 $Mg$와 평형을 이룰 때까지 도체의 속력이 증가한다. 그러므로 종단 속력은 $v=\frac{MgR}{(Ba)^2}$으로 구할 수 있다.

## 020

**답** $12mH$

**풀이**

$RL$ 회로에서 회로의 스위치를 닫은 후 전류는 $I=I_0(1-e^{-t/\tau})$이다. 여기서 $I_0=\frac{\varepsilon}{R}$로 최대 전류이고, $\tau=L/R$이다. 그런데 문제에서 최대 전류를 주었고 전원 전압을 주었으므로 $R$ 값을 구할 수 있다. 따라서 주어진 시상수에서 $L$을 구할 수 있다. 이를 식으로 정리하면 다음과 같다.

$$L=\tau R=\tau\frac{\varepsilon}{I_0}$$

## 021

**답** $754V$

**풀이**

문제의 상황을 그림으로 나타내면 아래와 같다.

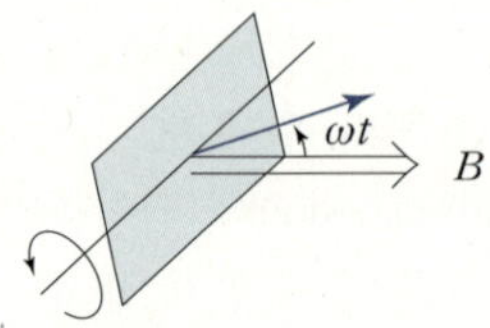


그러므로 처음 코일 면의 방향이 자기장의 방향과 나란하다면 코일에 유도되는 기전력은 다음 식으로 표현할 수 있다.

$$\varepsilon=-N\frac{d\Phi}{dt}=-N\frac{d(\vec{B}\circ\vec{A})}{dt}=-N\frac{d(BA\cos\theta)}{dt}$$
$$=-N\frac{d(BA\cos\omega t)}{dt}=NBA\omega\sin\omega t$$

따라서 최대전압은 $NBA\omega$인데, 문제에서 회전수를 주었으므로 이 값으로부터 각속도 $\omega$를 구해야 한다. 1회전이 $2\pi$ 각에 해당하므로 $\omega=2\pi Nrev/s$이다.

## 022

**답** $38W$

**풀이**

저항에서 발생하는 단위 시간당 열에너지는 저항에서 소비하는 전력이다. 따라서 저항의 단자 전압, 즉 이 경우는 운동 기전력의 크기를 알면 $P=\frac{\varepsilon^2}{R}$에서 구할 수 있다. 운동 기전력은 $\varepsilon=\vec{v}\times\vec{B}\circ\vec{L}$로 구한다. 여기서는 3 벡터가 모두 서로 수직이므로 $\varepsilon=vBL$이다. 따라서 $P=\frac{(vBL)^2}{R}$로 단위 시간당 저항에서 발생하는 열에너지를 구한다.

## 023

**답** $\frac{1}{2}\omega BR^2$

원반 중심의 전위가 원반 가장자리보다 높다.

**풀이**

운동 기전력을 구하는 문제이다. 원반의 중심에서 멀어질수록 속력이 빨라진다. 따라서 일정한 속력으로 움직이는 식 $\varepsilon = \vec{v} \times \vec{B} \circ \vec{L}$을 사용할 수 없다. 이 문제를 풀기 위해 다음 그림과 같이 분석한다.

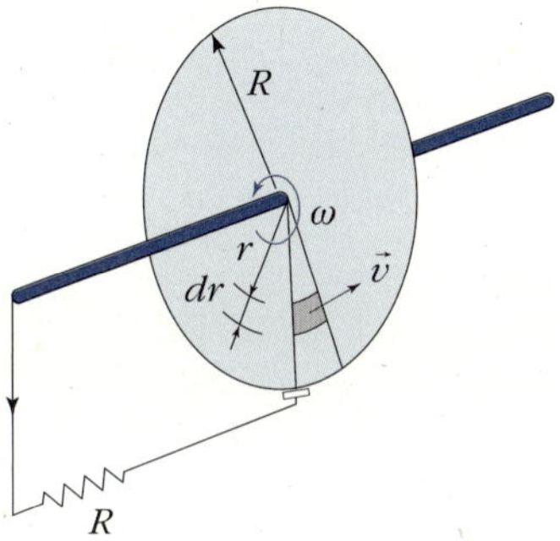


그림에 표시된 작은 조각은 길이가 $dr$이고 속력 $r\omega$로 자기장에 수직으로 움직인다. $dr$의 방향도 자기장에 수직이고 이 조각이 움직이는 방향에도 수직이다. 따라서 이 작은 조각 양단에 발생하는 운동 기전력은 $d\varepsilon = vB\,dr = r\omega B\,dr$이다. 이 작은 조각들이 모여 원반의 중심과 원반 가장자리의 전위차를 만든다. 따라서 원반의 중심과 가장자리 사이의 전위차는 $\varepsilon = \int d\varepsilon = \int r\omega B dr = B\omega \int_0^R r dr = \frac{1}{2}\omega BR^2$이다. 그림의 작은 조각 내의 임의의 양(+)전하를 가정하면 이 양전하는 원반의 중심으로 힘을 받는다. 따라서 원반의 축이 양극이고 원반의 가장자리가 음극 역할을 한다.

## 024

**답** $5.0H$

**풀이**

$V = L\frac{di}{dt}$에서 $V$와 $\frac{di}{dt}$를 문제에서 알 수 있으므로, $L = \frac{V}{di/dt}$이다.

## 025

**답** $177mV$

**풀이**

자기장이 막대가 회전하는 면을 관통하는 정보만 주어졌으므로 전위의 높낮이를 찾을 필요가 없다. 더욱이 전위차의 크기만 구하라 했으므로 다음 그림과 같이 문제의 상황을 시각화하여 생각한다. 운동 기전력을 구하는 문제이다.

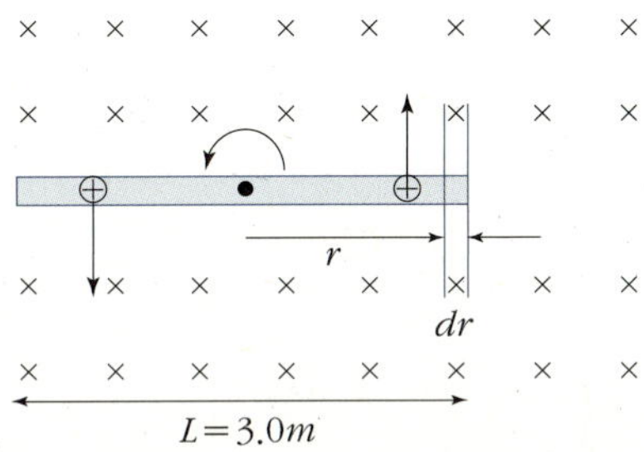


그림에 표기한 것처럼 자기장이 지면으로 들어간다고 하고 막대 내부의 임의의 양(+)전하를 생각하면, 이 양전하는 막대의 중심으로 힘을 받는다. 따라서 막대의 중심에 양전하가, 막대의 끝에 음전하가 쌓인다. 따라서 막대의 중심은 전위가 높고, 막대의 끝은 전위가 낮다. 막대의 중심에서 끝으로 갈수록 움직이는 속도가 커진다. 이 경우 그림에 표기한 것처럼 작은 조각에 유기되는 유도 기전력은 $d\varepsilon = r\omega Bdr$이므로, 막대의 중심과 막대의 끝 사이의 유도 기전력은 다음과 같다.

$$\varepsilon = \int d\varepsilon = \int r\omega Bdr = B\omega \int_0^{L/2} rdr = \frac{1}{2}B\omega(L/2)^2$$

문제에서 단위 시간당 회전수를 주었으므로 이는 $f$와 같다. 따라서 $\omega = 2\pi f$를 사용한다.

16장 전자기 유도와 인덕턴스

## 026

**답** $7.96mT$

**풀이**

문제의 조건을 시각화하면 아래 그림과 같다.

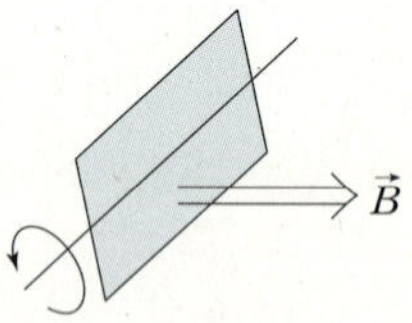


교류 발전기의 기본 원리이다. 처음 자기장의 방향과 고리면의 방향이 나란하다고 가정하면 고리의 면을 통과하는 자속은 $\Phi = \vec{B} \circ \vec{A} = BA\cos\phi = BA\cos\omega t$이다. 그러므로 고리의 유도 기전력은 $\varepsilon = -N\dfrac{d\Phi}{dt} = NBA\omega\sin\omega t$이다. 따라서 $\varepsilon_{\max} = NBA\omega$이다. 또한 문제에서 주어진 조건 즉, 1회전하는 데 걸리는 시간이 $\Delta T$이고, 1회전은 $2\pi$이므로 $\omega = 2\pi/\Delta T$가 된다. 그러므로 $B = \dfrac{\varepsilon_{\max}}{NA\omega} = \dfrac{\varepsilon_{\max}}{NA} \cdot \dfrac{\Delta T}{2\pi}$이다.

## 027

**답** $0.50A$

**풀이**

문제의 조건으로 인덕터의 단자 전압을 나타내면 다음과 식과 같다.

$$V = L\frac{di}{dt} = L\frac{\Delta I}{\Delta t} = L\frac{I_0}{T}$$

따라서 $I_0 = \dfrac{TV}{L}$이다.

## 028

**답** $0.139mV$

**풀이**

무한 직선 도선에 의한 자기장이 균일하지 않다. 따라서 아래 그림과 같이 막대의 작은 구간을 생각하자. 그러면 이 구간이 매우 작아 자기장이 일정하다고 볼 수 있고 그 크기는 무한 직선 도선에 의한 것으로 $\dfrac{\mu_0}{2\pi}\dfrac{I}{r}$이 된다. 그림을 참고하면 이 구간에서 유도 기전력은 $d\varepsilon = \vec{v}\times\vec{B}\circ d\vec{r}$인데, $V_a - V_b$를 구하는 것이므로 $\varepsilon = \int_b^a \vec{v}\times\vec{B}\circ d\vec{r}$로 계산한다. 그림을 참고하면 $\vec{v}\times\vec{B}$와 $d\vec{r}$은 180°이다. 그리고 막대가 움직이는 방향, 자기장의 방향, $d\vec{r}$의 방향이 모두 서로 수직이므로 이 적분은 다음과 같다.

$$\varepsilon = \int_b^a(-vBdr) = -\int_b^a v\frac{\mu_0}{2\pi}\frac{I}{r}dr = -\frac{\mu_0 I v}{2\pi}\ln\left(\frac{a}{b}\right)$$
$$= \frac{\mu_0}{2\pi}Iv\ln\left(\frac{b}{a}\right)$$

전위의 높낮이는 정성적으로 살펴도 알 수 있다. 막대에 양(+)전하를 가정하면 그림에서 양전하는 $a$ 지점으로 힘을 받아 움직인다는 것을 알 수 있다. 따라서 $a$ 지점이 $b$ 지점보다 전위가 높다.

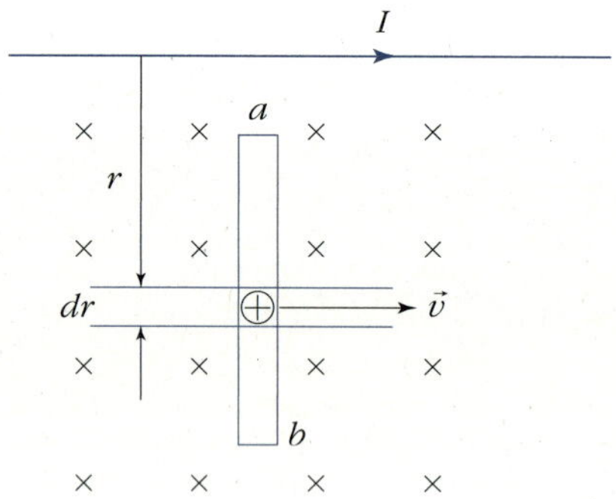

## 029

**답** 9.4$J$

**풀이**

진공에서 자기장의 에너지 밀도는 $u_M = \frac{1}{2}\frac{B^2}{\mu_0}$이다. 따라서 솔레노이드 내부에 저장된 자기 에너지 $U$는 솔레노이드의 부피를 $Vol$이라 할 때, $\frac{1}{2}\frac{B^2}{\mu_0}Vol$이다.

## 030

**답** 1.04$k\Omega$

**풀이**

$RL$ 회로에서 전류는 $I = I_0(1-e^{-t/\tau})$이다. 회로의 전지 전압이 $V$이면 $I_0 = V/R$이다. 문제의 조건으로부터 다음 식을 세울 수 있다.

$$\frac{1}{2}I_0 = I_0(1-e^{-T/\tau})$$

이 식에서 $\frac{1}{2} = 1-e^{-T/\tau}$을 얻고, 정리하면 $\frac{1}{2} = e^{-T/\tau}$를 얻는다. 따라서 $\ln 2 = T/\tau$이고, $\tau = L/R$이므로 $R = \frac{L\ln 2}{T}$이다.

## 031

**답** $-31mV$

**풀이**

회전 운동에 의한 기전력을 구하는 문제이다. 길이 $L$인 도체 막대가 균일한 자기장 $B$에서 막대의 한쪽 끝을 중심으로 회전면이 자기장의 방향에 수직하면서 각속력 $\omega$로 일정하게 회전하는 경우, 막대의 회전축과 막대의 다른 끝의 전위차는 $\frac{1}{2}B\omega L^2$이다. 그런데 문제는 막대의 회전축에 대해서 막대 중심의 전위를 구하는 문제이다. 따라서 막대의 회전축에서 막대 중심까지의 전위차는 $\frac{1}{2}B\omega(L/2)^2$으로 구한다. 그리고 전위의 높낮이는 다음 그림을 고려하여 정할 수 있다.

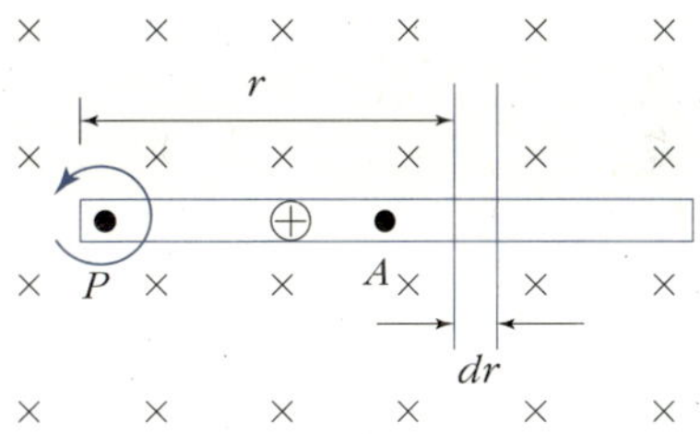


막대의 임의 지점에서 양(+)전하를 생각하자. 그러면 이 양전하는 자기장 내에서 운동하는 경우가 되므로 $\vec{F} = q\vec{v} \times \vec{B}$에 의해 $P$ 지점으로 힘을 받게 된다는 것을 알 수 있다. 따라서 $P$ 점의 전위가 $A$ 점보다 높다. 그러므로 $V_A - V_P < 0$이다.

다른 방법으로 $\varepsilon = \vec{v}\times\vec{B}\circ\vec{l}$로 구할 수 있다. $V_A - V_P$이므로 $\vec{l}$은 $P$ 점에서 $A$ 점으로 향하는 방향이다. 그런데 $\vec{v}$의 크기가 일정하지 않다. 위 그림을 참고하면 $v = r\omega$이고, 막대의 작은 조각 $dr$에서 $\vec{v}\times\vec{B}$는 $d\vec{r}$과 180°이다. 따라서 이 작은 조각에서 $d\varepsilon = -vBdr = -B\omega r dr$이고, 그러므로 $V_A - V_P = \int_P^A d\varepsilon = \int_0^{L/2}(-B\omega r)dr = -B\omega\frac{1}{2}(L/2)^2$를 얻는다.

## 032

**답** $225\mu V$

**풀이**

자기장이 코일 면을 관통하므로 자기장의 방향과 코일 면의 방향이 나란하다. 따라서 자기장과 면의 방향이 이루는 각 $\phi = 0$로 생각한다. 그러므로 코일에 유도되는 기전력은 다음 식으로 나타낼 수 있다.

$$\varepsilon = -N\frac{d\Phi}{dt} = -N\frac{d(\vec{B} \circ \vec{A})}{dt} = -N\frac{d(BA)}{dt}$$

$$= -NA\frac{dB}{dt} = -NA(3.0 - 0.75t^2) \times 10^{-3}T \Big|_{t=4.0s}$$

크기를 구하는 것이므로 양(+) 값을 구한다.

## 033

**답** $\varepsilon = \frac{1}{2}B\omega l^2$ 회전축의 전위가 막대 끝보다 낮다.

**풀이**

문제를 시각화하는 것이 이 문제를 쉽게 풀 수 있는 핵심이다. 문제의 상황을 그림으로 나타내면 아래와 같다.

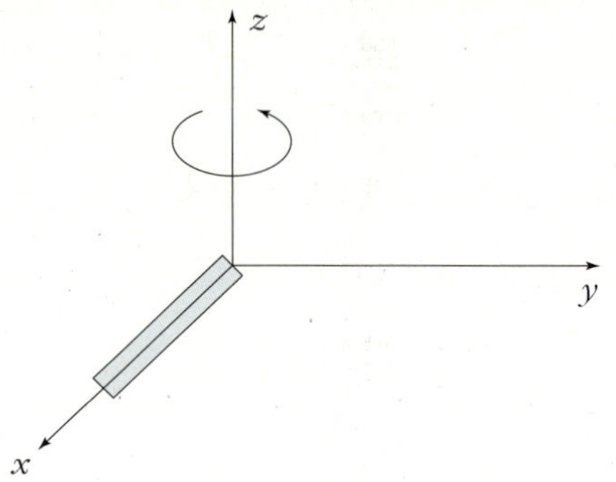


이것은 운동 기전력을 구하는 문제이며 도체의 움직임이 일정하지 않은 경우이다. 따라서 다음 그림과 같이 분석한다. 막대의 작은 조각 $dr$은 $v = r\omega$로 자기장에 수직으로 움직이므로 유도 기전력이 $d\varepsilon = \vec{v} \times \vec{B} \circ d\vec{r} = vBdr = r\omega Bdr$이다. 따라서 막대의 회전축과 막대 끝 사이의 유도 기전력은 $\varepsilon = \int_0^l \omega Br dr = \frac{1}{2}B\omega l^2$이다.

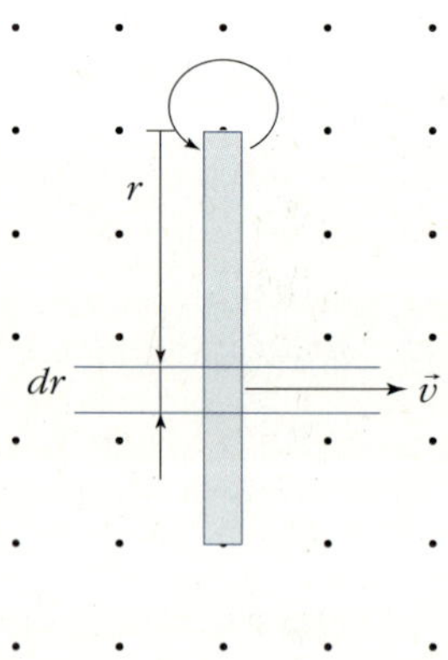


막대의 회전축과 막대 끝의 전위의 높낮이는 막대의 임의 지점에서 양(+)전하를 생각하여 이 양(+)전하가 받는 힘을 고려하여 정할 수 있다. 위 그림의 경우 자기장이 지면에서 나오는 경우이므로 양(+)전하는 막대의 끝으로 움직인다. 따라서 막대의 끝이 막대의 회전축보다 전위가 높다.

## 034

답 $22.6 \times 10^{-6} V/m$

풀이

문제에서 주어진 조건을 가시화하면 아래 그림과 같다.

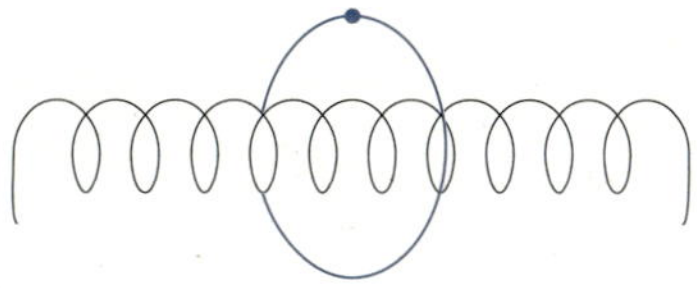

솔레노이드 외부에서 전기장을 구하는 것이다. 이 지점에서 전기장을 구하기 위하여 그림과 같이 솔레노이드와 중심이 같은 원형 고리를 택하고 이 고리에 유도되는 유도 기전력을 구한다. 그러면 이 유도 기전력은 패러데이 법칙의 또 다른 형태인 $\varepsilon = \oint \vec{E} \circ d\vec{r}$에서 이 지점의 전기장의 정보를 포함하고 있는 식으로 나타낼 수 있다. 고리가 솔레노이드와 중심이 같고 대칭성에 의해 고리의 모든 지점에서 전기장의 세기가 같다. 따라서 다음과 같은 식을 얻게 된다.

$$\varepsilon = \oint \vec{E} \circ d\vec{r} = 2\pi r E$$

여기서 $r$은 고리의 중심에서 전기장을 구하고자 하는 지점까지의 거리이다. 그리고 이 값은 $\varepsilon = -\frac{d\Phi}{dt} = -\frac{d(\vec{B} \circ \vec{A})}{dt} = -\frac{d(BA)}{dt} = -A\frac{dB}{dt}$와 같다. 여기서 자기장이 고리를 수직으로 관통하고 자기장이 존재하는 영역은 솔레노이드의 단면이므로 $\vec{B} \circ \vec{A} = BA$, $B = \mu_0 nI$이며, $A$는 솔레노이드의 단면적이다. 따라서 $r_0$를 솔레노이드의 반경이라고 하면 $\varepsilon = -\pi r_0^2 \mu_0 n \frac{dI}{dt}$이다. 그러므로 전기장의 세기는 $E = \frac{\pi r_0^2 \mu_0 n}{2\pi r}\frac{dI}{dt}$이다.

## 035

답 $\varepsilon = -NA_2 \mu_0 n I_0 \omega \cos \omega t$

풀이

유도 기전력은 $\varepsilon = -N\frac{d\Phi}{dt} = -N\frac{d(\vec{B} \circ \vec{A}_2)}{dt}$이다. 솔레노이드 내부의 자기장이 오로지 전류에 의해 결정된다 했으므로 솔레노이드 내부 공간의 모든 지점의 자기장의 세기가 시각 $t$일 때 동일하다. 그리고 자기장이 코일의 면을 수직으로 관통하므로 $\vec{B} \circ \vec{A}_2 = BA_2$이다. 솔레노이드 내부의 자기장은 문제에서 주어진 조건으로 암페어 법칙으로부터 구하면 $B = \frac{\mu_0 NI}{l} = \mu_0 nI$이다. 따라서 코일에 유도되는 유도 기전력은 다음과 같이 구할 수 있다.

$$\begin{aligned}\varepsilon &= -N\frac{d\Phi}{dt} = -N\frac{d(\vec{B} \circ \vec{A}_2)}{dt} = -N\frac{d(BA_2)}{dt} \\ &= -NA_2\frac{dB}{dt} = -NA_2\frac{d(\mu_0 nI)}{dt} = -NA_2\mu_0 n\frac{dI}{dt} \\ &= -NA_2\mu_0 n\frac{d(I_0 \sin \omega t)}{dt} = -NA_2\mu_0 n I_0 \omega \cos \omega t\end{aligned}$$

## 036

답 $336V$, $48A$

풀이

$\varepsilon = -N\frac{d\Phi}{dt}\Big|_{t=2.0s} = -N \cdot 3.0(6.0t^2 - 8.0t + 8.0)\Big|_{t=2.0s}$이고, $I = \varepsilon / R$이다.

## 037

**답** $2.1Hz$

**풀이**

교류 발전기의 원리이다. 회전 진동수란 단위 시간당 회전수를 말하며 각진동수와 다르다. 그러나 진동수와는 같다. 따라서 여기서 구하고자 하는 것은 $f=\frac{\omega}{2\pi}$이다. 처음 코일면의 방향과 자기장의 방향이 나란하였다면 문제의 조건으로부터 다음 식을 얻을 수 있다.

$$\varepsilon=-N\frac{d(BA\cos\omega t)}{dt}=NBA\omega\sin\omega t$$

따라서 $\varepsilon_{max}=NBA\omega=NBA2\pi f$이다. 그러므로 $f=\frac{\varepsilon_{max}}{NBA2\pi}$이다.

## 038

**답** $500A/s$

**풀이**

전지에서 나오는 전류 $0.10A$가 저항 $10\Omega$를 통과한다. 따라서 여기서 전압 강하가 아래 그림에 표기한 것처럼 $1.0V$ 일어난다. 그러므로 인덕터 양단에는 $6.0V-1.0V=5.0V$의 전위가 나타난다. 마찬가지로 저항 $10\Omega$은 인덕터에 병렬로 연결되어 있으므로 단자 전압이 인덕터 단자 전압과 같다. 그런데 인덕터 양단의 단자 전압은 $L\frac{di}{dt}$이고, 이 크기는 $5.0V$이다. 따라서 $\frac{di}{dt}=\frac{5.0V}{L}$이다.

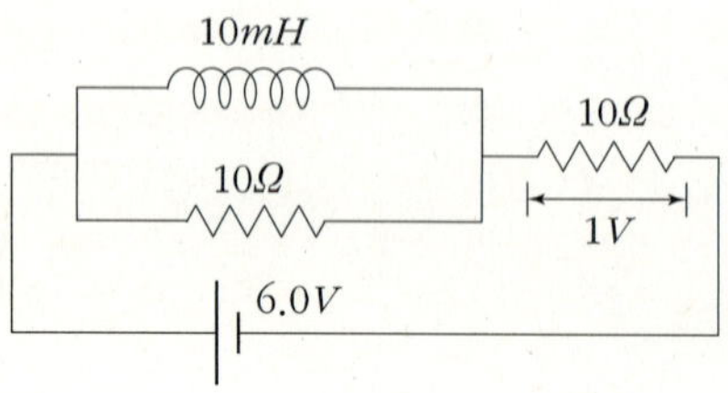


## 039

**답** $v=\sqrt{\frac{2IlB}{m}s}$, $t=\sqrt{\frac{2sm}{IlB}}$

**풀이**

전류가 흐르는 도선이 받는 힘에 의해 도체 막대가 정지 상태에서 가속되어 움직인다. 물체가 1차원에서 일정한 가속도 $a$로 처음 속도 $v_i$, 처음 위치 $x_i$에서 이동하여 나중 속도 $v_f$, 나중 위치 $x_f$가 될 때, $2a(x_f-x_i)=v_f^2-v_i^2$의 관계가 성립한다. 이 문제에 이 식을 적용하면 $s=x_f-x_i$, $v_i=0$, $v_f=v$이다. 따라서 $v=\sqrt{2as}$이다.
도체 막대의 가속도 $a$는 도체 막대가 받는 힘과 도체 막대의 질량에서 구할 수 있다. 도체 막대는 자기력을 받는다. 전류의 방향, 자기장의 방향, 도체 막대의 길이 방향이 모두 수직이므로 도체 막대는 그림에 표시한 방향으로 힘을 받아 움직인다. 전류가 흐르는 도선이 자기장에서 받는 힘의 식 $\vec{F}=I\vec{l}\times\vec{B}$에서 $F=IlB$이다. 그러므로 뉴턴 제 2법칙 $F=ma$에서 $F=ma=IlB$이므로 $a=\frac{IlB}{m}$이다. 따라서 $v=\sqrt{\frac{2IlB}{m}s}$이다. 도체 막대가 $s$ 거리를 이동하는 데 걸리는 시간은 등가속도 운동이므로 $x_f=x_i+v_it+\frac{1}{2}at^2$에서 $x_i=0$, $v_i=0$, $x_f=s$이므로 $t=\sqrt{\frac{2s}{a}}=\sqrt{\frac{2sm}{IlB}}$이다.

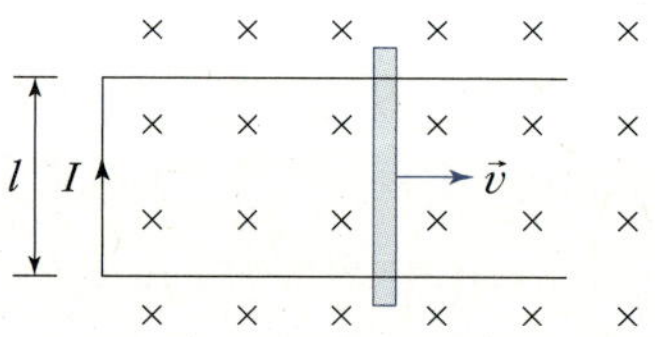

## 040

**답** $I_D = 1.0 \times 10^{-8} A$

**풀이**

변위 전류는 전기력선속의 변화에 의해 만들어진다. 즉, 진공에서 $I_D = \varepsilon_0 \dfrac{d\Phi_E}{dt}$이다. 여기서 $\Phi_E = \vec{E} \circ \vec{A}$이다. $\vec{A}$는 폐곡면일 필요가 없다. 여기서는 축전기 극판의 면으로 면의 방향이 전기장의 방향과 나란하다.

따라서 $I_D = \varepsilon_0 \dfrac{d\Phi_E}{dt} = \dfrac{d(\varepsilon_0 EA)}{dt}$이다.

그런데 축전기 내부의 전기장 $E$는 축전기 극판의 표면전하밀도 $\sigma$와 $E = \sigma / \varepsilon_0$의 관계가 있고, 표면전하밀도는 극판에 쌓인 전하 $Q$와 극판의 면적 $A$와 $\sigma = Q/A$의 관계가 있으므로 변위 전류에 대하여 다음 식을 얻게 된다. $I_D = \varepsilon_0 \dfrac{d\Phi_E}{dt} = \dfrac{d(\varepsilon_0 EA)}{dt} = \dfrac{d(\sigma A)}{dt} = \dfrac{dQ}{dt}$. 그런데 문제에서 $dQ/dt$를 주었다.

## 041

**답** $L_{eq} = \dfrac{L_1 L_2}{L_1 + L_2}$

**풀이**

아래 그림을 생각하자.

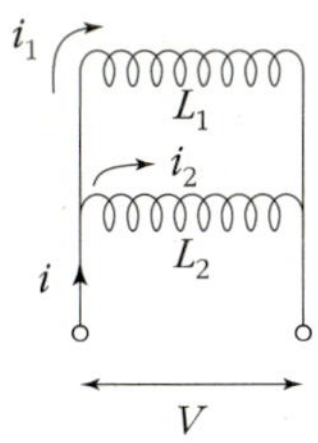


두 코일(인덕터)이 병렬로 연결되어 있으므로 각 단자 전압은 같고 그림에 표기한 것처럼 전류는 다르다. 따라서 $V = L_1 \dfrac{di_1}{dt}$, $V = L_2 \dfrac{di_2}{dt}$가 성립한다. 그러므로 이 두 식에서 $\dfrac{di_1}{dt} + \dfrac{di_2}{dt} = \dfrac{di}{dt} = \dfrac{V}{L_1} + \dfrac{V}{L_2}$을 얻고, 이 식을 $V = L_{eq} \dfrac{di}{dt}$와 비교하면 $\dfrac{1}{L_{eq}} = \dfrac{1}{L_1} + \dfrac{1}{L_2}$이다.

## 042

**답** $L_{eq} = L_1 + L_2$

**풀이**

아래 그림을 생각하자.

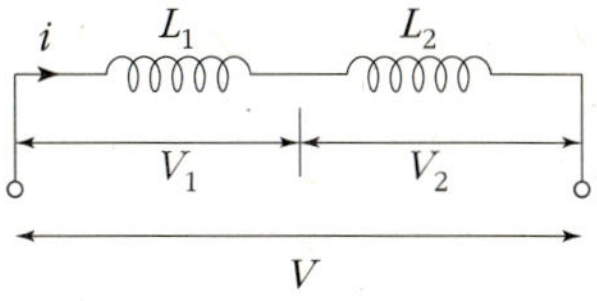


두 코일(인덕터)이 직렬로 연결되어 있으므로, 각 코일에 흐르는 전류는 같다. 그러나 각 코일의 단자 전압은 그림에 표기한 것과 같이 다르다. 따라서 $V_1 = L_1 \dfrac{di}{dt}$, $V_2 = L_2 \dfrac{di}{dt}$이고 전체 단자 전압은 $V_1 + V_2 = L_{eq} \dfrac{di}{dt} = L_1 \dfrac{di}{dt} + L_2 \dfrac{di}{dt}$이므로 $L_{eq} = L_1 + L_2$이다.

## 043

**답** 0

**풀이**

아래 그림을 고려해 보자. 그림에 표기한 바와 같이 막대에 임의의 양(+)전하를 생각하면 이 양전하는 회전축 방향으로 힘을 받아 회전축의 전위가 막대 끝의 전위보다 높다. 따라서 $V_A - V_C < 0$이고, $V_B - V_C < 0$이다. 그리고 회전 운동 기전력을 구하면 $V_A - V_C = -\dfrac{1}{2} B\omega \left(\dfrac{L}{2}\right)^2$이고, $V_B - V_C = -\dfrac{1}{2} B\omega \left(\dfrac{L}{2}\right)^2$이다. 따라서 $V_A - V_B = 0$로 막대 양 끝의 전위가 같아 외부로 전류가 흐르지 않는다.

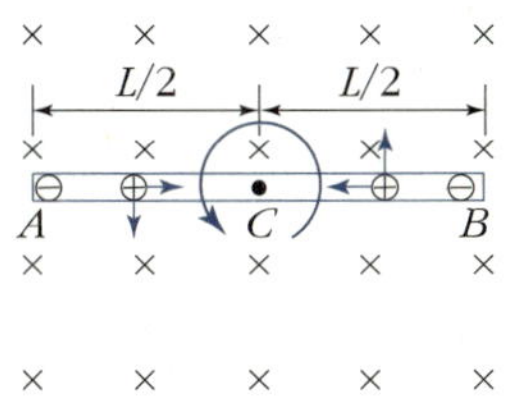

## 044

**답** 0, $1.3\mu Wb$, $2.2\mu Wb$, $2.5\mu Wb$

**풀이**

아래 그림을 참고하면서 면의 방향과 자기장의 방향이 이루는 각을 찾는 것에 유의해야 한다. 면과 자기장의 방향이 이루는 각이 $\theta$로 그림에서 표시되어 있다. 따라서 면의 방향과 자기장의 방향이 이루는 각은 그림에 나타낸 것처럼 $90° - \theta$이다.

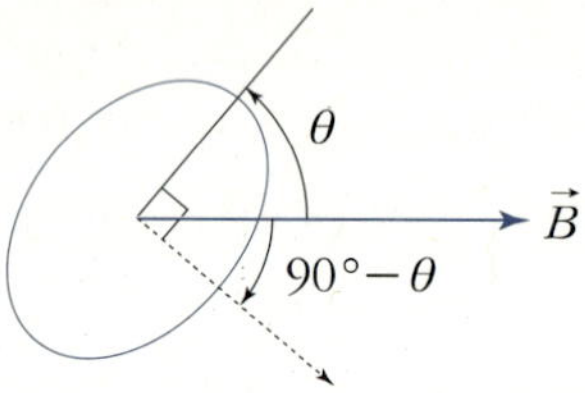


솔레노이드 내부의 자기장은 $B = \frac{\mu_0 NI}{l}$이다. $\mu_0$는 진공의 투자율, $N$은 도선의 감긴 수, $I$는 솔레노이드에 흐르는 전류, $l$은 솔레노이드의 길이이다. 따라서 자속은 다음과 같이 구할 수 있다.

$$\Phi_M = \vec{B} \circ \vec{A} = \frac{\mu_0 NI}{l} A\cos(90° - \theta) = \frac{\mu_0 NI}{l} A\sin\theta$$

## 045

**답** $\tau = L/R = (L_1 + L_2 + L_3)/R$

**풀이**

그림처럼 3 코일이 직렬로 연결된 경우 등가 $L_{eq}$를 구하고 이것에 의한 시상수를 구하는 것이다.

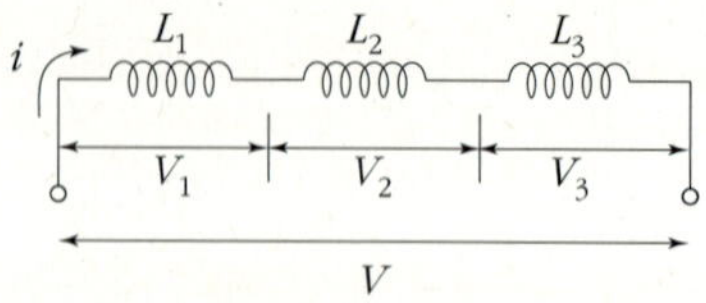


코일이 모두 직렬로 연결되어 있으므로 전류는 모두 같다. 따라서 각 코일에 걸리는 전압은 다음과 같다.

$$V_1 = L_1\frac{di}{dt},\ V_2 = L_2\frac{di}{dt},\ V_3 = L_3\frac{di}{dt}$$

따라서 $V = V_1 + V_2 + V_3 = (L_1 + L_2 + L_3)\frac{di}{dt}$이므로 $V = L_{eq}\frac{di}{dt}$와 비교하면 $L_{eq} = L_1 + L_2 + L_3$이다. 그러므로 시상수는 $\tau = L/R = (L_1 + L_2 + L_3)/R$이다.

## 046

**답** $\tau = \dfrac{L_1L_2L_3}{R(L_2L_3 + L_1L_3 + L_1L_2)}$

**풀이**

그림처럼 3 코일이 병렬로 연결된 경우 등가 $L_{eq}$를 구하고 이것에 의한 시상수를 구하는 것이다.

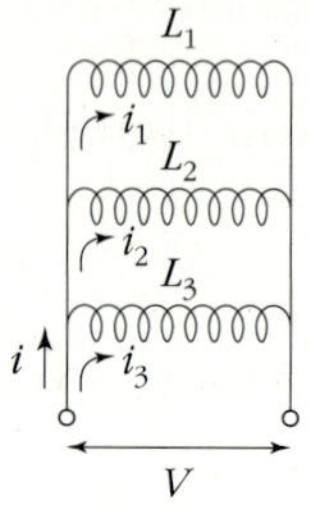


그림에 나타낸 것처럼 각 코일에 걸리는 전압은 모두 같다. 그러나 각 코일에 흐르는 전류는 모두 다르다. 이를 고려하면 다음 식들이 성립한다.

$$V = L_1\frac{di_1}{dt},\ V = L_2\frac{di_2}{dt},\ V = L_3\frac{di_3}{dt},\ i = i_1 + i_2 + i_3,$$

$$V = L_{eq}\frac{di}{dt},$$

$$\frac{V}{L_{eq}} = \frac{di}{dt} = \frac{di_1}{dt} + \frac{di_2}{dt} + \frac{di_3}{dt} = \frac{V}{L_1} + \frac{V}{L_2} + \frac{V}{L_3}$$

$$= V\left(\frac{1}{L_1} + \frac{1}{L_2} + \frac{1}{L_3}\right)$$

따라서 $\frac{1}{L_{eq}} = \frac{1}{L_1} + \frac{1}{L_2} + \frac{1}{L_3}$이다. 그러므로 이 경우 등가 자체유도계수에 의한 시상수는 $\tau = L_{eq}/R$이다.

## 047

**답** 0.199$J$

**풀이**

축전기에 저장된 에너지가 인덕터의 자기장 에너지로 변환되어 저장되고 다시 이 자기장 에너지가 축전기의 전기장 에너지로 변환되는 현상이 주기적으로 반복되는 $LC$ 회로이다. 이상적인 $LC$ 회로에서는 에너지의 손실이 없어 무한 진동이 반복된다. 따라서 에너지 보존법칙으로 문제를 풀 수 있다. 처음 축전기에만 에너지가 전기장 에너지 형태로 저장되어 있다가 스위치를 닫으면 자기장 에너지로 변환이 일어난다. 처음 축전기의 단자 전압을 $V$, 축전기에 저장된 에너지를 $U_C$, 인덕터에 저장된 에너지를 $U_L$, 회로의 전류를 $I$라 하자. 그러면 다음 식이 성립한다.

$$\frac{1}{2}CV^2 = U_C + U_L = U_C + \frac{1}{2}LI^2$$

따라서 회로의 전류가 주어져 있으므로 축전기에 저장된 에너지는 $U_C = \frac{1}{2}CV^2 - \frac{1}{2}LI^2$이다.

## 048

**답** $1.36 \times 10^{-2} Wb$, $0.17V$

**풀이**

자기장의 방향과 코일면의 방향 사이의 각이 $30°$이다. 자속은 다음 식으로 구한다.

$$\Phi_M = \vec{B} \circ \vec{A} = BA\cos\theta$$

유도 기전력은 다음 식으로 구한다. 여기서 면적과, 자기장의 방향과 면의 방향사이의 각이 시간에 따라 변하지 않는 것을 주의한다.

$$\varepsilon = -N\frac{d\Phi}{dt} = -N\frac{d(\vec{B} \circ \vec{A})}{dt} = -N\frac{d(BA\cos\theta)}{dt}$$

$$= -NA\cos\theta\frac{dB}{dt} = -NA\cos\theta\frac{\Delta B}{\Delta t}$$

여기서 $\Delta B = B$이고, $\Delta t = 4.0s$이다.

## 049

**답** 19.2$V$

**풀이**

아래 그림과 같이 시계방향으로 키르히호프의 고리 규칙을 적용하자.

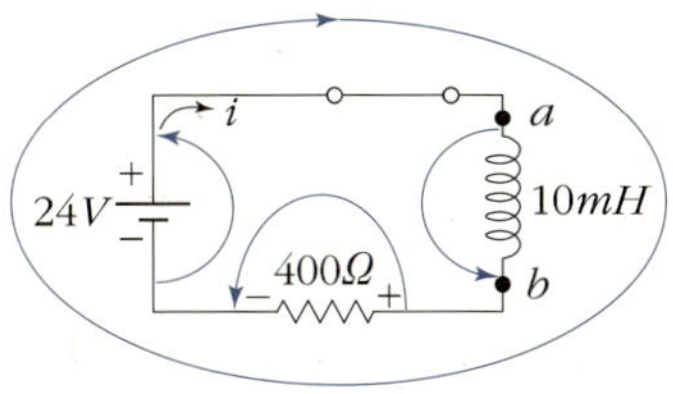


그러면 스위치를 닫은 후 전류를 그림에 표기한 것처럼 나타낼 때 다음 식이 성립한다. $24V - L\frac{di}{dt} - iR = 0$

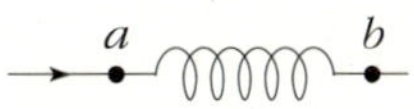


그림처럼 인덕터에 전류가 $a$ 점으로 들어가는 경우, 만일 전류가 감소하면 인덕터의 자기장이 감소하고 이를 방해하려는 방향으로 전류가 흐르려 할 것이므로 오른쪽 방향으로 계속 전류가 흐르도록 $b$ 점의 전위가 높아진다. 따라서 이 경우 $di < 0$이므로 $V_{ab} = L\frac{di}{dt} < 0$가 된다. 만일 전류가 오른쪽 방향으로 증가하려고 하면 인덕터는 이를 방해하려고 전류가 왼쪽으로 흐르도록 인덕터 양단에 전위차가 발생할 것이므로, $a$ 점의 전위가 $b$ 점보다 높게 된다. 따라서 $di > 0$이므로 $V_{ab} = L\frac{di}{dt} > 0$가 된다. 즉, 전류가 증가하는 경우나 감소하는 경우이거나 $a$ 점으로 전류가 들어가면 $V_{ab} = L\frac{di}{dt}$로 인덕터 양단의 전위차를 구할 수 있다. 따라서 인덕터 양단의 단자 전압 $V_{ab} = L\frac{di}{dt} = 24V - iR$로 구할 수 있다.

## 050

**답** (가) $7.8mWb$, (나) $195mA$

**풀이**

자속은 $\vec{B}\circ\vec{A}$이다. 면과 자기장의 방향이 이루는 각을 주었으므로 면과 자기장의 방향은 $90° - 60° = 30°$가 된다. 따라서 자속은 다음과 같다.

$$\Phi_M = \vec{B}\circ\vec{A} = BA\cos\phi = BA\cos(90° - 60°) = BA\cos 30°$$

유도기전력에 의한 전류는 $\frac{\varepsilon}{R} = -\frac{d\Phi}{Rdt} = -\frac{1}{R}\frac{\Delta\Phi}{\Delta t} = -\frac{1}{R}\frac{\Phi}{\Delta t}$이다. 전류는 방향이 없으므로 크기만 구하면 된다.

## 051

**답** $3.0A$, $8.0A$

**풀이**

스위치를 닫는 순간 전류가 증가할 것이므로 인덕터는 이 변화를 방해하려 한다. 그래서 스위치를 닫는 순간에는 전류가 인덕터로 흐르지 않으려 하므로 $3.0\Omega$와 $5.0\Omega$를 통해 전류가 흐른다. 따라서 스위치를 닫는 순간 전류는 $24V/8.0\Omega = 3.0A$이다. 스위치를 닫고 시간이 충분히 흐르면 전류가 일정해지므로, 인덕터의 전류 변화에 저항하려는 성질이 사라지고 인덕터는 단순한 도체가 된다. 따라서 저항 $5.0\Omega$가 저항 역할을 할 수 없다. 그러므로 전류는 저항 $3.0\Omega$와 단순한 도체 역할을 하는 인덕터를 통해 흐른다. 따라서 전류는 $24V/3.0\Omega = 8.0A$이다.

그림에 $i$는 처음 스위치를 닫는 순간 전류의 방향을 나타내고, $f$는 시간이 충분히 흐른 후의 전류의 방향을 나타낸다.

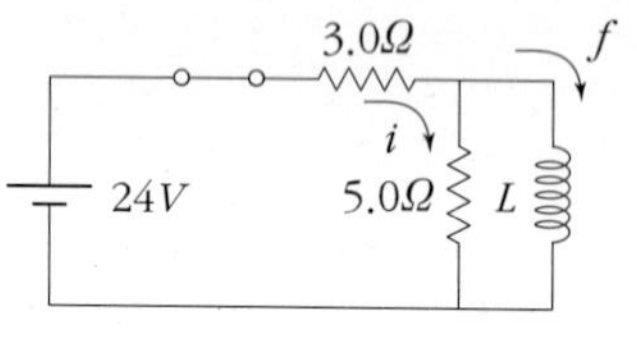


## 052

**답** $17.7mV$, $1.6mW$

**풀이**

코일의 면과 자기장의 방향이 나란하므로 $\varepsilon = -N\frac{d\Phi}{dt} = -N\frac{d(\vec{B}\circ\vec{A})}{dt} = -NA\frac{dB}{dt}$이다. 코일의 면적을 구할 때 $\pi(d/2)^2$으로 구하는 것에 유의한다. 여기서 $d$는 코일의 직경이다. 코일에서 단위 시간당 발생하는 열에너지는 코일의 저항이 소비하는 전력이다. 따라서 $\varepsilon^2/R$로 구한다.

## 053

**답** $0.0A$, $12V$

**풀이**

$RL$ 회로의 특징을 이해해야 하는 문제이다. 스위치를 닫는 순간 급격히 전류는 상승하려 하지만 전류의 변화를 방해하는 인덕터가 있어 전류가 상승할 수 없다. 따라서 스위치를 닫는 순간 회로의 전류는 영(0)이다. 그러므로 아래 그림에 나타낸 것과 같이 $a$ 지점의 전위는 전지의 양극 전위와 같고, 마찬가지로 $b$ 지점은 전지의 음극 전위와 같다. 혹은 좀 더 정량적으로 접근하면 $I(t) = I_0(1 - e^{-t/\tau})$에서 $t = 0$이면 $I = 0$이다. 그러면 키르히호프 규칙에 의해 $12V - IR - L\frac{dI}{dt} = 0$에서 $V_{ab} = L\frac{dI}{dt} = 12V$가 된다.

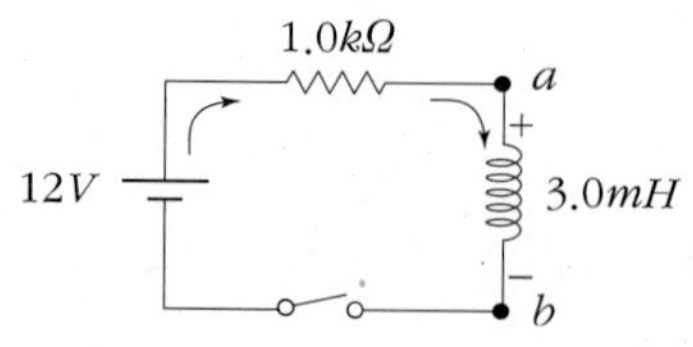

## 054

답 $\varepsilon = \sqrt{2gh}\,Bl$

풀이

운동기전력을 구하는 문제이다. 문제로부터 상황을 그림처럼 가시화하면 문제 풀이가 쉽다.

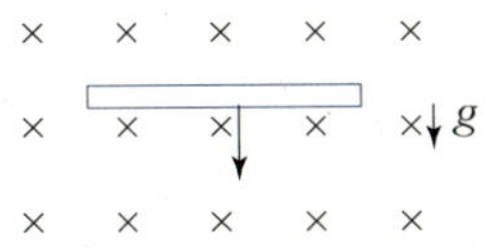

자기장의 방향, 막대 길이 방향, 막대가 움직이는 방향이 모두 서로 수직이다. 따라서 운동 기전력 식 $\varepsilon = \int \vec{v} \times \vec{B} \circ d\vec{l}$에서 $\varepsilon = vBl$이다. 여기서 $v$는 막대가 지면에 닿는 순간의 속력이다. 막대가 높이 $h$인 곳에서 정지 상태에서 자유낙하 하므로 $2a\Delta s = v_f^2 - v_i^2$에서 $a$와 $\Delta s$의 방향이 일치한다. $v_f = v$로 구하고자 하는 것이고, $v_i = 0$이므로 $v = \sqrt{2gh}$가 된다. 따라서 $\varepsilon = \sqrt{2gh}\,Bl$이다.

## 055

답 14.6$rad/s$

풀이

직렬 $LC$ 회로에서 각진동수는 $\omega = \frac{1}{\sqrt{LC}}$이다. 진동수와 각진동수를 구분해야 한다. 진동수와 각진동수의 관계는 $\omega = 2\pi f$이다.

## 056

답 1.0$rad/s$

풀이

교류 발전기의 원리이다. 처음 코일의 면이 자기장의 방향과 나란하다고 가정하면, 다음 식 $\varepsilon = -N\frac{d\Phi}{dt} = -N\frac{d(\vec{B} \circ \vec{A})}{dt} = -N\frac{d(BA\cos\omega t)}{dt} = NBA\omega\sin\omega t$에서 유도 기전력의 최댓값은 $\varepsilon_{max} = NBA\omega$이다. 따라서 $\omega = \frac{\varepsilon_{max}}{NBA}$이다. 직경으로 코일의 면적을 구할 때 주의한다. 그리고 문제의 문장으로부터 상황을 시각화하여 문제를 풀도록 한다.

## 057

답 $T = 0.693\tau$

풀이

스위치를 닫고 나면 회로에 흐르는 전류는 $I(t) = I_0(1-e^{-t/\tau})$이다. 여기서 $I_0 = \frac{\varepsilon}{R}$이고, $\tau = L/R$이다. 문제의 조건에 맞는 식을 세우면 다음과 같다.

$$\frac{I_0}{2} = I_0(1-e^{-T/\tau})$$

이 식을 다음과 같이 정리할 수 있다.

$$\frac{1}{2} = e^{-T/\tau},\ \ln 2 = T/\tau,\ T = \tau\ln 2 = 0.693\tau$$

## 058

**답** 1.25$V$, 160$m/s$

**풀이**

운동 기전력을 생각하는 문제이다. 비행기 날개는 비행기가 날아가는 방향과 수직이다. 따라서 $\varepsilon = \int \vec{v} \times \vec{B} \circ d\vec{l}$에서 $\vec{v}$, $\vec{B}$, $\vec{l}$이 모두 서로 수직이므로 $\varepsilon = vBl$이다. 전위차를 얻기 위한 비행기의 속력은 $v = \frac{\varepsilon}{Bl}$에서 구한다.

## 059

**답** 14$mH$

**풀이**

병렬은 $\frac{1}{L_{eq}} = \frac{1}{L_1} + \frac{1}{L_2}$이고, 직렬은 $L_{eq} = L_1 + L_2$이다. 그림을 참고하여 등가 합성 인덕턴스를 구한다.

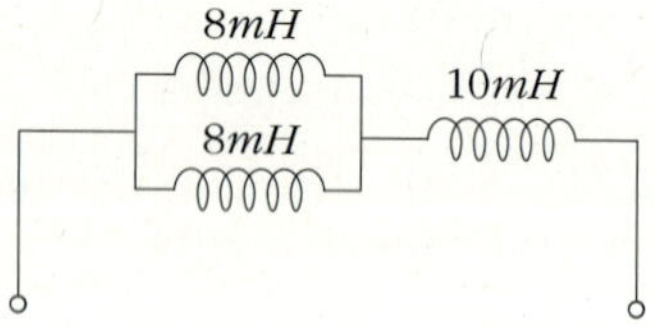


## 060

**답** 2.7$mT$

**풀이**

교류 발전기의 원리이다. 회전 각속도를 $\omega$, 코일의 면적을 $A$, 자기장의 세기를 $B$, 코일이 감긴 수를 $N$이라 하면, 최대 기전력은 $\varepsilon_{max} = NBA\omega$이다. 따라서 $B = \frac{\varepsilon_{max}}{NA\omega}$이다. 단, 여기서는 분당 회전수를 주었으므로 1 회전이 $2\pi$에 해당하고 1분이 60$s$임을 사용하여 $\omega = 3600 \cdot 2\pi / 60s$로 구해야 한다.

## 061

**답** 6.2$mH$

**풀이**

병렬은 $\frac{1}{L_{eq}} = \frac{1}{L_1} + \frac{1}{L_2}$이고, 직렬은 $L_{eq} = L_1 + L_2$이다. 그림을 참고하여 등가 합성 인덕턴스를 구한다.

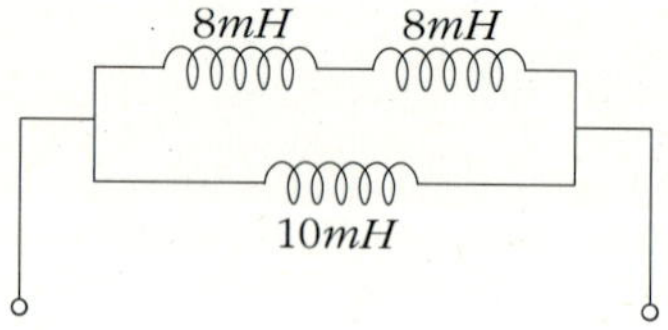

## 062

답 $1.44mJ,\ 0.575mJ$

풀이

인덕터에 저장된 에너지는 $U_L = \frac{1}{2}LI^2$이다. 이 회로의 최대 전류는 인덕터가 더 이상 역할을 하지 않을 때이고 그때 $I_0 = \frac{\varepsilon}{R}$이다. 그리고 $I(t) = I_0(1 - e^{-t/\tau})$이다. 따라서 $t = \tau$일 때 인덕터에 저장된 에너지는 $\frac{1}{2}LI_\tau^2$으로 구한다.

## 063

답 $25mV$

풀이

자기장이 고리의 면에 수직으로 관통하므로 $\vec{B} \circ \vec{A} = BA$이다. 그리고 자기장은 시간에 따라 변하지 않는다. $\varepsilon = -N\frac{d\Phi}{dt} = -N\frac{d(\vec{B} \circ \vec{A})}{dt} = -N\frac{d(BA)}{dt} = -NB\frac{dA}{dt}$이고, $\frac{dA}{dt}$는 일정하여 시간에 따라 변하지 않는 값이다. 그리고 $N = 1$이다.

## 064

답 $L = \frac{\mu_0}{2\pi}N^2h\ln\left(\frac{r_b}{r_a}\right)$

풀이

토로이드 내부의 자기장이 일정하지 않아 식 $L = \frac{N\Phi}{I}$에서 자속 $\Phi$ 구할 때 주의해야 한다. 아래 그림을 참고하면 토로이드 중심에서 거리 $r$ 지점의 자기장은 암페어 법칙으로부터 $2\pi rB = \mu_0 NI$에서 $B = \frac{\mu_0}{2\pi}\frac{NI}{r}$이므로 그림의 작은 조각에서 $d\Phi = Bhdr$이다. 따라서 $\Phi = \int d\Phi = \frac{\mu_0}{2\pi}NIh\int_{r_a}^{r_b}\frac{1}{r}dr = \frac{\mu_0}{2\pi}NIh\ln\left(\frac{r_b}{r_a}\right)$이다. 따라서 $L = \frac{N\Phi}{I}$에서 다음과 같이 자체유도계수를 구할 수 있다.

$$L = \frac{\mu_0}{2\pi}N^2h\ln\left(\frac{r_b}{r_a}\right)$$

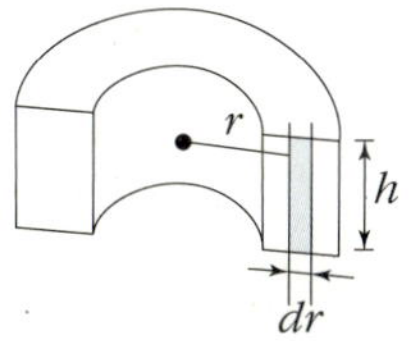


또 다른 방법으로 자기장의 에너지를 이용해 보자.
인덕턴스 $L$인 인덕터에 전류 $I$가 흐르면 이 인덕터에 저장된 에너지는 $\frac{1}{2}LI^2$이다. 그리고 이 경우 토로이드 내부의 자기장이 $B$이면 자기장 에너지 밀도가 $u_M = \frac{1}{2}\frac{B^2}{\mu_0}$이므로 토로이드 내부 공간에서 $\int u_M d\tau$을 구하면 $\frac{1}{2}LI^2$과 같아야 한다. 따라서 다음 식이 성립한다.

$$\int u_M d\tau = \int u_M 2\pi r dr h = \frac{1}{2}\frac{1}{\mu_0}\frac{\mu_0^2 N^2 I^2}{4\pi^2}2\pi h\int_{r_a}^{r_b}\frac{1}{r}dr$$

$$= \frac{\mu_0}{4\pi}N^2I^2h\ln\left(\frac{r_b}{r_a}\right) = \frac{1}{2}LI^2$$

따라서 $L = \frac{\mu_0}{2\pi}N^2h\ln\left(\frac{r_b}{r_a}\right)$을 얻는다.

어떤 방법을 사용하여도 결과가 같다는 점에 주목하자. 그리고 항상 최종 결과식의 물리적 차원을 분석하여 얻어진 결과의 타당성 여부를 검증하여야 한다.

## 065

**답** $\frac{L}{l} = \frac{\mu_0}{2\pi}\ln\left(\frac{r_b}{r_a}\right)$

**풀이**

자체유도계수를 구하기 위해 안쪽 도체에 전류 $I$가 흐르고 바깥쪽 도체에는 안쪽과 반대로 전류가 흐르는 것으로 생각하자. 역시 $r_a < r < r_b$ 사이에서 자기장이 일정하지 않다. 그리고 $N = 1$이며, 암페어 법칙을 사용하면 $r_a < r < r_b$에서 자기장은 $B = \frac{\mu_0}{2\pi}\frac{I}{r}$이다. 자기장 에너지를 구하여 인덕턴스를 구해보자. 아래 그림과 같이 길이 $l$인 작은 껍질을 고려하면 다음 식이 성립한다.

$$\frac{1}{2}LI^2 = \int u_M d\tau = \int \frac{1}{2}\frac{B^2}{\mu_0}2\pi r l dr$$

$$= \frac{1}{2}\frac{1}{\mu_0}\frac{\mu_0^2}{4\pi^2}I^2 2\pi l \int_{r_a}^{r_b}\frac{1}{r}dr = \frac{\mu_0 I^2 l}{4\pi}\ln\left(\frac{r_b}{r_a}\right)$$

따라서 $\frac{L}{l} = \frac{\mu_0}{2\pi}\ln\left(\frac{r_b}{r_a}\right)$이다.

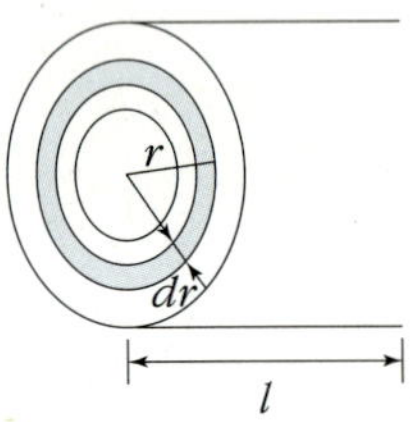


이번에는 $L = \frac{N\Phi}{I}$로 자체유도계수를 구해보자. 자속 $\Phi$를 구해야 하는데, 이 경우 자기장이 동심으로 원형을 이루고 있으므로 이에 수직인 면을 찾아야 한다. 이를 위해 아래 그림처럼 두께 $dr$, 길이 $l$인 작은 띠를 생각하자. 이 띠를 자기장이 수직으로 관통하고, 띠의 두께가 작아 자기장의 세기가 일정하다고 생각할 수 있다. 그러면 이 띠를 통과하는 자속은 $d\Phi = \frac{\mu_0}{2\pi}\frac{I}{r}ldr$이다. 따라서 $\Phi = \int d\Phi = \frac{\mu_0}{2\pi}Il\int_{r_a}^{r_b}\frac{dr}{r}$ $= \frac{\mu_0}{2\pi}Il\ln\left(\frac{r_b}{r_a}\right)$을 얻는다. $N = 1$이므로 $\frac{L}{l} = \frac{\mu_0}{2\pi}\ln\left(\frac{r_b}{r_a}\right)$을 얻게 된다.

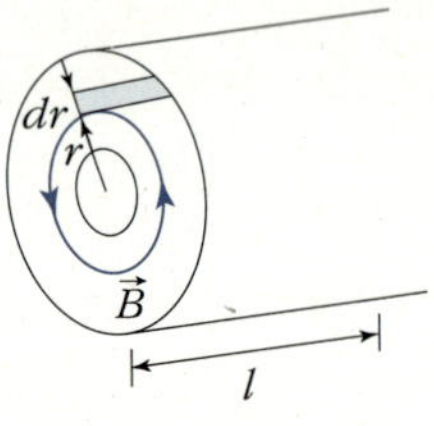


## 066

**답** $u_E = 2.83pJ/m^3$, $u_M = 1.02J/m^3$

**풀이**

진공에서 전기장 에너지 밀도는 $\frac{1}{2}\varepsilon_0 E^2$이고, 자기장 에너지 밀도는 $\frac{1}{2}\frac{B^2}{\mu_0}$이다. 전류가 흐르면 전기장이 존재한다. 그리고 아래 그림처럼 도선이 균질하면 내부의 전기장이 균일하다. 즉, $El = V$이다.

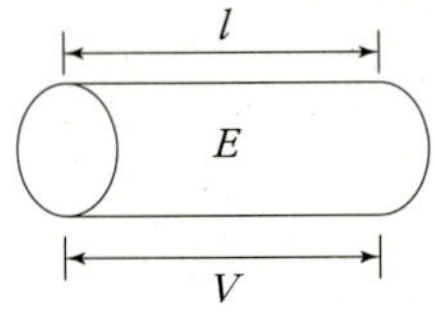


전류가 주어졌고 도선의 대칭성이 좋으므로 암페어 법칙으로 도선 바로 밖의 자기장을 구할 수 있다. 전기장은 도선의 단위 길이당 저항 $\Omega_\lambda$, 전류 $I$를 주었으므로 $I = \frac{V}{R}$ $= \frac{El}{\Omega_\lambda l} = \frac{E}{\Omega_\lambda}$에서 구할 수 있다. 이를 정리하면 다음 식과 같다.

$$B = \frac{\mu_0}{2\pi}\frac{I}{r},\ E = \Omega_\lambda I$$

따라서 도선이 진공에 놓여 있으므로 $u_E = \frac{1}{2}\varepsilon_0 E^2$, $u_M = \frac{1}{2}\frac{B^2}{\mu_0}$을 구한다.

## 067

**답** $3.52 \times 10^{-2}T$, $36.9 \times 10^{-3}H$

**풀이**

아래 그림처럼 솔레노이드 내부의 자기장은 암페어 법칙 $\oint \vec{B} \circ d\vec{l} = \mu_0 I$으로 구한다. 그림에서 점선은 무한히 긴 것이다.

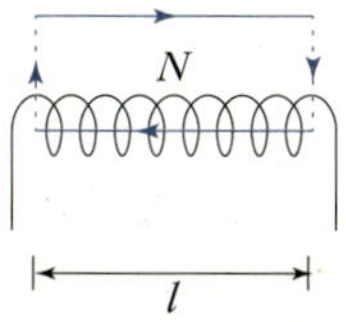


그러면 솔레노이드 내부에서만 선적분을 고려하면 된다. 솔레노이드 내부에서 자기장은 균일하고, 폐곡선이 둘러싼 전류는 폐곡선이 만든 면을 전류 $I$가 $N$번 관통하므로 $NI$이다. 따라서 $Bl = \mu_0 NI$에서 $B = \dfrac{\mu_0 NI}{l}$이다.

자체유도계수는 코일에 전류 $I$가 흐른다고 가정하고, 코일의 감긴 횟수가 $N$, 코일에 의해 만들어진 자기장이 코일 자체의 단면을 통과하는 자속이 $\Phi$일 때, $L = \dfrac{N\Phi}{I}$로 계산한다.

이 경우 $L = \dfrac{N\Phi}{I} = \dfrac{NAB}{I} = \dfrac{NA}{I}\dfrac{\mu_0 NI}{l} = \dfrac{\mu_0 N^2 A}{l}$이다.

전자기 유도와 인덕턴스

16장

물리
천재
1000제

# 17장 교류회로

## 001

**답** (나)

**풀이**
저항은 교류회로의 각진동수에 관계없이 일정하고, $X_L = \omega L$이고, $X_C = 1/\omega C$이다. 그리고 직렬 $L-R-C$ 회로의 임피던스는 $Z = \sqrt{R^2 + (X_l - X_c)^2}$ 이다.

## 002

**답** (다)

**풀이**
축전기의 리액턴스는 $X_C = 1/\omega C$이므로 높은 주파수의 전류를 잘 통과시키고, 인덕터의 리액턴스는 $X_L = \omega L$이므로 낮은 주파수의 전류를 잘 통과시킨다. 트랜스는 전압, 전류, 저항(임피던스)를 변환 시키는 특성이 있다. 저항은 직류와 교류 가리지 않고 전류를 흐르게 한다.

## 003

**답** (라)

**풀이**
인덕터의 전류와 전압 위상이 90° 만큼 차이가 나므로 전류와 전압를 곱한 것의 시간 평균값은 영(0)이다. 축전기의 경우도 마찬가지이다. 오로지 전력 소모가 일어나는 곳은 저항에서이다. 이상적인 축전기와 코일(인덕터)은 에너지를 저항하거나 저장된 에너지를 방출하는 기능을 하므로 에너지를 소모하지 않는다. 그러나 저항에서는 전하의 움직임을 방해하므로 마치 마찰력이 작용하는 것과 같아 에너지 소모가 일어난다. 소모된 에너지는 열에너지 형태로 방출된다.

## 004

**답** (가)

**풀이**
저항에서는 전류와 전압의 위상이 같다. 전압은 기전력과 관계되고 이 기전력에 반응하여 전하가 움직이는 것이 전류이다. 따라서 저항에서는 전압과 전류의 위상이 동일하다. 그러나 축전기와 코일에서는 전류와 전압의 위상이 다르다. 축전기에 전하가 쌓여야 전위가 발생하고, 전하가 쌓이기 위해서는 전하가 흘러 들어와야 하므로, 전류가 먼저 있어야 한다. 따라서 전류의 위상이 전압보다 앞선다.

## 005

**답** $845W$

**풀이**

교류에서 소비 전력은 $P=I_{rms}V_{rms}=\frac{V_{rms}^2}{R}=I_{rms}^2R$로 계산한다. 여기서는 최대 전압을 주었으므로 $V_{rms}=V/\sqrt{2}$이다.

## 006

**답** $8.5MW$

**풀이**

저항에 의한 송전 손실을 계산하는 것이다. 따라서 송전 전류를 찾아 $I_{rms}^2R$로 송전 손실을 계산한다. $300MW=230{,}000VI_{rms}$에서 $I_{rms}$를 찾는다. 송전 전압을 $V_P$, 송전하고자 하는 전력을 $P$, 송전선의 저항을 $R$이라 하면, 송전 손실 전력은 $(P/V_p)^2R$이므로 송전 손실을 줄이기 위해 전압을 높여 송전한다.

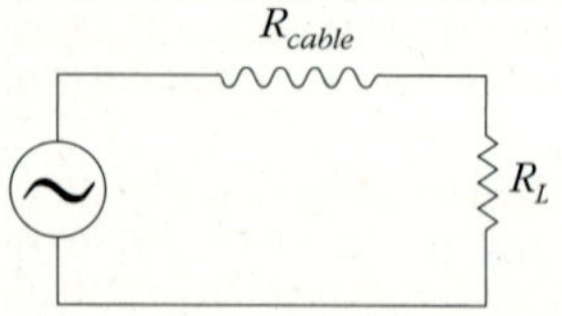


## 007

**답** $2078\Omega$

**풀이**

임피던스 $Z=\sqrt{R^2+(X_L-X_C)^2}$이다. $X_L=\omega L$, $X_C=1/\omega C$이고 $\omega=2\pi f$이다.

## 008

**답** $107\Omega$

**풀이**

$Z=\sqrt{R^2+(X_L-X_C)^2}$이다. $X_L=\omega L$이고, $X_C=1/\omega C$이다.

## 009

답 318.5*Hz*

풀이

직렬 *RLC* 회로 공명 조건은 $X_L = X_C$이다. 여기서 $f = \frac{1}{2\pi}\frac{1}{\sqrt{LC}}$를 얻는다.

## 010

답 0.936

풀이

전류와 전압의 위상차를 $\phi$라고 하면, 역률은 $\cos\phi$이다. 그리고 $\tan\phi = \frac{X_L - X_C}{R}$이다. $X_L = \omega L$이고, $X_C = 1/\omega C$이다.

## 011

답 60*mA*

풀이

에너지 보존 법칙에 의해 이상적인 변압기는 에너지 손실이 없으므로 $V_1I_1 = V_2I_2$가 성립한다. 그리고 $V_1/V_2 = N_1/N_2$이다. 그러므로 $I_2 = \frac{V_1}{V_2}I_1 = \frac{N_1}{N_2}I_1$으로 구할 수 있다.

## 012

답 1068$\Omega$, $-20.6°$

풀이

$Z = \sqrt{R^2 + (X_L - X_C)^2}$이고, $X_L = \omega L$, $X_C = 1/\omega C$이다. 여기서 문제에서 주어진 조건으로부터 $\omega = 500/s$이다. 위상각 $\theta = \arctan\left(\frac{X_L - X_C}{R}\right)$이다.

## 013

답 5.3$A$

풀이

220$V$는 실효 전압이다. 이 전동기의 임피던스를 $Z$라고 하면, $220V/Z=I_{rms}$이다. 그리고 전류의 최댓값은 $\sqrt{2}I_{rms}$이다. 그리고 여기서 $Z=\sqrt{R^2+X_L^2}$이며 $X_L=50\Omega$이다.

## 014

답 7 : 1

풀이

이상적인 변압기이므로 1차에서 소비되는 전력과 2차에서 소비되는 전력이 같다. 따라서 $P_1=P_2$이므로 $I_1V_1=I_2V_2$이다. 그런데 2차의 저항이 주어져 있고 2차에서 소비되는 전력 $P_2$도 주어져 있다. 따라서 $I_2V_2=\frac{V_2^2}{R}=P_2$에서 $V_2=\sqrt{P_2R}$이다. 그러므로 $\frac{N_1}{N_2}=\frac{V_1}{V_2}$에서 $\frac{N_1}{N_2}=\frac{V_1}{\sqrt{P_2R}}$이다. 여기서 주의할 것은 $V_1$이 실효 전압이라는 것이다. 만일 최대 전압으로 주어지면 이 값을 실효 전압으로 바꾸어 계산해야 한다.

## 015

답 0.106$A$

풀이

전압의 최댓값이 150$V$이다. 따라서 실효 전압은 $V_{rms}=150V/\sqrt{2}$로 구한다. 그리고 실효 전류는 $I_{rms}=V_{rms}/Z$이다. $Z=\sqrt{R^2+(X_L-X_c)^2}$이고 $X_L=\omega L$, $X_C=1/\omega C$이다. 여기서는 $\omega=500/s$이다.

## 016

답 93$Hz$

풀이

220$V$는 실효값이다. $f_1=30Hz$, $X_L'=10\Omega$, 코일의 자체 유도계수를 $L$이라고 하자. 그러면 $X_L'=2\pi f_1L$에서 $L=\frac{X_L'}{2\pi f_1}$이다. $I=10A$, $V_{rms}=220V$라 하고 구하고자 하는 주파수를 $f$라 하면, $\frac{I}{\sqrt{2}}=\frac{V_{rms}}{2\pi fL}$이므로 다음 식을 얻을 수 있다.

$$f=\frac{V_{rms}\sqrt{2}}{2\pi LI}=\frac{V_{rms}\sqrt{2}\cdot 2\pi f_1}{2\pi IX_L'}=\frac{V_{rms}\sqrt{2}f_1}{IX_L'}$$

## 017

답 52.9V

풀이

$X_L I_{rms}$이다. $I_{rms} = V_{rms}/Z$로 구하고, $Z = \sqrt{R^2 + (X_L - X_c)^2}$ 이다. $X_L = \omega L$, $X_C = 1/\omega C$이고, 여기서 $\omega = 500/s$이다. 그리고 $V_{rms} = 150V/\sqrt{2}$ 이다.

## 018

답 $-52°$

풀이

전류와 전압 사이의 위상 $\phi$는 $\tan\phi = \dfrac{X_L - X_C}{R}$의 관계가 있다. $X_L = \omega L$, $X_C = 1/\omega C$이고, $\omega = 2\pi f$이다.

## 019

답 4840W

풀이

직렬 $RLC$ 회로의 공명 주파수에서 $X_L = X_C$이다. 따라서 공명주파수에서 임피던스는 저항 $R$과 같다. 그러므로 소비전력은 $V_{rms}^2/R$로 구할 수 있다.

## 020

답 0.88pF

풀이

공명 조건을 찾는 문제이다. 저항 $R$ 과는 관계가 없다. 공명 조건은 $X_L = X_C$일 때이다. 즉, $f = \dfrac{1}{2\pi}\dfrac{1}{\sqrt{LC}}$이다. 따라서 $C = \dfrac{1}{L(2\pi f)^2}$으로 구할 수 있다.

## 021

**답** $180Hz$

**풀이**

직렬 $RLC$ 회로에서 공진은 $X_L = X_C$인 조건에서 일어난다. 즉, $f = \frac{1}{2\pi}\frac{1}{\sqrt{LC}}$이다. 그런데 $L$, $C$ 값이 주어지지 않았다. 그러나 $X_C = 9X_L$이 주어졌으므로 $LC$ 값을 구할 수는 있다. $X_C = 9X_L$에서 $\frac{1}{\omega C} = 9\omega L$이므로, $\frac{1}{LC} = 9\omega^2$이다. 여기서 $\omega = 2\pi 60Hz$이다. 따라서 $\frac{1}{\sqrt{LC}} = 3\omega$이고, $f = \frac{1}{2\pi}\frac{1}{\sqrt{LC}} = \frac{1}{2\pi}3\omega = \frac{1}{2\pi}3\cdot 2\pi f_0 = 3f_0$이다. 여기서 $f_0 = 60Hz$이다.

## 022

**답** $45.0V$

**풀이**

$X_C I_{rms}$이다. $I_{rms} = V_{rms}/Z$로 구하고, $Z = \sqrt{R^2 + (X_L - X_c)^2}$이다. $X_L = \omega L$, $X_C = 1/\omega C$이고, 여기서 $\omega = 500/s$이다. 그리고 $V_{rms} = 150V/\sqrt{2}$이다.

## 023

**답** $12W$

**풀이**

순수한 인덕터와 축전기에서는 에너지 소비가 일어나지 않는다. 인덕터는 에너지를 자기장의 형태로 저장하고 축전기는 에너지를 전기장 형태로 저장한다. 오로지 저항에서 에너지 소비가 일어난다. 그리고 직렬 $RLC$ 회로에서는 모든 소자에 동일한 위상의 전류가 흐른다. 또한 저항에서 소비되는 전력은 전류를 알면 $I_{rms}^2 R$로 구할 수 있다. $I_{rms} = V_{rms}/Z$이고 $V_{rms} = 220V$이다.

## 024

**답** $69Hz$

**풀이**

저항과 인덕터만 있는 직렬 회로이므로 $Z = \sqrt{R^2 + X_L^2} = \sqrt{R^2 + (\omega L)^2}$이다. 그런데 $\omega = 2\pi f$이므로 $f = \frac{\sqrt{Z^2 - R^2}}{2\pi L}$이다.

## 025

**답** $23.5\mu F$

**풀이**

직렬 $RLC$ 회로에서 전류와 전압의 위상이 같으려면 $X_L = X_C$일 때이다. 이 식에서 $f = \frac{1}{2\pi}\frac{1}{\sqrt{LC}}$를 얻고 $C = \frac{1}{L(2\pi f)^2}$을 얻을 수 있다.

## 026

**답** $106V$

**풀이**

$RI_{rms}$이다. $I_{rms} = V_{rms}/Z$로 구하고, $Z = \sqrt{R^2 + (X_L - X_c)^2}$이다. $X_L = \omega L$, $X_C = 1/\omega C$이고, 여기서 $\omega = 500/s$이다. 그리고 $V_{rms} = 150V/\sqrt{2}$이다.

## 027

**답** $Z = \left[\frac{1}{R^2} + \left(\omega C - \frac{1}{\omega L}\right)^2\right]^{-1/2}$

**풀이**

$RLC$가 교류 전원에 병렬로 연결되어 있으므로 전압이 모두 같다. 따라서 다음 그림과 같은 위상자 도표를 그려 임피던스를 구한다.

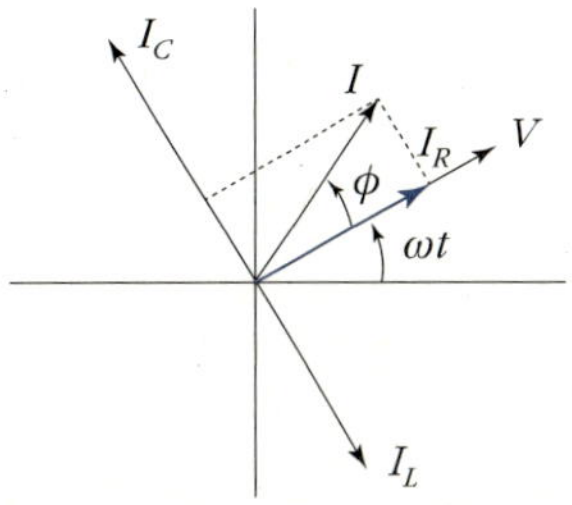


전압의 위상은 모두 같지만 전류의 위상이 다르다. 그림을 참고하면 전류 위상의 합성은 다음과 같다.

$$I = \sqrt{I_R^2 + (I_C - I_L)^2} = \sqrt{\left(\frac{V}{R}\right)^2 + \left(\frac{V}{X_C} - \frac{V}{X_L}\right)^2}$$
$$= V\sqrt{\left(\frac{1}{R}\right)^2 + \left(\frac{1}{X_C} - \frac{1}{X_L}\right)^2}$$

여기서 $X_C = 1/\omega C$이고, $X_L = \omega L$이다.

## 028

**답** $8.07kV$

**풀이**

이상적인 변압기의 1차, 2차의 전압과 코일이 감긴 권수를 각기 $V_1$, $V_2$, $N_1$, $N_2$라고 하면 $\frac{V_1}{V_2} = \frac{N_1}{N_2}$가 성립한다. 따라서 이 문제에서 $V_1 = \frac{N_1}{N_2}V_2$를 구하는 것이므로 $\frac{N_1}{N_2}$를 구해야 한다. 문제에서 $\frac{220V}{6.0V} = \frac{N_1}{N_2}$가 주어졌다. 그리고 2차에 $220V$를 가하는 것이므로, $V_1 = \frac{N_1}{N_2}V_2$에서 $V_2 = 220V$로 계산한다.

## 029

**답** $49mA$

**풀이**

실효 전류란 $I_{rms}$이다. 그리고 공진 주파수에서 직렬 $RLC$ 회로는 $X_L = X_C$이므로 회로의 임피던스는 $Z = R$이다. 그러므로 $I_{rms} = V_{rms}/Z$ 인데 $7.0V$는 최대 전압이므로 $V_{rms} = \dfrac{7.0V}{\sqrt{2}}$ 이다.

## 030

**답** $P_{out} = P_{in}$

**풀이**

이상적인 변압기는 에너지 손실이 없다. 따라서 1차에 공급된 에너지가 2차로 그대로 전달된다.

## 031

**답** $2I_0/\pi$

**풀이**

$\dfrac{1}{(T/4)}\displaystyle\int_0^{T/4} I_o \cos\omega t\, dt$로 구한다. 그런데 삼각함수의 성질을 이용하면 아래 그림에 나타낸 것과 같이 $\dfrac{1}{(T/4)}\displaystyle\int_0^{T/4} \cos\omega t\, dt = \dfrac{1}{(\pi/2)}\displaystyle\int_0^{\pi/2} \cos\theta\, d\theta$와 같다.

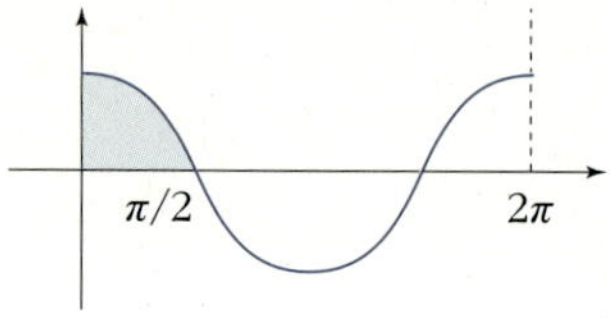


## 032

**답** 0.998

**풀이**

역률은 $\cos\phi$이다. 여기서 $\phi$는 전류와 전압 사이의 위상차이다. 즉, $\phi = \arctan\left(\dfrac{X_L - X_C}{R}\right)$이다. $X_L = \omega L$이고, $X_C = 1/\omega C$이다. 이 문제에서는 인덕터가 없다.

## 033

**답** $\dfrac{V_0^2}{2R} \cdot \dfrac{\pi}{\omega}$

**풀이**

저항에서 소비되는 순간 전력은 $\dfrac{V_0^2}{R}\sin^2\omega t$이다. 따라서 $\dfrac{1}{2}T$ 주기 동안 소비되는 에너지는 $\int_0^{T/2}\dfrac{V_0^2}{R}\sin^2\omega t\,dt$이고, 그림을 참고하면 $\int_0^{T/2}\sin^2 wt\,dt = \dfrac{1}{2}\dfrac{T}{2}$이다. 그리고 여기서 주기 $T$가 주어지지 않았으므로, 주어진 $\omega$로 주기를 표현하면 $T=\dfrac{2\pi}{\omega}$이다.

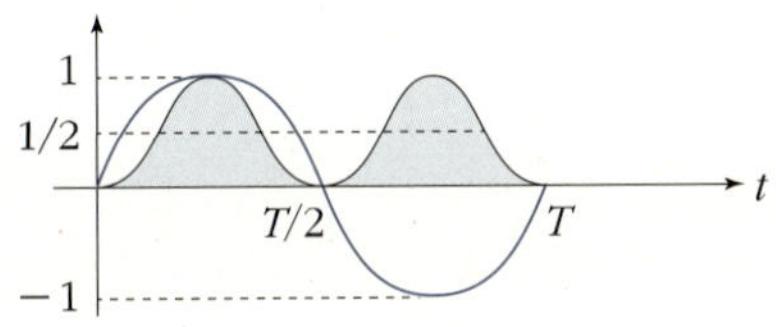


## 034

**답** $Q(t)=\dfrac{I_0}{\omega}\cos(\omega t-90°)=\dfrac{I_0}{\omega}\sin\omega t$

($I=\dfrac{dQ}{dt}$임을 확인할 수 있다.)

**풀이**

축전기가 교류전원에 연결된 경우 전류와 전압의 위상차가 있음에 유의한다. 축전기에 쌓인 전하는 축전기의 정전 용량을 $C$, 축전기 양단의 단자 전압을 $V$라 할 때, $Q=CV$가 된다. 그리고 $V=IX_C$이고 $X_C=1/\omega C$이다. 단, 전류와 전압의 위상차를 고려해야 한다. 축전기에서는 전류가 전압보다 위상이 90° 앞선다. 그러므로 $V=\dfrac{1}{\omega C}I_0\cos(\omega t-90°)$이다.

## 035

**답** $107\Omega$

**풀이**

직렬 $RLC$ 회로에서 $C$가 없는 경우이다.

따라서 임피던스는 $Z=\sqrt{R^2+X_L^2}=\sqrt{R^2+(\omega L)^2}=\sqrt{R^2+(2\pi fL)^2}$이다.

## 036

**답** $919Hz$, $87mA$

**풀이**

$LC$ 공진 회로의 공진 주파수는 $f=\dfrac{1}{2\pi}\dfrac{1}{\sqrt{LC}}$이다. $LC$ 공진 회로에서 축전기에 최대 전하가 쌓이면, 이 공진 회로는 모든 에너지가 축전기에 전기장의 형태로 있는 것이며, 축전기에 저장된 에너지는 $\dfrac{1}{2}\dfrac{Q_0^2}{C}$이다. 이 에너지가 모두 자기장의 에너지로 변하면 인덕터에 최대 전류가 흐른다. 따라서 에너지 보존 법칙을 이용하여 $\dfrac{1}{2}\dfrac{Q_0^2}{C}=\dfrac{1}{2}LI_0^2$으로 최대 전류 $I_0$를 구할 수 있다.

## 037

답 $0.41W$, $50\Omega$

풀이

$P=I_{rms}V_{rms}\cos\phi$ 이고, $I_{rms}=V_{rms}/Z$이므로 $Z=\dfrac{V_{rms}}{I_{rms}}$ 이다.

## 038

답 $426\Omega$, $11.8mA$

풀이

$X_C=\dfrac{1}{\omega C}$ 이고 $I_0=\dfrac{V_0}{X_C}$ 이다.

## 039

답 $22A$

풀이

변압기의 전압비와 권선수의 비는 다음과 같다.

$$\frac{V_1}{V_2}=\frac{N_1}{N_2}$$

2차에 흐르는 실효 전류를 계산하는 것이므로 $I_2=\dfrac{V_2}{R_2}=V_1\dfrac{N_2}{N_1}\dfrac{1}{R_2}$ 이다.

## 040

답 55, $66A$

풀이

$\dfrac{N_1}{N_2}=\dfrac{V_1}{V_2}$, $P_2=I_{rms}V_{rms}\cos\phi$ 에서 구한다.

## 041

**답** $880V$, $1.125A$

**풀이**

$\frac{V_1}{V_2}=\frac{N_1}{N_2}$에서 $V_2=V_1\frac{N_2}{N_1}=4V_1$이다. 1차에서 역률이 90%이므로 1차에 공급되는 전력은 $V_{rms}I_{rms}\cos\phi=V_{rms}I_{rms}0.90$이다. 이것이 2차에 그대로 전달된다면 다음 식이 성립한다. $V_{rms}I_{rms}0.90=V_2I_2$

## 042

**답** $45Hz$, $0.35A$

**풀이**

$V_0=6.0V$, $I_{rms}=0.50A$이다. 교류 전원의 주파수를 $f$라 하자. 그러면 다음 식이 성립한다.

$$\sqrt{2}I_{rms}=I_0=\frac{V_0}{X_L}=\frac{V_0}{2\pi fL}$$

따라서 $f=\frac{V_0}{2\pi L\sqrt{2}I_{rms}}$이다. 구하고자 하는 최대 전류는 $I'=\frac{V_0}{X_L'}=\frac{V_0}{2\pi\cdot 2f'\cdot L}$이다.

## 043

**답** $546\Omega$, $-69°$

**풀이**

$V_L=V_R/3$이고, $V_C=3V_R$이다. 교류 전원의 최대 전압을 $V_0$라 하면 다음 식이 성립한다.

$$\sqrt{2}V_{rms}=V_0=\sqrt{V_R^2+(V_L-V_C)^2}=V_R\sqrt{1+\left(\frac{1}{3}-3\right)^2}$$
$$=I_oR\sqrt{1+(-8/3)^2}$$

따라서 $R$을 구할 수 있다. 위상각은 다음의 관계식에서 구할 수 있다.

$$\phi=\arctan\left(\frac{X_L-X_C}{R}\right)=\arctan\left(\frac{I_0X_L-I_0X_C}{I_0R}\right)$$
$$=\arctan\left(\frac{V_L-V_C}{V_R}\right)=\arctan\left(\frac{1/3-3}{1}\right)$$

## 044

**답** $R=38\Omega$, $|X_L-X_C|=22\Omega$

**풀이**

$V_{rms}=220V$, $I_{rms}=5.0A$, 직렬 $RLC$ 회로에서 전류 위상자를 기준으로 전압 위상자까지의 각을 $\phi$라 하므로 $\phi=-30°$이다. 주어진 조건으로 $R$을 구해야 하므로 $R$과 주어진 조건이 연결된 식을 찾는다. $Z=V_{rms}/I_{rms}=\sqrt{R^2+(X_L-X_C)^2}$과 $\tan\phi=\frac{X_L-X_C}{R}$을 활용한다. 이 두 식에서 $Z^2=R^2+(X_L-X_C)^2$, $R\tan\phi=X_L-X_C$을 얻고 다음과 같이 $R$을 표현할 수 있다.

$$R=Z/\sqrt{1+\tan^2\phi}$$

## 045

**답** $L=520mH$, $63°$

**풀이**

주어진 조건들을 수식으로 표현하면 다음과 같다.

$$I_{rms}^2 R = P,\ I_{rms} = \frac{V_{rms}}{Z},\ Z = \sqrt{R^2 + X_L^2},\ X_L = 2\pi f L$$

여기서 $L$을 구하고자 하는 것이다. 이 식들을 정리하면 $\frac{V_{rms}^2 R}{P} = R^2 + X_L^2$이고, 따라서 $X_L = 2\pi f L = \sqrt{\frac{V_{rms}^2 R}{P} - R^2}$에서 $L$을 구할 수 있다. 또한 $\tan\phi = \frac{X_L}{R}$에서 $\phi$를 구한다.

## 046

**답** $V_L = 168V$, $V_L - V_C = 89.3V$

**풀이**

$V_{rms} = 220V$이다. 인덕터 양단의 최대 전압은 $X_L = \omega L = 2\pi f L$, $X_C = 1/\omega C = \frac{1}{2\pi f C}$, $V_0 = \sqrt{2} V_{rms}$에서 다음과 같다.

$$V_L = I_0 X_L = \frac{V_0}{Z} X_L = \frac{\sqrt{2} V_{rms}}{\sqrt{R^2 + (X_L - X_C)^2}} \cdot X_L$$

$a$, $b$ 사이의 최대 전압은 인덕터와 축전기의 전압의 위상이 서로 180° 차이가 있으므로 다음과 같다.

$$V_L - V_C = \left(\omega L - \frac{1}{\omega C}\right) I_0$$

여기서 $I_0 = V_0/Z$이다. $V_L - V_C$ 값이 음수로 계산될 수도 있다. 여기서는 최댓값을 구하는 것이므로 그런 경우 절댓값을 취한다.

# 18장 전자기파

## 001

답 (다)

풀이

전자기파는 매질이 없어도 진행하므로 진공에서도 전파된다. 전자기파는 횡파이고 에너지와 운동량을 전달한다. 음파는 종파이다.

## 002

답 (가)

풀이

$\vec{E}\times\vec{B}$는 전자기파가 진행하는 방향이다. 여기서는 문제를 벡터식으로 표현하면 $\hat{j}\times(\quad)=\hat{i}$이므로 자기장의 방향은 $\hat{k}$가 된다.

## 003

답 (다)

풀이

전자기파는 진공에서 전기장과 자기장이 서로 수직이다. 그리고 전기장과 자기장 모두 전자기파의 진행 방향에 수직이다.

## 004

답 (다)

풀이

점광원에서 나오는 빛의 에너지가 단위 시간당 $P$라 하면, 빛의 모든 방향으로 퍼져나갈 것이므로 점광원에서 거리 $r$인 지점의 세기는 $I=P/4\pi r^2$으로 표현된다.

## 005

**답** $951V/m$, $3.17\times10^{-6}T$

**풀이**

빛의 세기는 빛의 속력 $c$와 평균 에너지 밀도 $\bar{u}$의 곱이다. 전자기파가 정현파이면 평균 에너지 밀도는 $\frac{1}{2}\varepsilon_0 E_0^2$ 혹은 $\frac{1}{2\mu_0}B_0^2$이다. 여기서 $E_0$와 $B_0$는 각기 전자기파의 전기장의 진폭, 자기장의 진폭이다. 평면파라 하는 것은 파면이 평면이며, 따라서 에너지 밀도가 거리에 상관없이 일정하다는 의미이다. $I=c\frac{1}{2}\varepsilon_0 E_0^2$에서 $E_0$를 구하고 $B=E/c$에서 $B_0$를 구한다.

## 006

**답** $1.99W/m^2$

**풀이**

포인팅 벡터의 평균 크기는 빛의 세기와 같다. 전구를 점광원으로 보면 구면으로 고르게 빛이 퍼져나가므로, 전구에서 $2.0m$ 떨어진 지점의 빛의 세기는 $I=\frac{P}{4\pi r^2}$으로 구한다.

## 007

**답** $4.47\times10^{-6}J$

**풀이**

태양빛의 에너지 밀도 곱하기 $1.00m^3$ 하면 이 공간 내의 태양광의 전자기파의 에너지가 된다. 빛의 세기는 $I=c\bar{u}$이고, 평면파는 모든 지점에서 평균 에너지 밀도가 동일하므로, 구하고자 하는 에너지는 $(I/c)1.00m^3$이다.

## 008

**답** $8.93\times10^{-6}Pa$

**풀이**

완전 반사체의 경우 복사 압력은 $P=\frac{2I}{c}$이고, 완전 흡수체의 경우는 $P=\frac{I}{c}$이다. 그리고 포인팅 벡터의 평균값은 빛의 세기와 같다. 즉, $S=I$이다.

## 009

**답** $5.545 \times 10^{14} Hz$

**풀이**

진공에서 빛의 파장 $\lambda_0$, 진동수 $f_0$, 그리고 빛의 전달 속력 $c$는 다음의 관계가 있다. $c = \lambda_0 f_0$

## 010

**답** $300 V/m$

**풀이**

여기서 전자기파의 파동함수를 주었다. 진공에서 전자기파의 자기장과 전기장 그리고 빛의 전달 속력 사이에는 $E = Bc$의 관계가 있다. 그리고 전기장이나 자기장의 최대 세기는 파동함수의 진폭과 같다.

## 011

**답** $119.4 W/m^2$

**풀이**

단위 시간 동안 에너지는 일률(Power)과 같다. 그리고 $1.0m^2$는 단위 면적이고, 단위 시간 동안 단위 면적을 통과하는 전자기파의 에너지는 세기와 같다. 따라서 이 전자기파의 세기를 구하는 문제이다. 이 전자기파의 파동함수가 정현파(사인 혹은 코사인 형태)이므로 $I = \frac{1}{2\mu_0} B_0^2 c = \frac{1}{2} \varepsilon_0 E_0^2 c$이다.

## 012

**답** $5.6 \times 10^8 N$

**풀이**

압력에 의한 힘은 면적×압력이다. 여기서 태양빛이 오는 방향에 수직한 면적에 작용하는 힘을 계산해야 한다는 점을 주의해야 한다. 지구 반지름을 $r$이라 하면, 태양빛이 오는 방향에 수직인 면적은 $\pi r^2$이다. 전자기파에 의한 압력은 복사 압력이라고 한다. 전자기파의 세기를 $I$라 하면 전자기파가 완전히 흡수될 때 복사압력은 $\frac{I}{c}$이고, 완전히 반사될 때는 $\frac{2I}{c}$이다.

## 013

**답** $c=1/\sqrt{\varepsilon_0\mu_0}$

**풀이**

차원 분석을 하면 $\varepsilon_0\mu_0=1/c^2$임을 알 수 있다.

## 014

**답** $E=Bc$

**풀이**

$E=Bc$이다. 차원분석으로 이 관계를 이해하면 편리하다. 혹은 $c=\frac{E}{B}$로 기억해도 좋다. 보통 SI 단위계에서 전자기파의 전기장의 진폭 크기가 자기장의 진폭 크기보다 크므로, 전자기파를 측정할 때 전기장을 측정하여 전자기파의 특징을 기술한다. 그러므로 이를 이해하면 $c=\frac{E}{B}$ 식을 기억하기 쉽다. 또는 자기장에서 움직이는 전하가 받는 힘을 이용한다. 전기장과 자기장이 서로 수직으로 교차하는 곳을 수직으로 입사하는 하전 입자의 속도를 선택하는 속도 선택기에서 선택되는 하전 입자의 속도가 $v=\frac{E}{B}$ 였다는 것을 기억한다면, $c=\frac{E}{B}$의 차원과 동일하므로 기억하기 쉽다.

## 015

**답** 단위 부피당 에너지, 즉 에너지 밀도

**풀이**

전기장의 물리적 단위는 $N/C$이므로, $\varepsilon_0E^2$의 물리적 단위는 $\frac{C^2}{N\cdot m^2}(N/C)^2=\frac{N}{m^2}=\frac{N\cdot m}{m^3}=\frac{J}{Vol}$이다.

## 016

**답** $\frac{1}{2}\varepsilon_0E_0^2$ 또는 $\frac{1}{2\mu_0}B_0^2$

**풀이**

전자기파는 전기장과 자기장을 모두 가지고 있으므로 $u=u_E+u_M$이다. 그런데 $u_E=\frac{1}{2}\varepsilon_0E^2$, $u_M=\frac{1}{2\mu_0}B^2$이고 $E=Bc$, $\varepsilon_0\mu_0=1/c^2$이므로 $u=\varepsilon_0E^2=B^2/\mu_0$가 된다. 여기서 $E$와 $B$는 모두 시간의 함수이다. 그리고 정현파는 전기장과 자기장이 시간에 따라 사인 혹은 코사인 함수 모양으로 변하므로 평균 에너지 밀도는 $\bar{u}=\varepsilon_0\bar{E}^2=\frac{1}{2}\varepsilon_0E_0^2$ 혹은 $\bar{u}=\frac{1}{2\mu_0}B_0^2$가 된다. 여기서 $E_0$와 $B_0$는 전기장과 자기장의 진폭이다.

## 017

답 $0.83\times10^{-2}W/m^2$

풀이

전기장이 주어져 있고 정현파이므로 세기는 $I=\frac{1}{2}\varepsilon_0 E_0^2\,c$이다. 여기서 $E_0$는 전기장의 진폭이다.

## 018

답 $8.3\times10^{-11}T$

풀이

진공에서 전자기파의 전기장과 자기장의 관계는 $Bc=E$이다.

## 019

답 (가) $5.0\times10^{-7}T$, (나) $100nm$, (다) $3.0\times10^{15}Hz$, (라) $29.9W/m^2$, (마) $+x$ 방향, (바) $\hat{k}$ 방향

풀이

$E=Bc$에서 자기장의 진폭을 구한다. $k=\frac{2\pi}{\lambda}=6.28\times10^7/m$에서 $\lambda$를 구한다. $c=f\lambda$에서 $f$를 구한다. 세기는 $\frac{1}{2}\varepsilon_0 E_0^2\,c$로 구할 수 있다. $\sin(kx-\omega t)$ 꼴이면 $+x$ 방향으로 진행하는 파이다. $\vec{E}\times\vec{B}$가 전자기파가 진행하는 방향이다.

## 020

답 $7.1m$

풀이

$f=\frac{1}{2\pi}\frac{1}{\sqrt{LC}}$이고, $\lambda=c/f$이다.

따라서 $\lambda=c\,2\pi\sqrt{LC}$이다.

## 021

**답** $29.9W/m^2$

**풀이**

전자기파의 세기는 포인팅 벡터의 평균 크기로 다음과 같이 구할 수 있다.

$$I = S = \frac{1}{2}\varepsilon_0 E_0^2 c = \frac{1}{2}\varepsilon_0 (B_0 c)^2 c = \frac{1}{2}\varepsilon_0 B_0^2 c^3$$

## 022

**답** $614V/m$

**풀이**

출력이 면에 집중되므로 세기가 계산된다. 레이저에서 나오는 빛이 정현파라고 가정한다.

$\frac{P}{A} = \frac{1}{2}\varepsilon_0 E_0^2 c$에서 $E_0 = \sqrt{\frac{P2}{A\varepsilon_0 c}}$ 이다.

## 023

**답** $1.03\times10^6 V/m,\ 3.44\times10^{-3}T$

**풀이**

레이저가 정현파의 전자기파를 출력한다면 세기는 $\frac{P}{\pi(D/2)^2} = \frac{1}{2}\varepsilon_0 E_0^2 c$이다. 이 식으로부터 $E_0 = \sqrt{\frac{P2}{\pi(D/2)^2 \varepsilon_0 c}}$ 이다. 그리고 $B = E/c$이다. 여기서 $D$는 레이저 빛의 직경이다.

## 024

**답** $9.9\times10^{-4}J$

**풀이**

여기에서는 전자기파의 에너지 밀도가 아니라 자기장이 공간에 저장하는 에너지를 구하기 위해 자기장의 에너지 밀도를 구한다. 자기장의 에너지 밀도는 $\frac{1}{2\mu_0}B^2$이다.

## 025

**답** $1.95m^{-1}$

**풀이**

$k=\frac{2\pi}{\lambda}=\frac{f}{c}2\pi$로 구한다.

## 026

**답** $1400W/m^2$

**풀이**

빛 혹은 전자기파의 세기는 단위 면적을 단위 시간 동안 통과하는 전자기파의 에너지를 나타낸다. 태양에서 에너지가 구 대칭으로 고르게 퍼져 나간다고 하면, 지표면에 도달하는 에너지는 태양에서 지구까지의 거리의 제곱에 반비례한다. 따라서 $I=P/(4\pi r^2)$이다. 여기서 $P$는 태양에서 방출하는 에너지 방출률이고, $r$은 태양에서 지구까지의 거리이다.

## 027

**답** $167W$

**풀이**

구 대칭으로 전파가 송출되므로 세기는 $I=\frac{P}{4\pi r^2}$이고, $I=\frac{1}{2}\varepsilon_0 E_0^2 c$이다. 따라서 $P=\frac{1}{2}\varepsilon_0 c E_0^2 4\pi r^2$이다.

## 028

**답** $3.65m$, $0.299W/m^2$

**풀이**

$\frac{P}{4\pi r^2}=I=\frac{1}{2}\varepsilon_0 c E_0^2$에서 $I$와 $r=\sqrt{\frac{P}{4\pi I}}$를 구한다.

## 029

**답** $1.70kV/m$, $5.66\mu T$

**풀이**

탐조등에서 나오는 빛의 세기는 빛이 만드는 면적으로 출력을 나눈 값이다. 따라서 다음 식이 성립된다.

$$I = \frac{P}{\pi(D/2)^2} = \frac{1}{2}\varepsilon_0 c E_0^2$$

여기서 $D$는 탐조등에서 나오는 빛의 직경이다. 이 식에서 $E_0 = \sqrt{\frac{P2}{\pi(D/2)^2 \varepsilon_0 c}}$ 를 얻는다. 그리고 $E = Bc$에서 $B_0 = E_0/c$로 구한다.

## 030

**답** $32.1W/m^2$, $10.1kW$

**풀이**

전기장의 실효값이 주어졌으므로 $I = \frac{1}{2}\varepsilon_0 c E_0^2 = \varepsilon_0 c E_{rms}^2$ 에서 세기를 구하고, 전력은 $I = P/A$에서 $P = IA$로 구한다. 여기서 $A$는 안테나의 면적으로 $A = \pi(20.0m/2)^2$이다. 그리고 여기서 $E_{rms}$가 실효값이다.

## 031

**답** $2.0cm$, $1.5 \times 10^{10}Hz$

**풀이**

파수가 $k = \frac{2\pi}{\lambda}$ 이므로 파장은 $\lambda = \frac{2\pi}{k}$ 이고, 진동수는 $f = c/\lambda$이다.

## 032

**답** $30cm$

**풀이**

이 길이가 보통 원자에서 나오는 빛의 결이 맞는 길이라고 할 수 있다. 이 시간 동안 나오는 빛은 파동함수로 기술할 수 있다. $l = c \cdot t$로 구한다.

## 033

답 $570nm$, $5.25\times10^{14}Hz$, $19W/m^2$

풀이

$\vec{E}(x,t)=\vec{E}_0\sin(kz-\omega t)$에서 $k=2\pi/\lambda$이고, $\omega=2\pi f$이다. 이 관계를 주어진 파동함수와 비교한다. 빛의 세기는 $I=\frac{1}{2}\varepsilon_0 c E_0^2$이다.

## 034

답 $0.60m$, $1.59\times10^6 J/m^3$

풀이

펄스의 길이는 $l=\Delta t\cdot c$로 구하고, 에너지 밀도는 이 펄스의 부피로 이 펄스가 가진 에너지를 나눈다.

## 035

답 $4.4\times10^{-7}W/m^2$, $18mV/m$

풀이

$I\cdot A\cdot t=E$($E$는 문제에서 주어진 에너지)에서 $I=\frac{E}{At}=\frac{E}{\pi r^2\cdot t}$로 세기를 구하고, $I=\frac{1}{2}\varepsilon_0 c E_0^2$에서 전기장의 진폭을 구한다.

물리
천재
1000제

# 19장 빛의 반사, 굴절, 편광

## 001

**답** (다)

**풀이**

광전효과는 빛의 입자성을 보여주는 것이고, 간섭과 편광은 빛의 파동성을 보여주는 것이다. 입자와 파동으로 반사는 모두 설명이 가능하다. 특히 편광은 파동이 횡파임을 보여주는 것이다.

## 002

**답** (다)

**풀이**

태양빛은 태양을 이루는 원자에서 발생한 빛이 우리에게 도달하는 것으로 다양한 파장이 섞여 있다. 각 원자들이 거의 독립적으로 빛을 방출하므로 전기장의 방향성이 없다. 즉, 편광되어 있지 않다.

## 003

**답** (가)

**풀이**

굴절률은 물리적 단위가 없다. 진공에서의 빛의 속력을 기준으로 한다. 물질에서 빛의 진행 속력이 진공보다 항상 늦다. 따라서 굴절률은 1보다 크다.

## 004

**답** (가)

**풀이**

스넬의 법칙은 $n_a \sin\theta_a = n_b \sin\theta_b$이다. 굴절률이 큰 곳에서 빛의 속력이 진공에서보다 느리다. 따라서 법선 쪽으로 더 꺾인다.

## 005

답 (가)

풀이

(가)의 경우 편광판을 통과할 때마다 $\cos^2 30° = 0.75$ 씩 빛의 세기가 줄어든다. 따라서 최종 세기는 처음의 42%만 통과한다.

(나)의 경우는 25%만 통과한다. (다)의 경우는 통과하는 빛이 없다.

## 006

답 30°

풀이

반사법칙은 입사각과 반사각이 같다는 것이다.

## 007

답 $451nm$

풀이

물속에서의 파장 $\lambda = \frac{\lambda_0}{n} = \frac{c}{f}\frac{1}{n}$ 이다.

## 008

답 0.931

풀이

굴절률의 정의에 의해 진공에서 빛의 속력을 $c$라 하면 $v_1 = c/n_1$, $v_2 = c/n_2$이다. 따라서 $v_2/v_1 = n_1/n_2$이다.

## 009

**답** $n_b = 1.414$

**풀이**

굴절법칙 $n_a \sin\theta_a = n_b \sin\theta_b$에서 $n_a = 1.00$, $\theta_a = 45°$, $\theta_b = 30°$이다.

## 010

**답** 75°

**풀이**

그림을 참고하면 $\theta_i + \theta_r = 90°$이다.

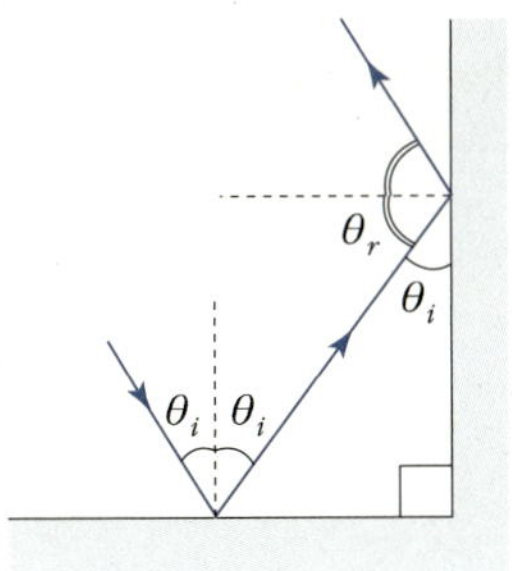


## 011

**답** 75.2cm

**풀이**

그림을 참고하면 다음 식들이 성립한다.

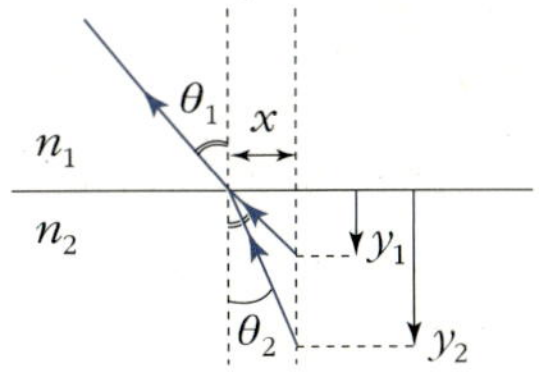


$$x/y_1 = \tan\theta_1 = \sin\theta_1/\cos\theta_1$$
$$x/y_2 = \tan\theta_2 = \sin\theta_2/\cos\theta_2$$

물 바로 위에서 쳐다보는 것은 $\theta_1 \to 0$이므로 $\cos\theta_1 \to 1$, $\cos\theta_2 \to 1$이고, $n_1 \sin\theta_1 = n_2 \sin\theta_2$이다. 따라서 이 두 식을 서로 나누면 다음을 얻는다.

$$y_1/y_2 = \sin\theta_2/\sin\theta_1 = n_1/n_2$$

따라서 $y_1 = \dfrac{n_1}{n_2} y_2$

## 012

**답** 8.78m

**풀이**

그림을 참고하면 $n_w \sin\theta_i = n_a \sin 90°$에서 $\sin\theta_i = \dfrac{n_a}{n_w} = \dfrac{10}{\sqrt{10^2 + x^2}}$이다.

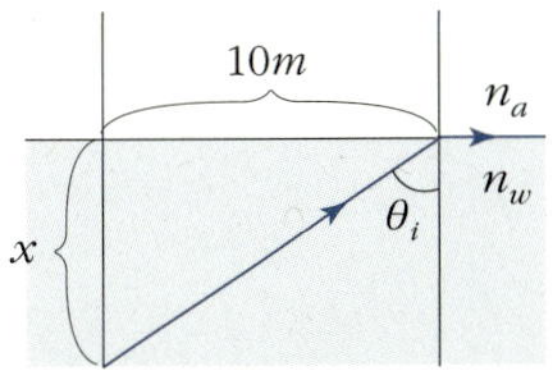


여기서 $n_a/n_w = 1/1.33$이고 $x(m)$가 구하고자 하는 깊이이다.

## 013

**답** 41.2°

**풀이**

법선이 아닌 수면으로부터 측정한 각을 구한다.

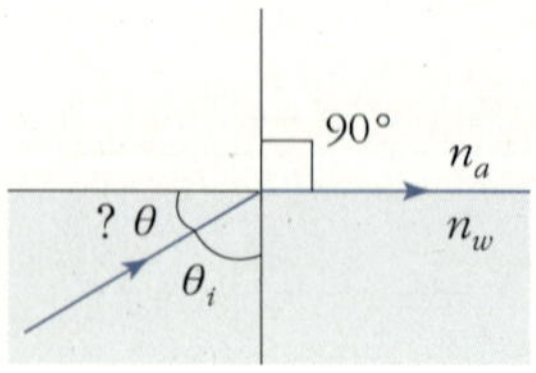


그림을 참고하면 전반사가 일어날 때 $\theta$의 최댓값을 구하는 것이다. $n_w \sin\theta_i = n_a \sin 90° = n_a$에서 $\theta_i = 48.8°$이다. 이 각보다 크면 전반사가 일어나므로 $\theta$의 최댓값은 41.2°이다.

## 014

**답** 66.7°

**풀이**

$n_l \sin\theta_c = n_w \sin 90°$이므로 $\theta_c = \sin^{-1}(n_w/n_l)$이다.

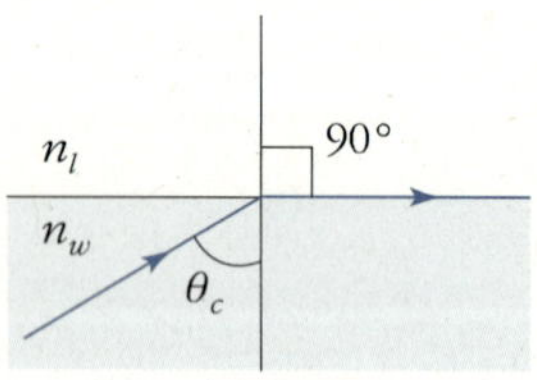


## 015

**답** $n_2 = n_1 \tan\theta_i$

**풀이**

반사한 빛과 굴절된 빛이 수직이면, 반사한 빛은 완전 편광이 된다. 굴절 법칙에서 $n_1 \sin\theta_i = n_2 \sin\theta$와 $\theta + \theta_i = 90°$에서 $n_1 \sin\theta_i = n_2 \sin(90° - \theta_i) = n_2 \cos\theta_i$을 얻고 따라서 $n_2 = n_1 \tan\theta_i$이다.

## 016

**답** $0.28I_0$

**풀이**

편광된 빛이 빛의 광축과 편광축이 $\theta$인 편광판을 통과할 때, 세기가 $\cos^2\theta$ 만큼 줄어든다. 처음 빛은 편광이 되지 않은 것이다. 따라서 처음 편광판에 의해 $I_0/2$의 세기가 되면서 편광이 된다. 그리고 다음 2개의 편광판에 의해 각기 세기가 $\cos^2 30°$만큼씩 줄어든다. 따라서 $I_0 \times \frac{1}{2} \times 0.75 \times 0.75$가 된다.

## 017

**답** 36.9°

**풀이**

그림에서 $\theta$를 구하는 것이다. 달빛이 완전 편광이 되면 $n_a \sin\theta_i = n_w \cos\theta_i$이므로 다음의 식이 성립한다.

$$\tan\theta_i = n_w/n_a$$

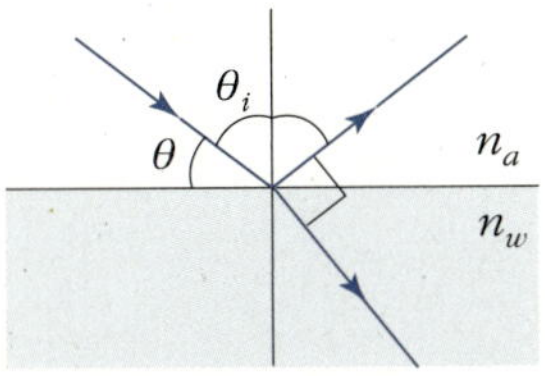


## 018

**답** 27.8°

**풀이**

공기 중에서 편광각이 $\theta$이면 $\tan\theta = n_m/n_a$이 성립한다. 여기서 $n_m$은 물질의 굴절률이고, $n_a$는 공기의 굴절률이다. 그리고 전반사가 일어날 임계각 $\theta_c$는 $n_m \sin\theta_c = n_a \sin 90° = n_a$에서 $\sin\theta_c = n_a/n_m = \cot\theta$

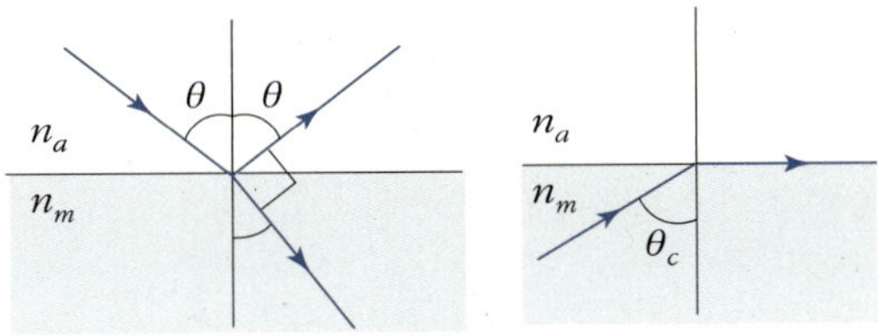


## 019

**답** 55.4°

**풀이**

$n_a \sin\theta_i = n_m \sin\theta_r = n_m \sin(90° - \theta_i) = n_m \cos\theta_i$에서

$\tan\theta_i = n_m/n_a$

## 020

**답** $0.75I_0$

**풀이**

두 편광판의 광축이 일치하면, 첫 편광판을 통과할 때 빛의 세기도 $I_0$이다. 따라서 두 번째 편광판의 광축이 30°로 바뀌면 빛의 세기는 $\cos^2(30°)I_0$가 된다.

## 021

**답** 1.428

**풀이**

$\tan\theta = n/n_a$에서 구할 수 있다. 여기서 $n_a$는 공기의 굴절률이다.

## 022

**답** 39.2°

**풀이**

두 편광판의 광축 사이의 각을 $\theta$라 하자. 처음 편광되지 않은 빛이 편광판을 통과할 때 세기가 $\frac{1}{2}I_0$가 되고, 다시 $\cos^2\theta$로 줄어들 것이므로 $\frac{1}{2}I_0 \cdot \cos^2\theta = 0.30I_0$이 성립한다.

## 023

**답** $2.4I_1$

**풀이**

첫 번째 편광판을 통과한 빛의 세기를 $I$라 하면, 두 편광판의 광축이 일치할 때 통과하는 빛의 세기도 $I$가 된다. 따라서 두 편광판의 광축이 $\theta$일 때 두 편광판을 통과한 빛의 세기가 $I_1$이라 하면, $I\cos^2\theta = I_1$을 만족하므로 $I = I_1/\cos^2\theta$이다.

## 024

**답** 33.0°

**풀이**

그림을 참고하면 $\tan\theta_i = n_m/n_a$이고, $\theta_r = 90° - \theta_i$이다. 여기서 $n_m/n_a = 1.54$이다.

## 025

**답** $1.43 \times 10^8 m/s$

**풀이**

$v = c/n$이다. 굴절 법칙에서 $n_a \sin\theta_a = n_b \sin\theta_b$에서 $\frac{n_b}{n_a} = \frac{\sin\theta_a}{\sin\theta_b}$이다. 여기서는 $\frac{n_b}{1.000} = \frac{\sin 55.0°}{\sin 23.0°}$이고 $v = c/n_b$이다.

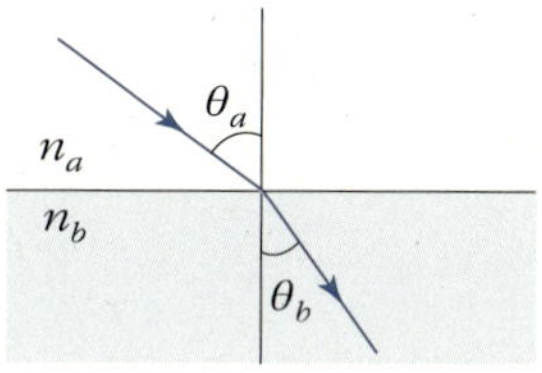


## 026

**답** 30.3°

**풀이**

그림을 참고하면 $1.54 \sin\theta_i = 1.33 \sin 90°$에서 $\cos\theta = 1.33/1.54$를 구할 수 있고 여기서 $\theta$를 구할 수 있다.

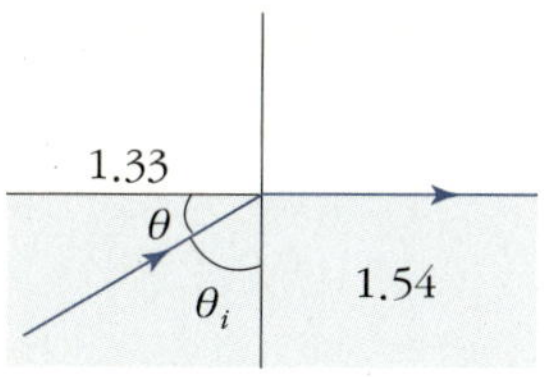


## 027

**답** 62.9°

**풀이**

그림을 참고하면 $\theta$를 구하는 것이다. 그림에서 다음 식을 얻을 수 있다.

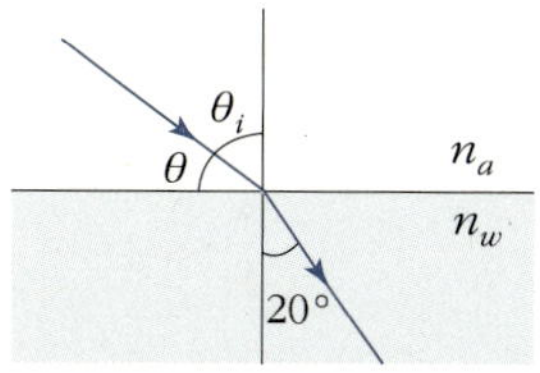


$$\sin\theta_i = \frac{n_w}{n_a} \sin 20.0° = 1.33 \sin 20.0°, \quad \theta = 90° - \theta_i$$

## 028

**답** 4.5%

**풀이**

굴절률이 $n_a$에서 $n_b$인 매질로 빛이 수직 입사할 때, 반사하는 빛의 전기장 $E_r$은 입사하는 빛의 전기장 $E_i$와 다음의 관계가 있다.

$$E_r = \frac{n_a - n_b}{n_a + n_b} E_i$$

빛의 세기는 전기장의 제곱에 비례하므로 따라서 입사하는 빛에 대한 반사하는 빛의 세기의 비 즉, 반사율은 다음과 같다.

$$R = \left(\frac{E_r}{E_i}\right)^2 = \left(\frac{n_a - n_b}{n_a + n_b}\right)^2 = \left(\frac{1 - n_b/n_a}{1 + n_b/n_a}\right)^2 = \left(\frac{n-1}{n+1}\right)^2$$

## 029

답 1.102

풀이

계면에 대한 굴절각이 주어졌다. 따라서 법선에 대한 굴절각은 48.0°이다. 그러므로 $n_a \sin(55.0°) = n\sin(90.0° - 42.0°)$에서 공기에 대한 이 매질의 굴절률 $n/n_a$를 구할 수 있다.

## 030

답 $0.0625I_0$

풀이

첫 번째 편광판을 통과하면 빛의 세기는 $\frac{1}{2}I_0$가 된다. 두 번째는 이 빛의 $\cos^2 45°$만 통과한다. 즉, 이 빛의 0.5만 통과한다. 세 번째도 0.5만 통과하고, 네 번째도 0.5만 통과한다.

## 031

답 50.77°

풀이

처음 빛은 편광이 되지 않은 빛이므로, 첫 번째 편광판을 통과하면 빛의 세기는 $\frac{1}{2}I_0$가 된다. 이제 두 편광판의 광축 사이의 각이 $\theta$이면, 이 빛의 $\cos^2\theta$만 두 번째 편광판을 통과한다. 따라서 $\frac{1}{2}I_0\cos^2\theta = 0.20I_0$이므로 $\cos^2\theta = 0.40$이다.

## 032

답 입사각 $\theta_i = 52.4°$, 굴절각 $\theta_r = 90° - \theta_i = 37.6°$

풀이

$\tan\theta_i = n/n_a$과 $\theta_i + \theta_r = 90°$를 이용한다. 여기서 $n_a$는 공기의 굴절률이다.

## 033

**답** 39.23°

**풀이**

처음 편광이 되지 않은 빛의 세기를 $I_0$라 하면 첫 번째 편광판에 의해 빛은 편광이 되고 빛의 세기는 $\frac{1}{2}I_0$가 된다. 그리고 액체에 의해 편광된 빛의 광축이 $\theta_r$ 회전하였다면 이 광축과 두 번째 편광판의 광축은 $\theta = 90° - \theta_r$이 되고, $\frac{1}{2}I_0\cos^2\theta = 0.20I_0$가 된다. 따라서 $\theta = 50.77°$이다.

## 034

**답** $\lambda = 275nm$, $n = 1.638$, $f = 6.67 \times 10^{14}Hz$

**풀이**

굴절법칙에서 $1.000\sin 55.0° = n\sin 30.0°$와 $\lambda = 450nm/n$에서 다음을 얻게 된다.

$$\lambda = 450nm\frac{\sin 30.0°}{\sin 55.0°} = 275nm, \quad n = 1.638$$

빛의 진동수는 변하지 않는다. $c = f\lambda$에서 $f = c/\lambda = 6.67 \times 10^{14}Hz$이다.

## 035

**답** $8.8m$

**풀이**

그림을 참고하면 $n\sin\theta_c = 1.000\sin 90° = 1.000$이고, $\tan\theta_c = 10m/h$이다. 따라서 연못의 깊이는 다음과 같이 나타낼 수 있다.

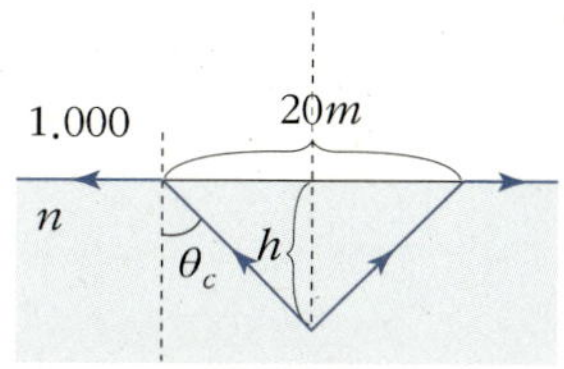


$$h = \frac{10m}{\tan\theta_c} = 10m\frac{\cos\theta_c}{\sin\theta_c} = 10m\frac{\sqrt{1-\sin^2\theta_c}}{\sin\theta_c}$$
$$= 10m\sqrt{n^2-1}$$

## 036

**답** $n = 1.414$, $\lambda_0 = 537.3nm$

**풀이**

$n\sin 45° = 1.000\sin 90° = 1.000$에서 $n = 1.414$이다. 진공에서의 빛의 파장을 $\lambda_0$로 하면 $\lambda = \lambda_0/n$에서 $\lambda_0 = 537.3nm$이다.

## 037

**답** 50.4°

**풀이**

그림을 참고하자. 사각형의 내각의 합은 360°이다. 따라서 그림에서 삼각형의 꼭짓점에서 마주보는 각은 120°이다. 그리고 삼각형의 내각의 합은 180°이다. 따라서 $\theta_r = 30°$이다. 그러므로 굴절법칙에 의해 $n_a \sin\theta = n\sin\theta_r$에서 $1.000\sin\theta = n\sin 30.0°$이다.

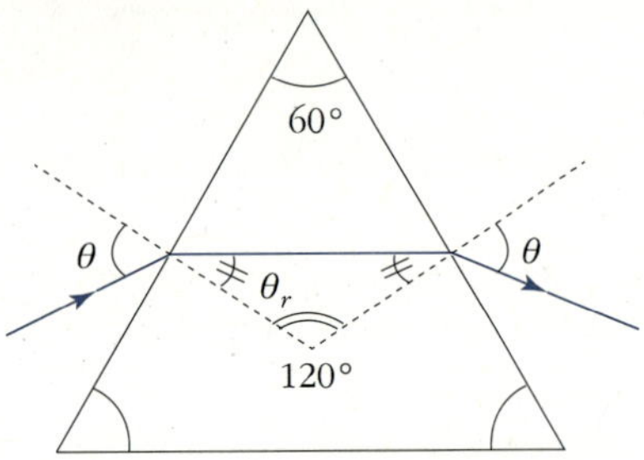


## 038

**답** $n/n_a = 1.428$, $\theta_c = 44.44$

**풀이**

반사에 의한 완전 편광이 일어날 조건은 $\tan\theta_i = n/n_a$이다. 여기서 $n$은 매질의 굴절률, $n_a$는 공기의 굴절률이다. 그리고 공기에 대한 내부 전반사가 일어날 조건은 $n\sin\theta_c = n_a \sin 90°$에서 $\theta_c = \arcsin(n_a/n)$이다.

# 20장 빛의 간섭과 회절

## 001

**답** (가)

**풀이**
회절은 빛이 작은 틈으로 나올 때 잘 관측할 수 있는 현상이고, 굴절은 빛이 한 매질에서 다른 매질로 진행할 때 꺾이는 현상으로 관찰할 수 있으며, 편광은 빛의 전기장의 진동하는 방향이 빛의 진행 방향에 수직이기 때문에 일어나는 현상으로 산란, 반사, 이방성 결정, 그리고 편광판 등으로 현상을 알 수 있다.

## 002

**답** (나)

**풀이**
역학적 파동에서 고정단에서 반사하면 위상이 180° 바뀌고, 자유단에서 반사하면 위상이 바뀌지 않는다. 마찬가지로 굴절률이 작은 곳에서 굴절률이 큰 곳으로 빛이 진행하면서 계면에서 반사가 일어나면 빛의 위상이 180° 바뀐다. 그러나 굴절률이 큰 곳에서 굴절률이 작은 곳으로 진행하면서, 계면에서 일어나는 반사의 경우 위상 변화가 일어나지 않는다. 두 현상의 유사성을 비교하여 기억하자.
참고로 위상 180°에 해당하는 길이는 반 파장에 해당하는 것이다.

## 003

**답** (라)

**풀이**
굴절률이 큰 곳에서 굴절률이 작은 곳으로 빛이 진행하면서 계면에서 일어나는 반사는 자유단에서 역학적인 파동의 반사와 같이 위상 변화가 없다.

## 004

**답** (라)

**풀이**
물의 굴절률이 기름보다 크다. 따라서 반사에 의한 소멸 조건 중 가장 얇은 조건을 찾는다. 단, 빛의 파장은 기름 내부에서의 파장이므로 $t = \frac{\lambda_0}{4n}$ 에서 구한다. 여기서 $\lambda_0 = 480nm$ 이고, $n = 1.20$ 이다.

## 005

**답** (가)

**풀이**

슬릿의 폭이 줄면 회절이 더 잘 일어난다. 첫 번째 어두운 무늬의 조건 $a\sin\theta=\lambda$에서 중심의 밝은 곳에서 처음 어두운 곳까지 각 $\theta$는 $\sin\theta=\lambda/a$를 만족하므로 $a$가 작아지면 $\theta$가 늘어난다.

## 006

**답** (가)

**풀이**

중심의 밝은 무늬에서 첫 번째 어두운 위치까지의 각은 $\sin\theta=\lambda/a$이므로 파장이 긴 것이 회절을 더 잘 일으킨다.

## 007

**답** (다)

**풀이**

단색광이 가는 선을 돌아 들어가는 회절 현상에 의해 간섭 무늬가 만들어지기 때문이다. 이것은 슬릿이 막힌 공간에 작은 틈을 준 것이라면, 선은 열린 공간에 선으로 장애물을 만든 것과 같아 슬릿과 가는 선이 서로 유사한 현상을 보여준다.

## 008

**답** (라)

**풀이**

회절은 장애물 뒤로 파동이 전파해 가기 때문에 일어나는 현상이다. 따라서 호이겐스 원리가 회절 무늬를 분석하는 데 적합하다. 뉴턴 법칙은 질량과 힘 가속도의 관계를 나타낸 것이고, 케플러 법칙은 행성의 운동을 기술한 것이며, 상대성 이론은 시공간의 관련성을 나타낸 것이다.

## 009

**답** $1.80 \times 10^{-2} m$

**풀이**

이중 슬릿에서 스크린의 밝은 무늬의 위치는 $d\sin\theta = d\frac{y_m}{R} = m\lambda$에서, 밝은 무늬 사이의 거리는 $\Delta y = \lambda\frac{R}{d}$이다.

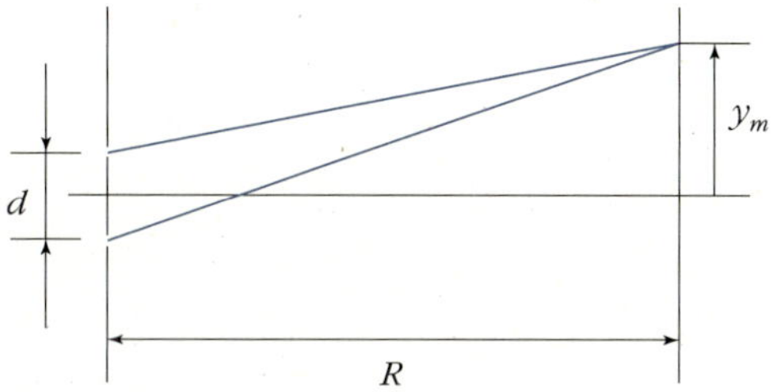


## 010

**답** $19\mu m$

**풀이**

$d\sin\theta = m\lambda$에서 $d\sin\theta = 5\lambda$이고, $\lambda = c/f$이므로 $d = \frac{5c}{f\sin 9°}$이다.

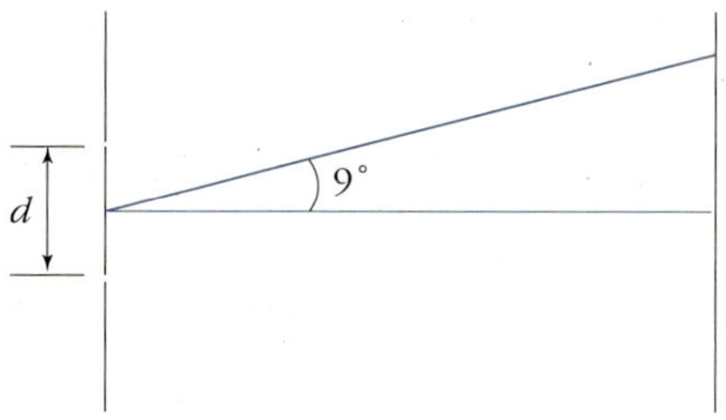


## 011

**답** 50

**풀이**

$d\sin\theta = m\lambda$에서 $m$을 구하는 문제이다. 주어진 조건으로 다시 식을 표현하면 다음과 같다.

$$d\sin\theta = d\frac{y_m}{R} = m\lambda \text{에서} \quad m = \frac{d}{\lambda}\frac{y_m}{R}$$

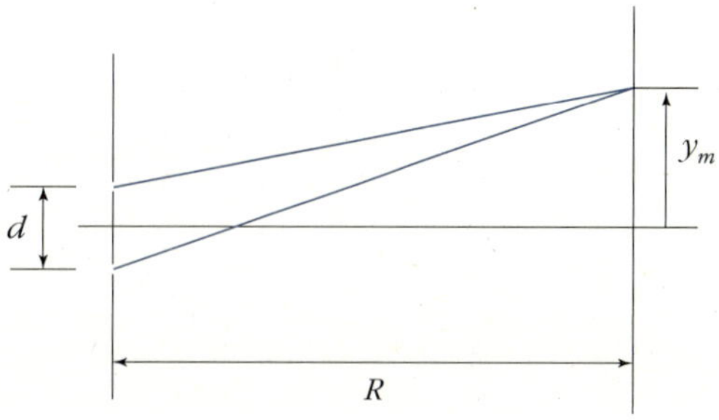


## 012

**답** $9.0mm$

**풀이**

거울에서 반사한 빛과 원래 빛이 마치 두 슬릿의 빛처럼 작용하여 스크린에서 간섭을 일으킨다.

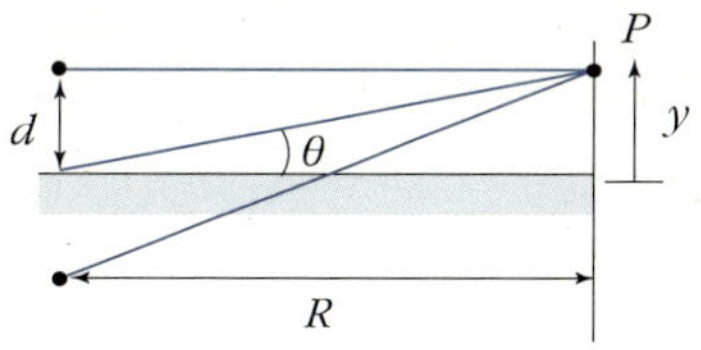


그림을 참고하면 두 슬릿 사이의 거리가 $2d$인 것과 같다. 광원에서 스크린 사이 거리가 먼 경우 이중 슬릿의 경우와 같은 근사를 그대로 적용할 수 있다. 그리고 빛이 거울에서 반사하면 빛이 반사에 의한 $\lambda/2$에 해당하는 만큼의 위상 변화가 발생한다. 따라서 첫 번째 어두운 무늬의 위치는 다음 식으로 구할 수 있다.

$$2d\sin\theta = \lambda \text{에서} \quad 2d\sin\theta = 2d\frac{y}{R} = \lambda \text{이고,} \quad y = \frac{\lambda R}{2d}$$

## 013

**답** $4.5mm$

**풀이**

반사에 의해 위상이 $\lambda/2$에 해당하는 만큼 변하므로 두 빛의 경로차가 $\lambda/2$이면 보강이 일어난다.

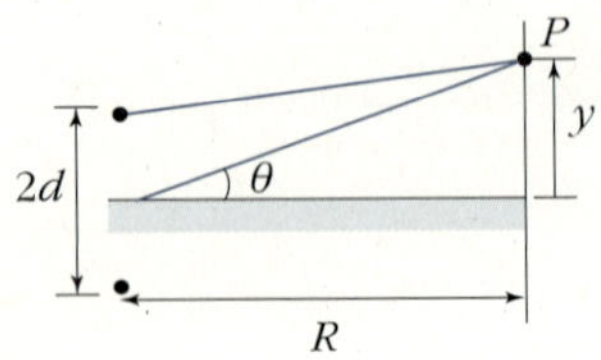


광원에서 스크린까지의 거리가 멀어 이중 슬릿의 경우와 같은 근사가 가능하다. 그리고 광원과 그 광원의 거울 반사에 위한 광원 사이 거리는 그림을 참고하면 $2d$이다. 따라서 $2d\sin\theta = \lambda/2$에서 $2d\sin\theta = 2d\frac{y}{R} = \frac{\lambda}{2}$이고, $y = \frac{\lambda R}{4d}$이다.

## 014

**답** $\pi$

**풀이**

굴절률이 작은 곳에서 큰 곳으로 향하면서 경계면에서 반사될 때, 반사한 빛은 마치 역학적 파동이 고정단에서 반사할 때와 같은 위상 변화가 일어난다. 따라서 $\pi$ 만큼의 위상 변화가 있다. 혹은 파장으로 표현하면 $\lambda/2$ 만큼에 해당하는 위상 변화가 있다고 말하기도 한다.

## 015

**답** $106nm$

**풀이**

공기에서 비누방울로 빛이 진행하면서 반사할 때 위상 변화가 발생한다. 비누방울 내부에서 공기 중으로 진행하면서 일어나는 반사에서는 위상 변화가 일어나지 않는다.

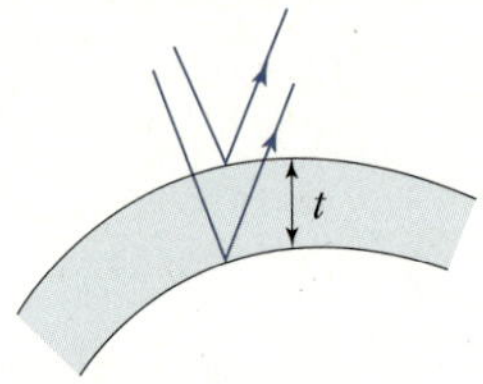


따라서 비누방울 두께를 왕복하는 빛의 경로차가 $\lambda/2$이면 보강이 일어난다(반사에 의한 $\lambda/2$ + 왕복 경로차에 의한 것 $\lambda/2$). 그러므로 비누방울의 최소 두께는 식 $2t = \frac{\lambda}{2}$으로 구할 수 있다. 여기서 $\lambda$는 비누방울 내부에서의 빛의 파장임에 주의한다. 따라서 $t = \frac{\lambda_0}{4n}$이다.

## 016

**답** $109nm$

**풀이**

유리의 굴절률이 플라스틱보다 작다. 그러므로 반사하는 두 빛 중 하나는 반사에 의한 위상 변화가 있고 다른 하나는 위상 변화가 없다. 따라서 그림을 참고하면 플라스틱을 통과하여 반사되는 빛의 경로차가 $\lambda/2$이면 보강이 일어난다. 그러므로 $2t = \frac{\lambda_0}{2n}$에서 $t = \frac{\lambda_0}{4n}$이다.

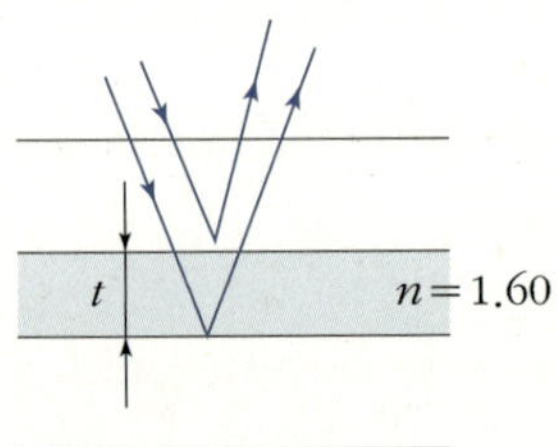

## 017

**답** $10\pi$

**풀이**

위상차는 각으로 표시한다. 두 빛이 한 곳에서 만날 때 두 빛의 위상차는 경로차로 구할 수 있다. 여기서 경로차는 $5\lambda$이다. 경로차 $\lambda$는 각 $2\pi$에 해당한다.

## 018

**답** $t = \frac{\lambda_0}{2n_1}\left(\frac{1}{2} + m\right)$ $(m = 0, 1, 2, \cdots)$

**풀이**

공기와 굴절률 $n_1$인 면에서 반사한 빛의 위상 변화가 있고, 굴절률 $n_1$과 굴절률 $n_2$ 사이에서 반사한 빛은 위상 변화가 없다.

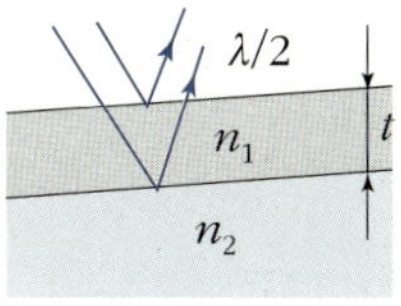


따라서 경로차 $2t$가 다음과 같은 조건이면 반사된 빛이 보강된다. $2t = \left(\frac{\lambda}{2} + m\lambda\right) = \frac{\lambda_0}{n_1}\left(\frac{1}{2} + m\right)$ $(m = 0, 1, 2, \cdots)$

## 019

**답** $t = m\frac{\lambda_0}{2n_1}$ $(m = 1, 2, 3, \cdots)$

**풀이**

공기와 굴절률 $n_1$인 면에서 반사한 빛의 위상 변화가 있고, 굴절률 $n_1$과 굴절률 $n_2$ 사이에서 반사한 빛도 위상 변화가 있다.

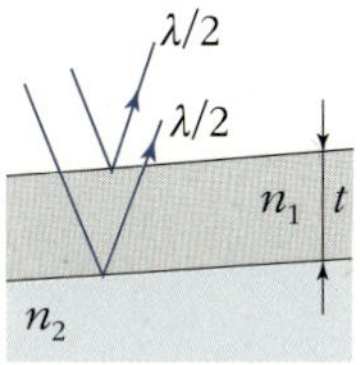


따라서 경로차 $2t$가 다음과 같은 조건이면 반사된 빛이 보강된다. $2t = m\lambda = m\frac{\lambda_0}{n_1}$ $(m = 1, 2, 3, \cdots)$

## 020

**답** $25mm$

**풀이**

그림을 참고하면 무늬의 폭은 $2y$이다.

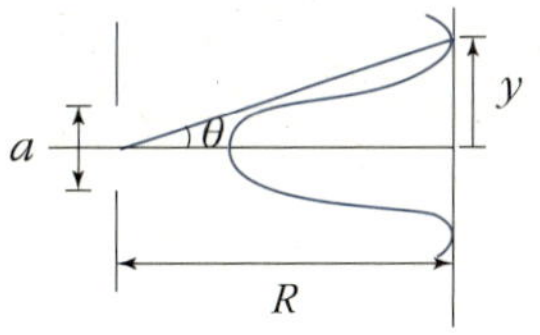


그림에서 슬릿에서 스크린까지의 거리가 슬릿의 폭보다 충분히 큰 경우, 처음 어두운 위치를 다음 식으로 나타낼 수 있다.

$$a\sin\theta = a\frac{y}{R} = \lambda$$

따라서 $y = \frac{Ry}{a}$이다.

## 021

**답** $1.1 \times 10^3 rads$

**풀이**

각 분해능은 그림에 나타낸 것처럼 슬릿으로 생각했을 때 처음 어두운 위치에 대한 각이다.

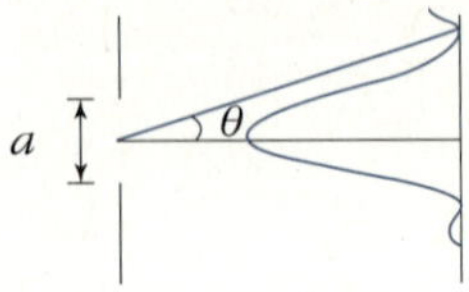


따라서 $a\sin\theta = \lambda$에서 $\theta$가 작으면 $\sin\theta \simeq \theta$으로 근사하여 $\theta = \frac{\lambda}{a}$이다.

## 022

**답** $1.85\mu m$

**풀이**

중심의 최대 밝은 무늬는 그림을 참고하면 처음 어두운 곳까지의 영역이다.

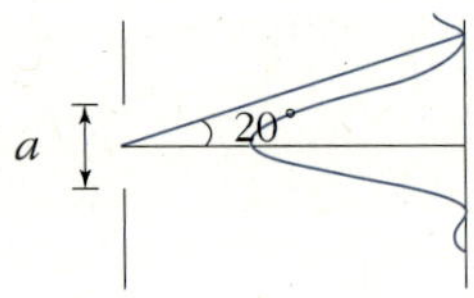


따라서 $a\sin\theta = \lambda$에서 $\theta$가 주어진 것이다. 그러므로 $a = \frac{\lambda}{\sin\theta}$

## 023

**답** $3.64\mu m$

**풀이**

그림을 참고하면 첫 번째 어두운 위치의 각을 준 것이다.

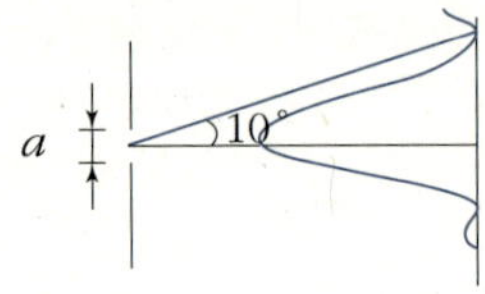


따라서 $a\sin\theta = \lambda$에서 $a = \frac{\lambda}{\sin\theta}$로 구한다.

## 024

**답** $2\theta = 85.7°$

**풀이**

그림을 참고하면 중앙의 가장 큰 세기에서 처음 세기가 영(0)이 되는 곳까지의 각이 $\theta$이다.

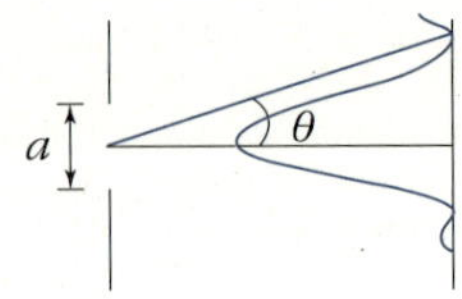


슬릿에서 스크린까지의 거리가 주어지지 않았다. $a\sin\theta = \lambda$에서 $\theta = \sin^{-1}(\lambda/a)$로 구한다.

## 25

**답** $3.05\times10^{-7}rad$

**풀이**

망원경은 먼 거리 관측용이다. 그리고 슬릿 모양이 아니고 원형이다. 분해능은 처음 어두운 곳의 위치와 관련이 있다. 따라서 $a\sin\theta=1.22\lambda$ 식을 사용하고, 먼 거리이므로 이 식은 근사하여 $\theta=\dfrac{1.22\lambda}{a}$로 구한다.

## 26

**답** $9.9km$

**풀이**

두 물체를 구분할 수 있는 분해능은 회절 무늬의 중앙 밝은 곳과 첫 번째 어두운 곳 사이의 시야각에 의해 결정된다. 눈의 동공이 슬릿으로 작용하므로 $D\sin\theta=1.22\lambda$에서 $D$는 동공의 크기이고, $\theta$는 두 물체를 바라보는 시야각이 된다.

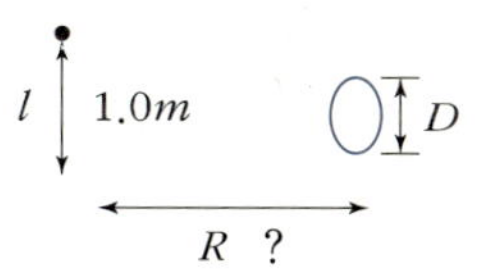


그림을 참고하면 먼 거리이므로 $\sin\theta\simeq\tan\theta=l/R$에서 $D\dfrac{l}{R}=1.22\lambda$이고, $R=\dfrac{Dl}{1.22\lambda}$이다. 그런데 여기서 $\lambda$는 눈 안쪽에서의 빛의 파장이므로 $\lambda=\lambda_0/n$이다. 따라서 $R=\dfrac{D\,l\,n}{1.22\lambda_0}$이다.

## 27

**답** $6.7cm$

**풀이**

먼 거리의 별이다. 두 별을 구분하는 분해능과 관련되어 있고 망원경의 구경이므로 원형 슬릿으로 문제를 본다. 따라서 $D\sin\theta=1.22\lambda$이고 $\theta$가 작으면 근사하여 $D\theta=1.22\lambda$이고, 따라서 $D=1.22\lambda/\theta$이다.

## 28

**답** $2.5km$

**풀이**

원형 슬릿에 의한 문제로 생각한다. 그러므로 안테나 직경이 원형 슬릿의 직경역할을 한다.

그리고 $\theta\ll1$일 때 $\sin\theta\sim\tan\theta=\dfrac{l}{R}$을 이용한다.

$$D\sin\theta=1.22\lambda\text{에서 } D\frac{l}{R}=1.22\lambda$$

따라서 $R=\dfrac{Dl}{1.22\lambda}=\dfrac{Dl}{1.22}\dfrac{f}{c}$

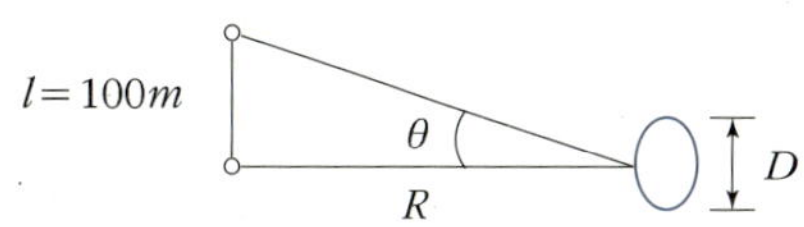

## 029

**답** $7.3\mu m$

**풀이**
첫 번째 어두운 무늬이고 원형 슬릿이므로 $a\sin\theta = 1.22\lambda$를 사용한다. 슬릿의 크기에 비하여 슬릿과 스크린 거리가 멀다고 가정하면 $\sin\theta \simeq \tan\theta = r/R$이다. 여기서 $r$은 첫 번째 어두운 무늬의 반경이고, $R$은 슬릿에서 스크린까지 거리이다. 따라서 $a = \dfrac{1.22\lambda R}{r}$이다.

## 030

**답** $10.1cm$

**풀이**
원형 슬릿에 의한 분해능이다. $D\sin\theta = 1.22\lambda$에서 먼 거리에 있으므로 $\sin\theta \simeq \tan\theta = l/R$이고, $l$은 물체의 크기이며 $R$은 물체에서 눈까지 거리이다. $\lambda$는 안구 내부에서 빛의 파장이다. 따라서 $l = \dfrac{1.22\lambda_0 R}{nD}$이다.

## 031

**답** $a = \lambda$

**풀이**
첫 번째 어두운 무늬의 위치이므로 $a\sin\theta = \lambda$에서 이 어두운 무늬가 무한대의 위치이므로 $\theta = 90°$이다. 따라서 슬릿의 폭이 파장과 같아야 한다.

## 032

**답** 5/4

**풀이**
소멸 간섭무늬 조건 $d\sin\theta = \left(\dfrac{1}{2} + m\right)\lambda$에서 3번째 어두운 무늬이므로 $m = 2$이다. 이 각 $\theta$에 대하여 회절 무늬가 두 번째 어두운 것이므로 회절 무늬 조건 $a\sin\theta = 2\lambda$에서 $\sin\theta = 2\dfrac{\lambda}{a}$이므로 이 둘을 결합하면 $d\dfrac{2\lambda}{a} = \dfrac{5}{2}\lambda$이다.

## 033

**답** 14.2°

**풀이**

그림과 같은 조건에서 일어나는 간섭 현상이다.

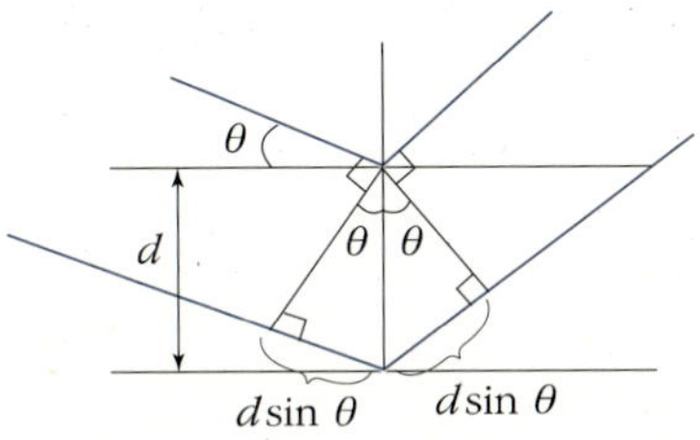


따라서 각 $\theta$의 의미를 잘 파악할 필요가 있다. 그림에서 보강 간섭이 일어날 조건은 $2d\sin\theta = m\lambda$이다. 그러므로 1차 밝은 무늬의 조건은 $2d\sin\theta = \lambda$이며 이 식에서 $d$가 결정면 사이의 거리이다.

## 034

**답** $1.8mm$

**풀이**

그림을 참고하면 보강 조건은 $d\sin\theta = m\lambda$이다.

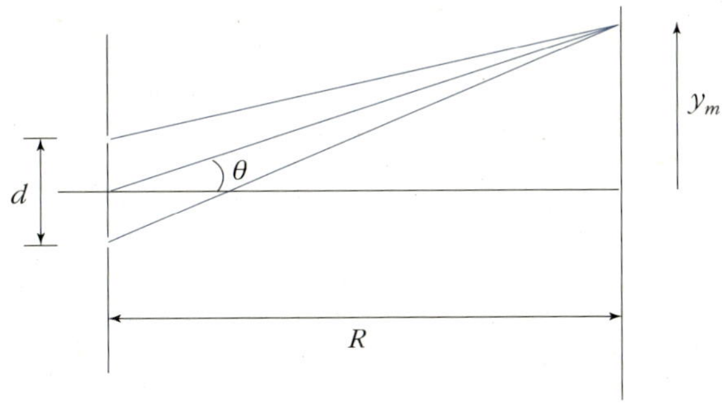


$\theta$가 작으면 $d\sin\theta \simeq d\tan\theta = d\dfrac{y_m}{R} = m\lambda$이다.

따라서 $y_m = \dfrac{m\lambda R}{d}$이고 $\Delta y = \dfrac{\lambda R}{d} = \dfrac{\lambda_0}{n}\dfrac{R}{d}$이다.

## 035

**답** 0.21°

**풀이**

보강 간섭이므로 $d\sin\theta = m\lambda$에서 $m = 3$이다.

따라서 $\theta = \sin^{-1}(3\lambda/d)$이다.

## 036

**답** $600nm$

**풀이**

슬릿 간격이 슬릿에서 스크린까지 거리보다 매우 작다. 따라서 그림을 참고하면 보강 간섭의 조건은 $d\sin\theta \simeq d\tan\theta = d\dfrac{y_m}{R} = m\lambda$이다.

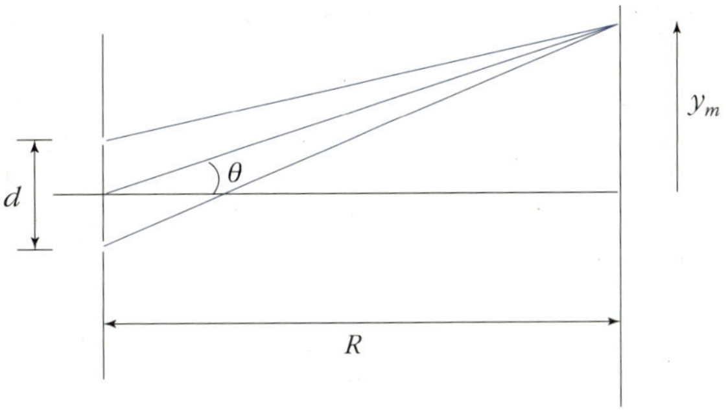


그러므로 $\lambda = \dfrac{\Delta yd}{R}$이다.

## 037

답 150$nm$

풀이

그림을 참고하면 유리의 굴절률이 공기보다 크므로 위쪽의 반사에서는 위상 변화가 없고, 아래쪽에서는 반사에 의한 위상 변화가 있다.

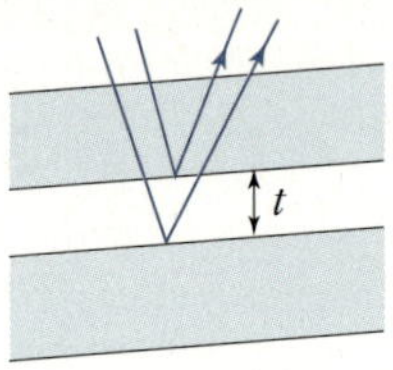


따라서 공기의 굴절률이 1.00이므로 최소 두께로 보강 조건은 $2t = \lambda/2$에서 $t = \lambda/4$이다.

## 038

답 1.72

풀이

그림에서 코팅층의 굴절률 $n_c$가 유리보다 큰지 작은지 모른다.

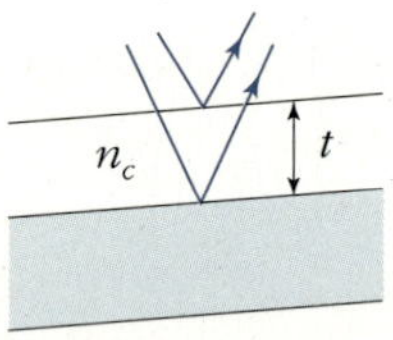


먼저 작다고 가정하면, 두 반사가 모두 위상 변화를 하므로 반사한 빛이 소멸되어야 통과할 것이다. 그러므로 최소 두께의 무반사 조건은 $2t = \dfrac{\lambda}{2n_c}$에서 $n_c = \dfrac{\lambda}{4t} < 1$이다. 이것은 굴절률이 1 보다 작으므로 불가능하다. 따라서 이 물질의 굴절률이 유리보다 크다. 즉, 위쪽 빛은 반사에 의한 위상 변화가 있고, 아래쪽 빛은 반사에 의한 위상 변화가 없다. 따라서 최소 두께의 무반사 조건은 $2t = \lambda/n_c$에서 $n_c = \lambda/(2t)$이다. 이 값은 1 보다 크므로 가능한 값이다.(160$nm$를 코팅하였으므로 최소 두께를 코팅한 것으로 생각할 수 있다.)

## 039

답 $\lambda_1/\lambda_2 = 5/3$

풀이

$d\sin\theta = 3\lambda_1$이고, $d\sin\theta = 5\lambda_2$이다. 여기서 같은 위치에 나타나는 무늬이므로 $\theta$가 같다. 따라서 $1 = (3\lambda_1)/(5\lambda_2)$이다.

## 040

답 2차 ($m = 2.8$로 계산되므로 $m = 2$까지만 관찰되고, $m = 3$의 밝은 무늬는 관찰되지 않는다.)

풀이

다중 슬릿이다. 슬릿 사이의 거리 $d = 1.00cm/6000$이다. 따라서 보강 간섭 식 $d\sin\theta = m\lambda$에서 가능한 최대 $m$이 최고차수가 된다. 이 조건은 $\theta = 90°$인 때이므로 $m = \dfrac{d}{\lambda}$이다.

## 041

답 $3928/cm$

풀이

$d\sin\theta = 3\lambda$에서 $d = \frac{3\lambda}{\sin\theta}$이다. 따라서 $\frac{1}{d} = \sin\theta/(3\lambda)$이다. 여기서 계산할 때 $\lambda$를 $cm$ 단위로 나타내어 계산하면 편하다.

## 042

답 $0.0286°$

풀이

$a\sin\theta = m\lambda$에서 $m$이 차수를 나타낸다.

$$\theta_1 = \sin^{-1}(3\lambda_1/a) = 26.21535°$$
$$\theta_2 = \sin^{-1}(3\lambda_2/a) = 26.24395$$

## 043

답 $462nm$

풀이

기름 막의 굴절률이 물의 것보다 작다. 따라서 두 빛이 모두 반사하면서 위상이 바뀐다. 그러므로 반사에 의한 보강 간섭이 일어나려면 두 빛에 대하여 다음의 식이 성립해야 한다.

$$2t = m_1\frac{\lambda_1}{n_{oil}},\quad 2t = m_2\frac{\lambda_2}{n_{oil}}$$

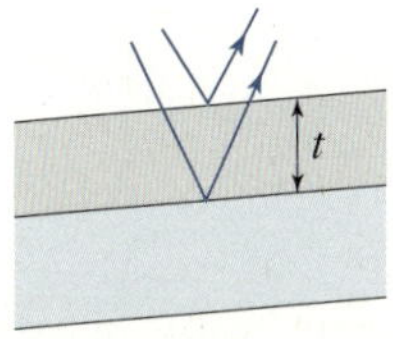


따라서 $m_1\lambda_1 = m_2\lambda_2$를 만족하는 정수 $m_1$, $m_2$가 존재해야 한다. 여기서는 $\lambda_1 = 600nm$, $\lambda_2 = 400nm$이면, $m_1 = 2$, $m_2 = 3$이다. 따라서 $t = \frac{1200nm}{2\cdot 1.30}$

## 044

답 $5.5\mu m$

풀이

그림에서 위쪽에서 반사한 빛은 위상이 바뀌지 않지만 아래쪽에서 반사한 빛은 위상이 바뀐다. 따라서 어두운 무늬의 위치는 $2t = m\lambda$의 조건을 만족한다.

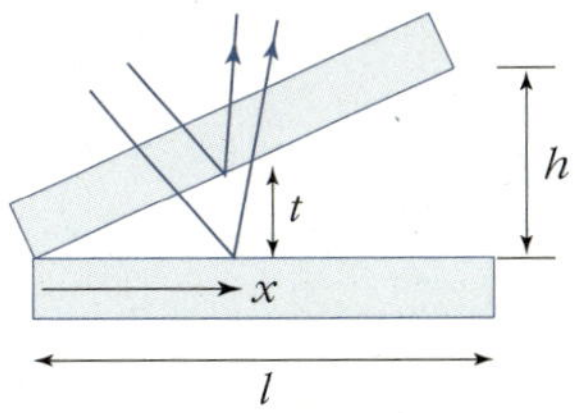


그런데 $t = \frac{h}{l}x$이므로 어두운 위치 $x_m = \frac{m\lambda l}{2h}$이다. 그러므로 어두운 무늬의 간격은 $\Delta x = \frac{\lambda l}{2h}$이다. 이 어두운 무늬의 간격은 밝은 무늬의 간격과 같음을 보일 수 있다. 여기서는 $x = 10cm$일 때 $t$를 구하는 것이다. 그림을 참고하면 $t = \frac{h}{l}x$이고, $\Delta x = \frac{\lambda l}{2h}$에서 $\frac{h}{l} = \frac{\lambda}{2\Delta x}$이므로 $t = \frac{\lambda}{2\Delta x}x$이다.

## 045

**답** $473nm$

**풀이**
그림을 참고하면 첫 번째 반사하는 빛은 위상이 변하고 두 번째 반사하는 빛은 위상이 변하지 않는다. 따라서 빛이 통과하려면 반사된 빛이 소멸되어야 한다. 그 조건은 $2t = m\frac{\lambda_0}{n}$ $(m = 1, 2, \cdots)$이다.

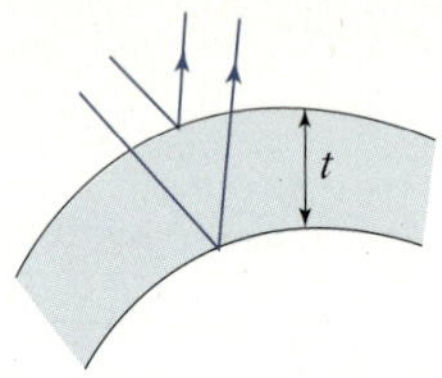


그러므로 $\lambda_0 = 2t\frac{n}{m}$이다. 그런데 가시광선의 파장은 $380nm$에서 $750nm$이므로, 이 사이의 파장은 $m = 2$일 때이다.

## 046

**답** $8.3mm$

**풀이**
물속의 파장을 사용해야 한다. 슬릿에서 스크린까지의 거리가 멀다. 따라서 처음 어두운 위치까지 $a\sin\theta \simeq a\tan\theta = a\frac{y}{R} = \frac{\lambda}{n}$이 성립한다(그림 참조). 여기서 $n$은 물의 굴절률이다.

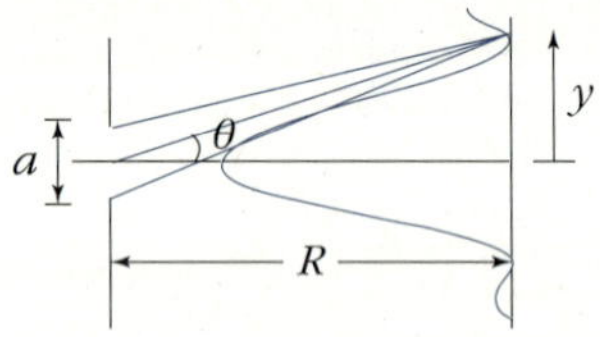


따라서 $y = \frac{\lambda}{na}R$이다. 그러므로 중앙의 밝은 무늬의 폭은 $2y$가 된다.

## 047

**답** $0.18mm$

**풀이**
2차 밝은 무늬의 폭은 1차 어두운 곳에서 2차 어두운 곳까지의 거리이다. 따라서 슬릿에서 스크린까지 거리가 슬릿 폭에 비하여 상당히 먼 경우이므로 다음의 관계식이 성립한다(그림 참조).

$$a\sin\theta \simeq a\tan\theta = a\frac{y}{R} = m\lambda$$

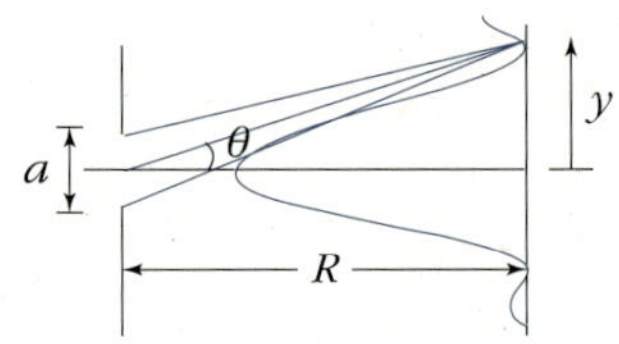


따라서 $y_m = m\lambda\frac{R}{a}$이고 $\Delta y = \lambda\frac{R}{a}$이다. 그러므로 $a = R\frac{\lambda}{\Delta y}$이다.

## 048

**답** $6.7mm$

**풀이**
구경의 모양은 원이며, 분해능에 관한 것이다. 따라서 $D\sin\theta = 1.22\lambda$ 식을 사용한다. 먼 거리이므로 두 물체가 떨어진 거리를 $x$라 하고 망원경에서 물체까지 거리를 $R$이라 하면 다음 식이 성립한다.

$$D\sin\theta \simeq D\tan\theta = D\frac{x}{R} = 1.22\lambda$$

따라서 $x = 1.22\lambda\frac{R}{D}$이다.

## 049

**답** $\lambda = 250nm,\ m = 2$

**풀이**

격자들 사이의 간격 $d = \frac{1}{20,000}cm$이다. 따라서 2차 보강 간섭의 조건에서 $2d\sin\theta = 2\lambda$을 얻는다. 여기서 $\theta = 30.0°$이다. 그러므로 $\lambda = d\sin\theta$이다.

밝은 무늬의 최대차수는 $d\sin\theta = m\lambda$에서 $\theta = 90°$일 때 $m$을 구하는 것이다. 즉, $\theta = 90°$인 영역까지 밝은 무늬를 찾을 때 $m$이 얼마인지 구하는 것이다.

## 050

**답** 13개

**풀이**

회절에 의한 중앙의 밝은 영역의 위치는 처음 어두운 위치로 구할 수 있으므로 $a\sin\theta = \lambda$로 구한다. 이 위치까지 보강 간섭 무늬의 수는 보강 간섭의 식 $d\sin\theta = m\lambda$에서 구할 수 있다. 여기에서 $m$은 정수이다. $a\sin\theta = \lambda$와 $d\sin\theta = m\lambda$ 식에서 $\sin\theta$를 소거하면 $\frac{d}{a} = m$이 된다. 이 문제에서는 $d/a = 6.25$이다. 따라서 $m = 6$까지 6개가 있고, $m = -6$까지 중앙의 밝은 무늬를 기준으로 반대 방향으로 6개가 또 있으며, 중앙의 밝은 무늬까지 포함하면 총 13개가 있게 된다.

물리
천재
1000제

# 21장 기하광학

## 001

**답** (가)

**풀이**

근시는 가까운 곳을 잘 본다. 먼 곳에 있는 물체는 망막 앞에 상을 맺어 잘 보이지 않으므로 오목렌즈로 교정한다.

## 002

**답** (다)

**풀이**

디옵터는 초점 거리의 역수를 나타낸다. 렌즈의 조합에서 $1/f_1 + 1/f_2 = 1/f$이므로 디옵터로 표시된 도수를 합하면 합성 도수가 된다.

## 003

**답** (나)

**풀이**

현미경은 가까이 있는 물체를 더욱 확대하여 보는 것이다. 따라서 대물렌즈로 실상을 만들고 이 실상을 다시 확대하여 허상을 보게 된다.

## 004

**답** (라)

**풀이**

스크린에 상이 맺히도록 해야 한다. 오목렌즈는 실상을 만들지 않는다. 스크린에 상이 맺혀야 우리가 볼 수 있다. 따라서 볼록렌즈로 실상을 만든다.

## 005

**답** 90$cm$

**풀이**

그림처럼 발끝의 빛이 눈에 들어오려면 거울의 가장 아래에서 반사한 빛이 눈으로 들어와야 한다.

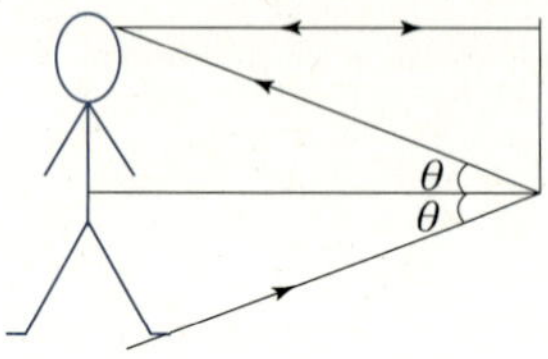


## 006

**답** 물체까지 거리 240$cm$, 상까지 거리 48$cm$

**풀이**

거울의 초점이 양(+)이면 오목거울이고, 음(−)이면 볼록거울이다. $1/p+1/q=1/f$에서 $p$는 물체까지의 거리이고, $q$는 상까지의 거리이며, $f$는 초점거리이다. 배율은 $m=-q/p$이다. 여기서 음(−) 부호는 상이 도립임을 나타낸다. 따라서 $\frac{1}{p}+\frac{5}{p}=\frac{1}{40cm}$에서 $p$를 구하고 $q=p/5$로 구한다.

## 007

**답** 물체까지의 거리 160$cm$, 상까지의 거리 $-32cm$

**풀이**

볼록거울은 초점거리가 음(−)이다. 볼록거울은 허상만 만들고 $q$가 음(−)이다.

$q=-p/5$이므로, $\frac{1}{p}-\frac{5}{p}=-\frac{1}{40cm}$이다.

## 008

**답** $m=-1/4$ 도립상이다.

**풀이**

$m=-q/p$이다. $\frac{1}{200cm}+\frac{1}{q}=\frac{1}{40cm}$에서 $q=50cm$

## 009

답 $15cm$

풀이

볼록거울 초점거리 음(−)이다. 볼록거울의 상은 허상이므로 음(−)이다. $\frac{1}{p}+\frac{1}{q}=\frac{1}{f}$로 구한다.

## 010

답 $200cm$

풀이

곡률반경을 $R$이라 하면 $f=R/2$이다. 오목거울이므로 초점거리는 양(+)이다. 물체가 초점거리 밖에 있으므로 실상이고 도립이다. $\frac{1}{p}+\frac{1}{q}=\frac{1}{f}$에서 구한다.

## 011

답 $8.0cm$

풀이

볼록거울이므로 초점거리 음(−)이고 허상이다. $\frac{1}{p}+\frac{1}{q}=\frac{1}{f}$에서 $\frac{1}{30cm}+\frac{1}{q}=-\frac{1}{20cm}$이고, $q=-12cm$이다.

$m=-q/p=h_0/h_i$에서 $h_o=h_i(-q/p)=8.0cm$

## 012

답 1.3 정립상이다.

풀이

오목거울이고, 초점거리 안쪽에 물체가 있으므로 허상이 만들어진다. $\frac{1}{p}+\frac{1}{q}=\frac{1}{f}$에서 $q=-40cm$ 허상이다. 배율은 $m=-q/p$이다.

## 013

**답** $150cm$

**풀이**

아래 그림을 참고하면 $\tan\theta_i = \frac{s}{h}$, $\tan\theta_r = \frac{s}{h'}$ $n_w \sin\theta_i = n_a \sin\theta_r$이다.

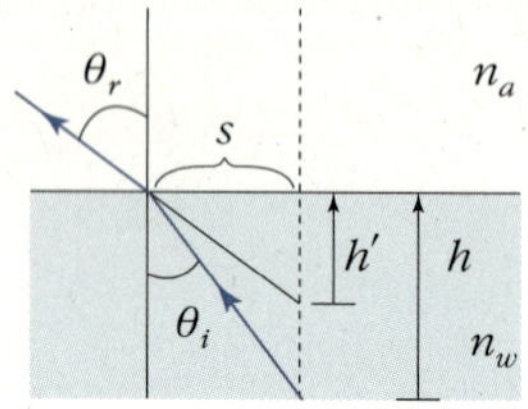


$h$가 실제 깊이이고 $h'$은 겉보기 깊이이다. $\theta_i \to 0$로 하면 $n_w\theta_i = n_a\theta_r$이고 $\frac{\tan\theta_i}{\tan\theta_r} = \frac{h'}{h} = \frac{\theta_i}{\theta_r} = \frac{n_a}{n_w}$이다.

## 014

**답** $14mm$

**풀이**

$f$-수는 $f/D$로 정의된다. 여기서 $f$는 사진기 렌즈의 초점거리이고, $D$는 렌즈의 구경이다.

## 015

**답** $100cm$

**풀이**

렌즈 제작자의 공식을 이용한다.

$$\frac{1}{f} = (n-1)\left(\frac{1}{R_1} - \frac{1}{R_2}\right)$$

여기서 $R_1$은 빛이 렌즈로 향할 때 처음 먼저 빛이 접하는 첫째 면의 곡률이고, $R_2$는 둘째 면의 곡률이다. 만일 곡률 중심이 빛이 진행하는 쪽이면 양(+)으로 반대쪽이면 음(−)으로 한다. 아래 그림에서 왼쪽과 오른쪽의 경우 $R_1$, $R_2$가 어떻게 다른지 살펴본다.

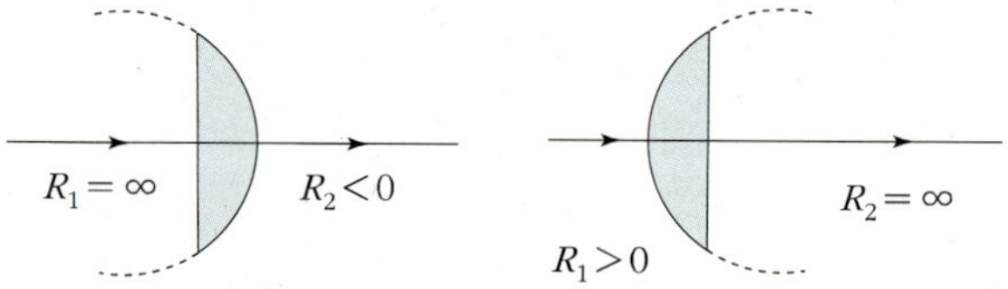


## 016

**답** $66.7cm$ 실상

**풀이**

$\frac{1}{p} + \frac{1}{q} = \frac{1}{f}$에서 구한다. $\frac{1}{q} = \frac{1}{50cm} - \frac{1}{200cm}$에서 $q = 66.7cm$이다.

## 017

**답** $6.67cm$

**풀이**

$m = -\frac{q}{p} = \frac{h_o}{h_i}$에서 $h_o = -\frac{q}{p}h_i$로 구한다.

$$h_i = 20cm,\ q = 66.7cm,\ p = 200cm$$

크기를 구하는 것이므로 양(+)수로 나타낼 수 있다.

## 018

**답** $-7.5cm$ 허상으로 물체와 같은 쪽에 있다.

**풀이**

오목렌즈이므로 초점거리는 음(−)이다. $\frac{1}{p}+\frac{1}{q}=\frac{1}{f}$을 이용한다.

## 019

**답** $11.47m$

**풀이**

도립 실상이다. 배율 식에서 $q/p = 0.035m/10m$가 성립한다.

$$\frac{1}{p}+\frac{1}{q}=\frac{1}{p}+\frac{10}{0.035}\frac{1}{p}=\left(1+\frac{10}{0.035}\right)\frac{1}{p}=\frac{1}{f}=\frac{1}{0.040m}$$

## 020

**답** $-3.5cm$, 음(−)은 허초점임을 나타낸다.

**풀이**

빛이 퍼져가므로 오목렌즈이다. 아래 그림을 참고하면 다음이 성립한다.

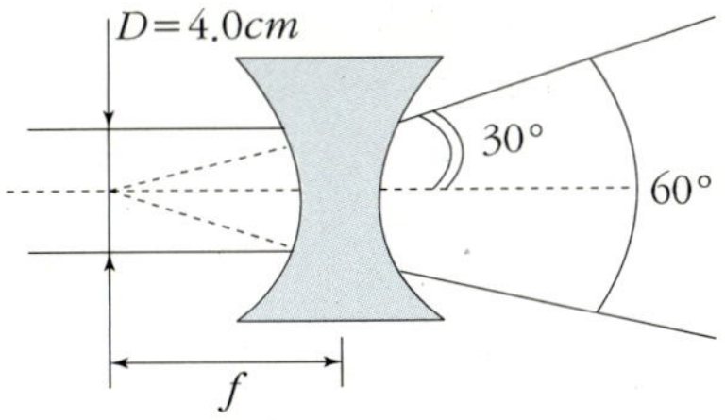


$\tan\theta = r/f$, 여기서 $\theta = 30°$이고, $r = 2.0cm$이며, $f$가 구하고자 하는 초점거리이다.

## 021

**답** 41.6$cm$

**풀이**

렌즈 제작자의 공식 $\frac{1}{f}=(n-1)\left(\frac{1}{R_1}-\frac{1}{R_2}\right)$을 이용한다. 아래 그림을 참고하면 $R_1>0$이고 $R_2<0$이다.

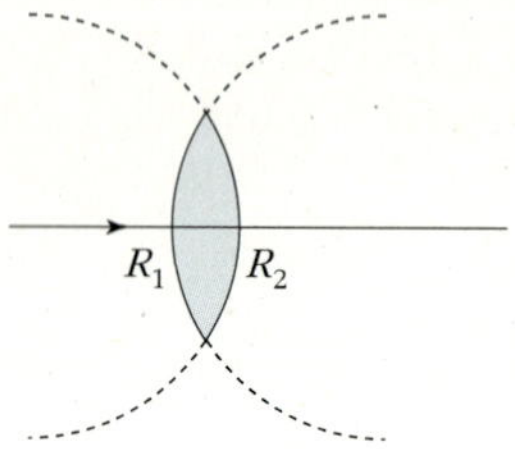


그런데 두 곡률 반지름의 크기가 같다. 따라서 $R_1=(n-1)(2f)=41.6cm$이다.

## 022

**답** 67$cm$

**풀이**

실상을 만들었으므로 이 렌즈는 볼록이다. 그리고 $p+q=300cm$이다. 렌즈가 볼록이고 실상이므로 여기서 $p>0$이고, $q>0$이다. 그리고 배율에서 $q/p=2.0$이다. 그러므로 $p+2.0p=300cm$에서 $p=100cm$이고 따라서 $q=200cm$이다. $1/f=1/p+1/q$이므로 렌즈의 초점거리는 67$cm$이다.

## 023

**답** 28.6$cm$ 볼록렌즈

**풀이**

근점은 정상인이 편안하게 볼 수 있는 가장 가까운 거리이다. 보통 25~30$cm$ 사이이다. 이 문제는 25$cm$로 가까이 있는 물체의 위치를 200$cm$에 상을 맺도록 하면 된다. 따라서 빛이 오는 방향과 상이 있는 방향이 동일하므로 허상이다. $\frac{1}{p}+\frac{1}{q}=\frac{1}{f}$에서 $p=25cm$이고, $q=-200cm$이다. $f>0$이면 볼록렌즈이다. 이 경우 가까운 것은 잘 볼 수 없고 먼 곳은 잘 볼 수 있으므로 원시라고 한다.

## 024

**답** 28.6$cm$

**풀이**

디옵터는 초점거리를 미터($m$)로 하여 역수를 말한다. 예를 들어, 초점거리 20$cm$인 볼록렌즈는 $+5.0D$이고, 초점거리 $-20cm$인 오목렌즈는 $-5.0D$이다. 이 경우 오목렌즈를 사용하므로 근시이며 먼 곳은 잘 볼 수 없다. 따라서 $\infty$인 곳의 물체를 허상을 만들어 원점에 놓아 볼 수 있도록 한 경우이다. $\frac{1}{\infty}+\frac{1}{q}=\frac{1}{f}=-3.50D$에서 $q=-28.6cm$이다.

## 025

**답** 5.0$cm$

**풀이**

확대경의 배율은 $m=\frac{25cm}{f}$이다. 여기서 $f$는 볼록렌즈의 초점거리이다.

## 026

**답** $f_e=2.0cm$, $f_o=198cm$

**풀이**

아주 먼 곳을 보는 망원경의 경통길이는 $f_e+f_o$이다. 여기서 $f_e$는 대안렌즈의 초점거리이고, $f_o$는 대물렌즈의 초점거리이다. 따라서 $f_o+f_e=200cm$이다. 망원경의 배율은 $m=-\frac{f_o}{f_e}$이다. 음$(-)$ 부호는 렌즈가 모두 볼록이면 도립을 의미한다. 대안렌즈가 오목이면 $m>0$ 이어서 정립상을 얻는다. 망원경에는 오목렌즈를 대물렌즈로 하지 않는다. 계산 시 주의한다. $99=-f_o/f_e$와 $f_o+f_e=200cm$에서 두 렌즈가 같은 종류이므로 볼록렌즈이다. 따라서 $99f_e+f_e=200cm$로 계산한다.

## 027

**답** $f_o=4.00mm$, $f_e=2.50cm$, $m=500$

**풀이**

현미경의 배율은 경통길이를 $l$, 대물렌즈의 초점거리를 $f_o$, 대안렌즈의 초점거리를 $f_e$, 그리고 눈의 근점을 25$cm$라 할 때, $m=\frac{25cm}{f_e}\frac{l}{f_o}$이다. $\frac{l}{f_o}$는 대물렌즈의 배율이고, $\frac{25cm}{f_e}$는 대안렌즈의 배율이다. 현미경은 대물렌즈로 물체를 확대한 실상을 다시 대안렌즈로 확대하여 보는 것이다.

## 028

**답** $f=-27cm$, $-3.7D$

**풀이**

정상적인 눈의 원점은 $\infty$에 있다. 따라서 $\infty$에 있는 물체의 상을 눈앞 30$cm$에 허상으로 맺도록 해야 한다. 그런데 눈앞 3$cm$에 안경이 있으므로 안경에서 27$cm$ 앞에 허상이 맺도록 한다. 따라서 $\frac{1}{\infty}+\frac{1}{-27cm}=\frac{1}{f}$에서 $f=-27cm$로 오목렌즈이다.

## 029

**답** 120$cm$

**풀이**

두 얇은 렌즈를 접촉하여 만든 조합 렌즈의 초점거리는, 각 렌즈의 초점거리를 $f_1$, $f_2$라 했을 때 다음과 같다.

$$\frac{1}{f_1}+\frac{1}{f_2}=\frac{1}{f}$$

## 030

**답** $q_2=\dfrac{f_2\left(d-\dfrac{f_1p_1}{p_1-f_1}\right)}{d-\left(\dfrac{f_1p_1}{p_1-f_1}\right)-f_2}$

**풀이**

$\frac{1}{p}+\frac{1}{q}=\frac{1}{f}$를 두 번 적용한다. 첫 번째 렌즈에 의한 상까지의 거리를 $q_1$으로 하자 그러면 첫 번째 렌즈에 의한 $q_1$은 다음과 같다.

$$q_1=\frac{f_1p_1}{p_1-f_1}$$

그런데 이 $q_1$은 두 번째 렌즈의 $p_2$가 되는데 두 렌즈가 거리 $d$로 떨어져 있으므로 $p_2=d-q_1$이 된다.

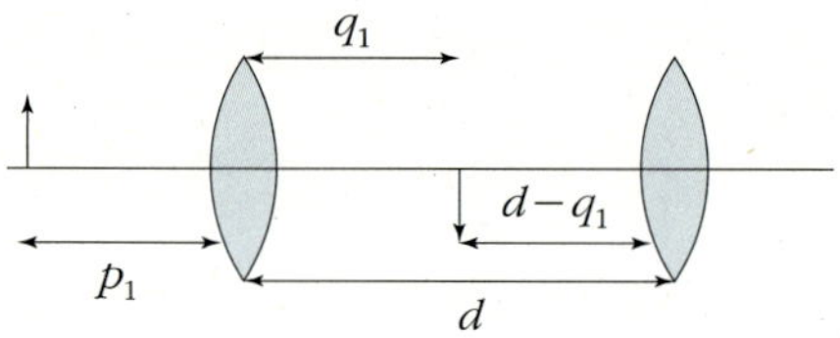


$$q_2=\frac{f_2p_2}{p_2-f_2}=\frac{f_2(d-q_1)}{d-q_1-f_2}=\frac{f_2\left(d-\dfrac{f_1p_1}{p_1-f_1}\right)}{d-\left(\dfrac{f_1p_1}{p_1-f_1}\right)-f_2}$$

# 22장 특수 상대론과 현대물리 입문

### 001

**답** (라)

**풀이**
질량 $m$이고 속력 $v$로 움직이는 물체의 물질파의 파장은 $\lambda = \dfrac{h}{mv}$이다.

### 002

**답** (가)

**풀이**
광전효과와 콤프턴 산란은 모두 파동의 입자성을 보여주는 현상이다. 현미경의 분해능은 사용하는 파의 파장 크기 정도이다. 따라서 더 작은 것을 관찰하려면 더 작은 파장의 파를 사용하여야 한다. 전자현미경은 움직이는 전자의 물질파의 파장이 운동량과 반비례하므로, 이를 이용하여 광학현미경으로는 관찰할 수 없는 더 작은 것을 관찰할 수 있도록 한 것이다.

### 003

**답** (다)

**풀이**
슬릿의 회절 무늬는 빛이 작은 틈을 지날 때 돌아 꺾이어 나가는 현상이다. 이는 파동의 특징을 나타내는 현상인 것으로 양자 효과와는 관련이 없다. 양자 효과는 에너지가 덩어리지는 것으로 나타나는 광전 효과, 원자의 전자 에너지 준위가 듬성듬성 불연속적으로 덩어리처럼 떨어져 있는 현상, 그리고 흑체 복사에서 복사 에너지가 알갱이처럼 나오는 현상 등 물리량이 덩어리지는 효과라고도 할 수 있다.

### 004

**답** (라)

**풀이**
전자기파의 에너지는 광양자 이론에 의하면, $E = h\nu$로 진동수 $\nu$에 비례한다. 물론 빛의 세기가 센 빛이 총 에너지는 더 클 수 있지만, 여기서는 빛의 세기에 관한 정보가 주어지지 않았으므로 광양자로 보았을 때 에너지의 크기를 비교하는 것이다.

## 005

답 (가)

풀이

원자의 전자가 여기 상태에 있으면 저절로 낮은 에너지 상태인 기저 상태로 내려오면서 빛을 방출한다. 이를 자발 방출이라고 한다. 만일 여기 상태에 있는 전자가 기저 상태로 내려오지 않고 있는데, 외부에서 자극하여 기저 상태로 내려가게 하면서 빛을 내도록 하면 이것이 유도 방출이 된다. 많은 원자의 전자가 이와 같은 여기 상태에 있을 때, 동시에 유도 방출을 일으키면 매우 결이 잘 맞는 빛을 만들 수 있다. 이것이 레이저의 동작 원리이다. 우리가 주변에서 흔히 보는 네온사인이나 형광등은 모두 자발 방출에 의한 광원을 사용하는 것이다.

## 006

답 $2.1eV$

풀이

문턱 파장보다 짧은 파장의 빛을 받아야 광자가 방출된다. 이 문턱 파장에 해당하는 빛의 에너지를 물질의 일함수라 한다. 광자의 에너지는 $h\nu = h\frac{c}{\lambda}$이고 $1eV = 1.6\times10^{-19}J$이다.

## 007

답 $1.1eV$

풀이

광자의 에너지는 $E = h\nu$이고, 물질의 일함수를 $\phi$라 하고, 저지전압을 $V$라 하면, 다음의 식이 성립한다.

$$h\nu - \phi = eV$$

여기서 $eV$는 전자가 가질 수 있는 최대 운동 에너지이다. 따라서 물질의 일함수는 $\phi = h\nu - eV = h\frac{c}{\lambda} - eV$인데 이를 $eV$로 나타내려면 $1eV = 1.6\times10^{-19}J$임을 사용한다.

## 008

답 $0eV$

풀이

광전 효과에서 전자가 가질 수 있는 최대 운동에너지는, 빛의 진동수를 $\nu$, 금속의 일함수를 $\phi$라 할 때, $K = E - \phi = h\nu - \phi = h\frac{c}{\lambda} - \phi$이다. 그리고 $1eV = 1.6\times10^{-19}J$이다. 문제의 광자의 에너지를 계산하면 $4.1eV$가 된다. 따라서 이 금속 표면에서는 이 빛으로 전자를 방출시킬 수 없다.

## 009

**답** $7.0eV$

**풀이**

광전효과에서 빛에 의해 금속 표면에서 튀어나오는 전자의 운동에너지는 $K = h\nu - \phi$로 표현된다. 여기서 $h\nu$는 광자가 가진 에너지이고, $\phi$는 금속의 일함수이다. 처음 빛의 진동수를 $\nu$라 하고, 나중 빛의 진동수를 $\nu'$이라 하면 $\nu' = 3\nu$이다. 그러면 처음 빛에 의해서는 $1.0eV = h\nu - 2.0eV$가 성립하므로 $h\nu = 3.0eV$가 된다. 나중 빛에 의해서는 $K = h\nu' - \phi = h(3\nu) - \phi = 3h\nu - 2.0eV$이다.

## 010

**답** $2.45 \times 10^{-11}m$

**풀이**

콤프턴 산란 식은 다음과 같다.

$$\lambda' - \lambda = \frac{h}{m_e c}(1 - \cos\theta)$$

여기서 $\lambda'$은 산란된 빛의 파장이고, $\theta$는 빛이 원래 진행하던 방향에 대해 산란된 빛의 산란각이다.

따라서 $\lambda' = \lambda + \frac{h}{m_e c}(1 - \cos\theta)$로 산란된 빛의 파장을 구할 수 있다. 빛의 에너지는 $h\nu = h\frac{c}{\lambda} = E$이다.

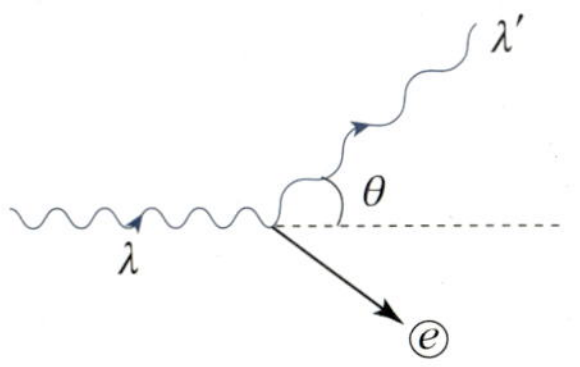


## 011

**답** $5.90 \times 10^{-26}J$

**풀이**

광자의 에너지는 $E = h\nu$이다. 여기서 $\nu$는 전자기파 혹은 빛의 진동수이다.

## 012

**답** 0.41Å

**풀이**

진동수가 클수록 큰 에너지이고 파장이 짧을수록 큰 에너지이다. 따라서 최소 파장은 전자가 가속되어 얻은 에너지가 모두 광자의 에너지로 전환되는 경우이다. 전가가 가속되어 얻은 에너지는 $eV$이고 광자의 에너지는 $h\nu = h\frac{c}{\lambda}$이므로 $\lambda = \frac{hc}{eV}$이다.

## 013

**답** $0.64 \times 10^{15}$

**풀이**

1초 동안 방출되는 광자의 수를 구한다. 출력은 전기적 일률이므로 1초 동안 에너지는 $0.20mW \cdot 1s = 0.20mJ$이다. 빛알갱이 1개의 에너지는 $hv$이다. 따라서 다음과 같은 식을 세울 수 있다.

$$P\Delta t = nhv = nh\frac{c}{\lambda}$$

여기서 $n$은 구하고자 하는 광자의 수이다. 따라서 $n = \frac{P\Delta t}{hc}\lambda$이다.

## 014

**답** $7.1 \times 10^{-12}m$

**풀이**

드브로이의 물질파는 $\lambda = \frac{h}{p}$이고, 전기장은 보존력 장이므로 역학적 에너지 보존법칙으로 $E = \frac{p^2}{2m_e}$에서 $p = \sqrt{2m_eE}$이며, $E = qV = eV$에서, $\lambda = \frac{h}{\sqrt{2m_eeV}}$이다. 광학 현미경은 사용하는 빛의 파장으로 인하여 관찰할 수 있는 물체의 크기에 제한이 있다. 즉, 빛의 파장 정도 크기까지 관찰이 가능하다. 그러나 물질파를 사용하면 더 작은 파장을 만들 수 있으므로 매우 작은 물체도 관찰이 가능하다. 이런 원리를 사용한 것이 전자 현미경이다.

## 015

**답** $0.98c$

**풀이**

움직이는 입자의 총 에너지는 $m_0\gamma c^2$이다. 여기서 $\gamma = \frac{1}{\sqrt{1-v^2/c^2}}$이고 $m_0$는 입자의 정지 질량 에너지이다. 따라서 문제의 조건에 의해 $m_0\frac{c^2}{\sqrt{1-v^2/c^2}} = 5m_0c^2$이므로 $v = 0.98c$이다.

## 016

**답** $1.29 \times 10^{-18}s$

**풀이**

$\Delta t \sim \frac{\hbar}{\Delta E}$로 계산한다. 그런데 $\Delta E$가 전자의 질량으로 주어졌으므로, 질량-에너지 등가식 $m_ec^2$를 사용한다. 따라서 $\Delta t \sim \frac{\hbar}{\Delta E} = \hbar\frac{1000}{m_ec^2}$이다. $\hbar = \frac{h}{2\pi}$이다.

## 017

답 $4.0 \times 10^{-10}m$

풀이

$\Delta x = \Delta t\, v$로 구한다. $\Delta t \sim \frac{\hbar}{\Delta E}$로 구하는데 여기서 $\Delta E =$ $10eV$로 주어졌으므로, 이를 $1eV = 1.6 \times 10^{-19}J$임을 이용하여 계산한다. $\hbar = \frac{h}{2\pi}$이다.

## 018

답 $1.8 \times 10^{-36}m$

풀이

물체의 속력이 빛의 속력에 비해 작을 때, 물질파의 파장은 $\lambda = \frac{h}{p} = \frac{h}{mv}$이다.

## 019

답 $0.87c$

풀이

정지좌표계에서 길이 $l_0$인 물체가 속력 $v$로 움직일 때 정지좌표계에서 보면 길이가 $l = l_0\sqrt{1 - v^2/c^2}$로 보인다. 따라서 $50cm = 100cm\sqrt{1 - v^2/c^2}$에서 $v = 0.87c$이다.

## 020

답 $0.95c$

풀이

상대론적인 속도의 합성이다. 1차원의 경우 정지좌표계에 대하여 $v_0$로 움직이는 계에서 이 계에 대하여 $v$로 움직이는 물체를 정지좌표계에서 보면 $v' = \frac{v_0 + v}{1 + \frac{v_0 v}{c^2}}$로 움직인다.

## 021

**답** $5.1\times10^{-10}s$

**풀이**

$v_A$를 지구에서 본 우주선 $A$의 속력이라 하고, $v_B$를 지구에서 본 우주선 $B$의 속력이라 하면, 우주선 $A$에서 우주선 $B$를 보면 우주선 $B$의 속력은 $v=\dfrac{v_A+v_B}{1+v_Av_B/c^2}$가 된다. 상대론적 속도의 합을 사용해야 한다. 이 속력으로 우주선 $B$의 $1.00m$ 자가 우주선 $A$로 달려오는 것처럼 보이고 따라서 자의 길이는 $l_0\sqrt{1-v^2/c^2}$로 축소된다. 따라서 자가 관측자 $A$를 지나칠 때 걸리는 시간은 $\dfrac{l_0\sqrt{1-v^2/c^2}}{v}$가 된다.

## 022

**답** $612nm$

**풀이**

전자기파의 도플러 효과를 계산한다. 전자기파는 음파와는 다르게 매질이 필요 없으므로 도플러 효과를 계산하는 식이 다르다. 관측자와 광원 사이의 상대속도만 고려한다. 광원이 움직이는지, 관측자가 움직이는지 관계없다. 즉, 관측자와 광원의 상대속도가 $v$이면 서로 접근할 때 $f=f_0\sqrt{\dfrac{c+v}{c-v}}$이고, 멀어질 때 $f=f_0\sqrt{\dfrac{c-v}{c+v}}$로 빛의 진동수가 관측된다. 여기서 $f_0$는 서로 정지했을 때 빛의 진동수이다.

여기서는 빛의 진동수가 아닌 파장을 구한다. $c=f\lambda$를 이용한다.

$$\lambda=\lambda_0\sqrt{\frac{c+v}{c-v}}$$